《火力发电职业技能培训教材》配套题库

火力发电职业技能培训考核题库

HUOLI FADIAN ZHIYE JINENG PEIXUN KAOHE TIKU

发电集控值班员

《火力发电职业技能培训考核题库》编委会　组编

国家能源集团江苏电力有限公司培训中心　编

U0662136

中国电力出版社

CHINA ELECTRIC POWER PRESS

内 容 提 要

本题库是按照人力资源和社会保障部制定国家职业技能标准的要求编写的。培训考核题库是针对本职业（工种）的工作特点，选编了具有典型性、代表性的理论知识（含技能笔试）试题和技能操作试题；附录 A 对职业技能培训期限、教师、场地和设备、计划大纲进行了指导性描述；附录 B 对职业技能认定要求和考评人员进行了定性描述；附录 C 是本职业（工种）的国家职业技能标准。

本题库可作为《发电集控值班员》职业技能培训和技能认定考核命题的依据，可供电力类人力资源管理人员、职业技能培训与考评人员使用，亦可供电力类职业技术院校教学和企业职工学习参考。

图书在版编目（CIP）数据

火力发电职业技能培训考核题库. 发电集控值班员/《火力发电职业技能培训考核题库》编委会组编. —北京：中国电力出版社，2021.8（2025.5 重印）
ISBN 978-7-5198-5557-4

Ⅰ. ①火… Ⅱ. ①火… Ⅲ. ①火力发电－发电机组－电力系统运行－职业培训－习题集 Ⅳ. ①TM621.3-44

中国版本图书馆 CIP 数据核字（2021）第 066519 号

出版发行：中国电力出版社
地　　址：北京市东城区北京站西街 19 号（邮政编码 100005）
网　　址：http://www.cepp.sgcc.com.cn
责任编辑：杨　卓　安小丹（010-63412367）
责任校对：黄　蓓　常燕昆
装帧设计：王红柳
责任印制：吴　迪

印　　刷：三河市万龙印装有限公司
版　　次：2021 年 8 月第一版
印　　次：2025 年 5 月北京第六次印刷
开　　本：880 毫米×1230 毫米　32 开本
印　　张：19.375
字　　数：499 千字
印　　数：5501—6500 册
定　　价：88.00 元

火力发电职业技能培训考核题库

发电集控值班员

编 委 会

主 任 信 超

副主任 丁佳成 杨启程

编 委 沙良永 庄 琨 刘 彤 石建明
王志军 王 宁 李 萌 封 雷

主 编 信 超

副主编 马培峰

参 编 杨建蒙 赵金城 刘 龙 马利君
唐永祥

前言

近年来，随着我国经济的发展，电力工业取得显著进步，截至 2020 年年底，我国火力发电装机容量已达 12.45 亿 kW，燃煤发电 600MW、1000MW 超（超）临界机组已经成为主力机组。火力发电新技术、新设备、新工艺、新材料逐年更新，有关生产管理和集控运行专业技术日新月异，对现代火力发电厂集控运行员工的知识和技能提出了更高、更新的要求。

为适应火力发电技术快速发展、超临界和超超临界机组大规模应用的现状，进一步加强电力职业技能培训和实施技能认定工作，使火力发电厂集控运行员工职业技能培训和技能认定工作与生产形势相匹配，提高新形势下火力发电集控运行员工的知识和技能水平，2020 年 6 月，按照人力资源和社会保障部制定国家职业技能标准（职业编码：6-28-01-05）的要求，中国电力出版社有限公司、国家能源集团江苏电力有限公司培训中心启动了本题库编写工作。

本题库是依据《国家职业技能标准》所规定的范围和内容，以实际技能操作为主线，分为理论知识（含技能笔试）试题和技能操作试题两部分。理论知识（含技能笔试）试题按照单项选择题、判断题、多项选择题、简答题、计算题、绘图题、论述题和案例分析题八种题型进行编写；技能操作试题按照正常操作题、单专业事故处理题和综合事故处理题进行编写。全部试题均按技能等级及难易程度进行排列，且具有较强的针对性、规范性、系统性、时代性、实用性、通用性和典型性。题库的深度和广度涵盖了本职业技能培训和技能认定的全部内容。

附录 A 主要对职业技能培训进行了指导性描述，包括对不同等级的培训期限要求，对培训教师的经历、任职条件和资格要求，对培训场地和设备条件的要求，对培训计划大纲、培训重点、培训方式及培训学习单元的设计等。

附录 B 对职业技能认定和考评人员进行了定性描述，包括职业技能认定内容和考核要求、考评人员的任职条件等。附录 C 是本职业（工种）的《国家职业技能标准》，包括职业名称、职业编码、职业定义、职业技能等级、职业环境条件、职业能力特征、普通受教育程度、职业道德、职业技能基本要求和各技能等级的工作要求、理论知识权重表和技能要求权重表等。

本书由国家能源集团江苏电力有限公司培训中心信超担任主编、马培峰担任副主编，参编人员由华北电力大学（保定）杨建蒙、徐州（铜山）华润电力有限公司赵金城、大唐集团江苏徐塘发电有限责任公司刘龙、大唐环境产业集团股份有限公司特许经营分公司马利君、国家能源集团盘山电厂唐永祥组成；在题库编写过程中，中国电力出版社有限公司杨卓编辑倾注了大量心血，多次给予指导；国家能源集团江苏电力有限公司培训中心杨启程、丁佳成、沙良永、王志军给予了大力支持和帮助。在此谨向为题库编写做出贡献的各位专家和支持这项工作的领导表示衷心感谢。

本书可作为本职业（工种）技能培训和技能认定考核命题的依据；可供职业技能培训与考评人员使用；可供电力类人力资源管理人员进行职业介绍、就业咨询服务使用；可供集控运行专业教学人员组织培训教学使用；亦可供电力类职业技术院校教学和企业职工学习参考。

由于编者水平有限，时间仓促，书中难免有不足之处，恳请读者批评指正。

编　者

2021 年 7 月

目录

第一部分

理论知识（含技能笔试）试题

一、单项选择题

下列每题都有 4 个答案，其中只有 1 个正确答案，将正确答案代号填入括号内。

La4A1001　实际空气量与理论空气量之比称为（A）。

（A）过剩空气系数；（B）最佳过剩空气系数；

（C）漏风系数；（D）漏风率。

La4A1002　流体流动时引起能量损失的主要原因是（D）。

（A）流体的压缩性；（B）流体膨胀性；

（C）流体的不可压缩性；（D）流体的黏滞性。

La4A1003　锅炉管道选用钢材主要根据金属在使用中的（B）来确定。

（A）强度；（B）温度；（C）压力；（D）硬度。

La4A1004　水在汽化过程中，温度（C），吸收的热量用来增加分子的动能。

（A）升高；（B）下降；

（C）既不升高也不下降；（D）先升高后下降。

La4A1005　仪表的精度等级是用下面哪种误差表示的（C）。

（A）系统误差；（B）绝对误差；

（C）允许误差；（D）相对误差。

La4A2006　流体在管道内的流动阻力分为（B）两种。

（A）流量孔板阻力、水力阻力；（B）沿程阻力、局部阻力；

（C）摩擦阻力、弯头阻力；（D）阀门阻力、三通阻力。

La4A2007　一定压力下，水加热到一定温度时开始沸腾，虽然对它继续加热，可其（C）温度保持不变，此时的温度即为饱和温度。

（A）凝固点；（B）熔点；（C）沸点；（D）过热。

La4A2008　提高蒸汽品质的根本方法是（D）。

（A）加强汽水分离；（B）对蒸汽彻底清洗；

（C）加强排污；（D）提高给水品质。

La4A2009　下列信号中不是热工信号的是（D）。

（A）主汽温度高报警；（B）汽包水位低报警；

（C）炉膛压力低报警；（D）发电机跳闸。

La4A2010　造成锅炉部件寿命老化损伤的因素，主要是疲劳、蠕变、（D）。

（A）磨损；（B）低温腐蚀；（C）高温腐蚀；（D）腐蚀与磨损。

La4A2011　随着锅炉压力的逐渐提高，它的循环倍率（C）。

（A）固定不变；（B）逐渐变大；

（C）逐渐减小；（D）突然增大。

La4A3012　在三冲量给水调节系统中，校正信号是（A）。

（A）汽包水位信号；（B）蒸汽流量信号；

（C）给水流量信号；（D）给水压力信号。

La4A3013　锅炉设计发供电煤耗率时，计算用的热量为（B）。

（A）煤的高位发热量；（B）煤的低位发热量；

（C）发电热耗量；（D）煤的发热量。

La4A3014　理论计算表明，如果锅炉少用1%蒸发量的再热减温喷水，机组循环热效率可提高（B）。

（A）0.1%；（B）0.2%；（C）1%；（D）1.5%。

La4A3015　在外界负荷不变的情况下，汽压的稳定主要取决于（B）。

（A）炉膛容积热强度的大小；（B）炉内燃烧工况的稳定；

（C）锅炉的储热能力；（D）水冷壁受热后热负荷大小。

La4A4016　随着锅炉参数的提高，过热部分的吸热量比例（B）。

（A）不变；（B）增加；（C）减少；（D）按对数关系减少。

La4A4017　热工仪表的质量好坏通常用（B）等三项主要指标评定。

（A）灵敏度、稳定性、时滞；（B）准确度、灵敏度、时滞；
（C）稳定性、准确性、快速性；（D）精确度、稳定性、时滞。

La3A2018　当锅水含盐量达到临界含盐量时，蒸汽的湿度将（C）。

（A）减少；（B）不变；（C）急骤增大；（D）逐渐增大。

La3A2019　直流锅炉在给水泵压头的作用下，工质顺序一次通过加热、蒸发和过热面，进口工质为水，出口工质为（B）。

（A）饱和蒸汽；（B）过热蒸汽；（C）湿蒸汽；（D）高压水。

La3A2020　测量仪表的准确度等级是 0.5 级，则该仪表的基本误差是（C）。

（A）+0.5%；（B）−0.5%；
（C）−0.5%～+0.5%；（D）−0.1%～+0.1%。

La3A3021　在给水自动三冲量中，（C）是前馈信号，它能有效的防止由于"虚假水位"而引起调节器的误动作，改善蒸汽流量扰动下的调节流量。

（A）汽包水位；（B）给水流量；
（C）蒸汽流量；（D）减温水量。

La3A3022　当过剩空气系数不变时，负荷变化锅炉效率也随之变化，在经济负荷以下时，锅炉负荷增加，效率（C）。

（A）不变；（B）减小；（C）升高；（D）升高后下降。

La3A3023　锅炉过热蒸汽温度调节系统中，被调量是（A）。

（A）过热器出口汽温；（B）减温水量；
（C）减温阀开度；（D）过热器进口汽温。

La2A2024　水的临界状态是指（C）。

（A）压力 18.129MPa、温度 174.15℃；
（B）压力 20.129MPa、温度 274.15℃；

（C）压力 22.129MPa、温度 374.15℃；

（D）压力 24.1293MPa、温度 474.15℃。

La2A2025 在协调控制系统的运行方式中负荷调节反应最快的方式是（D）。

（A）机炉独立控制方式；（B）协调控制方式；

（C）汽轮机跟随锅炉方式；（D）锅炉跟随汽轮机方式。

La2A2026 高参数、大容量的锅炉水循环安全检查的主要对象是（D）。

（A）汽水分层；（B）水循环倒流；

（C）下降管含汽；（D）膜态沸腾。

La2A3027 增强空气预热器的传热效果应该（A）。

（A）增强烟气侧和空气侧的放热系数；

（B）增强烟气侧放热系数、降低空气侧放热系数；

（C）降低烟气侧放热系数、增强空气侧放热系数；

（D）降低烟气侧和空气侧的放热系数。

La2A3028 烟气密度随（A）而减小。

（A）温度的升高和压力的降低；

（B）温度的降低和压力的升高；

（C）温度的升高和压力的升高；

（D）温度的降低和压力的降低。

La2A4029 随着锅炉参数的提高，锅炉水冷壁吸热作用（A）变化。

（A）预热段加长，蒸发段缩短；

（B）蒸发段加长，预热段缩短；

（C）预热段缩短，蒸发段缩短；

（D）蒸发段加长，预热段加长。

La2A4030 关于单元机组自动调节系统中常用的校正信号，下列叙述中错误的是（B）。

（A）送风调节系统中用烟气氧量与给定值的偏差作为送风量

的校正信号；

（B）给水调节系统中用给水压力与给定值的偏差作为送风量的校正信号；

（C）在燃料量调节系统中用机组实际输出的功率与负荷要求的偏差来校正燃烧率；

（D）在汽压调节系统中常引入电网频率的动态校正信号，使电网频率改变时，汽轮机进汽阀不动作。

La1A2031　锅炉低温受热面的腐蚀，属于（B）。

（A）碱腐蚀；（B）酸腐蚀；（C）氧腐蚀；（D）烟气腐蚀。

La1A3032　在功频电液调节中不能克服的反调现象的措施是（D）。

（A）除转速信号外，增加采用转速的微分信号；

（B）在功率测量中加惯性延迟；

（C）在功率信号中加负的功率微分信号；

（D）在功率信号中加积分信号。

Lb4A1033　给水泵至锅炉省煤器之间的系统称为（B）。

（A）凝结水系统；（B）给水系统；

（C）除盐水系统；（D）补水系统。

Lb4A1034　水冷壁的传热方式主要是（C）。

（A）导热；（B）对流；（C）辐射；（D）电磁波。

Lb4A1035　锅炉腐蚀除了烟气腐蚀和工质腐蚀外，还有（B）。

（A）汽水腐蚀；（B）应力腐蚀；

（C）硫酸腐蚀；（D）电化学腐蚀。

Lb4A2036　风机的全压是风机出口和入口全压（B）。

（A）之和；（B）之差；（C）乘积；（D）之商。

Lb4A2037　克服空气侧的空气预热器、风道和燃烧器的流动阻力的锅炉主要辅机是（B）。

（A）引风机；（B）送风机；（C）一次风机；（D）磨煤机。

Lb4A2038　克服烟气侧的过热器、再热器、省煤器、空气预热器、除尘器等的流动阻力的锅炉主要辅机是（A）。

（A）引风机；（B）送风机；（C）一次风机；（D）磨煤机。

Lb4A2039　锅炉灭火保护动作最主要作用是（C）。

（A）跳一次风机；（B）跳引送风机；

（C）切断所有燃料；（D）切断所有一二次风源。

Lb4A3040　回转式空气预热器漏风量最大的一项是（D）。

（A）轴向漏风；（B）冷端径向漏风；

（C）周向漏风；（D）热端径向漏风。

Lb4A3041　直吹式制粉系统中，磨煤机的制粉量随（A）变化而变化。

（A）锅炉负荷；（B）汽轮机负荷；（C）压力；（D）锅炉流量。

Lb4A3042　滑压运行的协调控制系统是以（A）为基础的协调控制系统。

（A）锅炉跟踪协调；（B）汽机跟踪协调；

（C）锅炉跟踪；（D）汽机跟踪。

Lb4A3043　锅炉各项热损失中，损失最大的是（C）。

（A）散热损失；（B）化学未完全燃烧损失；

（C）排烟热损失；（D）机械未完全燃烧损失。

Lb4A4044　高温段过热器的蒸汽流通截面（A）低温段的蒸汽流通截面。

（A）大于；（B）等于；（C）小于；（D）无任何要求。

Lb4A4045　在锅炉蒸发量不变的情况下，给水温度降低时，过热蒸汽温度升高，其原因是（B）。

（A）过热热增加；（B）燃料量增加；

（C）加热热增加；（D）加热热减少。

Lb4A4046　由于循环硫化床锅炉的燃烧温度较低，一般为（B）。因此，有利于脱硫和降低 NO_x 的排放。

（A）750～850℃；（B）850～950℃；

（C）950～1050℃；（D）1050～1150℃。

Lb3A1047　强制循环锅炉的循环倍率比自然循环锅炉的循环倍率（A）。

（A）小；（B）大；（C）大一倍；（D）不确定。

Lb3A1048　水冷壁受热面无论是积灰、结渣或积垢，都会使炉膛出口烟温（B）。

（A）不变；（B）增高；（C）降低；（D）突然降低。

Lb3A2049　离心式风机的调节方式不可能采用（C）。

（A）节流调节；（B）变速调节；

（C）动叶调节；（D）轴向导流器调节。

Lb3A2050　对于直流锅炉，调节汽温的根本手段是使（B）保持适当比例。

（A）风量；（B）减温水量；

（C）燃烧率和给水流量；（D）给粉量。

Lb3A3051　一般规定锅炉汽包内工质温升的平均速度不超过（B）。

（A）0.5～1℃/min；（B）1.5～2℃/min；

（C）2.5～3℃/min；（D）3.5～4℃/min。

Lb3A3052　锅炉运行中，汽包的虚假水位是由（C）引起的。

（A）变工况下无法测量准确；

（B）变工况下炉内汽水体积膨胀；

（C）变工况下锅内汽水因汽包压力瞬时突升或突降而引起膨胀和收缩；

（D）事故放水阀忘关闭。

Lb3A3053　直流锅炉的中间点温度一般不是定值，而随（B）而改变。

（A）机组负荷的改变；（B）给水流量的变化；

（C）燃烧火焰中心位置的变化；（D）主蒸汽压力的变化。

Lb3A3054　煤粉炉停炉后应保持30%以上的额定风量，通风（A）进行炉膛吹扫。

（A）5 分钟；（B）10 分钟；（C）15 分钟；（D）20 分钟。

Lb2A1055 在发电厂中最常用的流量测量仪表是（C）。

（A）容积式流量计；（B）靶式流量计；

（C）差压式流量计；（D）累积式流量计。

Lb2A2056 在锅炉热效率试验中（A）工作都应在试验前的稳定阶段内完成。

（A）受热面吹灰、锅炉排污；（B）试验数据的确定；

（C）试验用仪器安装；（D）试验用仪器校验。

La2A2057 锅炉由 50%负荷到额定负荷，效率的变化过程是（D）。

（A）升高；（B）下降；（C）基本不变；（D）由低到高再下降。

Lb2A3058 中间再热锅炉在锅炉启动过程中，保护再热器的手段有（C）。

（A）轮流切换四角油枪，使再热器受热均匀；

（B）调节摆动燃烧器和烟风机挡板；

（C）控制烟气温度或正确使用一、二级旁路；

（D）加强疏水。

Lb2A3059 在锅炉启动中为了保护省煤器的安全，应（A）。

（A）正确使用省煤器的再循环装置；

（B）控制省煤器的出口烟气温度；

（C）控制给水温度；

（D）控制汽包水位。

Lb2A4060 风机特性的基本参数是（A）。

（A）流量、压头、功率、效率、转速；（B）流量、压头；

（C）轴功率、电压、功率因数；（D）温度、比容。

Lb1A1061 滑停过程中主汽温度下降速度不大于（B）。

（A）1℃/min；（B）1.5～2.0℃/min；

（C）2.5℃/min；（D）3.5℃/min。

Lb1A2062 超高压大型自然循环锅炉推荐的循环倍率是（B）。

（A）小于 5；（B）5～10；（C）小于 10；（D）15 以上。

Lb1A3063　对同一种流体来说，沸腾放热的放热系数比无物态变化时的对流放热系数（B）。

（A）小；（B）大；（C）相等；（D）无法确定。

Lb1A4064　当管内的液体为紊流状态时，管截面上流速最大的地方（B）。

（A）在靠近管壁处；（B）在截面中心处；

（C）在管壁和截面中心之间；（D）根据截面大小而不同。

Lb1A4065　电接点水位计是利用锅水与蒸汽（A）的差别而设计的，它克服了汽包压力变化对水位的影响，可在锅炉启停及变参数运行时使用。

（A）电导率；（B）密度；（C）热容量；（D）电阻。

Ld4A3066　当给水含盐量不变时，需降低蒸汽含盐量，只有增大（D）。

（A）深解系数；（B）锅水含盐量；

（C）携带系数；（D）排污率。

Ld3A3067　锅炉吹灰前，应（B）燃烧室负压并保持燃烧稳定。

（A）降低；（B）适当提高；（C）维持；（D）必须减小。

Ld3A4068　机组启动初期，主蒸汽压力主要由（D）调节。

（A）锅炉燃烧；（B）锅炉和汽轮机共同；

（C）发电机负荷；（D）汽轮机旁路系统。

Ld2A3069　当机组突然甩负荷时，汽包水位变化趋势是（B）。

（A）下降；（B）先下降后上升；

（C）上升；（D）先上升后下降。

Ld1A3070　正常运行时，汽轮机组保护系统的四个 AST 电磁阀是（D）。

（A）得电打开；（B）失电关闭；

（C）得电关闭；（D）失电打开。

Le3A3071 锅炉大小修后的转动机械须进行不少于（B）试运行，以验证可靠性。

（A）10min；（B）30min；（C）2h；（D）8h。

Le2A2072 为保证吹灰效果，锅炉吹灰的程序是（A）。

（A）由炉膛依次向后进行；（B）自锅炉尾部向前进行；

（C）吹灰时由运行人员自己决定；（D）由值长决定。

Jb4A3073 停炉时间超过（A），需要将原煤仓中的煤烧空，以防止托煤。

（A）7天；（B）15天；（C）30天；（D）40天。

Jb4A4074 锅炉吹灰器不能长期搁置不用，积灰、生锈、受潮等原因会使锅炉吹灰器（A）。

（A）动作受阻，失去功用；（B）损坏，增加检修工作量；

（C）退出备用；（D）停用。

Jb3A2075 轴承主要承受（D）载荷。

（A）轴向；（B）径向；（C）垂直；（D）轴向、径向和垂直。

Jb3A3076 过热器前受热面长时间不吹灰或水冷壁结焦会造成（A）。

（A）过热汽温偏高；（B）过热汽温偏低；

（C）水冷壁吸热量增加；（D）水冷壁吸热量不变。

Jb3A4077 当火焰中心位置降低时，炉内（B）。

（A）辐射吸热量减少，过热汽温升高；

（B）辐射吸热量增加，过热汽温降低；

（C）对流吸热量减少，过热汽温降低；

（D）对流吸热量增加，过热汽温升高。

Jb2A2078 当锅炉蒸发量低于（A）额定值时，必须控制过热器入口烟气温度不超过管道允许温度，尽量避免用喷水减温，以防止喷水不能全部蒸发而积存在过热器中。

（A）10%；（B）12%；（C）15%；（D）30%。

Jb2A3079 当火焰中心位置上移时，炉内（A）。

（A）辐射吸热量减少，过热蒸汽温度升高；

（B）辐射吸热量增加，过热蒸汽温度降低；

（C）辐射吸热量减少，过热蒸汽温度降低；

（D）辐射吸热量增加，过热蒸气温度升高。

Jb1A3080　在 DEH 阀门管理功能叙述中，错误的是（B）。

（A）在单、多阀切换过程中，负荷基本上保持不变；

（B）在单、多阀切换过程中，如果流量请求值有变化，阀门
管理程序不响应；

（C）阀门管理程序能提供最佳阀位；

（D）能将某一控制方式下的流量请求值转换成阀门开度信号。

Jd4A4081　炉膛负压增大，瞬间负压到最大，一、二次风压
不正常降低，水位瞬时下降，汽压、汽温下降，说明此时发生（C）。

（A）烟道面燃烧；（B）吸、送风机入口挡板摆动；

（C）锅炉灭火；（D）炉膛掉焦。

Jd3A4082　串联排污门操作方法是（C）。

（A）先开二次门后开一次门，关时相反；

（B）根据操作是否方便自己确定；

（C）先开一次门后开二次门，关时相反；

（D）由运行人员根据负荷大小决定。

Je4A2083　如发现运行中的水泵振动超过允许值，应（C）。

（A）检查振动表是否准确；（B）仔细分析原因；

（C）立即停泵检查；（D）继续运行。

Je4A3084　在锅炉热效率试验中，入炉煤的取样应在（B）。

（A）原煤斗入口；（B）原煤斗出口；

（C）煤粉仓入口；（D）入炉一次风管道上。

Je4A4085　采用蒸汽吹灰时，蒸汽压力不可过高或过低，一
般应保持在（C）。

（A）0.1～0.5MPa；（B）0.5～1MPa；

（C）1.5～2MPa；（D）3～5MPa。

Je4A5086 空气压缩机试运转程序：先瞬时启动（点动），即刻停机检查，确认无不正常现象后，进行第二次启动，运转 5min；第三次启动运行 30min，若无不正常的响声、发热和振动等现象，则可进入连续运转（C）。

（A）1h；（B）2h；（C）4h；（D）8h。

Je3A2087 离心泵运行中如发现表计指示异常，应（A）。

（A）先分析是不是表计问题，再到就地找原因；

（B）立即停泵；

（C）如未超限，则不管它；

（D）请示领导后再做决定。

Je3A2088 风机运行中产生振动，若检查振动原因为喘振，应立即手动将喘振风机的动叶快速（B），直到喘振消失后再逐渐调平风机出力。

（A）开启；（B）关回；

（C）立即开启后关闭；（D）立即关闭后开启。

Je3A3089 随着运行小时增加，引风机振动逐渐增大的主要原因一般是（D）。

（A）轴承磨损；（B）进风不正常；

（C）出风不正常；（D）风机叶轮磨损。

Je3A4090 摆动式直流喷燃器的喷嘴可向上或向下摆动，调整火焰中心位置，起到调节（A）的作用。

（A）再热汽温；（B）燃烧稳定；（C）锅炉效率；（D）经济性。

Je3A5091 泵在运行中，如发现供水压力低、流量下降、管道振动、泵窜动，则为（C）。

（A）不上水；（B）出水量不足；

（C）水泵入口汽化；（D）入口滤网堵塞。

Je2A2092 防止制粉系统放炮的主要措施有（A）。

（A）清除系统积粉，消除火源，控制系统温度；

（B）防止运行中断煤；

（C）认真监盘，精心调整；

（D）减少系统漏风。

Je2A3093 排烟温度急剧升高，热风温度下降，这是（D）故障的明显象征。

（A）引风机；（B）送风机；（C）暖风器；（D）空气预热器。

Je2A4094 某厂在技术改造中，为增强锅炉省煤器的传热，拟加装肋片，则肋片应加装在（B）。

（A）管内水侧；（B）管外烟气侧；

（C）无论哪一侧都行；（D）省煤器联箱处。

Je1A1095 用孔板测量流量，孔板应装在调节阀（A）。

（A）前；（B）后；（C）进口处；（D）任意位置。

Je1A2096 数字式电液控制系统用作协调控制系统中的（A）部分。

（A）汽轮机执行器；（B）锅炉执行器；

（C）发电机执行器；（D）协调指示执行器。

Je1A4097 给水流量不正常地大于蒸汽流量，蒸汽导电度增大，过热蒸汽温度下降，说明（A）。

（A）汽包满水；（B）省煤器损坏；

（C）给水管爆破；（D）水冷壁损坏。

Je1A4098 当炉膛发出强烈的响声，燃烧不稳，炉膛呈正压，汽温、汽压下降，汽包水位低，给水流量不正常地大于蒸汽流量，烟温降低时，表明发生了（B）。

（A）省煤器管损坏；（B）水冷壁损坏；

（C）过热器管损坏；（D）再热器管损坏。

Je1A4099 蒸汽流量不正常地小于给水流量，炉膛负压变正，过热蒸汽压力降低，说明（D）。

（A）再热器损坏；（B）省煤器损坏；

（C）水冷壁损坏；（D）过热器损坏。

Je1A4100 锅炉烟道有泄漏响声，省煤器后排烟温度降低，两侧烟温、风温偏差大，给水流量不正常地大于蒸汽流量，炉膛负压减少，此故障是（B）。

（A）水冷壁损坏；（B）省煤器管损坏；

（C）过热器管损坏；（D）再热器管损坏。

La4A1101　正常运行时，汽轮机主机润滑油系统主要由（A）维持工作。

（A）主油泵；（B）直流油泵；

（C）交流油泵；（D）高压备用密封油泵。

La4A1102　汽轮机润滑油低油压保护应在（D）投入。

（A）带负荷后；（B）冲转后；（C）满速后；（D）盘车前。

La4A1103　在机组负荷不变，除氧器水位正常，热井水位升高时，应判断为（C）。

（A）低压加热器管子泄漏；（B）凝结水再循环阀误开；

（C）凝汽器管子泄漏；（D）高压加热器管子泄漏。

La4A1104　汽轮机轴向位移保护应在（B）投入。

（A）带部分负荷后；（B）冲转前；

（C）定转后；（D）带满负荷后。

La4A1105　定冷水 pH 值降低的主要原因是溶入了空气中的（A）气体。

（A）CO_2；（B）O_2；（C）N_2；（D）CO。

La4A1106　高压加热器正常运行中，水箱水位过高，会造成（D）。

（A）进出口温差过大；（B）端差过大；

（C）疏水温度升高；（D）疏水温度降低。

La4A1107　发电机定子冷却水中（B）的多少是衡量铜腐蚀程度的重要依据。

（A）电导率；（B）含铜量；（C）pH 值；（D）钠离子。

La4A1108　高压加热器由运行转检修操作时，应注意（C）。

（A）汽、水侧同时解列；

（B）先解列水侧，后解列汽侧；

（C）先解列汽侧，后解列水侧；

（D）只解列水侧，不解列汽侧。

La4A1109 高压加热器正常运行中，若水箱水位过低，会造成（A）。

（A）疏水温度升高；（B）进、出水温度降低；

（C）端差降低；（D）疏水温度降低。

La4A1110 发电机的允许温升主要取决于发电机的（D）。

（A）有功负荷；（B）运行电压；

（C）冷却方式；（D）绝缘材料等级。

La4A1111 给水泵流量低保护的作用是（B）。

（A）防止给水中断；（B）防止泵过热损坏；

（C）防止泵过负荷；（D）防止泵超压。

La4A1112 正常运行中凝汽器系统中真空泵（或者抽气器）的作用是（C）。

（A）建立真空；（B）建立并维持真空；

（C）维持真空；（D）抽出未凝结的蒸汽。

La4A1113 大型汽轮机低压转子支持轴承型式一般采用（B）支持轴承。

（A）圆筒型；（B）椭圆型；（C）多油楔；（D）可倾瓦。

La4A1114 高压加热器运行中，水侧压力（A）汽侧压力。

（A）高于；（B）低于；（C）等于；（D）均可以。

La4A1115 汽轮机正常运行中，凝汽器真空（D）凝结水泵入口的真空。

（A）略小于；（B）小于；（C）等于；（D）大于。

La4A1116 火力发电厂中，汽轮机是将（B）的设备。

（A）热能转变为动能；（B）热能转换为机械能；

（C）机械能转变为电能；（D）热能转变为电能。

La4A1117 冷油器油侧压力一般应（C）水侧压力。

（A）小于；（B）等于；（C）大于；（D）略小于。

La4A1118　发电机中的氢压在温度变化时，其变化过程为（B）。

（A）温度变化，压力不变；（B）温度越高，压力越大；

（C）温度越高，压力越小；（D）温度越低，压力越大。

La4A1119　给水泵发生（D）情况时应进行紧急故障停泵。

（A）给水泵入口法兰漏水；

（B）给水泵某轴承有异声；

（C）给水泵某轴承振动达 0.06mm；

（D）给水泵内部有清晰的摩擦声或冲击声。

La4A1120　直接空冷机组中，空冷凝汽器内真空升高，汽轮机排汽压力（A）。

（A）降低；（B）升高；（C）不变；（D）不能判断。

La4A1121　正常运行中发电机内氢气压力（B）定子冷却水压力。

（A）小于；（B）大于；（C）等于；（D）无规定。

La4A1122　汽轮机低压缸喷水减温装置的作用是降低（A）温度。

（A）排汽缸；（B）凝汽器；（C）低压缸轴封；（D）轴封。

La4A1123　采用中间再热的机组能使汽轮机（C）。

（A）热效率提高，排汽湿度增加；

（B）热效率提高，冲动汽轮机容易；

（C）热效率提高，排汽湿度降低；

（D）热效率不变，但排汽湿度降低。

La4A1124　当发电机内氢气纯度低于（D）时应排污。

（A）76%；（B）95%；（C）97%；（D）96%。

La4A1125　某循环热源温度为 517℃，冷源温度为 27℃，在此温度范围内循环可能达到的最高热效率为（B）。

（A）61.5%；（B）62.5%；（C）94.7%；（D）93.7%

La4A1126 运行中发现凝结水导电度增大，应判断为（D）。

（A）凝结水过冷却；（B）凝结水压力低；

（C）凝汽器汽侧漏入空气；（D）凝汽器铜管泄漏。

La4A1127 抗燃油温度升高，（A）降低。

（A）黏度；（B）酸价；（C）闪点；（D）破乳化度。

La4A1128 部件在高温和某一初始应力作用下，若维持总变形不变，则随着时间的增加，部件内的应力会逐渐降低，这种现象称为（C）。

（A）疲劳；（B）蠕变；（C）应力松弛；（D）塑性变形。

La4A1129 当凝汽器真空下降，机组负荷不变时，轴向推力将（B）。

（A）减小；（B）增加；（C）不变；（D）不确定。

La4A1130 加热器的种类，按工作原理不同可分为：（D）。

（A）螺旋管式，卧式；（B）管式，板式；

（C）高压加热器，低压加热器；（D）表面式，混合式。

La4A1131 采用回热循环后与具有相同初参数及功率的纯凝汽式循环相比，它的（B）。

（A）汽耗量减少；（B）热耗量减少；

（C）作功的总焓降增加；（D）作功不足系数增加。

La4A1132 数字电液控制系统用作协调控制系统中的（A）部分。

（A）汽轮机执行器；（B）锅炉执行器；

（C）发电机执行器；（D）协调指示执行器。

La4A1133 在汽轮机的冲动级中，蒸汽的热能转变为动能是在（D）中完成。

（A）汽缸；（B）动叶片；（C）静叶片；（D）喷嘴。

La4A1134 当汽轮发电机组转轴发生动静摩擦时，（B）。

（A）振动的相位角是不变的；

（B）振动的相位角是变化的；

（C）振动的相位角有时变、有时不变；

（D）振动的相位角始终是负值。

La4A1135　蒸汽在有摩擦的绝热流动过程中，其熵是（C）。

（A）不变的；（B）减少的；（C）增加的；（D）均可能。

La4A1136　汽轮机在运行中容易使叶片损坏的作用力是（C）。

（A）叶片质量产生的离心力；（B）热应力；

（C）蒸汽作用的弯曲应力；（D）汽流作用的交变应力。

La4A1137　用汽耗率来衡量汽轮机热经济性可认为（D）。

（A）汽轮机汽耗率越小，则经济性越高；

（B）同为凝汽式机组，汽耗率越小则经济性越高；

（C）同为背压式机组，汽耗率越小，则经济性越高；

（D）同类型机组，汽耗率越小，则经济性越高。

La4A1138　通过喷嘴的流量系数定义为（A）。

（A）相同初终参数下，实际流量与临界流量之比；

（B）相同初终参数下，实际流量与理想流量之比；

（C）相同初终参数下，临界流量与最大临界流量之比；

（D）相同初终参数下，临界流量与理想流量之比。

La4A1139　新蒸汽温度不变而压力升高时，机组末几级的蒸汽（D）。

（A）温度降低；（B）温度上升；

（C）湿度减小；（D）湿度增加。

La4A1140　汽轮机热态启动时若出现负差胀主要原因是（B）。

（A）冲转时蒸汽温度过高；（B）冲转时主汽温度过低；

（C）暖机时间过长；（D）暖机时间过短。

La3A3141　在容量、参数相同的情况下，回热循环汽轮机与纯凝汽式汽轮机相比较，（B）。

（A）汽耗率增加，热耗率增加；

（B）汽耗率增加，热耗率减少；

（C）汽耗率减少，热耗率增加；

（D）汽耗率减少，热耗率减少。

La3A3142　汽轮机相对内效率是汽轮机（C）。

（A）轴端功率/理想功率；（B）电功率/理想功率；

（C）内功率/理想功率；（D）输入功率/理想功率。

La3A3143　汽轮机的功率主要是通过改变汽轮机的（B）来实现的。

（A）转速；（B）进汽量；（C）运行方式；（D）抽汽量。

La3A3144　在停止给水泵作联动备用时，应（C）。

（A）先停泵后关出口阀；

（B）先关出口阀后停泵；

（C）先关出口阀后停泵再开出口阀；

（D）先停泵后关出口阀再开出口阀。

La3A3145　空气漏入凝汽器后，使空气分压增大，蒸汽分压相对降低，但蒸汽还是在自己的分压下凝结，这样凝结水的温度就要低于排汽温度，从而造成了（D）。

（A）端差减小；（B）真空不变；

（C）端差增大；（D）凝结水的过冷。

La3A3146　流体流经节流装置时，其流量与节流装置前后产生的（C）成正比。

（A）压差；（B）压差的立方；

（C）压差的平方根；（D）压差的平方。

La3A3147　汽轮机变工况时，级的焓降如果增加，则级的反动度（B）。

（A）不变；（B）减少；（C）增加；（D）不确定。

La3A3148　汽轮机喷嘴和动叶栅根部和顶部由于产生涡流所造成的损失，称为（B）。

（A）扇形损失；（B）叶高损失；

（C）叶轮摩擦损失；（D）叶栅损失。

La3A3149　回热加热系统理论中最佳给水温度相对应的

是（B）。

（A）回热循环热效率最高；（B）回热循环绝对内效率最高；

（C）电厂煤耗率最低；（D）电厂热效率最高。

La3A3150　当主蒸汽温度不变时而汽压降低，汽轮机的可用焓降（B）。

（A）不变；（B）减少；（C）增加；（D）略有增加。

La3A3151　汽轮机危急保安器超速动作脱机后，复位转速应低于（C）r/min。

（A）3100；（B）3030；（C）3000；（D）2950。

La3A3152　汽机端部轴封漏汽损失属于（A）损失。

（A）外部；（B）内部；（C）级内；（D）排汽。

La3A2153　温度越高，应力越大，金属（D）现象越显著。

（A）热疲劳；（B）化学腐蚀；（C）冷脆性；（D）蠕变。

La3A3154　以下哪种措施不是为了平衡轴向推力（A）。

（A）设置推力轴承；（B）设置平衡活塞；

（C）低压缸分流；（D）叶轮开平衡孔。

La3A3155　沿程水头损失随水流的流程增长而（B）。

（A）不确定；（B）增大；（C）不变；（D）减少。

La3A3156　强迫振动的主要特征是（C）。

（A）主频率与临界转速一致；

（B）主频率与转子的转速一致；

（C）主频率与转子的转速一致或成两倍频率；

（D）主频率与工作转速无关。

La3A2157　在节流装置的流量测量中进行温、压补偿是修正（A）。

（A）系统误差；（B）相对误差；

（C）随机误差；（D）偶然误差。

La3A3158　汽轮机中常用的和重要的热力计算公式是（C）。

（A）理想气体的过程方程式；（B）连续方程式；

（C）能量方程式；（D）动量方程式。

La3A2159　凝汽式发电厂的总效率是由六个效率的乘积得出的，其中影响总效率最大的是（A）。

（A）循环效率；（B）发电机效率；

（C）锅炉效率；（D）汽轮机效率。

La3A3160　汽轮发电机组转子的振动情况可由（B）来描述。

（A）振幅、波形、相位；

（B）激振力性质、激振力频率、激振力强度；

（C）位移、位移速度、位移加速度；

（D）轴承稳定性、轴承刚度、轴瓦振动幅值。

La3A3161　中间再热机组滑参数减负荷停机过程中，再热蒸汽温度下降有（B）现象。

（A）超前；（B）滞后；（C）相同；（D）先超后滞。

La3A3162　自动调节系统中，静态与动态的关系（D）。

（A）是线性关系；（B）无任何关系；

（C）非线性关系；（D）静态是动态的一种特例。

La3B3163　在超临界压力下，水的比热随温度的提高而（B），蒸汽的比热随温度的提高而（B）。

（A）增大，增大；（B）增大，减小；

（C）减小，增大；（D）减小，减小。

La3A3164　级的反动度反映了（A）。

（A）蒸汽在动叶中的膨胀程度；（B）级内蒸汽参数变化规律；

（C）动叶前后的压差大小；（D）级的做功能力。

La3A3165　离心泵启动正常后，开出口门时，出口压力和电流分别（B）。

（A）升高，增加；（B）下降，增加；

（C）下降，减小；（D）升高，减小。

La2B4166　同样蒸汽参数条件下，顺序阀切换为单阀，则调节级后金属温度（A）。

（A）升高；（B）降低；（C）可能升高也可能降低；（D）不变。

La2A3167　真空系统的严密性下降后，凝汽器的传热端差（A）。

（A）减少；（B）增加；（C）不变；（D）不能确定。

La2A4168　除氧器滑压运行，当机组负荷突然降低时，将引起给水的含氧量（B）。

（A）增大；（B）减小；（C）波动；（D）不变。

La2A4169　蒸汽在节流过程前后的焓值（D）。

（A）增加；（B）减少；（C）先增加后减少；（D）不变化。

La4A1170　采用中压缸启动方式，能够保证高压缸在长时间空转时具有（C）。

（A）较高的效率；（B）较大的胀差；

（C）较低的温度水平；（D）超过规定的温度水平。

La2A4171　凝汽器真空提高时，容易过负荷级段为（D）。

（A）调节级；（B）第一级；（C）中间级；（D）末级。

La2A4172　阀门部件的材质是根据工作介质的（B）来决定的。

（A）流量与压力；（B）温度与压力；

（C）流量与温度；（D）温度与黏性。

La2A4173　金属零件在交变热应力反复作用下遭到破坏的现象称为（D）。

（A）热冲击；（B）热脆性；（C）热变形；（D）热疲劳。

La2A3174　引起金属疲劳破坏的因素是（D）。

（A）交变应力的大小；

（B）交变应力作用时间的长短；

（C）交变应力循环的次数；

（D）交变应力的大小和循环的次数。

La2A4175　朗肯循环是由（B）组成的。

（A）两个等温过程、两个绝热过程；

（B）两个等压过程、两个绝热过程；

（C）两个等压过程、两个等温过程；

（D）两个等容过程、两个等温过程。

La2A4176　汽轮机变工况时，采用（D）负荷调节方式，高压缸通流部分温度变化最大。

（A）变压运行；（B）部分阀全开变压运行；

（C）定压运行节流调节；（D）定压运行喷嘴调节。

La2A4177　在汽轮机起动过程中，发生（B）现象，汽轮机部件可能受到的热冲击最大。

（A）对流换热；（B）珠状凝结换热；

（C）膜状凝结换热；（D）辐射换热。

La2A3178　衡量凝汽式机组的综合性经济指标是指（B）。

（A）汽耗率；（B）热耗率；（C）电效率；（D）相对电效率。

La2A3179　调速给水泵电动机与主给水泵连接方式为（C）。

（A）刚性联轴器；（B）挠性联轴器；

（C）液力联轴器（C）半挠性联轴器。

La2A4180　汽轮机转子的疲劳寿命通常由（A）表示。

（A）应变循环次数；（B）蠕变极限曲线；

（C）疲劳极限；（D）疲劳曲线。

La2A4181　凝汽器内蒸汽的凝结过程可以看作是（D）。

（A）等容过程；（B）等焓过程；

（C）绝热过程；（D）等压过程。

La2A3182　汽轮机凝汽器铜管管内结垢可造成（B）。

（A）传热增强，管壁温度升高；

（B）传热减弱，管壁温度升高；

（C）传热增强，管壁温度降低；

（D）传热减弱，管壁温度降低。

La2A4183　汽轮机在启、停和变工况过程中，在金属部件引起的温差与（C）。

（A）金属部件的厚度成正比；（B）金属温度成正比；
（C）蒸汽和金属之间的传热量成正比；（D）金属温度成反比。

La4A1184 汽轮机调节油系统中四个 AST 电磁阀正常运行中应（A）。

（A）励磁关闭；（B）励磁打开；
（C）失磁关闭；（D）失磁打开。

La2A3185 汽轮机负荷过低时会引起排汽温度升高的原因是（D）。

（A）真空过高；

（B）进汽温度过高；

（C）进汽压力过高；

（D）进入汽轮机的蒸汽流量过低，不足以冷却鼓风摩擦损失产生的热量。

La1A4186 转子在静止时严禁（C），以免转子产生热弯曲。

（A）对发电机进行投、倒氢工作；（B）抽真空；
（C）向轴封供汽；（D）投用油系统。

La1A5187 淋水盘式除氧器，设多层筛盘的作用是（A）。

（A）延长水在塔内的停留时间，增大加热面积和加热强度；

（B）增加流动阻力；

（C）为了变换加热蒸汽的流动方向；

（D）为了掺混各种除氧水的温度。

La1A4188 转子热弯曲是由于（C）而产生的。

（A）转子受热过快；（B）汽流换热不均；
（C）上、下缸温差；（D）内、外缸温差。

La1A4189 汽轮机各调节阀重叠度过小，会使调节系统的静态特性曲线（B）。

（A）局部速度变动率过小；（B）局部速度变动率过大；
（C）上移过大；（D）上移过小。

La1A3190 衡量汽轮发电机组工作完善程度的指标是（B）。

（A）相对电效率；（B）绝对电效率；

（C）相对内效率；（D）循环热效率。

La1A4191　背压式汽轮机的最大轴向推力一般发生在（C）时。

（A）空负荷；（B）经济负荷；

（C）中间某负荷；（D）最大负荷。

La1A5192　汽轮机末级叶片受湿气冲蚀最严重的部位是（A）。

（A）叶顶进汽边背弧；（B）叶顶出汽边内弧；

（C）叶顶出汽边背弧；（D）叶根进汽边背弧。

La1A5193　下列叙述正确的是（D）。

（A）余速利用使级效率在最佳速比附近平坦；

（B）余速利用使最高效率降低；

（C）余速利用使级的变工况性能变差；

（D）余速利用使最佳速比值减小。

La1A3194　当汽轮机膨胀受阻时，（D）。

（A）振幅随转速的增大而增大；

（B）振幅与负荷无关；

（C）振幅随着负荷的增加而减小；

（D）振幅随着负荷的增加而增大。

La1A5195　下列关于放热系数说法错误的是（B）。

（A）蒸汽的凝结放热系数比对流放热系数大得多；

（B）饱和蒸汽的压力越高放热系数也越小；

（C）湿蒸汽的放热系数比饱和蒸汽的放热系数大得多；

（D）蒸汽的凝结放热系数比湿蒸汽的对流放热系数还要大。

La1A4196　下列哪项不是反动式汽轮机的特点（B）。

（A）反动式汽轮机轴向间隙较大；

（B）反动式汽轮机轴向推力较小；

（C）反动式汽轮机没有叶轮；

（D）反动式汽轮机没有隔板。

La1A4197　以下哪个指标越小汽轮机在甩负荷后越容易超

速：（A）。

（A）转子飞升时间常数；（B）中间容积时间常数；

（C）迟缓率；（D）油动机时间常数。

La1A3198 下列关于热态启动的描述不正确的是（B）。

（A）热态启动汽缸金属温度较高，汽缸进汽后有个冷却过程；

（B）热态启动都不需要暖机；

（C）热态启动应先送轴封，后抽真空；

（D）热态启动一般要求温度高于金属温度 50～100℃。

La1A4199 汽轮机运行时的凝汽器真空应始终维持在（C）才是最有利的。

（A）高真空下运行；（B）低真空下运行；

（C）经济真空下运行；（D）低真空报警值以上运行。

La1A3200 机组频繁启停增加寿命损耗的原因是（D）。

（A）上下缸温差可能引起动静部分摩擦；

（B）胀差过大；

（C）汽轮机转子交变应力过大；

（D）热应力引起的金属材料疲劳损伤。

La4A2201 在计算复杂电路的各种方法中，最基本的方法是（A）法。

（A）支路电流；（B）回路电流；

（C）叠加原理；（D）戴维南定理。

La4A3202 电力网中，当电感元件与电容元件发生串联且感抗等于容抗时，就会发生（B）谐振现象。

（A）电流；（B）电压；（C）铁磁；（D）磁场。

La4A3203 某线圈有 100 匝，通过的电流为 2A，该线圈的磁势为（C）安匝。

（A）100/2；（B）100×22；（C）2×100；（D）2×1002。

La4A3204 计算电路的依据是（C）。

（A）基尔霍夫第一、二定律；（B）欧姆定律和磁场守恒定律；

（C）基尔霍夫定律和欧姆定律；（D）叠加原理和等效电源定理。

La4A3205　在电阻、电感、电容组成的电路中，不消耗电能的元件是（A）。

（A）电感与电容；（B）电阻与电感；

（C）电容与电阻；（D）电阻。

La4A3206　并联电容器的总容量（C）。

（A）小于串联电容器的总容量；

（B）小于并联电容器中最小的一只电容器的容量；

（C）等于并联电容器电容量的和；

（D）等于并联电容器各电容量倒数之和的倒数。

La4A3207　发电机发出的电能是由（B）转换来的。

（A）动能；（B）机械能；（C）化学能；（D）光能。

La4A3208　交流电 A、B、C 三相涂刷相色依次是（A）。

（A）黄绿红；（B）黄红绿；（C）红绿黄；（D）绿红黄。

La3A3209　一般电气设备铭牌上的电压和电流的数值是（C）。

（A）瞬时值；（B）最大值；（C）有效值；（D）平均值。

La3A3210　要使一台额定电压为 100 伏，额定电流为 10A 的用电设备接入 220 伏的电路中并能在额定工况下工作，可以（A）。

（A）串联一个 12 欧姆的电阻；（B）串联一个 20 欧姆的电阻；

（C）串联一个 10 欧姆的电阻；（D）并联一个 10 欧姆的电阻。

La3A3211　在电容 C 相同的情况下，某只电容器电压越高，则表明（D）。

（A）充电电流大；（B）容器的容积大；

（C）电容器的容抗小；（D）极板上的储存电荷多。

La3A3212　两台额定功率相同，但额定电压不同的用电设备，若额定电压 110V 设备电阻为 R，则额定电压为 220V 设备的电阻为（C）。

（A）$2R$；（B）$1/2R$；（C）$4R$；（D）$1/4R$。

La3A3213　若同一平面上三根平行放置的导体，流过大小和方向都相同的电流时，则中间导体受到的力为（C）。

（A）吸力；（B）斥力；（C）零；（D）不变的力。

La3A3214 有三个 10F 的电容器，要获得 30F 的电容量，可将三个电容连接成（B）。

（A）串联；（B）并联；（C）混联；（D）其他连接。

La3A3215 在三相四线制电路中，中线的作用是（C）。

（A）构成电流回路；（B）获得两种电压；

（C）使不对称负载相电压对称；（D）使不对称负载功率对称。

La3A3216 有甲、乙、丙、丁四个带电体，其中甲排斥乙，甲吸引丙，丙排斥丁，如果丁带的负电荷，则乙带的电荷是（A）。

（A）正电荷；（B）负电荷；（C）中性的；（D）无法确定。

La3A3217 三只相同阻值的阻抗元件，先以星形接入三相对称交流电源，所消耗的功率与再以三角形接入同一电源所消耗的功率之比等于（C）。

（A）1:1；（B）1:2；（C）1:3；（D）1:4。

La3A3218 有一个内阻为 0.15Ω 的电流表，最大量程是 1A，现将它并联一个 0.05Ω 的小电阻，则这个电流表量程可扩大为（B）。

（A）3A；（B）4A；（C）6A；（D）2A。

La3A3219 变压器油的闪点一般在（A）间。

（A）135～140℃；（B）–10～–45℃；

（C）250～300℃；（D）300℃以上。

La3A3220 变压器油的主要作用是（A）。

（A）冷却和绝缘；（B）冷却；（C）绝缘；（D）消弧。

La3A3221 提高发电机容量必须解决发电机在运行中的（B）问题。

（A）噪声；（B）发热；（C）振动；（D）膨胀。

La3A4222 在 110kV 及以上的系统中发生单相接地时，其零序电压的特征是（A）最高。

（A）在故障点处；（B）在变压器中性点处；

（C）在接地电阻大的地方；（D）在离故障点较近的地方。

La2A3223　三相电源星形连接时，线电压向量 U_{ab} 超前于相电压向量 U_a（A）。

（A）30°；（B）60°；（C）90°；（D）−60°。

La2A4224　如果一台三相交流异步电动机的转速为 2820rpm，则其转差率 S 是（C）。

（A）0.02；（B）0.04；（C）0.06；（D）0.08。

La2A4225　电抗器在空载的情况下，二次电压与一次电流的相位关系是（A）。

（A）二次电压超前一次电流 90°；

（B）二次电压与一次电流同相；

（C）二次电压滞后一次电流 90°；

（D）二次电压与一次电流反相。

La2A4226　电力系统发生短路故障时，其短路电流为（B）。

（A）电容性电流；（B）电感性电流；

（C）电阻性电流；（D）无法判断。

La2A4227　绝缘材料中，E 级绝缘耐温（D）。

（A）100℃；（B）105℃；（C）110℃；（D）120℃。

Lb4A1228　发电机采用氢气冷却的目的是（B）。

（A）制造容易，成本低；

（B）比热值大，冷却效果好；

（C）不易含水，对发电机的绝缘好；

（D）系统简单，安全性高。

Lb4A3229　汽轮发电机承受负序电流的能力，主要决定于（B）。

（A）定子过载倍数；（B）转子发热条件；

（C）机组振动；（D）定子发热条件。

Lb4A3230　一台发电机，发出有功功率为 80MW、无功功率为 60Mvar，它发出的视在功率为（C）MVA。

（A）120；（B）117.5；（C）100；（D）90。

Lb3A3231　加速电气设备绝缘老化的主要原因是（C）。

（A）电压过高；（B）电流过大；

（C）温度过高；（D）温度不变。

Lb3A3232　绝缘体的电阻随着温度的升高而（B）。

（A）增大；（B）减小；（C）增大或减小；（D）不变。

Lb3A3233　绝缘油作为灭弧介质时，最大允许发热温度为（B）℃。

（A）60；（B）80；（C）90；（D）100。

Lb3A3234　电流互感器在运行中，为保护人身和二次设备安全，要求互感器（D）。

（A）必须一点接地；（B）严禁过负荷；

（C）二次侧严禁短路；（D）二次侧严禁开路。

Lb3A3235　随着发电机组容量增大，定子绕组的电流密度增大，发电机定子铁芯的发热非常严重。在空气、氢气和水这三种冷却介质中，（C）的热容量最大，吸热效果最好。

（A）空气；（B）氢气；（C）水；（D）无法确定。

Lb3A3236　通常把由于（A）变化而引起发电机组输出功率变化的关系称为发电机组的静态调节特性。

（A）频率；（B）电压；（C）运行方式；（D）励磁。

Lb3A3237　干式变压器（F级）绕组温度的温升限值为（A）。

（A）100℃；（B）90℃；（C）80℃；（D）60℃。

Lb3A4238　在正常运行方式下，电工绝缘材料是按其允许最高工作（C）分级的。

（A）电压；（B）电流；（C）温度；（D）机械强度。

Lb3A4239　在中性点不接地的电力系统中，当发生一点接地后，其三相间线电压（B）。

（A）均升高 3 倍；（B）均不变；

（C）一个不变两个升高；（D）两个低一个高。

Lb3A4240　涡流损耗的大小与频率的（B）成正比。

（A）大小；（B）平方值；（C）立方值；（D）方根值。

Lb3A4241　涡流损耗的大小与铁芯材料的性质（A）。

（A）有关；（B）无关；（C）关系不大；（D）反比。

Lb3A4242　磁滞损耗的大小与频率（B）关系。

（A）成反比；（B）成正比；（C）无关；（D）不确定。

Lb3A4243　发电机绕组的最高温度与发电机入口风温差值称为发电机的（C）。

（A）温差；（B）温降；（C）温升；（D）温度。

Lb3A4244　发电机铁损与发电机（B）的平方成正比。

（A）频率；（B）机端电压；（C）励磁电流；（D）定子的边长。

Lb3A4245　运行（B）年的变压器油中糠醛含量小于 0.2mg/L 为检测合格。

（A）1～5；（B）5～10；（C）10～15；（D）15～20。

Lb3A4246　电压互感器的误差与二次负载的大小有关，当负载增加时，相应误差（A）。

（A）将增大；（B）将减小；（C）可视为不变；（D）有变化。

Lb2A3247　一般设计柴油发电机作为全厂失电后的电源系统是（A）。

（A）保安系统；（B）直流系统；

（C）交流系统；（D）保护系统。

Lb2A3248　对电力系统的稳定性破坏最严重的是（B）。

（A）投、切大型空载变压器；（B）发生三相短路；

（C）系统内发生两相接地短路；（D）发生单相接地短路。

Lb2A3249　发电机采用的水—氢—氢冷却方式是指（A）。

（A）定子绕组水内冷、转子绕组氢内冷、铁芯氢冷；

（B）转子绕组水内冷、定子绕组氢内冷、铁芯氢冷；

（C）铁芯水内冷、定子绕组氢内冷、转子绕组氢冷；

（D）定子、转子绕组水冷、铁芯氢冷。

Lb2A3250 中性点不接地的高压厂用电系统发生单相接地时（D）。

（A）不允许接地运行，立即停电处理；（B）不许超过 0.5h；

（C）不许超过 1h；（D）不许超过 2h。

Lb2A4251 规定为三角形接线的电动机，而误接成星形，投入运行后（B）急剧增加。

（A）空载电流；（B）负荷电流；

（C）三相不平衡电流；（D）负序电流。

Lb2A4252 规定为星形接线的电动机，而错接成三角形，投入运行后（A）急剧增大。

（A）空载电流；（B）负荷电流；

（C）三相不平衡电流；（D）零序电流。

Lb1A4253 功角是（C）。

（A）定子电流与端电压的夹角；

（B）定子电流与内电势的夹角；

（C）定子端电压与内电势的夹角；

（D）功率因数角。

Lb1A5254 发电机过电流保护，一般均采用复合低电压启动。其目的是提高过流保护的（C）。

（A）可靠性；（B）快速性；（C）灵敏性；（D）选择性。

Lb1A5255 在 Y/△接线的变压器两侧装差动保护时，其高、低压侧的电流互感器二次接线必须与变压器一次绕组接线相反，这种措施叫作（A）。

（A）相位补偿；（B）电流补偿；

（C）电压补偿；（D）过补偿。

Lb1A5256 发电机发生低频振荡时，其振荡频率范围是（A）。

（A）0.1～2.5Hz；（B）10～15Hz；

（C）40～50Hz；（D）1～10Hz。

Ld4A4257 变压器泄漏电流测量主要是检查变压器的（D）。

（A）绕组绝缘是否局部损坏；（B）绕组损耗大小；

（C）内部是否放电；（D）绕组绝缘是否受潮。

Ld3A4258　电流系统发生接地故障时，零序电流大小取决于（B）。

（A）短路点距电源的远近；（B）中性点接地的数目；

（C）系统电压等级的高低；（D）短路类型。

Ld2A4259　直流系统发生负极完全接地时，正极对地电压（A）。

（A）升高到极间电压；（B）降低；（C）不变；（D）略升高。

Ld2A4260　零序电流，只有发生（C）才会出现。

（A）相间故障；（B）振荡时；

（C）接地故障或非全相运行时；（D）短路。

Le3A3261　发电机内氢气循环的动力是由（A）提供的。

（A）发电机轴上风扇；（B）热冷气体比重差；

（C）发电机转子的风斗；（D）氢冷泵。

Le3A4262　一般发电机冷却水中断超过（B）保护未动作时，应手动停机。

（A）60s；（B）30s；（C）90s；（D）120s。

Le2A4263　在变压器有载调压装置中，抽头回路内都串有一个过渡电阻，其作用是（D）。

（A）限制负载电流；（B）限制激磁电流；

（C）均匀调压；（D）限制调压环流。

Le2A5264　直流屏上合闸馈线的熔断器熔体的额定电流应比断路器合闸回路熔断器熔体的额定电流大（B）级。

（A）1～2；（B）2～3；（C）3～4；（D）4～6。

Le1A5265　不属于发电机失磁保护的判据是（D）。

（A）异步阻抗圆；（B）机端电压；

（C）无功功率；（D）有功功率。

Le1A5266　采用零序电压原理的发电机匝间保护应设有（B）功率方向闭锁元件。

（A）正序；（B）负序；（C）零序；（D）无功。

Ja2A3267 绕组中的感应电动势大小与绕组中的（C）。

（A）磁通的大小成正比；

（B）磁通的大小成反比；

（C）磁通的大小无关，而与磁通的变化率成正比；

（D）磁通的变化率成反比。

Jb3A4268 发电机绝缘过热监测器过热报警时，应立即取样进行（B）。

（A）加强监视；（B）色谱分析；

（C）测量温度；（D）加大通风量。

Jb3A4269 如果两台直流发电机要长期稳定并列运行，需要满足的一个条件是（B）。

（A）转速相同；（B）向下倾斜的外特性；

（C）励磁方式相同；（D）向上倾斜外特性。

Jb2A3270 发电机逆功率保护的主要作用是（C）。

（A）防止发电机进相运行；

（B）防止发电机失磁；

（C）防止汽轮机无蒸汽运行，末级叶片过热损坏；

（D）防止汽轮机带厂用电运行。

Jb2A3271 发电机长期进相运行，会使发电机（A）过热。

（A）定子端部；（B）定子铁芯；

（C）转子绕组；（D）转子铁芯。

Jb2A3272 并联运行的变压器，所谓经济还是不经济，是以变压器的（B）来衡量的。

（A）运行方式的灵活性；（B）总损耗的大小；

（C）效率的高低；（D）供电可靠性。

Jb2A4273 如果油的色谱分析结果表明，总烃含量没有明显变化，乙炔增加很快，氢气含量也较高，说明存在的缺陷是（C）。

（A）受潮；（B）过热；（C）火花放电；（D）木质损坏。

Jb2A4274 系统发生振荡时，（C）最可能发生误动作。

（A）电流差动保护；（B）零序电流保护；

（C）相电流保护；（D）暂态方向纵联保护。

Jb2A5275 变压器二次电流增加时，一次侧电流（C）。

（A）减少；（B）不变；（C）随之增加；（D）不一定变。

Jb1A4276 中性点直接接地的变压器通常采用（C），此类变压器中性点侧的绕组绝缘水平比进线侧绕组端部的绝缘水平低。

（A）主绝缘；（B）纵绝缘；（C）分级绝缘；（D）主、附绝缘。

Jb1A5277 发电机如果在运行中功率因数过高（$\cos\varphi = 1$）会使发电机（C）。

（A）功角减小；（B）动态稳定性降低；

（C）静态稳定性降低；（D）功角增大。

Jd4A3278 电气回路中设置熔丝的目的是（B）。

（A）作为电气设备的隔离点；

（B）超电流时，保护电气设备；

（C）超电压时，保护电气设备；

（D）超电压并超电流时，保护电气设备。

Jd4A3279 电动机铭牌上的"温升"指的是（A）的允许温升。

（A）定子绕组；（B）定子铁芯；（C）转子；（D）冷却风温。

Jd3A3280 发电机带纯电阻性负荷运行时，电压与电流的相位差等于（C）。

（A）180°；（B）90°；（C）0°；（D）5°。

Jd3A3281 发电机均装有自动励磁调整装置，用来自动调节（A）。

（A）无功负荷；（B）有功负荷；

（C）系统频率；（D）励磁方式。

Jd3A3282 现在普遍使用的变压器呼吸器中的硅胶，正常未吸潮时颜色应为（A）。

（A）蓝色；（B）黄色；（C）白色；（D）黑色。

Jd3A3283　一般规定电动机工作电压允许的波动范围是（D）。

（A）±1%；（B）±2%；（C）±3%；（D）±5%。

Jd2A3284　变压器油枕油位计的+40℃油位线，是表示（B）的油位标准位置线。

（A）变压器温度在+40℃时；（B）环境温度在+40℃时；

（C）变压器温升至+40℃时；（D）变压器温度在+40℃以上时。

Jd2A3285　直流系统正常运行时，必须保证其足够的浮充电流，任何情况下，不得用（B）单独向各个直流工作母线供电。

（A）蓄电池；（B）充电器或备用充电器；

（C）联络断路器；（D）蓄电池和联络断路器。

Jd2A3286　绝缘检查装置中，当直流系统对地绝缘（B），电桥失去平衡使装置发出声光信号。

（A）升高；（B）降低；（C）到零；（D）变化。

Jd2A4287　某电厂电气倒闸操作票"1号机6kV厂用Ⅱ段母线由备用电源进线断路器备6Ⅱ供电运行转冷备用"的操作项目与操作任务不符的是（D）。

（A）查1号机6kV厂用Ⅱ段母线上所有负荷开关均在"分闸"位置；

（B）查1号机6kV厂用Ⅱ段母线上所有负荷开关均在"试验"位置；

（C）查1号机6kV厂用Ⅱ段母线上所有负荷开关二次小开关均已断开；

（D）在1号机6kV厂用Ⅱ段备用电源分支电压互感器上端头挂接地线一组，编号：001。

Jd2A4288　空载变压器受电时引起励磁涌流的原因是（C）。

（A）线圈对地电容充电；（B）合闸于电压最大值；

（C）铁芯磁通饱和；（D）不是上述原因。

Je3A3289 万用表使用完毕，应将其转换开关拨到交流电压的（A）挡。

（A）最高；（B）最低；（C）任意；（D）不用管。

Je3A3290 戴绝缘手套进行高压设备操作时，应将外衣袖口（A）。

（A）装入绝缘手套中；（B）卷上去；

（C）套在手套外面；（D）无具体要求。

Je3A3291 测量轴电压和在转动着的发电机上测量转子绝缘的工作，应使用专用电刷，电刷上应装有（C）以上的绝缘柄。

（A）200mm；（B）250mm；（C）300mm；（D）350mm。

Je2A4292 隔离开关允许拉合励磁电流不超过（C）、10kV 以下，容量小于 320kVA 的空载变压器。

（A）10A；（B）5A；（C）2A；（D）1A。

Je2A4293 发电机在运行中失去励磁后，其运行状态是（B）。

（A）继续维持同步；（B）由同步进入异步；

（C）时而同步，时而异步；（D）发电机振荡。

Je2A4294 发电机同期并列时，它与系统相位（A）。

（A）不超过±10°；（B）不超过±25°；

（C）不超过±30°；（D）不超过±20°。

Je2A4295 如果在发电机出口处发生短路故障，在短路初期，两相短路电流值（B）三相短路电流值。

（A）大于；（B）小于；（C）等于；（D）近似于。

Je2A4296 合环是指将（A）用断路器或隔离开关闭合的操作。

（A）电气环路；（B）电气设备；（C）电气系统；（D）电力网。

Je2A4297 正常运行的发电机，在调整有功负荷的同时，对发电机无功负荷（B）。

（A）没有影响；（B）有一定影响；

（C）影响很大；（D）精心调整时无影响。

Je1A4298 为确保厂用母线电压降低后又恢复时，保证重要电动机的自启动，规定电压值不得低于额定电压的（B）。

（A）50%；（B）60%~70%；（C）80%；（D）90%。

Je1A5299 断路器在送电前，运行人员应对断路器进行拉、合闸和重合闸试验一次，以检查断路器（C）。

（A）动作时间是否符合标准；（B）三相动作是否同期；

（C）合、跳闸回路是否完好；（D）合闸是否完好。

Je1A5300 对采用单相重合闸的线路，当发生永久性单相接地故障时，保护及重合闸的动作顺序为（B）。

（A）选跳故障相、瞬时重合单相、后加速跳三相；

（B）选跳故障相、延时重合单相、后加速跳三相；

（C）选跳故障相、瞬时重合单相、延时跳三相；

（D）三相跳闸不重合。

La4A1301 烟气的标准状态指烟气在温度为（A），压力为101325Pa 时的状态。

（A）273.15K；（B）168.25K；（C）120K；（D）173℃。

La4A1302 密度 ρ 与重度 γ 之间的正确关系为（C）。

（A）$\rho=\gamma$；（B）$\rho=\gamma g$；（C）$\gamma=\rho g$；（D）$\rho=1/\gamma$

La4A1303 绝对压力是（A）。

（A）容器内工质的真实压力；（B）压力表所指示的压力；

（C）真空表所指示压力；（D）大气压力。

La4A1304 按照煤中的硫含量，下列对电厂燃煤划分正确的是（B）。

（A）低硫煤：≤0.50%；（B）高硫煤：>3.00%；

（C）中高硫煤：1.51%~2.50%；（D）中硫煤：0.51%~0.9%。

La4A1305 在串联电路 3 个电阻上流过的电流（D）。

（A）越靠前的电阻电流越大；（B）越靠后的电阻电流越大；

（C）在中间位置的电阻电流最大；（D）相同。

La4A1306 两台泵串联运行时，总流量等于（D）。

（A）各泵流量之和；（B）各泵流量之差；

（C）各泵流量之积；（D）其中任意一台泵的流量。

La4A2307　二氧化硫与二氧化碳作为大气污染物的共同之处在于（A）。

（A）都是一次污染；

（B）都是产生酸雨的主要污染物；

（C）都是无色、有毒的不可燃气体；

（D）都是产生温室效应的气体。

Lb4A1308　尿素热解系统中，一般要求尿素的纯度为（D）。

（A）小于95%；（B）大于95%；

（C）小于99%；（D）大于99%。

Lb4A1309　NH_3 中 N 的化合价是（A）价。

（A）−3；（B）+3；（C）+1；（D）−1。

Lb4A1310　石灰石一石膏湿法脱硫系统中吸收剂的纯度是指吸收剂中（C）的含量。

（A）氧化钙；（B）氢氧化钙；（C）碳酸钙；（D）碳酸氢钙。

Lb4A1311　液氨储罐首次使用时，必须用 N_2 置换罐内的空气，置换后 O_2 的浓度为：（C）。

（A）$O_2 \leqslant 0.1\%$；（B）$O_2 \leqslant 0.3\%$；

（C）$O_2 \leqslant 0.5\%$；（D）$O_2 \leqslant 0.7\%$。

Lb4A1312　通过燃烧来降低 NO_x 的生成量的技术是（C）。

（A）炉膛喷射脱硝技术；（B）烟气脱硝技术；

（C）低 NO_x 燃烧技术；（D）尿素热解脱硝技术。

Lb4A2313　在 SCR 脱硝系统中，气态氨经过稀释风机稀释后注入烟道的浓度控制在（B）以内。

（A）10%；（B）5%；（C）15%；（D）20%。

Lb4A2314　湿法脱硫吸收塔中水吸收 SO_2 的反应，通常被认为是（C）。

（A）物理化学过程；（B）化学吸收过程；

（C）物理吸收过程；（D）催化吸收过程。

Lb4A2315 负压除灰系统运行中，布袋除尘器压差大于规定值的原因是（D）。

（A）布袋堵塞；（B）压差测管堵塞；

（C）吹扫空气压力不够；（D）三种情况都有可能。

Lb4A3316 压力变送器是利用霍尔兹原理把压力作用下的弹性元件位移信号转换成（C）信号，反应压力的变化。

（A）电流；（B）频率；（C）电压；（D）相位。

Lc4A2317 容器内使用的行灯电压不准超过（D）V。

（A）36；（B）24；（C）6；（D）12。

Lc4A2318 泡沫灭火器扑救（A）的火灾效果最好。

（A）油类；（B）化学药品；（C）可燃气体；（D）电气设备。

Jd4A2319 除雾器的冲洗时间长短和冲洗间隔的时间与（A）有关。

（A）吸收塔液位；（B）烟气流速；

（C）循环浆液 pH 值；（D）循环浆液密度。

Jd4A2320 SCR 脱硝吹灰系统一般采用（A），按设定频率，从最上层开始吹扫。

（A）声波式吹灰器；（B）蒸汽式吹灰器；

（C）耙式蒸汽吹灰器；（D）任何一种。

La3A2321 泵与风机是把机械能转变为流体（D）的一种动力设备。

（A）动能；（B）压能；（C）势能；（D）动能和势能。

Lb3A2322 脱硫净烟气比原烟气在大气中爬升高度要（B）。

（A）高；（B）低；（C）一样；（D）不确定。

Lb3A2323 石膏浆液呈微黄色的原因为吸收塔中含有（D）。

（A）Cd^{2+}；（B）Mg^{2+}；（C）Pb^{2+}；（D）Fe^{3+}。

Lb3A2324 采用海水作为脱硫吸收剂是因为海水中含有大量的（A），具有很强的吸收和中和二氧化硫的能力。

（A）碳酸氢根；（B）硫酸氢根；（C）硫酸根；（D）碳酸根。

Lb3A2325 干法烟气脱硫和湿法相比，有（C）特点。

（A）脱硫效率高；

（B）对于干燥过程控制要求不高；

（C）设备不易腐蚀，不易发生结垢和堵塞；

（D）吸收剂的利用率高。

Lb3A2326 我国大气污染物排放标准中，烟囱的有效高度指（C）。

（A）烟气抬升高度；（B）烟气抬升高度与烟囱几何高度之差；

（C）烟气抬升高度与烟囱几何高度之和；（D）烟囱几何高度。

Lb3A2327 冲灰管道结垢和 pH 值增高的主要原因是粉煤灰含（A）。

（A）游离氧化钙；（B）氧化硅；

（C）氧化铝；（D）氧化钾。

Lb3A2328 下列不是燃煤电厂影响酸露点因素有（C）。

（A）燃料含水量以及过量空气系数；（B）锅炉炉型；

（C）脱硫浆液循环泵运行数量；（D）燃料含硫量。

Lb3A2329 下列描述中，属于动叶可调轴流风机特点的是（C）。

（A）调节范围窄，调节效果好；

（B）结构简单，易于维护；

（C）调节范围广，调节效果好；

（D）高效区相对较窄，风机效率低。

Lb3A3330 催化剂的最佳环境温度在（B）之间方允许喷射氨气进行脱硝。

（A）300～450℃；（B）320～420℃；

（C）280～400℃ ；（D）315～420℃。

Lb3A3331 烟气中的 SO_3 和 SO_2 以及 HCl 造成的金属腐蚀属于（B）。

（A）电化学腐蚀；（B）化学腐蚀；

（C）结晶腐蚀；（D）磨损腐蚀。

Lb3A3332 氨/空气混合气体通过喷嘴进入反应器，喷嘴出口流速应不低于（B）m/s。

（A）50；（B）60；（C）70；（D）40。

Lb2A3333 一般脱硝系统工艺设计时，氨逃逸应控制在（B）mg/m^3 以内。

（A）2；（B）2.5；（C）2.7；（D）2.86。

Lc3A2334 《电力设备典型消防规程》（DL 5017—2015）规定，一级动火工作票的有效时间为（B）小时。

（A）12；（B）24；（C）48；（D）168。

Lc3A2335 为防止人身烫伤，需要经常操作、维修的设备和管道外表面温度高于（C）℃一般均应有保温层。

（A）35；（B）47；（C）50；（D）60。

La2A2336 与同扬程清水泵相比，灰渣泵的叶轮（C）。

（A）转速高，直径大；（B）转速高，直径小；

（C）转速低，直径大；（D）转速低，直径小。

La2A2337 当泵发生汽蚀时，泵的（D）。

（A）扬程增大，流量增大；（B）扬程增大，流量减小；

（C）扬程减小，流量增大；（D）扬程减小，流量减小。

La2A2338 《火电厂大气污染物排放标准》（GB 13223—2011）中的烟气含氧量是指燃料燃烧时，烟气中含有多余的自由氧，通常以（D）来表示。

（A）湿基质量百分数；（B）干基质量百分数；

（C）湿基容积百分数；（D）干基容积百分数。

La2A2339 机械密封与软填料密封相比，机械密封的优点是（C）。

（A）密封性能差；（B）价格低；

（C）使用寿命长；（D）结构简单。

Lb2A2340 尿素水解反应是（A）。

（A）吸热反应；（B）放热反应；

（C）氧化反应；（D）合成反应。

Lb2A2341　脱硝催化剂烧结的主要原因是（A）。

（A）长时间暴露于 450℃以上的烟温中；（B）喷氨量过大；

（C）催化剂质量太差；（D）吹灰频率太频繁。

La2A3342　在处理脱硫废水时，可采用排放至烟道用烟气进行加热蒸发的方式，喷入时应确保电除尘器前的温度高于其绝热饱和温度至少（C）℃。

（A）50；（B）30；（C）10；（D）5。

La2A3343　**Lb3A3251**　为减少处理后烟气排出烟囱形成的白雾，通常排气温度需要高于烟气饱和温度（C）℃以上。

（A）10；（B）15；（C）20 ；（D）25。

Lb3A4344　烟囱降雨是烟气中一些来不及扩散的大液滴降落至地面的现象，关于烟囱降雨说法错误的是（C）。

（A）雨滴形成的直接原因是除雾器除了含有饱和水蒸气外，
　　还携带有未被除雾器除去的液滴，烟气中的水分主要由
　　从除雾器中逃逸的雾滴组成；

（B）雨滴形成还与饱和烟气绝热膨胀及接触烟道和烟囱内壁
　　形成的冷凝物有关；

（C）烟道和烟囱内壁因惯性力而形成的液滴直径均较小，这
　　些液滴被带出烟囱后随烟气一起扩散蒸发掉了；

（D）当环境温度未饱和时，湿烟羽的抬升高度最初比同温度
　　干烟羽抬升高度要高。

Lb2A3345　SNCR 脱硝技术是在不使用催化剂的前提下，利用还原剂将烟气中的（A）还原为无害的氮气和水。

（A）NO_x；（B）SO_2；（C）N_2O_5；（D）NH_3。

Lc2A4346　环保设施因事故停运的，应在（D）小时内向所在地生态环境主管部门报告。

（A）2；（B）8；（C）12；（D）24。

Lc2A4347 建设项目中防治污染设施的"三同时"是指（A）。

（A）建设项目配套的环保设施必须与主体工程同时设计、同时施工、同时投产使用；

（B）建设项目配套的公用设施必须与主体工程同时设计、同时施工、同时投产使用；

（C）建设项目配套的基础设施必须与主体工程同时设计、同时施工、同时投产使用；

（D）建设项目配套的绿化设施必须与主体工程同时设计、同时施工、同时投产使用。

Lc2A4348 在评价大气空气质量时常用到可吸入颗粒物PM10的概念，PM10是指（D）。

（A）大气能见度等级为10m；

（B）大气中悬浮物颗粒浓度为10mg/m³；

（C）大气中空气动力学当量直径为≤0.1mm的悬浮颗粒物；

（D）大气中空气动力学当量直径≤10μm的悬浮颗粒物。

Lc2A4349 《电业安全工作规程　第1部分：热力和机械》（GB 26164.1—2010）规定，安全带使用时应（B），注意防止摆动碰撞。

（A）低挂高用；（B）高挂低用；

（C）与人腰部水平；（D）无规定。

JD2A2350 卸氨过程中，液氨储罐的容量不得大于（D）。

（A）70%；（B）65%；（C）75%；（D）85%。

La1A2351 离心泵运行中，（D）是产生轴向推力的主要部件。

（A）轴；（B）轴套；（C）泵壳；（D）叶轮。

La1A2352 液氨的储存量超过（D）为重大危险源。

（A）40t；（B）30t；（C）20t；（D）10t。

La1A2353 当管道内的液体处于紊流状态时，管道截面上流速最大的地方为（B）。

（A）在靠近管壁处；（B）在截面中心处；

（C）在管壁和截面中心之间；（D）根截面而大小不同。

La1A2354　测量浆液的 pH 计在选取安装位置时要考虑一方面避免浆液流速过低出现沉淀、结垢，又要避免管内流速过高磨损，因此一般管内流速选（A）m/s。

（A）2～3；（B）4～5；（C）5～6；（D）6～7。

La1A2355　发电厂排放烟气的透明度主要受飞灰颗粒物、液滴和硫酸雾的影响，造成烟气不透明的主要物质是（C）。

（A）NO；（B）N_2O；（C）NO_2；（D）N_2O_5。

La1A3356　合金中增加（B）能抑制氯离子的破坏作用和形成保护膜，防止氯离子穿透钝化膜。

（A）铬；（B）钼；（C）氮；（D）镍。

Lb1A3357　CEMS 中有效小时均值是指整点 1 小时内不少于（B）分钟的有效数据的算术平均值。

（A）40；（B）45；（C）50；（D）60。

Lb1A4358　在标准状况下，SO_2：1ppm=（A）mg/m^3；NO：1ppm=（A）mg/m^3；NO_x：1ppm=（A）mg/m^3。

（A）2.86，1.34，2.05；（B）1.72，2.86，1.34；

（C）2.86，2.05，1.72；（D）1.34，2.05，0.85。

Lb1A5359　某电厂采用石灰石—石膏湿法脱硫装置，每小时脱除 SO_2 的量为 2069kg，石灰石纯度为 92%，当钙硫比为 1.03 时，每小时消耗的石灰石量为多少？（C）

（A）2.31t；（B）2.44t；（C）3.62t；（D）3.81t。

Lc1A5360　纳税人排放应税大气污染物或者水污染物的浓度值低于国家和地方规定的污染物排放标准（D）的，减按 75%征收环境保护税。

（A）10%；（B）20%；（C）40%；（D）30%。

二、判断题

判断下列描述是否正确，正确的在括号内打"√"，错误的在括号内打"×"。

La4B1001 过热蒸汽是饱和蒸汽。 （×）

La4B2002 所有液体都有黏性，而气体不一定有黏性。（×）

La4B3003 可燃物的爆炸极限越大，发生爆炸的机会越少。

（×）

La4B3004 金属在一定温度和应力作用下，逐渐产生弹性变形的现象，就是蠕变。 （×）

La3B2005 不同液体在相同压力下沸点不同，但同一液体在不同压力下沸点相同。 （×）

La3B3006 热平衡是指系统内部各部分之间及系统与外界没有温差，也会发生传热。 （×）

La3B4007 金属材料在载荷作用下，能够改变形状而不破坏，在取消载荷后又能把改变形状保持下来的性能称为塑性。 （√）

La2B2008 卡诺循环是由两个可逆的定温过程和两个可逆的绝热过程组成。 （√）

La2B3009 流体与壁面间温差越大，换热面积越大，对流换热热阻越大，则换热量也应越大。 （×）

La2B4010 传热量是由三个方面的因素决定的。即：冷、热流体传热平均温差，换热面积和传热系数。 （√）

La1B2011 水蒸气在 T—S 图和 P—V 图上可分为三个区，即未饱和水区，湿蒸汽区和过热蒸汽区。 （√）

La1B2012 流体有层流和紊流，发电厂的汽、水、风、烟等各种流动管道系统中的流动，绝大多数属于层流。 （×）

Lb4B1013 火力发电厂的能量转换过程是：燃料的化学能→热能→机械能→电能。 （√）

Lb4B1014 锅炉热效率计算有正平衡和反平衡两种方法。

（√）

Lb4B1015 锅炉各项损失中，散热损失最大。 （×）

Lb4B2016 锅炉上水水质应为除过氧的除盐水。 （√）

Lb4B2017 影响排烟热损失的主要因素是排烟温度和排烟量。 （√）

Lb4B2018 油滴的燃烧包括蒸发、扩散和燃烧三个过程。 （√）

Lb4B2019 发电锅炉热损失最大的一项是机械未完全燃烧热损失。 （×）

Lb4B2020 锅炉的蓄热能力，一般约为同参数汽包锅炉的50%以上。 （×）

Lb4B3021 液体在相同压力下沸点不同，但同一液体在不同压力下沸点也不同。 （√）

Lb4B3022 锅炉给水温度降低、燃烧量增加，使发电煤耗提高。 （√）

Lb4B3023 自然水循环是由于工质的重度差而形成的。 （√）

Lb4B3024 CCS 在以锅炉为基础方式下运行时，锅炉调负荷，汽轮机调压力。 （√）

Lb4B4025 水蒸气的形成经过五种状态的变化，即未饱和水→饱和水→湿饱和蒸汽→干饱和蒸汽→过热蒸汽。 （√）

Lb4B4026 在用反平衡法计算锅炉效率时，由于汽温、汽压等汽水参数不参与计算，所以这些参数对锅炉用反平衡法计算出的效率无影响。 （√）

Lb4B4027 分散控制系统（DCS）的设计思想是控制分散、管理集中、信息共享。 （√）

Lb3B2028 火力发电厂自动控制系统按照总体结构可分为以下三种类型：分散控制系统、集中控制系统及分级控制系统。 （√）

Lb3B2029 蒸汽监督的主要项目是含盐量和杂质。 （×）

Lb3B4030 锅炉总有效利用热包括：过热蒸汽吸热量、再热蒸汽吸热量、饱和蒸汽吸热量、排污水的吸热量。 （√）

Lb3B5031　锅炉灭火的一般象征是：炉膛负压突然降至最小，炉膛内发亮，火焰监视正常，灭火信号不报警，锅炉灭火保护动作。　　　　　　　　　　　　　　　　　　　　　　　（×）

Lb2B2032　一定压力下，液体加热到一定温度时开始沸腾，虽然对它继续加热，可其沸点温度保持不变，此时的温度即为过热度。　　　　　　　　　　　　　　　　　　　　　　　（×）

Lb2B3033　燃料量变动，炉膛出口烟温就会发生变动，烟气流速也会变化，这样就必然引起炉内换热量的改变；从而使蒸汽温度发生变化。　　　　　　　　　　　　　　　　　　　（√）

Lb2B4034　给水全程自动调节设两套调节系统，在启停过程中，当负荷低于一定程度时，蒸汽流量信号很小，测量误差很大，所以单冲量给水调节系统切换为三冲量给水系统。　　（×）

Lb2B5035　烟道再燃烧的主要现象是：炉膛负压和烟道负压失常，排烟温度升高，烟气中氧量下降，热风温度、省煤器出口水温等介质温度升高。　　　　　　　　　　　　　　　　（√）

Lb1B3036　过热蒸汽流程中进行左右交叉，有助于减轻沿炉膛方向由于烟温不均而造成热负荷不均的影响，也是有效减少过热器左右两侧热偏差的重要措施。　　　　　　　　　　（√）

Lb1B4037　锅炉满水的主要原因：水位计指示不准，造成运行人员误判断，给水压力突然增高，负荷增加太快，造成运行人员控制不当以及给水调节设备发生故障等。　　　　（√）

Ld4B2038　润滑油对轴承起润滑、冷却、清洗等作用。

（√）

Ld4B2039　炉前燃油系统因检修需要动火时，运行人员只要做好安全措施，不需办理动火工作票。　　　　　　　　（×）

Ld4B3040　滚动轴承极限温度比滑动轴承极限温度低。（×）

Ld4B3041　油燃烧器主要由油枪和调节风两部分组成。（√）

Ld3B2042　管式空气预热器管内走空气，管外走烟气。（×）

Ld3B2043　锅炉检修后的总验收分为冷态验收和热态验

收。 （√）

Le4B2044 开启离心泵前必须先全开出口门。 （×）

Le4B2045 锅炉水位计和安全门不参加超水压试验。 （√）

Le3B2046 冲洗汽包水位计时应站在水位计的侧面，打开阀门时应缓慢小心。 （√）

Le3B2047 回转空气预热器检修后第一次启动前，应采用手动盘车使转子旋转两周确认转子能自由转动，听其转动声音正常。 （√）

Le2B2048 发生细粉分离器堵塞时，应立即关小排粉机入口挡板，停止给煤机和磨煤机，检查锁气器或木屑分离器，疏通下粉管，正常后重新启动磨煤机和给煤机运行。 （√）

Le2B2049 处理筒体煤多的方法是：减少给煤或停止给煤机，增加通风量，严重时停止磨煤机或打开人孔盖清除堵煤。 （√）

Le1B2050 在炉膛周界一定的情况下，减小螺旋管圈数的倾角，就可以改变螺旋管圈的数量，在管圈直径一定的情况下，管圈数量决定了水冷壁的质量流速。 （√）

Le1B2051 UP 型锅炉是亚临界和超临界参数均可采用的炉型，工质一次或二次上升，连接管多次混合，具有较高的质量流速，适用于大型超临界压力直流锅炉。 （×）

Jb3B2052 对于大多数锅炉来说，均可采用烟气再循环方式调节再热蒸汽温度。 （√）

Jb3B3053 从燃烧的角度看，煤粉磨的越细越好，可使机械不完全燃烧热损失降低，也使排烟热损失降低。 （√）

Jb3B3054 不论在亚临界或超临界压力，提高质量流速是防止传热恶化、降低管壁温度的有效措施。 （√）

Jb3B4055 改变火焰中心的位置，可以改变炉内辐射吸热量和进入过热器的烟气温度，因此可以调节过热汽温和再热汽温。 （√）

Jb3B4056 锅炉优化燃烧调整主要目的是提高燃烧经济性，

提高排烟温度。　　　　　　　　　　　　　　　　（×）

Jb2B2057　锅炉受热面外表面积灰或结渣，会使管内介质与烟气热交换时传热量增强，因为灰渣导热系数大。　（×）

Jb2B3058　蒸汽所含热量由饱和水含热量、汽化潜热和过热热量三部分组成。　　　　　　　　　　　　　　（√）

Jb2B3059　超温是指运行而言，过热是指爆管而言，超温是过热的原因，过热是超温的结果。　　　　　　　（√）

Jb2B4060　燃烧调整试验目的是为了掌握锅炉运行的技术经济特性，确保锅炉燃烧系统的最佳运行方式，从而保证锅炉机组安全经济运行。　　　　　　　　　　　　　　（√）

Jb1B2061　过热汽温变化的因素主要有：锅炉负荷燃烧工况、风量变化、汽压变化、给水温度、减温水量等。　（√）

Jb1B3062　过热器采用分级控制：即将整个过热器分成若干级，每级设置一个减温装置，分别控制各级过热器的汽温，以维持主汽温度为给定值。　　　　　　　　　　　　（√）

Jb1B4063　直流锅炉在亚临界工况下蒸发受热面出现多值性不稳定流动，其主要原因是蒸发受热面入口水欠焓的存在。所以在低负荷运行时必须限制入口水的欠焓。　　　　　（×）

Jd4B2064　允许流体两个方向流动。　　　　　（√）

Jd4B3065　过热器的作用是将由汽包来的未饱和蒸汽加热成过热蒸汽。　　　　　　　　　　　　　　　　（×）

Jd4B3066　锅炉水冷壁吸收炉膛高温火焰的辐射热，使水变为过热蒸汽。　　　　　　　　　　　　　　　　（×）

Jd4B4067　锅炉的蓄热能力越大保持汽压稳定能力越小。　　　　　　　　　　　　　　　　　　　　（×）

Jd4B4068　锅炉的信号系统有两种，一种是热工信号系统，一种是电气信号系统。　　　　　　　　　　　　（√）

Jd3B2069　直流炉为了达到较高的重量流速，必须采用小管径水冷壁。　　　　　　　　　　　　　　　　（√）

Jd3B4070　顺流布置的换热器传热温差相对较大，传热效果相对较好，比较安全。　　　　　　　　　　　　　　　（×）

Jd3B4071　水冷壁的传热过程是：烟气对管外壁辐射换热，管外壁向管内壁导热，管内壁与汽水之间进行对流放热。　（√）

Jd2B2072　蒸汽中的盐分主要源于锅炉排污水。　　　（×）

Jd2B3073　锅炉给水温度升高、燃料量减少，将使发电煤耗提高。　　　　　　　　　　　　　　　　　　　　　　（×）

Jd2B4074　金属由固态转变为液态时的温度称为冷凝，从液态变为固态的过程称为沸点。　　　　　　　　　　　　（×）

Jd1B2075　通过截止阀的介质可以从上部引入，也可以从下部引入。　　　　　　　　　　　　　　　　　　　　　　（√）

Jd1B3076　PID 调节系统中由于微分调节器的作用，该系统较比例积分系统具有更强的克服偏差的能力。　　　　　（√）

Jd1B4077　在锅炉过热器的传热过程中，设法减小烟气侧的换热系数，对增强传热最有利。　　　　　　　　　　（×）

Je4B2078　省煤器的作用是利用锅炉尾部烟气的余热，加热锅炉炉水的一种热交换设备。　　　　　　　　　　　（×）

Je4B2079　锅炉燃烧室主要作用是组织燃烧和对流换热。

（×）

Je4B2080　锅炉过热器、再热器和高压旁路等设备的减温水来自给水系统。　　　　　　　　　　　　　　　　　　（√）

Je4B2081　减温器一般分为表面式和混合式两种。　　（√）

Je4B3082　联箱的主要作用是汇集、分配工质，消除热偏差。

（√）

Je4B3083　煤粉过粗，燃烧不完全常会引起锅炉发生二次燃烧事故。　　　　　　　　　　　　　　　　　　　　　　（√）

Je4B3084　锅炉吹灰前应适当降低燃烧室负压，并保持燃烧稳定。　　　　　　　　　　　　　　　　　　　　　　（×）

Je4B4085　当空气预热器严重堵灰时，其入口烟道负压增大，

出口烟道负压减小，炉压周期性波动。　　　　　　（×）

Je4B4086　在锅炉点火初期，控制进入炉膛的燃料量是为了满足汽包上、下壁温差的要求和避免过热器和再热器受热面被烧坏。　　　　　　　　　　　　　　　　　　　（√）

Je4B4087　油枪点燃后，应根据燃烧情况调整其助燃风量，要经常监视油压、油温，保持燃烧良好。　　　　　（√）

Je3B2088　影响高压锅炉水冷壁管外壁腐蚀的主要因素是飞灰速度。　　　　　　　　　　　　　　　　　　　　（×）

Je3B2089　锅炉定期排污应该选择在高负荷下进行。　（×）

Je3B2090　锅炉给水、锅水及蒸汽品质超过标准经多方努力调整仍无法恢复正常时应申请停炉。　　　　　　（√）

Je3B3091　锅炉"四管"是指水冷壁管、省煤器管、过热器管和主蒸汽管。　　　　　　　　　　　　　　　（×）

Je3B4092　锅炉停炉保护方法有湿法保护、干燥保护和气相缓蚀剂保护三种。　　　　　　　　　　　　　　（√）

Je3B4093　锅炉本体主要设备有燃烧室、燃烧器、布置有受热面的烟道、汽包、下降管、水冷壁、过热器、再热器、省煤器、空气预热器、联箱等。　　　　　　　　　　　（√）

Je2B2094　使一次风速略高于二次风速，有利于空气与煤粉充分混合。　　　　　　　　　　　　　　　　　（×）

Je2B2095　有一测温仪表，精度等级为 0.5 级，测量范围为 400～600℃，该表的允许基本误差为（600–400）×0.5%=200×0.5=±1（℃）。　　　　　　　　　　　　　　　　　　（√）

Je2B3096　锅炉受热面结渣时，受热面内工质吸热减少，以致烟温降低。　　　　　　　　　　　　　　　　（×）

Je2B4097　锅炉启动过程中，如用喷水使过热器减温，应注意喷水量不能太大，以防喷水不能全部蒸发，沉积在过热器管内，形成水塞引起超温。　　　　　　　　　　　（√）

Je1B2098　过热汽温调节一般以烟气侧调节作为粗调，蒸汽

侧以喷水减温作为细调。　　　　　　　　　　　　　　（√）

Je1B3099　省煤器损坏的主要现象是省煤器烟道内有泄漏声，排烟温度降低，两侧烟温、风温偏差大，给水流量不正常地小于蒸汽流量，炉膛负压增大。　　　　　　　　　　（×）

Je1B4100　再热器汽温调节的常用方法有：摆动式燃烧器、烟气再循环、分隔烟道挡板调节、喷水减温器（一般作为事故处理时用）。　　　　　　　　　　　　　　　　　（√）

La4B1101　在冷态启动过程中，汽缸外表面受到的是热压应力。　　　　　　　　　　　　　　　　　　　　（×）

La4B2102　汽轮机从冷态启动、并网、稳定工况运行到减负荷停机，转子表面、转子中心、汽缸内壁、汽缸外壁等的热应力刚好完成一个交变热应力循环。　　　　　　　　（√）

La4B2103　变压运行汽压降低，汽温不变时，汽轮机各级容积流量、流速近似不变，能在低负荷时保持汽轮机内效率不下降。
　　　　　　　　　　　　　　　　　　　　　　　（√）

La4B2104　汽轮机惰走初期，由于鼓风摩擦的作用转速下降较快。　　　　　　　　　　　　　　　　　　　（√）

La4B1105　汽轮机正常运行中，当出现甩负荷时，相对膨胀出现负值大时，易造成喷嘴出口与动叶进汽侧磨损。　（√）

La4B1106　在超临界压力下，水的比热随温度的升高而增大，蒸汽的比热随温度的升高而减小。　　　　　　　（√）

La4B1107　高压加热器投入时应先投抽汽压力较高的加热器，然后，依次投入抽汽压力低的加热器。　　　　（×）

La4B1108　采用滑参数进行冷态启动时，汽轮机零部件中所产生的热应力比额定参数启动要大。　　　　　（×）

La4B1109　汽轮机启动中，控制金属升温率是控制热应力的最基本手段。　　　　　　　　　　　　　　　　（√）

La4B2110　当汽轮发电机组的转子受到不规则冲击时，将会产生随机振动，即振动的频率、振幅都在不断地发生不规则的

变化。　　　　　　　　　　　　　　　　　　　　（√）

La4B1111　对于具体的机组，各部件的几何尺寸是固定的，温升率越高，则其内外壁温差越大。　　　　　　　（√）

La4B2112　启动过程中出现较大胀差时，应停止升温、升压，并在该负荷下进行暖机。必要时采取其他措施来减小胀差值。　　　　　　　　　　　　　　　　　　　　　　（√）

La4B1113　热态启动中蒸汽温度偏低时，容易产生负胀差。　　　　　　　　　　　　　　　　　　　　　　　　（√）

La4B1114　汽轮机运行中当凝汽器管板脏时，真空下降，排汽温度升高，循环水出入口温差减小。　　　　　　（×）

La4B2115　汽轮机启停或工况变化时，金属材料除了受机械应力作用外，还要承受交变热应力的作用。　　　（√）

La4B1116　当机组采用炉跟机控制方式运行时，汽压变化很小，但负荷适应能力快。　　　　　　　　　　　（×）

La4B1117　汽缸出现裂纹或损坏大多是由拉应力所造成，所以，快速加热比快速冷却更危险。　　　　　　　（×）

La4B1118　对确定的汽轮机，在不稳定传热过程中，金属部件内外壁引起的温差与蒸汽和金属之间单位时间的传热量成正比。　　　　　　　　　　　　　　　　　　（√）

La4B1119　对于高、中压缸反向布置的再热机组来说，当再热蒸汽压力升高、温度降低或中压缸进水时，推力瓦的非工作面将承受巨大的轴向推力。　　　　　　　　（×）

La4B2120　凝汽器的真空超过经济真空并不经济，并且还会使汽轮机末几级蒸汽湿度增加，使末几级叶片的湿汽损失增加，加剧了蒸汽对动叶片的冲蚀作用，缩短了叶片的使用寿命。（√）

La4B1121　汽轮机胀差为零时，说明汽缸和转子没有膨胀或收缩。　　　　　　　　　　　　　　　　　　　　　（×）

La4B1122　升速过快，会引起较大的离心力，不会引起金属过大的热应力。　　　　　　　　　　　　　　　　　（×）

La4B2123　汽轮机冷态及热态的划分依据是转子的脆性转变温度。　　　　　　　　　　　　　　　　　　　　　　　　　（√）

La4B1124　为了防止汽轮机金属部件内出现过大的温差，汽轮机启动中温升率越低越好。　　　　　　　　　　　　　　（×）

La4B1125　汽轮机负温差启动时，蒸汽温度太低，将在转子表面和汽缸内壁产生过大的压应力。　　　　　　　　　　（×）

La4B1126　为提高钢的耐磨性和抗磁性，需加入适量的合金元素锰。　　　　　　　　　　　　　　　　　　　　　　　（√）

La4B1127　受热面管子的壁温≤580℃时可用 12Cr1MoV 的钢材。　　　　　　　　　　　　　　　　　　　　　　　　　（√）

La4B1128　上下缸温差是监视和控制汽缸热翘曲变形的指标。　　　　　　　　　　　　　　　　　　　　　　　　　　（√）

La4B1129　调速系统由感受机构、放大机构、执行机构、反馈机构组成。　　　　　　　　　　　　　　　　　　　　　（√）

La4B2130　蒸汽初压和初温不变时，提高排汽压力可提高朗肯循环的热效率。　　　　　　　　　　　　　　　　　　（×）

La4B1131　汽轮机冷态启动冲转的开始阶段，蒸汽在金属表面凝结，但形不成水膜，这种形式的凝结称珠状凝结。　　（√）

La4B1132　蒸汽在喷嘴中等熵膨胀时，临界压力比只与气体的性质有关。　　　　　　　　　　　　　　　　　　　　（√）

La4B1133　汽轮机的超速试验应连续进行两次，且两次的转速差不超过 60r/min。　　　　　　　　　　　　　　　　（×）

La4B2134　在汽轮机膨胀或收缩过程中出现跳跃式增大或减小时，可能是滑销系统或台板滑动面有卡涩现象，应查明原因予以消除。　　　　　　　　　　　　　　　　　　　　　　　（√）

La4B2135　在高温下工作的时间越长，材料的强度极限下降得也越多。　　　　　　　　　　　　　　　　　　　　　（√）

La4B1136　汽轮机热态启动时由于汽缸转子的温度场是均匀的，所以启动时间快，热应力小。　　　　　　　　　　　（√）

La4B1137 在运行中机组突然发生振动时，较为常见的原因是转子平衡恶化和油膜振荡。 （×）

La4B1138 为保证汽轮机的安全，甩负荷时，超速保护应迅速动作，以使汽轮机停机。 （×）

La4B2139 汽轮机运行中当工况变化时，推力盘有时靠工作瓦块，有时靠非工作瓦块。 （√）

La4B1140 采用喷嘴调节的汽轮机，对调节级最危险的工况是流量最大时的工况。 （×）

La3B3141 汽轮机相对内效率表示了汽轮机通流部分工作的完善程度。一般 $\eta = 78\% \sim 90\%$。 （√）

La3B3142 汽轮机电液调节的主要作用是调节有功功率。

（×）

La3B3143 汽轮机甩负荷试验，一般按 1/2 额定负荷、3/4 额定负荷及全部负荷三个等级来进行。 （√）

La3B3144 除氧器的作用就是除去锅炉给水中的氧气。 （×）

La3B3145 为确保汽轮机的自动保护装置在运行中动作准确可靠，机组在启动前应进行模拟试验。 （√）

La3B3146 汽轮机由于金属温度变化引起的零件变形称为热变形，如果热变形受到约束，则在金属零件内产生热应力。 （√）

La3B1147 汽轮机的空负荷试验是为了检查调速系统空载特性及危急保安器的可靠性。 （√）

La3B1148 水氢氢冷却的汽轮发电机定子及铁芯的热量主要靠冷却水带走。 （×）

La3B2149 汽轮机调速系统带负荷试验的目的是为了检查调速系统在各种负荷下的稳定情况。 （√）

La3B3150 推力瓦上的乌金厚度应小于通流部分及轴封处的最小轴向间隙。 （√）

La3B3151 当汽轮机胀差超限时应紧急停机，并破坏真空。

（√）

La3B2152 主汽温度及凝汽器的真空不变，主汽压力升高将引起汽轮机末级排汽湿度增大。 （√）

La3B3153 高压加热器投运，应先开出水电动门，后开进水电动门。 （√）

La3B2154 支持轴承只是用来支承汽轮机转子的重力。 （×）

La3B3155 所谓热冲击就是指汽轮机在运行中蒸汽温度突然大幅度下降或蒸汽过水，造成对金属部件的急剧冷却。 （×）

La3B3156 大型机组滑参数停机时，先维持蒸汽压力不变而适当降低蒸汽温度，以利于汽缸冷却。 （√）

La3B3157 在机组启动过程中发生油膜振荡时，可以像通过临界转速那样以提高转速冲过去的办法来消除。 （×）

La3B3158 盘车状态下用少量蒸汽加热，高压缸加热至150℃时再冲转，减少了蒸汽与金属壁的温差，温升率容易控制，热应力较小。 （√）

La3B3159 正常运行中高加故障切除，将引起主汽温度下降。 （×）

La3B3160 发电机定子冷却水系统漏入氢气，会使发电机定子温度升高。 （√）

La3B2161 除氧器中水的溶氧量与除氧器的压力成正比。 （×）

La3B3162 增大汽轮机低压部分排汽口数量，能显著地增大机组容量，是提高汽轮机单机功率的一个十分有效的措施。 （√）

La3B3163 监视轴瓦温度时，由于油温滞后于金属温度，不能及时反应轴瓦温度的变化，因而只能作为辅助监视。 （√）

La3B2164 在同一应力下，转子工作温度越高，蠕变断裂时间越短。 （√）

La3B2165 汽轮发电机组最优化启停是由升温速度和升温幅度来决定的。 （√）

La2B4166 汽轮发电机运行中，密封油瓦进油温度一般接近

高限为好。 （√）

La2B3167 汽轮机从满负荷下全甩负荷的工况，是除氧器滑压运行时给水泵最危险工况。 （√）

La2B4168 中间再热机组设置旁路系统的作用之一是保护汽轮机。 （×）

La2B3169 汽轮机转速到 103%额定转速时，DEH 发出指令关闭各主汽阀和调节汽阀，起到超速防护的作用。 （×）

La2B4170 汽轮机的负荷摆动值与调速系统的迟缓率成正比，与调速系统的速度变动率成反比。 （√）

La2B4171 冷态启动暖机过程中，真空不宜过低，保持较高的真空可以使进入汽轮机的蒸汽流量相对增加，有利于机组的加热，缩短启动时间。 （×）

La2B3172 冷态启动时，采用低压微过热蒸汽冲动汽轮机将更有利于汽轮机金属部件的加热。 （√）

La2B3173 当除氧给水中的含氧量增大时，可以开大除氧器排气门来降低含氧量。 （√）

La2B3174 汽轮发电机组正常运行中，当发现密封油泵出口油压升高密封瓦入口油压降低时，应判断为密封瓦磨损。 （√）

La2B4175 运行中引起高压加热器保护装置动作的唯一原因是加热器钢管泄漏。 （×）

La2B3176 采用滑参数进行冷态启动时，蒸汽的凝结放热阶段结束后，随着暖机的进行，蒸汽以对流的方式向金属放热。 （√）

La2B3177 中间再热机组旁路系统的作用之一是回收工质。 （√）

La2B4178 现代大型机组绝大部分同时具有节流调节和喷嘴调节的功能。在启动中采用喷嘴调节，启动后再切换为节流调节。 （×）

La2B3179 汽轮机大轴发生弯曲变形时，低转速下比高转速

下危害更大。　　　　　　　　　　　　　　　　　（√）

La2B4180　汽轮机的级在湿蒸汽区域工作时，湿蒸汽中的微小水滴不但消耗蒸汽的动能形成湿汽损失，还将冲蚀叶片对叶片的安全产生威胁。　　　　　　　　　　　　　　（√）

La2B3181　在汽轮机轴封处，由于蒸汽流速高，蒸汽放热系数大，启动时这些部分会产生较大的温差。　　　　　（√）

La2B3182　在临界状态下，饱和水与干饱和蒸汽具有相同的压力、温度、比容和熵。　　　　　　　　　　　　　（√）

La2B4183　蒸汽在汽轮机内的膨胀是在喷嘴和动叶中分步完成的，其动叶片主要按反动原理工作的汽轮机称为冲动反动联合式汽轮机。　　　　　　　　　　　　　　　　　（√）

La2B3184　汽轮机停止后盘车未能及时投入或在盘车连续运行中停止时，应查明原因，修复后立即投入盘车并连续运行。
　　　　　　　　　　　　　　　　　　　　　　　（×）

La2B3185　设置汽轮机滑销系统的作用是为了保证汽缸在受热时能自由地膨胀。　　　　　　　　　　　　　　（×）

La1B4186　汽轮机推力瓦片上的钨金厚度一般为 1.5mm 左右，这个数值等于汽轮机通流部分动静最小间隙。　　（×）

La1B3187　汽轮机带额定负荷运行时，甩掉全部负荷比甩掉80%负荷所产生的热应力要大。　　　　　　　　　（×）

La1B3188　加热器下一级加热器进口水温低于本级加热器水侧出口温度时，说明本级加热器水侧旁路门不严。　（√）

La1B4189　汽轮机在超速试验时，汽轮机转子的应力比额定的转速下约增加25%的附加应力。　　　　　　　（√）

La1B4190　汽缸上、下缸温差过大，会使轴封发生摩擦及振动，引起大轴弯曲。因此，必须重视汽缸上、下缸温差的变化。
　　　　　　　　　　　　　　　　　　　　　　　（√）

La1B3191　钼在钢中的作用主要是提高淬透性和热强性，使钢在高温时能保持足够的强度和抗蠕变能力。　（√）

La1B4192　转子与汽缸之间产生的热膨胀差值成为汽轮机相对胀差。　　　　　　　　　　　　　　　　　　　　　　　（√）

La1B3193　汽轮机启动过程中，由于内壁温度高于外壁温度，故外表面受压应力。　　　　　　　　　　　　　　（×）

La1B4194　汽轮机惰走曲线第一段下降较快是因为鼓风摩擦损失与转速的三次方成正比，而汽轮机转动惯量只与转速的二次方成正比。　　　　　　　　　　　　　　　　　　（√）

La1B3195　凝汽器正常运行时的真空是靠低压缸排汽凝结而成，抽汽设备的作用只是维持凝汽器真空。　　　　　（√）

La1B3196　转子在离心力的作用下发生径向伸长、轴向缩短的现象为泊桑效应。　　　　　　　　　　　　　　　（√）

La1B3197　凝汽器的压力与循环水进口温度、循环水量、凝汽量之间的关系，称为凝汽器的热力特性。　　　　　（√）

La1B3198　汽轮机转子出现第一条裂纹时意味着转子寿命的终结。　　　　　　　　　　　　　　　　　　　　　（×）

La1B4199　汽轮机转子的摩擦鼓风损失与动叶长度成正比。　　　　　　　　　　　　　　　　　　　　　　　　（√）

La1B4200　滑参数启动是指从汽轮机冲转到发电机并网至带到要求负荷，汽轮机主汽门前的蒸汽参数始终保持额定值的启动。　　　　　　　　　　　　　　　　　　　　（×）

La4B3201　UPS 电源系统为单相两线制系统。　　（√）

La4B3202　对于任一分支的电阻电路，只要知道电路中的电压、电流和电阻三个量中任意一个量，就可以求出另外一个量。　　　　　　　　　　　　　　　　　　　　　（×）

La3B3203　电流与磁力线方向的关系是用左手握住导体，大拇指指电流方向，四指所指的方向即为磁力线的方向。　（×）

La3B3204　判断载流导体在磁场中的受力方向采用左手定则。　　　　　　　　　　　　　　　　　　　　　　　（√）

Lb3B3205　接地电阻越小跨步电压也低。　　　　（√）

Lb3B3206　发电机的极对数和转子转速，决定了交流电动势的频率。（√）

Lb3B3207　变压器的油起灭弧及冷却作用。（×）

Lb3B3208　在线圈中，自感电动势的大小与线圈中流动电流的大小成正比。（×）

Lb3B3209　构成正弦交流电的三要素是：最大值、角频率、初相角。（√）

Lb3B3210　交流发电机的频率决定于发电机的转子转数和磁极对数。（√）

Lb3B3211　三相交流发电机的有功功率等于电压、电流和功率因数的乘积。（×）

Lb3B3212　电力系统低周减载就是在系统故障时迅速降低机组负荷。（×）

Lb3B3213　对继电保护装置的基本要求是：可靠性、选择性、快速性和灵敏性。（√）

Lb3B3214　蓄电池容量的安培小时数是充电电流的安培数和充电时间的乘积。（×）

Lb3B3215　在电路中，若发生串联谐振，在各储能元件上有可能出现很高的过电压。（√）

Lb3B3216　电动机绕组电感一定时，频率越高，阻抗越小。（×）

Lb3B4217　变压器的损耗是指输入与输出功率之差，它由铜损和铁损两部分组成。（√）

Lb3B4218　变压器允许正常过负荷，其过负荷的倍数及允许的时间应根据变压器的负载特性和冷却介质温度来决定。（√）

Lb3B4219　变压器不对称运行，对变压器本身危害极大。（×）

Lb3B4220　变压器的激磁涌流一般为额定电流的5～8倍。（√）

Lb3B4221 中性点直接接地系统发生单相接地时，非故障相电压升高。 （×）

Lb3B4222 两个平行的载流导线之间存在电磁力的作用，两导线中电流方向相同时，作用力相排斥，电流方向相反时，作用力相吸引。 （×）

Lb3B4223 交流发电机的频率决定于发电机的转子转速和磁极对数。 （√）

Lb2B3224 当系统振荡或发生两相短路时，会有零序电压和零序电流出现。 （×）

Lb2B3225 高压输电线路采用分裂导线，可以提高系统的静态稳定性。 （√）

Lb2B3226 断路器固有分闸时间称断路时间。 （×）

Lb2B3227 发电机变成同步电动机运行时，最主要的是对电力系统造成危害。 （×）

Lb2B3228 蓄电池组总出口应采用熔断器保护方式。直流系统其他位置应使用直流断路器保护。 （√）

Lb2B4229 高频保护既可作全线路快速切除保护，又可作相邻母线和相邻线路的后备保护。 （×）

Lb2B4230 零序保护必须带有方向。 （×）

Lb2B4231 定时限过电流保护的动作时限，与短路电流的大小有关。 （×）

Lb2B4232 三相短路电流计算的方法不适用于不对称短路计算。 （×）

Lb2B4233 在中性点直接接地的电网中，当过电流保护采用三相星形接线方式时也能保护接地短路。 （√）

Lb2B4234 发电机失磁的实质是同步发电机变成异步电动机运行，此时转子转速低于定子磁场转速。 （×）

Lb2B4235 电气设备是按最大短路电流条件下进行热稳定和动稳定校验的。 （√）

Lb2B4236　变压器的阻抗电压越小，效率越高。　　（√）

Lb2B4237　变压器铜损的大小仅与负载大小有关。　（×）

Lb2B4238　速断保护是按躲过线路末端短路电流整定的。（√）

Lb2B4239　发电机过电流保护，一般均采用复合低电压启动，目的是提高过流保护的灵敏性。　　　　　　（√）

Lb2B4240　在反时限过流保护中，短路电流越大，保护动作时间越长。　　　　　　　　　　　　　　　　（×）

Lb2B4241　发电机失磁后，就不再发出有功功率。　（×）

Lb2B5242　公用电压互感器的二次回路只允许在控制室内有一点接地。　　　　　　　　　　　　　　　　（√）

Lb2B5243　三相五柱式的电压互感器均可用在中性点不接地系统中。　　　　　　　　　　　　　　　　　（×）

Lb2B5244　从功角特性曲线可知功率平衡点即为稳定工作点。

　　　　　　　　　　　　　　　　　　　　　　（×）

Lb1B4245　电流互感器运行时，常把两个二次绕组串联使用，此时电流变比将减小。　　　　　　　　　　（×）

Lb1B4246　当功角＞90°时，发电机运行处于静态稳定状态。

　　　　　　　　　　　　　　　　　　　　　　（×）

Lb1B4247　在中性点直接接地的电网中，当过电流保护采用三相星形接线方式时也能保护接地短路。　　（√）

Ld3B3248　6kV 及以上电压等级的设备，应使用 2500V 摇表测量其绝缘。　　　　　　　　　　　　　　（√）

Ld3B3249　6kV 厂用电系统装有厂用电快切装置，当工作电源掉闸后，备用电源应快速自动投入。　　（√）

Le2B3250　电流互感器属于二次设备。　　　　　（×）

Le2B4251　利用基波零序分量构成的发电机定子接地保护，在中性点附近总是有死区。　　　　　　　　（√）

Le2B4252　短路电流越大，反时限过电流保护的动作时间越长。

　　　　　　　　　　　　　　　　　　　　　　（×）

Le2B4253 为防止电流互感器二次侧短路，应在其二次侧装设低压熔断器。 （×）

Le2B4254 发电机绕组接地的主要危害是故障点电弧灼伤铁芯。 （√）

Le1B5255 工频耐压试验主要是检查电气设备绕组匝间绝缘。 （×）

Le1B5256 自动励磁调节装置在系统发生短路时能自动使短路电流减小，从而提高保护的灵敏度。 （×）

Jb2B4257 应该采用星形接法而错误地采用三角形接法时，则每相负载的相电压比其额定电压升高 $\sqrt{3}$ 倍，电功率要增大 3 倍，所接负载就会被烧毁。 （√）

Jd3B3258 发变组测量绝缘时可以不运行定子冷却水系统。 （×）

Jd3B3259 非电量保护不应启动失灵保护。 （√）

Je4B3260 装设接地线必须先接导体端，后接接地端，且必须接触良好。 （×）

Je4B3261 当电力系统故障引起电压下降时，为了维持系统的稳定运行和保证对重要用户供电的可靠性，允许发电机在短时间内过负荷运行。 （√）

Je3B3262 氢冷发电机在投氢过程中或投氢以后，无论发电机是否运行，密封油系统均应正常投入运行。 （√）

Je3B3263 备用电源自动投入装置每月要进行实际传动试验。 （×）

Je3B3264 电流互感器在运行中二次侧不能短路，电压互感器在运行中二次侧不能开路。 （×）

Je3B3265 蓄电池充电装置在检修工作结束后恢复运行时，应先合直流侧断路器，再合交流侧断路器。 （×）

Je3B3266 发电机失磁后无功功率一定是负值。 （√）

Je3B4267 直流系统一点接地后允许长期运行。 （×）

Je3B4268　三相异步电动机运行中定子回路断一相，仍可继续转动。　　　　　　　　　　　　　　　　　　　　　　（√）

Je3B4269　调节发电机的有功功率时，会引起无功功率的变化。　　　　　　　　　　　　　　　　　　　　　　　（√）

Je3B4270　调节发电机励磁电流，可以改变发电机的有功功率。　　　　　　　　　　　　　　　　　　　　　　　（×）

Je3B4271　电气设备可以在保留主保护条件下运行，允许停用后备保护。　　　　　　　　　　　　　　　　　　　　（√）

Je2B3272　改变电网中各机组负荷的分配，从而改变电网的频率，称之为二次调频。　　　　　　　　　　　　　　（√）

Je2B3273　保安段的工作电源和事故电源之间进行切换时，应先断开其工作电源断路器，然后再合上其备用电源断路器。（√）

Je2B3274　电气设备可以在保留主保护条件下运行，允许停用后备保护。　　　　　　　　　　　　　　　　　　　　（√）

Je2B3275　严禁用隔离开关向变压器充电或切断变压器的负荷电流和空载电流。　　　　　　　　　　　　　　　　（√）

Je2B3276　直流系统正常情况下，蓄电池组与充电器装置并列运行，采用浮充方式，充电器除供给正常连续直流负荷，还以小电流向蓄电池进行浮充电。　　　　　　　　　（√）

Je2B3277　电动机的发热主要是由电流引起的电阻发热和磁滞损失引起的。　　　　　　　　　　　　　　　　　　（√）

Je2B3278　发电机每一个给定的有功功率都有一个对应的最小励磁电流，进一步减小励磁电流将使发电机失去稳定。　（√）

Je2B4279　当厂用电快切装置采用并列方式时，将先跳开工作侧断路器再合备用分支断路器。　　　　　　　　　（×）

Je2B4280　同步发电机发生振荡时，应设法增加发电机励磁电流。　　　　　　　　　　　　　　　　　　　　　　（√）

Je2B4281　当系统任何一处发生短路时，变压器的差动保护均应动作。　　　　　　　　　　　　　　　　　　　　（×）

Je2B4282　直流母线应采用分段运行的方式，设置在两段直流母线之间联络断路器，正常运行时断路器处于断开位置。（√）

Je2B4283　变压器的绝缘电阻 $R_{60''}$，应不低于出厂值的 85%，吸收比 $R_{60''}/R_{15''} \geqslant 1.3$。　　　　　　　　　　　　（√）

Je2B4284　电压互感器故障时，必须立即用隔离开关将其断开，退出运行。　　　　　　　　　　　　　　　　　（×）

Je2B4285　变压器过流保护一般装在负荷侧。　　　（×）

Je2B4286　运行中的变压器，当加油或滤油工作结束后，应放尽瓦斯继电器内的气体，立即将重瓦斯保护投入运行。　（×）

Je2B4287　在发电机非全相运行时，禁止断开灭磁断路器，以免发电机从系统吸收无功负荷，使负序电流增加。　（√）

Je2B4288　直流系统两点接地短路，只会造成保护装置的误动作。　　　　　　　　　　　　　　　　　　　　　（×）

Je2B4289　大容量汽轮机联跳发电机，一般通过发电机逆功率保护动作来实现。　　　　　　　　　　　　　　（√）

Je2B4290　发电机发生振荡时，如判明该发电机为送电端，应增加有功输出，减小无功输出。　　　　　　　　　（×）

Je2B4291　当主保护或断路器拒动时，由相邻电力设备或线路的保护来实现的叫作近后备保护。　　　　　　　　（×）

Je2B4292　发电机有功功率不足时会使频率和电压降低。

　　　　　　　　　　　　　　　　　　　　　　　　（√）

Je2B4293　运行中的变压器如果冷却装置全部失去时，应紧急停运。　　　　　　　　　　　　　　　　　　　　（×）

Je2B4294　进行隔离开关的拉合操作时，应先将断路器控制保险取下。　　　　　　　　　　　　　　　　　　　（×）

Je2B4295　变压器差动保护的保护范围是变压器的本身。（×）

Je1B4296　断路器动、静触头分开瞬间，触头间产生电弧，此时电路处于断路状态。　　　　　　　　　　　　　（×）

Je1B4297　发电机发生振荡时，如判明该发电机为送端，应

增加无功输出，减小有功输出。　　　　　　　　　　　（√）

Je1B4298　铁磁谐振一旦激发，其谐振状态不能"自保持"，持续时间也很短。　　　　　　　　　　　　　　　　（×）

Je1B5299　直流母线应采用分段运行的方式，设置在两段直流母线之间联络断路器，正常运行时断路器处于合上位置。（×）

Je1B5300　电压互感器发生基波谐振的现象是两相对地电压升高，一相降低，或是两相对地电压降低，一相升高。　　（√）

La4B1301　通常人们把 pH 值小于 7.0 的雨水称为酸雨。
　　　　　　　　　　　　　　　　　　　　　　　　　（×）

La4B1302　二氧化硫常温下为无色有刺激性气味的有毒气体，密度比空气大，不易溶于水。　　　　　　　　　　　（×）

La4B1303　煤中的硫通常以四种形态存在：单质硫（S），有机硫（与 C、H、O 等元素组成的复杂化合物），黄铁矿硫（$FeSO_4$），和硫酸盐硫（$CaSO_4$、$MgSO_4$ 和 FeS_2 等）。　　　（×）

La4B1304　燃煤中硫按其存在形态划分可分为无机硫和有机硫两大类；按燃烧特性划分可分为可燃硫和不可燃硫两大类。煤中有机硫化物均为可燃硫，无机硫均为不可燃硫。　　（×）

La4B1305　氨极易溶于水，常温常压下 1 体积水可溶解 7000 倍体积氨。　　　　　　　　　　　　　　　　　　　　（×）

La4B1306　尿素为白色或浅蓝色的结晶体，吸湿性较强，易溶于水，水溶液呈碱性。　　　　　　　　　　　　　　（×）

La4B1307　生石灰是石灰加水经过消化反应后的生成物，主要成分为 $Ca(OH)_2$。　　　　　　　　　　　　　　　　（×）

Lb4B1308　石灰石粒径越小，比表面积越大，固液接触越充分，从而能更有效的增加液膜阻力，石灰石活性就越好。　（×）

Lb4B1309　对脱硫用吸收剂有两个衡量的指标为纯度和密度。
　　　　　　　　　　　　　　　　　　　　　　　　　（×）

Lb4B1310　氨系统采用氮气置换后检测系统内部 O_2 含量小于 0.5%为合格。　　　　　　　　　　　　　　　　　　（√）

Lb4B2311 液气比通常是以洗涤 1m³（标准状态下）湿烟气所需的循环泵浆液升数。 （√）

Lb4B2312 在一定运行条件下，增大钙硫比，可以提高脱硫效率，钙的利用率越高。 （×）

Lb4B2313 石灰石—石膏湿法脱硫系统对石灰石粉细度的一般要求是：90%通过 325 目筛（44μm）或 250 目筛（63μm）。 （√）

Lb4B2314 氨法脱硫工艺副产品为硫酸铵化肥。 （√）

Lb4B2315 按照金属腐蚀破坏形态可把金属腐蚀分为全面腐蚀和局部腐蚀。 （√）

Lb4B2316 装设接地线必须先接接地端，后接导体端，且必须接触良好。 （√）

Lb4B2317 厂用电是指发电厂辅助设备、附属车间的用电。不包括生产照明用电。 （×）

Lb4B2318 湿式球磨机低压油泵的作用是在磨机启停时提供压力使连轴与轴瓦之间形成缝隙减少摩擦，防止启停瞬间造成轴承磨损。 （×）

Lc4B2319 安全帽的使用期规定为：从产品制造完成之日计算，塑料帽、纸胶帽不超过两年半，玻璃钢、维纶钢橡胶帽不超过三年半。 （√）

Lc4B3320 安全带在使用前应进行检查，并应定期每隔 12 个月进行静荷重试验。 （√）

La3B2321 汽蚀是由于水泵入口水的压力等于甚至低于该处水温对应的饱和压力。 （√）

La3B2322 罗茨风机在正常情况下，压力改变时，风量变化很小，所以噪声低。 （×）

La3B2323 在生产过程中，为了保持被调量恒定或在某一规定范围内变动，采用自动化装置来代替运行人员的操作，这个过程叫自动调节。 （√）

La3B2324 离心泵的出口调节阀开度关小时，泵产生的扬程反而增大。 （√）

Lb3B1325 理论上，脱除 1mol NO 需要消耗 1mol 的氨。

（√）

Lb3B1326 通过燃烧来降低 NO_x 生成量的技术是低 NO_x 燃烧技术。 （√）

Lb3B2327 吸收塔浆液的 pH 值高于设计的最高值时，系统脱硫效率反而下降，主要原因为 H^+ 浓度降低不利于碳酸钙的溶解。 （√）

Lb3B2328 石灰石粉仓内加装流化风的主要目的是为了防止石灰石粉受潮板结。 （×）

Lb3B3329 SNCR 系统中，NO_x 的还原反应发生在特定的温度范围内，温度过低，反应速率慢，所以温度越高越好。 （×）

Lb3B3330 在脱硫吸收塔内，当烟气流速尽可能高且不至于产生二次带水时，除雾器性能最佳。 （√）

Lb3B3331 长时间停用后的氨管道卸氨前，须用氮气对卸料管路进行吹扫。 （√）

Lb3B4332 SO_2/SO_3 转化率越高，间接说明催化剂活性越好。故转化率越大越好。 （×）

Lb3B4333 锅炉炉膛火焰中心温度越高，烟气中高温区范围越大，过量空气系数越大，三氧化硫转换率越高。 （√）

Lb3B4334 无自动校准功能的直接测量法气态污染物 CEMS 每 7d 至少校准一次仪器的零点和量程，同时测试并记录零点漂移和量程漂移。 （×）

Lb3B4335 尿素热解法制氨工艺原料为干态颗粒尿素，送入尿素溶解槽并加入去离子水进行溶解，配制成 30% 左右的尿素溶液。

（×）

La2B1336 400V PC 断路器是自动空气断路器，能切断负荷而不能切断短路电流。 （×）

La2B1337 扩散系数是物质的特性常数之一，同一物质的扩散系数不随介质的种类、温度、压强及浓度的不同而变化。（×）

La2B2338 设计气力除灰系统时，应考虑当地海拔高度和气温等自然条件。（√）

Lb2B2339 随着吸收塔内循环浆液温度的升高，烟气中二氧化硫的淋洗吸收效率也提高。（×）

La2B2340 表压是指一般压力仪表所测得的压力，为绝对压力和大气压力之和。（×）

La2B2341 烟气中的 SO_2 与催化剂中的 V_2O_5 反应生成 SO_3。（×）

La2B2342 脱硫设备采用的防腐材料必须易于隔热，不因温度长期波动而起壳或脱落。（×）

La2B2343 结晶腐蚀指烟道之中的腐蚀性介质在一定温度下与钢铁发生化学反应，生成可溶性铁盐，使金属设备逐渐破坏。（×）

La2B2344 玻璃钢（FRP）的主要特点是具备良好的耐热性和隔热性，但管内阻力大，摩擦系数高。（×）

Lb2B2345 氯离子浓度对石灰石的消溶特性无明显的抑制作用。（×）

Lb2B2346 在湿法脱硫中，烟气冷却到越接近露点温度，脱硫效果就越好。（√）

Lb2B2347 浆液在吸收塔中的停留时间又称固体物停留时间，等于吸收塔浆液体积除以浆液循环泵流量，也等于吸收塔中存有固体物的总质量除以固体物的产出率。（×）

Lb2B2348 真空皮带脱水机是通过离心机高速旋转产生的离心力使石膏进行脱水。（×）

Lb2B2349 输送烟气的烟道由刚性壳体构成，在需要的地方安装膨胀节，便于检修期间人员进出烟道。（×）

Lb2B2350 吸收塔防腐内衬应无针孔、裂纹、鼓泡和剥离。

磨损厚度小于原厚度的 1/3。　　　　　　　　　　（×）

La1B2351　吸附量取决于吸附过程，而吸附速度与吸附速率有关。　　　　　　　　　　　　　　　　　　　　（×）

La1B2352　化学吸附是由于吸附剂与吸附间的化学键力而引起的，它可以是单层吸附，亦可是多层吸附。　　　　　（×）

La1B2353　物理吸附是由于分子间范德华力引起的，是单层吸附，吸附需要一定的活化能。　　　　　　　　　　（×）

La1B2354　设备的电气断路器状态有五种，其中冷备用状态指手车在工作位置，断路器断开，保护装置启用。　　　（×）

Lb1B2355　使吸收塔中浓度增大的因素有原烟气对吸收塔内水分的蒸发携带、石膏产品的连续排放等。　　　　　（×）

Lb1B2356　烟气流速过低易造成烟气二次带水，从面降低除雾效率，同时系统阻力大，能耗高。　　　　　　　（×）

La1B3357　CEMS 比对监测频次：对国家重点监控企业安装的固定污染源烟气 CEMS 每年至少 2 次，每半年至少 1 次。（×）

Lb1B3358　在炉前喷钙脱硫工艺中，碳酸钙（$CaCO_3$）在炉膛温度 90～125℃ 的区域内，受热分解成氧化钙（CaO）和二氧化碳（CO_2）。　　　　　　　　　　　　　　　　　　　（×）

Lb1B3359　温度对反应速率的影响很大，当温度低于 SCR 系统所需的温度时，NO_x 的反应速率降低，氨逃逸增大；当温度高于 SCR 系统所需的温度时，生成的 N_2O 量增大，同时造成催化剂的烧结和失活。　　　　　　　　　　　　　　　　　（√）

Lc1B4360　固定污染源烟气排放连续监测系统监测站房要求应为独立站房，监测站房与采样点之间距离应尽可能近，原则上不超过 70m。　　　　　　　　　　　　　　　　（√）

三、多项选择题

下列每题都有 4 个及以上答案，其中都有 2 个及以上正确答案，将正确答案代号填入括号内。

La4G2001　影响热辐射的因素有（ABCD）。

（A）黑度大小；（B）物体的温度；

（C）角系数；（D）物体的相态。

La4G3002　按照化学条件和物理条件对燃烧速度影响的不同，可将燃烧分为（ABD）。

（A）动力燃烧；（B）扩散燃烧；

（C）化学燃烧；（D）过渡燃烧。

La3G3003　按烟气与蒸汽的相互流向，可将对流过热器分为（ABCD）。

（A）顺流；（B）逆流；（C）双逆流；（D）混合流。

La3G4004　水蒸气在 T—S 图和 P—V 图上可分为三个区，即（ACD）。

（A）未饱和水区；（B）饱和水区；

（C）湿蒸汽区；（D）过热蒸汽区。

Lb4G3005　造成锅炉部件寿命老化损伤的因素，主要是（ABD）。

（A）疲劳；（B）蠕变；（C）高低温腐蚀；（D）腐蚀与磨损。

Lb4G4006　关于数字式电液调节系统，下列叙述正确的是（ABC）。

（A）调节系统中外扰是负荷变化；

（B）调节系统中内扰是蒸汽压力变化；

（C）给定值有转速给定与功率给定；

（D）机组启停或甩负荷时用功率回路控制。

Lb4G5007　燃烧调节的目的（ABD）。

（A）安全；（B）经济；（C）环保；（D）稳定。

Lb2G2008　直流炉的主要优点（ACD）。

（A）金属耗量小；

（B）给水泵电耗小；

（C）启停时间短；

（D）即可在超临界工作，也可在亚临界工作。

Lb2G2009 关于单元制机组"机跟炉"和"炉跟机"运行方式选择，下列叙述正确的是（BCD）。

（A）炉跟机适应于锅炉有故障的工况；

（B）炉跟机适应于汽机有故障的工况；

（C）机跟炉适应于锅炉有故障的工况；

（D）机跟炉适应于带基本负荷的机组。

Ld3G3010 对流管束的吸热情况，与（ACD）都有关。

（A）烟气流速；（B）燃料的种类；

（C）管子排列方式；（D）烟气冲刷的方式。

Jb4G2011 炉墙的主要作用有（ACD）。

（A）绝热作用；（B）提高空气温度；

（C）密封作用；（D）构成形状或通道。

Jb4G3012 锅炉采用的机械通风方式又可分为（ABC）三种。

（A）自然通风；（B）负压通风；

（C）正压通风；（D）平衡通风。

Jb4G3013 空气预热器有（BC）和回转式三种类型。

（A）沸腾式；（B）管式；（C）板式；（D）非沸腾式。

Jb4G4014 有关换热器传热效果描述正确的是（CD）。

（A）顺流布置的换热器传热温差相对较大，传热效果相对较好，比较安全；

（B）逆流布置的换热器传热温差相对较小，传热效果相对较差，安全性差；

（C）逆流布置的换热器传热温差相对较大，传热效果相对较好，比较安全；

（D）顺流布置的换热器传热温差相对较小，传热效果相对较差，安全性差。

Jb4G4015 DEH 自动控制系统接收的信号有（ABCD）。

（A）转速或负荷的给定信号；

（B）转速反馈信号与调节级压力信号；

（C）主汽阀前主汽压力信号；

（D）模拟系统的手动信号。

Jb3G2016 造成锅炉部件寿命老化损伤的因素，主要是（ABD）。

（A）疲劳；（B）蠕变；（C）高低温腐蚀；（D）腐蚀与磨损。

Jb3G3017 燃油系统的主要作用是什么（AB）。

（A）启动阶段采用助燃油进行点火；

（B）低负荷及燃用劣质煤时稳定燃烧，防止锅炉灭火；

（C）负荷带不上去时使用油枪助燃；

（D）防止炉膛爆燃和尾部烟道二次燃烧。

Jb3G4018 水冷壁的传热过程有（ABD）。

（A）烟气对管外壁辐射换热；

（B）管外壁向管内壁导热；

（C）管内壁向管外壁导热；

（D）管内壁与汽水之间进行对流放热。

Jb2G2019 火检系统的主要作用是（AB）。

（A）检测炉膛是否有火；（B）火焰燃烧是否稳定；

（C）检测炉膛火焰温度；（D）观察炉内动力场。

Jb2G3020 锅炉引风调节系统投入自动的条件有（ABCD）。

（A）锅炉运行正常，燃烧稳定；

（B）引风机挡板在最大开度下的送风量应能满足锅炉最大负荷的要求，并约有 5% 裕量；

（C）炉膛压力信号正确可靠，炉膛压力表指示准确；

（D）调节系统应有可靠的监视保护装置。

Jb1G2021 关于单元机组自动调节系统中常用的校正信号，下列叙述中正确的是（ACD）。

（A）送风调节系统中用烟气氧量与给定值的偏差作为送风量的校正信号；

（B）给水调节系统中用给水压力与给定值的偏差作为送风量的校正信号；

（C）在燃料量调节系统中用机组实际输出的功率与负荷要求的偏差来校正燃烧率；

（D）在汽压调节系统中常引入电网频率的动态校正信号，使电网频率改变时，汽轮机进汽阀不动作。

Jd4G3022 降低锅炉含盐量的主要方法（ABC）。

（A）提高给水品质；（B）增加排水量；

（C）分段蒸发；（D）增加负荷。

Jd3G3023 锅炉炉膛水冷壁上的积灰，对锅炉产生的影响有（ACD）。

（A）炉膛吸热量减少；（B）排烟温度降低；

（C）锅炉热效率降低；（D）过热汽温升高。

Je4G3024 油角阀出现内漏时，从安全角度考虑，主要容易造成（AB）现象。

（A）炉膛爆燃；（B）尾部烟道二次燃烧；

（C）燃烧不稳定；（D）油枪爆炸。

Je4G3025 锅炉吹灰的目的（ABCD）。

（A）保持锅炉受热面清洁；（B）防止炉内结焦；

（C）受热面管壁金属超温；（D）提高传热及锅炉效率。

Je4G4026 当风机发生喘振时，以下描述正确的是（ABCD）。

（A）风机的流量发生周期性地变化；

（B）风机的压力发生周期性地变化；

（C）风机的电流摆动；

（D）风机本身产生剧烈振动。

Je4G4027 OFT动作对象有哪些？（ABCD）。

（A）关闭所有燃烧器油阀；

（B）关闭所有雾化蒸汽阀、吹扫阀；

（C）关闭燃油母管跳闸阀；

（D）关闭回油母管跳闸阀。

Je3G3028　炉膛内发生爆燃必须满足以下条件（ABC）。

（A）炉膛内可燃物和助燃空气存积；

（B）存积的燃料和空气混合物符合爆燃比例；

（C）具有足够的点火能源或温度；

（D）发生错误操作。

Je3G4029　影响汽压变化速度有（ABC）等因素。

（A）负荷变化速度；（B）锅炉自身的蓄热能力；

（C）锅炉燃烧设备的热惯性；（D）锅炉水位的变化。

Je3G4030　油泄漏试验的主要目的是什么？（ABCD）。

（A）检验整个炉前油系统中的燃油管道严密性；

（B）检验进出口跳闸阀严密性；

（C）检验各燃烧器油阀的严密性；

（D）检验供油泵至炉前油管路严密性。

Je2G3031　磨煤机手动打闸条件（ABD）。

（A）机组发生故障应自动切除而未切除；

（B）磨煤机启动时，最大电流持续时间超过规定值或正常运行电流达到最大而不返回；

（C）电动机冒烟或着火时；

（D）磨煤机剧烈振动危及设备安全时。

Je2G3032　空气预热器吹灰的目的是（AB）。

（A）启动初期防止未燃尽油粘到尾部受热面发生二次燃烧；

（B）正常运行中可以防止空气预热器堵灰，防止空气预热器差压增大；

（C）防止空气预热器冷端腐蚀；

（D）减少锅炉受热面结焦。

Je2G3033　在燃煤锅炉中，造成尾部受热面磨损的素有（ABCD）。

（A）管子排列特性；（B）灰粒特性；

（C）烟气流速；（D）飞灰浓度。

Je2G4034　风机风量的大小，可以通过（ABCD）等方法来调节。

（A）改变入口闸板或挡板的开度；

（B）改变风机叶轮的转速；

（C）改变导向器叶片的开度；

（D）改变出口闸板或挡板的开度。

Je2G4035　关于 P、I、D 调节规律下列叙述正确的是（ABD）。

（A）积分作用能消除静态偏差，但它使过渡过程的最大偏差
　　　及调节过程时间增大；

（B）微分作用能减少过渡过程的最大偏差和调节过程时间；

（C）单独采用积分调节有助于克服系统的振荡；

（D）比例调节过程结束后被调量有静态偏差。

Je2G5036　当风机发生喘振时，以下描述正确的是（ACD）。

（A）风机的流量发生周期性地变化；

（B）风机的压力迅速增大；

（C）风机的电流摆动；

（D）风机本身产生剧烈振动。

Je1G2037　空气预热器漏风的现象有（ABD）。

（A）送风机电流增加，预热器出入口风压降低；

（B）引风机电流增加；

（C）排烟温度上升；

（D）排烟温度下降。

Je1G3038　影响过热蒸汽温度变化的因素主要有（ABCD）
减温水的温度等因素。

（A）烟气的温度；（B）烟气的流速；

（C）饱和蒸汽的流量；（D）饱和蒸汽温度。

Je1G4039　防止轴流风机喘振的措施有（ABCD）。

（A）选择 P—Q 曲线没有驼峰的风机；（B）防止风机流量过小；

（C）加装放气阀；（D）二台风机并联运行时，使出力平衡。

Je1G5040 功频电液调节中消除"反调",可采取措施有（ABCD）。

（A）除转速信号外,增加采用转速的微分信号;

（B）在功率测量中加惯性延迟;

（C）在功率信号中加负的功率微分信号;

（D）在调节系统中增加一些电网故障的逻辑段,以区别是甩负荷从电网解列,还是电网瞬时故障暂时失去负荷,在确定电网负荷突然变化的原因后,决定调解系统动作方式。

La4G1041 表明凝汽器运行状况好坏的标志有（ABC）。

（A）能否达到最有利真空;

（B）能否达到极限真空;

（C）能否保持凝结水的品质合格;

（D）凝结水的过冷度是否能够保持最低;

（E）凝结水的溶氧能否保持最大。

La4G2042 下列因素中,影响凝汽器端差的是（ABC）。

（A）凝汽器内的漏入空气量;（B）凝汽器单位面积蒸汽负荷;

（C）铜管的表面洁净度;（D）凝汽器排汽温度;

（E）主蒸汽参数。

La4G2043 在机组正常运行中,出现"ASP油压高"报警的原因有（AC）。

（A）热工误报警;

（B）四只AST电磁阀中,有电磁阀得电打开而EH无压泄油回路未导通;

（C）电磁阀泄漏但EH无压泄油回路未导通;

（D）试验时电磁阀未动作;

（E）电磁阀旁AST油母管上节流孔损坏而导致油压降低,但EH无压泄油回路未导通。

La4G2044 为了防止发生油膜振荡,下列措施中正确的是（CD）。

（A）增加轴承的比压，可以增加轴承载荷，增加轴瓦长度，以及调整轴瓦中心来实现；

（B）控制好润滑油温，增加润滑油的黏度；

（C）各顶轴油支管上加装止回阀；

（D）将轴瓦顶部间隙减小到等于或略小于两侧间隙之和。

La4G1045　机组冷态启动过程中，为了防止汽轮机差胀过大，下面操作正确的是（ACD）。

（A）尽量不要过早投入轴封系统；（B）提高主蒸汽参数；

（C）降低主蒸汽参数；（D）提前投入高缸预暖。

La4G2046　下列哪种情况下，机组严禁启动（ABCD）。

（A）超速保护不能可靠动作时；

（B）转速表显示不正确或失效；

（C）在油质及清洁度不合格的情况下；

（D）调节系统工作不正常的情况下。

La4G1047　防止凝结器冷却水管结垢的方法正确的是（ABC）。

（A）使用胶球系统；（B）加氯；

（C）保证二次滤网的投入；（D）加酸。

La4G2048　汽轮机可通过下列（ACD）方法短时提高机组的出力。

（A）主汽调节阀开大；（B）减少锅炉减温水量；

（C）高压加热器切除；（D）降低凝结水流量。

La4G1049　在 DEH 阀门管理功能叙述中，正确的是（ACD）。

（A）在单、多阀切换过程中，负荷基本上保持不变；

（B）在单、多阀切换过程中，如果流量请求值有变化，阀门管理程序不响应；

（C）阀门管理程序能提供最佳阀位；

（D）能将某一控制方式下的流量请求值转换成阀门开度信号。

La4G2050　当汽轮机工况变化时，推力轴承的受力瓦块是（BC）。

（A）一定是工作瓦块；

（B）可能是工作瓦块；

（C）可能是非工作瓦块；

（D）工作瓦块和非工作瓦块受力均不发生变化。

La4G1051 以下说法中正确的是（BC）。

（A）对于节流调节汽轮机，其主汽参数应尽量保持额定；

（B）机组出力系数对机组经济性的影响十分明显，尤其当负荷下降时，汽轮机热耗率的上升幅度较大；

（C）凝结水泵进行变频改造后，运行期间应尽量保持凝结水调节门及旁路调节门处于全开状态，采用改变凝结水泵转速的方法进行凝结水流量的调节；

（D）高频电源改造是除尘器节电改造的唯一方法。

La4G1052 汽轮机在冷态时，轴向位移的"零"位和胀差的"零"位如何确定。（AB）

（A）轴向位移是将转子推力盘向非工作面瓦块推动时，定为"零"位；

（B）胀差是将转子推力盘向工作面瓦块推动时，定为"零"位；

（C）轴向位移是将转子推力盘向工作面瓦块推动时，定为"零"位；

（D）胀差是将转子推力盘向非工作面瓦块推动时，定为"零"位。

La4G1053 汽轮机轴承温度普遍升高的原因有（ABCD）。

（A）由于某些原因引起冷油器出油温度升高；

（B）油质恶化；

（C）轴承箱或主油箱回油负压过高，回油不畅等；

（D）汽轮机组转速升高。

La4G1054 凝汽器铜管腐蚀有（ABCD）。

（A）酸腐蚀；（B）电化学腐蚀；

（C）冲击腐蚀；（D）脱锌腐蚀。

La4G2055 在 CCS 协调运行方式下，有下列情况之一者闭锁负荷增（ABCD）。

（A）指令超过负荷设定的高限；（B）燃料指令在最大；

（C）送风机或引风机指令在最大；（D）给水泵指令在最大。

La3G3056 下列是汽轮机轴瓦损坏的主要原因的有（ABD）。

（A）轴承断油；（B）轴瓦制造不良；

（C）主汽压力高；（D）油质恶化。

La3G3057 汽轮机启动前向轴封送汽要注意的问题有（ABCD）。

（A）轴封供汽前应先对送汽管道联箱进行暖管，使疏水排尽；

（B）必须在连续盘车状态下向轴封送汽，热态启动应先供轴封汽，后抽真空；

（C）向轴封供汽时间必须恰当，冲转前过早地向轴封供汽会使上、下缸温差增大，或使胀差正值增大；

（D）要注意轴封送汽的温度与金属温度的匹配。热态启动最好用适当温度的备用汽源，有利于胀差的控制。

La3G3058 汽轮机超速的主要原因有（ABCD）。

（A）发电机甩负荷到零，汽轮机调速系统工作不正常；

（B）危急保安器超速试验时转速失控；

（C）发电机解列后高、中压主汽门或调速汽门、抽汽逆止门等卡涩或关闭不到位；

（D）汽轮机转速监测系统故障或失灵。

La3G3059 调峰机组的运行方式有（ABD）。

（A）变负荷运行方式；（B）两班制运行方式；

（C）峰谷启停机；（D）少汽无负荷运行方式。

La3G2060 机组协调控制投入的条件有（ABCD）。

（A）机组负荷达到 60%额定负荷以上，运行稳定；

（B）锅炉主控制器在自动方式下，主汽压力波动不大；

（C）汽机主控制器在自动方式下，调门调整自如；

（D）DEH 在遥控方式。

La3G2061 汽轮机轴瓦在运行中起的作用有（AD）。

（A）通过轴瓦配、供油，带走轴瓦工作时产生的热量，以冷却轴承；

（B）起到密封的作用；

（C）收集回油；

（D）在轴瓦和轴径间形成稳定的、有足够承载能力的油膜，以保证液态润滑。

La3G3062 凝结水过冷度增大的主要原因有（ABCD）。

（A）凝汽器汽侧积有空气；

（B）运行中凝汽器热井水位过高；

（C）凝汽器冷却水管排列不佳或布置过密；

（D）循环水量过大。

La3G2063 汽轮机热力试验对回热系统要求有（ABCD）。

（A）加热器的管束清洁，管束本身或管板胀口处应没有泄漏；

（B）抽汽管道上的截门严密；

（C）加热器的旁路门严密；

（D）疏水器能保持正常疏水水位。

La3G3064 主蒸汽温度不变，主蒸汽压力降低对汽轮机运行的影响有（BCD）。

（A）末级叶片损坏；

（B）汽轮机可用焓降减少，耗汽量增加，经济性降低，出力不足；

（C）汽机通流部分易过负荷；

（D）对于用抽汽供给的给水泵的小汽轮机和除氧器，因主汽压力过低也就引起抽汽压力相应降低，使小汽轮机和除氧器无法正常运行。

La3G2065 密封油系统停运的条件有（AB）。

（A）机内氢气已全部置换为空气，空气纯度 95%；

（B）机内压力 50kPa 以上；

（C）盘车运行；

（D）无特殊要求。

La2G4066　汽轮机冷态启动前应做的试验的有（ABC）。

（A）手动停机试验；（B）润滑油压低跳机试验；

（C）EH 油压低跳机试验；（D）调门活动试验。

La2G4067　汽轮机的变压运行有（ABC）方式。

（A）纯变压运行；（B）节流变压运行；

（C）复合变压运行；（D）阶段变压运行。

La2G4068　除氧器水位升高现象有（ACD）。

（A）除氧器水位指示上升；（B）除氧器压力降低；

（C）除氧器水位高报警；（D）除氧器溢水阀或放水阀开启。

La2G4069　启动汽轮机时规定排汽温度不允许超过 120℃，主要原因有（AC）。

（A）排汽温度过高，将产生热胀变形（后汽缸翘起），使汽轮机中心发生偏移，造成低压轴封摩擦；

（B）排汽温度过高，导致汽轮机末级叶片变形；

（C）排汽温度过高，机组并列带负荷后会出现排汽温度降低，将使排汽缸应力增大；

（D）排汽温度过高，热损失增加，经济性变差。

La2G4070　关于低压加热器的描述，下列说法正确的是（BCD）。

（A）蒸汽与给水的流向不全是逆流布置；

（B）加热器的加热面设计成两个区段：蒸汽凝结段和疏水冷却段；

（C）疏水进口端是通过疏水密闭的，适当调节疏水阀而保持适宜疏水水位，以达到密封的目的；

（D）加热器里装有不锈钢防冲板，使壳体内的水和蒸汽不直接冲击管子。

La2G4071 下列关于热态启动的描述正确的是（ACD）。

（A）热态启动汽缸金属温度较高，汽缸进汽后有个冷却过程。

（B）热态启动都不需要暖机；

（C）热态启动应先送轴封，后抽真空；

（D）热态启动一般要求蒸汽温度高于金属温度 50～100℃。

La2G3072 下面关于液力耦合器描述正确的是（AB）。

（A）液力耦合器是一种利用液体动能传递能量的一种叶片式传动机械；

（B）液力联轴器是靠泵轮与涡轮的叶轮腔室内工作油量的多少来调节转速的；

（C）液力耦合器是通过电机转速改变传递转矩和输出轴的转速；

（D）液力耦合器通过齿轮改变传递转矩和输出轴的转速。

La2G4073 对于高中压合缸的机组，论述正确的是（ABD）。

（A）临界转速降低；（B）挠度增大；

（C）热耗降低；（D）汽封间隙和漏汽量增大。

La2G3074 机组冷态启动前过早的投入轴封供汽的危害有（AB）。

（A）机组上下缸温差会增大；（B）正胀差会增大；

（C）负胀差会增大；（D）机组的轴向位移会增大。

La2G4075 防止汽机油系统着火事故措施描述正确的是（BD）。

（A）油系统应尽量使用法兰连接，禁止使用铸铁阀门；

（B）油系统法兰禁止使用塑料垫、橡皮垫（含耐油橡皮垫）和石棉纸垫；

（C）禁止在油管道上进行焊接工作。在拆下的油管上进行焊接时，无须将管子冲洗干净；

（D）油管道法兰、阀门及轴承、调速系统等应保持严密不漏油，如有漏油应及时消除，严禁漏油渗透至下部蒸汽管、阀保温层。

La1G5076 转子的强迫振动及其特点是（BCD）。

（A）振动的频率与转子的转速不一致；

（B）振动的幅值与转速的平方成正比；

（C）除在临界转速以外，振动的幅值随转速的升高而增大；

（D）振动的波形多呈正弦波。

La1G4077 真空下降到一定数值时要紧急停机，是因为（BCD）。

（A）真空降低使轴相位移过大，造成支撑轴承过负荷而磨损；

（B）真空降低使叶片因蒸汽流量增大而造成过负荷；

（C）真空降低使排汽缸温度升高，汽缸中心线变化易引起机组振动增大；

（D）为了不使低压缸安全门动作或损坏；

（E）由于经济性差，煤耗大幅上升。

La1G4078 调节系统迟缓率过大，对汽轮机运行有影响的有（ABCD）。

（A）在汽轮机空负荷时，引起汽轮机的转速不稳定，从而使并列困难；

（B）汽轮机并网后，引起负荷的摆动；

（C）机组跳闸后，如超速保护拒动或系统故障，将会造成超速飞车的恶性事故；

（D）当机组负荷突然甩至零时，调节汽门不能立即关闭，造成转速突升，引起超速保护动作。

La1G5079 影响调节系统动态特性的主要因素正确的是（BCD）。

（A）转子飞升时间常数 T_a。T_a 越大，转子的最大飞升转速越高；

（B）中间容积时间常数；

（C）油动机时间常数 T_m。T_m 越大，则调节过程的动态偏差越大；

（D）迟缓率。

La1G4080 在容量、参数相同的情况下，回热循环汽轮机与纯凝汽式汽轮机相比，（BC）。

（A）汽耗率减少；（B）汽耗率增加；

（C）热耗率减小；（D）热耗率增加。

La4G3081 金属导体的电阻与（ABC）有关。

（A）导线长度；（B）导线横截面积；

（C）导线的电阻率；（D）外加电压。

Lb3G2082 直流输出电系统运行方式可以采用（ABC）。

（A）降压方式；（B）额定电压方式；

（C）全电压方式；（D）调压方式。

Lb3G3083 变压器的调压分接头装置都装在高压侧，原因是（BD）。

（A）高压侧相间距离大，便于装设；

（B）分接装置因接触电阻引起的发热量小；

（C）高压侧线圈材料好；

（D）高压侧线圈中流过的电流小。

Lb3G3084 330～500kV 系统主保护的双重化是指两套不同原理的主保护的（ABC）彼此独立。

（A）交流电流；（B）交流电压；

（C）直流电源；（D）直流电阻。

Lb3G3085 接地保护反映的是（CD）。

（A）负序电压；（B）负序电流；

（C）零序电压；（D）零序电流。

Lb3G3086 电力系统三相电压不平衡的危害有（ACD）。

（A）不对称运行会增加发电机转子的损耗及发热，产生振动，降低利用率；

（B）导致系统电压激增，产生过电压；

（C）在不平衡电压下，感应电动机定子转子铜损增加，发热加剧，使得最大转矩和过载能力降低；

（D）变压器由于磁路不平衡造成附加损耗。

Lb3G4087　同步发电机的基本运行特性有（ABCD）。

（A）空载特性；（B）短路特性；（C）负载特性；（D）外特性。

Lb3G4088　限制短路电流的措施有（ACD）。

（A）变压器分开运行；（B）增大接地电阻；

（C）供电线路分开运行；（D）装设电抗器。

Lb3G4089　分裂绕组变压器的优点有（ABC）。

（A）限制短路电流；

（B）当分裂变压器有一个支路发生故障时，另一支路的电压
降低很小；

（C）采用一台分裂变压器与达到同样要求而采用两台普通变
压器相比，节省用地面积；

（D）节省投资。

Lb2G3090　电力系统中，内部过电压按过电压产生的原因可
分为（ABC）。

（A）操作过电压；（B）弧光接地过电压；

（C）电磁谐振过电压；（D）调整不当过电压。

Lb2G3091　高压断路器的结构主要由以下哪几部分组成：
（ABCD）

（A）导电部分；（B）灭弧部分；

（C）绝缘部分；（D）操作部分。

Lb2G4092　直流系统具备（ABC）功能。

（A）过压；（B）欠压；（C）接地远方报警；（D）过流。

Lb2G4093　防误装置所用电源应与（CD）分开。

（A）工作电源；（B）保安电源；

（C）保护电源；（D）控制电源。

Lb2G4094　发电机短路试验条件是（ABCD）。

（A）励磁系统能保证缓慢、均匀从零起升压；

（B）发电机定子冷却水正常投入；

（C）发电机内氢压达额定值、氢气冷却水正常投入；

（D）发电机出口用专用的短路排短接。

Lb2G4095 在发电厂使用的综合重合闸装置中，启动重合闸的保护有（ABD）。

（A）高频保护；（B）阻抗保护；

（C）母线保护；（D）接地保护。

Lb2G4096 关于星三角降压启动下列说法正确的是（ABC）。

（A）降压启动时的电流是直接启动时的 1/3；

（B）降压启动时的转矩是直接启动时的 1/3；

（C）启动时定子绕组电压是直接启动时的 $1/\sqrt{3}$；

（D）适用于所有笼形异步电动机。

Lb2G5097 发电机在运行中功率因数降低的影响有（AB）。

（A）当功率因数低于额定值时，发电机出力降低，因为功率因数越低，定子电流的无功分量越大，由于感性无功起去磁作用，所以抵消磁通的作用越大；

（B）为了维持定子电压不变，必须增加转子电流，此时若仍保持发电机出力不变，则必然引起转子电流超过额定值，引起定子绕组的温升，使绕组过热；

（C）破坏发电机静态稳定性；

（D）提高发电机利用率。

Lb2G5098 影响电气设备绝缘电阻测量结果的因素是（ABCD）。

（A）绝缘电阻值随温度上升而减小；

（B）绝缘电阻随空气的湿度增加而减小；

（C）绝缘电阻与被测物的电容量大小有关；

（D）绝缘电阻与选择的摇表电压等级有关。

Lb1G5099 系统运行方式变小时，电流和电压的保护范围是（BC）。

（A）电流保护范围变大；（B）电压保护范围变大；

（C）电流保护范围变小；（D）电压保护范围变小。

Le2G4100　以下说法正确的是（ABCD）。

（A）变压器自动喷淋装置必须每年进行一次试验；

（B）变压器压力释放阀随变压器大修时必须进行校验；

（C）变压器冷却器风扇和油泵的电源电缆必须是阻燃电缆；

（D）变压器中性点接地隔离开关每年必须对铜辫截面进行一次校核。

Le2G5101　发电机大轴处的接地碳刷的作用是（CD）。

（A）测量励磁电流；

（B）检测大轴的静电压；

（C）消除大轴的静电压；

（D）为转子接地保护提供接地点，与其他接地点分开，避免杂散电流对转子接地保护的干扰。

Le1G4102　下列属于发电机失磁现象的是（ABCD）。

（A）发电机 DCS 画面发电机有功表显示负值，电度表反转；

（B）发电机 DCS 画面有"主汽门关闭"的报警信息，事故音响报警；

（C）无功表显示值升高，定子电流显示值降低，定子电压及励磁回路仪表显示值正常；

（D）系统周波可能有所降低。

Jb3G3103　高压隔离开关的绝缘主要有（BD）。

（A）电缆绝缘；（B）对地绝缘；

（C）相间绝缘；（D）断口绝缘。

Jb3G3104　以下属于非电量保护的是（ACD）。

（A）瓦斯保护；（B）差动保护；

（C）油温保护；（D）断水保护。

Jb3G3105　接地保护不反映（ABD）的电气量。

（A）负序电压、零序电流；（B）零序电压、负序电流；

（C）零序电压或零序电流；（D）电压和电流比值变化。

Jb2G3106　自动励磁调节器应有（ABC）功能，应能及时切除故障通道。

（A）跟踪；（B）故障检测；（C）判断；（D）选择。

Jb2G3107 SF$_6$电气设备投运前，应检验设备气室内SF$_6$（AB）。

（A）气体水分；（B）空气含量；（C）含氧量；（D）含水量。

Jd3G3108 对无法进行直接验电的设备，可以进行间接验电，即通过设备的（ABCD）的变化来判断。

（A）电气指示；（B）带电显示装置；

（C）仪表及各种遥测、遥信等信号；（D）机械指示位置。

Jd2G4109 检修变压器必须做好以下哪些安全措施？（BD）

（A）断开变压器各侧断路器、隔离开关，合上变压器中性点接地隔离开关（接地线），断开变压器各侧断路器的控制电源；

（B）断开变压器各侧所连接的避雷器和电压互感器隔离开关，并断开电压互感器高低压熔断器（二次小开关）；

（C）在变压器高压侧装设接地线或合上接地隔离开关，在操作把手上挂"禁止合闸，有人工作"的标示牌；

（D）与发电机直接连接的单元制机组的变压器（发电机、变压器之间无断路器和隔离开关）停电检修时，必须将发电机组退出运行。

Je4G3110 电气设备分为以下哪几种典型状态？（ABCD）

（A）运行；（B）热备用；（C）冷备用；（D）检修。

Je4G3111 隔离开关的作用是（ABC）。

（A）隔离电压；（B）倒闸操作；

（C）分合小电流；（D）切断环流。

Je3G3112 下列哪些情况会造成变压器温度异常升高？（ABC）

（A）过负荷；（B）冷却器故障；

（C）变压器内部故障；（D）环境温度升高。

Je3G3113 厂用电快速切换装置切换方式是（ABCD）。

（A）手动切换；（B）事故切换；

（C）失压启动；（D）断路器误跳。

Je3G3114　以下关于验电说法正确的有（AB）。

（A）高压验电必须戴绝缘手套；

（B）验电器的伸缩式绝缘杆长度应拉足，验电时手应握在手柄处不得超过护环；

（C）对于因平行或邻近带电设备导致检修设备可能产生感应电压时，应加装接地线或工作人员使用个人保安线，加装的接地线应登录在工作票上，个人保安接地线由运行人员负责拆装；

（D）对于所有电气设备都必须采用直接验电方法进行验电。

Je3G4115　电动机过负荷是由于（BC）等因素造成的。严重过负荷时会使绕组发热，甚至烧毁电动机和引起附近可燃物质燃烧。

（A）电气短路；（B）负载过大；

（C）电压过低；（D）机械卡住。

Je3G4116　发电机进风温度过低对发电机的影响有（ABD）。

（A）容易结露，使发电机绝缘电阻降低；

（B）导线温升增高，因热膨胀伸长过多而造成绝缘裂损；

（C）冷却效率提高，进风温度越低越有利于发电机运行；

（D）绝缘变脆，可能经受不了突然短路所产生的机械力的冲击。

Je3G4117　下列哪些情况会造成变压器温度异常升高（ABC）。

（A）过负荷；（B）冷却器故障；

（C）变压器内部故障；（D）环境温度升高。

Je2G4118　发变组零起升压操作时应注意哪些问题？（ABD）

（A）被升压的设备应有完善的保护装置；

（B）对发变组升压时，应采用手动升压方式，且强励装置应停用；

（C）采用自动升压方式，且强励装置停用；

（D）中性点接地系统的变压器升压时，变压器中性点必须接地。

Je2G4119　为什么主变中性点要接地运行？（ACD）

（A）降低接地阻抗；（B）提高接地阻抗；

（C）提高接地电流；（D）保证保护动作可靠。

Je2G4120　在（ABCD）情况下可先启动备用电动机，然后停止故障电动机。

（A）电动机内或启动调节装置内出现火花或烟气；

（B）定子电流超过运行数值；

（C）出现强烈的振动；

（D）轴承温度出现不允许的升高。

Je2G4121　发电机进相运行的限制因素有（ABDE）。

（A）系统稳定的限制；

（B）发电机定子端部结构件温度的限制；

（C）转子电压的限制；

（D）定子电流的限制；

（E）厂用电电压的限制。

Je2G4122　发电机检修前，经验明发电机出口无电压后，装设接地线或合上接地隔离开关。发电机出口无断路器时，还应在（ABC）等各处验明无电压后，装设接地线或合上接地隔离开关。

（A）主变压器高压侧；（B）励磁变压器高压侧；

（C）高压厂用变压器高压侧；（D）高压厂用变压器低压侧。

Je2G4123　机组停机时，下列描述正确的是（ABC）。

（A）先将发电机有功、无功功率减至零，检查确认有功功率到零，电能表停转或逆转以后，再将发电机与系统解列；

（B）可采用汽轮机手动打闸或锅炉手动主燃料跳闸联跳汽轮机，发电机逆功率保护动作解列；

（C）严禁带负荷解列；

（D）直接手动打闸停机。

Je2G4124　6kV 电源切换装置在（ABCD）等条件下，将闭锁装置的动作。

（A）PT 断线；（B）分支过流保护闭锁；

（C）装置异常闭锁；（D）后备电源失电。

Je2G5125　断路器拒绝分闸的原因有（ACD）。

（A）断路器操作控制箱内"远方—就地"选择开关在就地位置；

（B）弹簧机构的断路器弹簧未储能；

（C）断路器控制回路断线；

（D）分闸线圈故障。

Je2G5126　查找直流电源接地的注意事项有（ABCD）。

（A）查找和处理必须由两人进行；

（B）查找接地点禁止使用灯泡法查找；

（C）查找时不得造成直流短路或另一点接地；

（D）断路前应采取措施防止直流失电压引起保护自动装置误动。

Je1G5127　下列带电作业情形中（ABD），应停用重合闸或直流再启动装置，并不应强送电。

（A）中性点有效接地系统中可能引起单相接地的作业；

（B）中性点非有效接地系统中可能引起相间短路的作业；

（C）绝缘棒损坏；

（D）直流线路中可能引起单极接地的作业。

Je1G5128　《防止电力生产事故的二十五项重点要求》中要求，为防止发电机漏氢造成损坏事故，描述正确的有（ABC）。

（A）发电机出线箱与封闭母线连接处应装设隔氢装置，并在出线箱顶部适当位置设排气孔；

（B）严密监测氢冷发电机油系统、主油箱内的氢气体积含量，确保避开含量在 4%～75%的可能爆炸范围；

（C）密封油系统平衡阀、差压阀必须保证动作灵活、可靠，密封瓦间隙必须调整合格；

（D）内冷水系统中漏氢量达到 0.5m³/d 时应计划停机时安排消缺，漏氢量大于 5m³/d 时应立即停机处理。

Je1G5129 变压器差动保护不能代替瓦斯保护的原因有（BCD）。

（A）两种保护均为非电量保护；

（B）变压器瓦斯保护能反应变压器油箱内的任何故障，而差动保护对此无反应；

（C）瓦斯保护安装接线简单；

（D）变压器绕组发生少数线匝的匝间短路，虽然短路匝内短路电流很大会造成局部绕组严重过热产生强烈的油流向油枕方向冲击，但表现在相电流上其量值却不大，所以差动保护反应不出，但瓦斯保护对此却能灵敏地加以反应。

Je1G5130 当发电机发生定子接地时，（ABD）。

（A）会产生电容电流；

（B）严重时会烧毁发电机定子铁芯；

（C）接地点越靠近中性点，定子电流越大；

（D）一般接地电流不允许大于 5A。

La4G1131 燃烧应具备的条件是（ACD）。

（A）可燃烧的物质；（B）催化剂；

（C）氧气；（D）足够高的温度。

La4G1132 目前，国内烟气脱硫技术中按照脱硫剂种类划分有（ABCD）。

（A）以 $CaCO_3$（石灰石）为基础的钙法脱硫技术；

（B）以 MgO 为基础的镁法脱硫技术；

（C）以 NH_3 为基础的氨法脱硫技术；

（D）以有机碱为基础的有机碱法脱硫技术。

La4G1133 目前，燃煤电厂氮氧化物的控制技术主要有（ABC）。

（A）低氮燃烧技术；（B）炉膛喷射脱硝技术；

（C）烟气脱硝技术；（D）LIFAC。

La4G2134　超低排放是指燃煤电厂排放烟气中颗粒物、二氧化硫、氮氧化物浓度分别不高于（ABC）mg/Nm^3。

（A）10；（B）35；（C）50；（D）100。

Lb4G2135　吸收塔是烟气脱硫的核心装置，对其要求主要有（ACD）。

（A）气体的吸收反应良好；（B）保温性好；

（C）压力损失小；（D）适应性强。

Lb4G2136　影响烟气脱硫效果的主要因素有（ABCD）。

（A）石灰石粒径；（B）烟气温度；

（C）气液接触时间；（D）烟气入口 SO_2 浓度。

Lb4G2137　在石灰石-石膏湿法烟气脱硫系统运行中,脱硫浆液的 pH 值对下列哪些指标有影响？（AD）

（A）脱硫效率；（B）钙硫比；

（C）除尘效率；（D）亚硫酸钙转化率。

Lb4G2138　粉尘对脱硫系统的影响包括（ABCD）。

（A）阻碍石灰石的消溶；（B）加重了浆液对设备的磨损性；

（C）增加废水排放量；（D）增加了脱硫石膏脱水难度。

Lb4G2139　吸收塔浆液中亚硫酸钙含量过高的原因有（ABC）。

（A）氧化空气管道堵塞，氧化空气量不够；

（B）搅拌系统故障，导致氧化空气分布不均；

（C）石灰石品质较差或细度不符合要求；

（D）吸收塔浆液液位高，使氧化空气在浆液中的停留时间短。

Lb4G3140　氨逃逸对脱硫系统影响正确的有（BCD）。

（A）造成原烟气二氧化硫浓度上升，净烟气二氧化硫浓度波动；

（B）造成浆液品质变差，影响 SO_2 吸收，脱硫系统出力下降；

（C）造成石膏旋流效果变差，进一步影响石膏脱水；

（D）增加废水处理难度。

Lb4G4141　《中华人民共和国大气污染防治法》规定：重点排污单位应当对自动监测数据的（AB）负责。

（A）真实性；（B）准确性；（C）可靠性；（D）稳定性。

La3G1142　煤在燃烧过程中，根据燃烧条件和生成途径的不同，生成的 NO_x 分为（ABC）。

（A）燃料型 NO_x；（B）快速型 NO_x；

（C）热力型 NO_x；（D）合成型 NO_x。

Lb3G2143　关于石膏结晶过程，说法正确的是（ABC）。

（A）石膏的结晶速度依赖于石膏的过饱和度；

（B）当浆液超过某一相对饱和值后，石膏晶体会在已经存在的晶体上生长；

（C）相对饱和度达到某一更高值时，就会产生成核反应，石膏晶体会在其他物质表面生长，导致吸收塔浆液池表面结垢；

（D）正常运行过饱和度一般控制在 110%～140%。

Lb3G2144　石灰石中的氧化镁对脱硫系统运行有哪些影响（ACD）。

（A）适量的氧化镁有助于脱硫效率的提高；

（B）加重了浆液对设备的磨损性；

（C）含量高时，增加了脱硫石膏脱水难度；

（D）含量高时，增加废水排放量。

Lb3G2145　海水脱硫系统中，设置曝气池的主要目的有（ABD）。

（A）调整海水的 pH 值；

（B）使吸收液中 SO_3^{2-} 氧化成稳定的 SO_4^{2-}；

（C）降低吸收液中的含盐浓度；

（D）调整 COD 值。

Lb3G2146　SCR 脱硝系统中，稀释风机的作用是（ABC）。

（A）利用空气作为 NH_3 的载体，通过喷氨格栅（AIG）将 NH_3

送入烟道，有助于加强 NH_3 在烟道中的均匀分布；

（B）稀释风通常是在加热后才混入氨气中，有助于氨气中水分的气化；

（C）将氨气浓度控制在 5%以内；

（D）稀释氮氧化物。

Lb3G3147　一般认为将石灰石浆液加入吸收塔中和区或循环泵入口较为合理。以下原因正确的是（ABD）。

（A）可以保持中和区或循环泵出口浆液中有较高 $CaCO_3$ 浓度；

（B）尽可能使烟气离开吸收塔前接触最大碱度的浆液；

（C）可以很快降低吸收塔浆液的 pH 值；

（D）可以提高 $CaCO_3$ 的利用率，有利于 SO_2 的吸收。

Lb3G3148　石灰石—石膏湿法烟气脱硫系统运行中，如果发现吸收塔出口 SO_2 浓度异常时，应综合分析下列哪些因素。（ABD）

（A）原烟气 SO_2 含量；（B）锅炉负荷；

（C）吸收塔浆液密度；（D）吸收塔浆液 pH 值。

Lc3G3149　收集、贮存、运输、利用、处置固体废物的单位和个人，不得擅自（ABCD）固体废物。

（A）倾倒；（B）堆放；（C）丢弃；（D）遗撒。

Lb2G2150　液气比 L/G 是烟气湿法脱硫重要工艺参数，如果液气比增大，则（ABC）。

（A）循环浆液量增大；（B）单位循环浆液吸收 SO_2 量减少；

（C）增加吸收 SO_2 的总碱量；（D）减少总气相传质系数。

Lb2G3151　对于喷淋托盘塔中筛盘（筛板式托盘）特点描述正确的是（ACD）。

（A）筛盘上能够形成泡沫区，使气/液之间有更长的接触时间，提高传质特性；

（B）可以提高液气比，从而降低投资和运行费用；

（C）改善吸收塔内烟气分布，提高 SO_2 脱除效率；

（D）筛盘（筛板式托盘）会增加系统压损 400～600Pa。

Lb2G3152　DCS 控制系统有哪些部分组成（ABCD）。

（A）操作员站、工程师站；（B）通信网络；

（C）图形及编程软件；（D）控制器。

Lb2G3153　防止硫酸氢氨对空气预热器造成的影响措施有（AB）。

（A）限制通过 SCR 催化剂的烟气 SO_2/SO_3 的转换率；

（B）控制 SCR 出口的 NH_3 泄漏量；

（C）增大氨空比；

（D）降低 SCR 入口 NO_x 浓度。

Lb2G4154　液氨泄漏或现场处置过程中伤及人员的，按以下原则紧急处理（ABCD）。

（A）人员吸入液氨时，应迅速转移至空气新鲜处，保持呼吸通畅；

（B）人员吸入液氨时，呼吸困难或停止，立即进行人工呼吸，并迅速就医；

（C）皮肤接触液氨时，立即脱去污染的衣物，用医用硼酸或大量清水彻底冲洗，并迅速就医；

（D）眼睛接触液氨时，立即提起眼睑，用大量流动清水或生理盐水彻底冲洗至少 15 分钟，并迅速就医。

Lb2G4155　液氨的运输单位必须具有危化品运输许可资质，下列哪些人员必须具有地方政府颁发的危险化学品从业人员资格证书？（AB）

（A）槽车司机；（B）押运员；（C）第一负责人；（D）质检员。

La1G1156　工业中的三废是指（ABD）。

（A）废水；（B）废气；（C）废热；（D）废渣。

Lb1G2157　影响除雾器冲洗系统性能的主要因素有（ABCD）。

（A）冲洗面积及覆盖率；（B）冲洗喷嘴的形式；

（C）冲洗水质量；（D）冲洗时间和频率。

Lb1G3158　吸收塔的直径和高度与以下哪些因素有关？（ABCD）

（A）烟气量和二氧化硫的浓度；（B）循环浆液量；

（C）喷淋层数和喷淋覆盖面积；（D）吸收剂的反应活性。

Lb1G3159　在尿素热解系统中，喷枪的喷雾效果差，原因可能有（ABCD）。

（A）尿素溶解水品质差；

（B）雾化空气品质差；

（C）人为原因将高流量循环泵入口滤网去掉；

（D）雾化空气压力不够。

Lb1G3160　SCR 脱硝催化剂层发生二次燃烧的现象是（ABC）。

（A）空气预热器前后及尾部烟道负压大幅波动；

（B）空气预热器出口风温不正常升高，排烟温度不正常升高；

（C）在燃烧部位不严密处向外冒烟和火星；

（D）烟囱入口温度升高。

四、简答题

La4C2001　什么是热力循环？

答：工质从原始状态点出发，经过一系列的状态变化后又回到初态的热力过程，称为热力循环。热能转化为机械能的循环称为正向热力循环，机械能转换为热能的循环称为逆向热力循环。

La3C3002　热力学第一定律的实质是什么？它说明什么问题？

答：热力学第一定律的实质是能量守恒与转换定律在热力学上的一种特定应用形式。它说明了热能与机械能互相转换的可能性及其数值关系。

La2C5003　简述层流、紊流，液体的流动状态用什么来判别？

答：（1）层流是指液体流动过程中，各质点的流线互不混杂，互不干扰的流动状态。

（2）紊流是指液体运动过程中，各质点的流线互相混杂，互相干扰的流动状态。

（3）液体的流动状态是用雷诺数 Re 来判别的。实验表明，液体在圆管内流动时的临界雷诺数为 Re_{cr}=2300。当 $Re \leqslant 2300$ 时，流动为层流；当 $Re > 2300$ 时，流动为紊流。

Lb4C1004　锅炉常用的测量仪表有哪些？

答：锅炉常用的测量仪表有测量水位、流量、压力、温度、烟气含氧量等物理量的表计。

Lb4C2005　简述对流换热，以及影响对流换热的因素有哪些？

答：对流换热指流体各部分之间发生相对位移时所引起的热量传递过程。

影响对流换热的因素有：对流换热系数 α、换热面积 F、热物质与冷物质的温差 $t_1 - t_2$。

Lb4C2006　水的汽化方式有哪些？

答：（1）蒸发：是在水的表面进行的较为缓慢的汽化过程。可以在任意温度下进行。

（2）沸腾：是在液体表面和内部同时进行的较为强烈的汽化现象。只有在液体温度达到其对应压力下的饱和温度时才会发生。例如一个大气压力下，水温达到 100℃ 时开始沸腾。

Lb4C3007　热工信号和电气信号的作用什么？

答：（1）热工信号（灯光或音响）的作用是在有关热工参数偏离规定范围或出现某些异常情况时，引起运行人员注意，以便采取措施，避免事故的发生和扩大；

（2）电气信号的作用是反映电气设备工作的状况，如合闸、断开及异常情况等，它包括位置信号、故障信号和警告信号等。

Lb4C4008　进入锅炉的给水为什么必须经过除氧？

答：这是因为如果锅炉给水中含有氧气，将会使给水管道、锅炉设备及汽轮机通流部分遭受腐蚀，缩短设备使用寿命。防止腐蚀最有效的办法是除去水中的溶解氧和其他气体，这一过程称为给水的除氧。

Lb4C4009　什么是锅炉的蒸汽品质？

答：电厂锅炉生产的蒸汽必须符合设计规定的压力和温度，蒸汽中的杂质含量也必须控制在规定的范围内。通常所说的蒸汽品质是指杂质在蒸汽中的含量，换句话说就是蒸汽的洁净程度。

Lb4C5010　什么是热电联合循环？

答：把已在汽轮机中做过功的并具有一定压力和温度的蒸汽，直接或间接地输送到工业或民用蒸汽热用户，有效利用其热能，这种既发电又供热的热力循环方式称为热电联合循环。这种热力循环方式的优点是减少了凝汽器中的排汽热损失，提高了热能的利用率，具有很高的经济效益。

Lb4C5011　简述直流锅炉的工作原理。

答：直流锅炉没有汽包，整个锅炉是由许多并联管子用联箱连接串连而成。在给水泵的压头作用下，工质按序一次通过加热、蒸发和过热受热面产生蒸汽。由于直流锅炉没有汽包，所以其加热、蒸发和过热三个区间没有固定的分界点。

Lb3C2012　简述热电偶测温计的测温原理，常用的热电偶有哪些？

答：（1）把两种不同的导体或半导体连接成闭合回路，回路的两个触点温度不同时，回路内就会产生热电动势，这种现象称为热电效应。热电偶测温计就是利用这个原理工作的。

（2）常用的热电偶有铂铑—铂、镍铬—镍硅、铜—铜镍（康铜）等。

Lb3C3013　超临界压力锅炉和超超临界压力锅炉的区别？

答：超临界压力锅炉是指主蒸汽压力超过临界压力 22.12MPa 的锅炉。通常大容量超临界压力锅炉的主蒸汽压力定在 24.5MPa 左右。当主蒸汽压力达到 25MPa～31MPa 时，又称为超超临界压力锅炉。

Lb3C5014　引起蒸汽压力变化的基本原因是什么？

答：（1）外部扰动：外部负荷变化引起的蒸汽压力变化称外

部扰动，简称"外扰"。当外界负荷增大时，机组用汽量增多，而锅炉尚未来得及调整到适应新的工况，锅炉蒸发量将小于外界对蒸汽的需要量，物料平衡关系被打破，蒸汽压力下降。

（2）内部扰动：由于锅炉本身工况变化而引起蒸汽压力变化称内部扰动，简称"内扰"。运行中外界对蒸汽的需要量并未变化，而由于锅炉燃烧工况变动（如燃烧不稳或燃料量、风量改变）以及锅内工况（如传热情况）的变动，使蒸发区产汽量发生变化，锅炉蒸发量与蒸汽需要量之间的物料平衡关系破坏，从而使蒸汽压力发生变化。

Lb2C1015　简述热电阻测温仪表的工作原理和特点。

答：（1）大多数金属材料的电阻随着温度的升高而增大，只要取得测温原件的电阻值，并将其加以折算，即可得到温度值。

（2）热电阻是电阻输出型感温元件，测温范围较热电偶低，约在-200~+650℃之间，与贵金属制成的热电偶相比，具有灵敏度高、价格便宜的特点。另外，由于热电阻元件的感应区域大、反应时间长，因此它不适宜用于点区域温度测量和温度变化剧烈的地方。

Lb2C4016　锅炉对给水和炉水品质有哪些要求？

答：（1）对给水品质的要求：硬度、溶解氧、pH值、含油量、含盐量、联氨、含铜量、含铁量、电导率必须合格。

（2）对炉水品质的要求：悬浮物、总碱度、溶解氧、pH值、磷酸根、氯根、固形物（导电度）等必须合格。

Lb2C5017　什么是直流炉的热膨胀？

答：直流锅炉启动时必须在蒸发段建立启动流量和启动压力。

（1）点火后，直流锅炉蒸发段工质的温度逐渐升高，达到饱和温度后开始汽化，工质比容突然增大很多。汽化点后的水被迅速推出进入分离器，此时分离器水位迅速升高，分离器排水时远大于给水量。这种现象称为直流炉启动过程中的热膨胀现象。

（2）自然循环锅炉也有工质的膨胀，但由于汽包的作用，膨胀时只引起汽包水位的升高，因此，在锅炉点火前汽包水位应维持较低一些，以防满水。直流锅炉在启动过程中，如果对工质膨胀过程控制不当，将会引起锅炉和启动分离器超压。

Lb1C3018　简述测量锅炉烟气含氧量的目的和氧化锆氧量计的工作原理。

答：（1）锅炉燃烧调整的首要任务是调整好燃料和风量的配合。烟气中的含氧量能够直观地反映风量的大小，指导运行人员或自动调节系统合理地调配风、粉比例。

（2）氧化锆氧量计是应用了添加了氧化钙或氧化钇的氧化锆氧离子导体，在两侧氧浓度不同时，氧离子由浓度高的一侧向浓度低的一侧迁移过程中在电极上产生电荷累积，从而建立电场的原理进行工作的。

Jb4C3019　锅炉主要的热损失有哪几种？哪种热损失最大？

答：主要有排烟热损失、化学未完全燃烧热损失、机械未完全热损失、散热损失、灰渣物理热损失，其中排烟热损失最大。

Jb4C3020　直流锅炉汽温调节的主要方式？

答：直流锅炉汽温调节的主要方式是调节煤水比，辅助手段是喷水减温或烟气侧调节。

Jb3C3021　锅炉中进行的三个主要工作过程是什么？

答：为实现能量的转换和传递，在锅炉中同时进行着三个互相关联的主要过程。分别为燃料的燃烧过程，烟气向水、汽等工质的传热过程，蒸汽的产生过程。

Jb3C4022　煤粉细度及煤粉均匀性对燃烧有何影响？

答：（1）煤粉越细，越均匀，煤粉总的表面积越大，挥发份越容易尽快析出，有利于着火和燃烧，降低排烟、化学、机械不完全燃烧热损失，提高锅炉效率，但煤粉过细炉膛容易结焦。

（2）煤粉越粗，越不均匀，不仅不利于着火，燃烧时间延长，燃烧不稳，火焰中心上移，烟温升高，增加机械不完全燃烧和排烟损失，降低锅炉效率，同时增加受热面磨损程度。

Jb3C5023　简述三冲量给水调节系统的信号来源。

答：在三冲量给水调节系统中，调节器接受三个输入信号：主信号汽包水位 H，前馈信号蒸汽流量 D 和反馈信号给水流量 W。其中，蒸汽流量和给水流量是引起汽包水位变化的主要原因，当引起汽包水位变化的扰动一经发生，调节系统立即动作，能及时有效的控制水位的变化。

Jb2C3024　什么是超温和过热，两者之间有什么关系？

答：（1）超温或过热是在运行中，金属的温度超过其允许的温度。

（2）两者之间的关系：超温与过热在概念上是相同的。所不同的是，超温指运行中出于种种原因，使金属的管壁温度超过所允许的温度，而过热是因为超温致使管子发生不同程度的损坏，也就是说超温是过热的原因，过热是超温的结果。

Jb2C5025　影响蒸汽压力变化速度的因素有哪些？

答：（1）锅炉负荷变化速度：负荷变化的速度越快，蒸汽压力变化的速度也越快。为了限制蒸汽压力的变化速度，运行中必须限制负荷的变化速度。

（2）锅炉的蓄热能力：蓄热能力是指锅炉在蒸汽压力变化时，由于饱和温度变化，相应的锅内工质、受热面金属、炉墙等温度变化所能吸收或放出的热量。

（3）燃烧设备惯性：燃烧设备惯性是指从燃料量开始变化，到炉内建立起新的热负荷以适应外界负荷变化所需的时间。

Jb1C4026　热力系统节能潜力分析包括哪两个方面的内容？

答：（1）热力系统结构和设备上的节能潜力分析。它通过热力系统优化来完善系统和设备，达到节能目的。

（2）热力系统运行管理上的节能潜力分析。它包括运行参数偏离设计值，运行系统倒换不当，以及设备缺陷等引起的各种做功能力亏损。热力系统运行管理上的节能潜力，是通过加强维护、管理、消除设备缺陷，正确倒换运行系统等手段获得。

Jd4C4027　操作阀门应注意些什么？

答：热力系统中一、二次串联布置的疏水门、空气门，一次门用于系统隔绝，二次门用于调整或频繁操作，开启操作时应先开一次门，后开二次门，关闭操作时先关二次门，后关一次门。除非特殊情况，不得将一次门作为调整用，防止一次门门芯吹损后，不能起到隔绝系统的作用。

手动阀门操作时应使用力矩相符的阀门扳手，操作时用力均匀缓慢，严禁使用加长套杆或使用冲击的方法开启关闭阀门。电动阀门的开关操作在发出操作指令后，应观察其开关动作情况，直到反馈正常后进行下一步操作。阀门要保温，管道停用后要将水放尽，以免天冷时冻裂阀体。阀门存在跑、冒、滴、漏现象，及时联系处理。

Jd3C3028　转动机械在运行中发生什么情况时，应立即停止运行？

答：转动机械在运行中发生下列情况之一时，应立即停止运行。

（1）发生人身事故，无法脱险时。

（2）发生强烈振动，危及设备安全运行时。

（3）轴承温度急剧升高或超过规定值时。

（4）电动机转子和静子严重摩擦或电动机冒烟起火时。

（5）转动机械的转子与外壳发生严重摩擦撞击时。

（6）发生火灾或被水淹时。

Jd2C2029　燃烧调整的基本要求有哪些？

答：（1）着火、燃烧稳定，蒸汽参数满足机组运行要求。

（2）减少不完全燃烧损失和排烟热损失，提高燃烧经济性。

（3）保护水冷壁、过热器、再热器等受热面的安全，不超温超压，不高温腐蚀。

（4）燃烧调整适当，燃料燃烧完全，炉膛温度场、热负荷分布均匀。

（5）减少 SO_x、NO_x 的排放量。

Jd3C5030　简述 PID 调节系统的调节过程。

答：PID 调节系统由比例、积分、微分三个环节组成。当干扰出现时，微分调节立即动作，同时，比例调节也起克服作用，使偏差的幅度减小，接着积分开始起作用，该系统较比例积分系统具有更强的克服偏差的能力。PID 调节系统只经过短暂的衰减振荡后，偏差即被消除，进入新的稳定状态。

Je4C1031　锅炉在吹灰过程中，遇到什么情况应停止吹灰或禁止吹灰？

答：（1）锅炉吹灰器有缺陷。

（2）锅炉燃烧不稳定。

（3）锅炉发生事故。

Je4C2032　受热面容易受飞灰磨损的部位有哪些？

答：锅炉中的飞灰磨损都带有局部性质，易受磨损的部位通常为烟气走廊区、蛇形弯头、管子穿墙部位、管式空气预热器的烟气入口处及在灰分浓度大的区域等。

Je4C2033　回转式空气预热器的密封部位有哪些？什么部位的漏风量最大？

答：（1）在回转式空气预热器的径向、轴向、周向上设有密封。

（2）径向漏风量最大。

Je4C3034　离心式风机启动前应注意什么？

答：风机在启动前，应做好以下主要工作：

（1）关闭进风调节挡板。

（2）检查轴承润滑油是否完好。

（3）检查冷却水管的供水情况。

（4）检查联轴器是否完好。

（5）检查电气线路及仪表是否正确。

Je4C3035　如何利用减温水对汽温进行调整？

答：目前汽包锅炉过热汽温调整一般以喷水减温为主，大容量锅炉通常设置两级以上的减温器。一般用一级喷水减温器对汽温进行粗调，其喷水量的多少取决于减温器前汽温的高低，应能保证屏过管壁温度不超过允许值。二级减温器用来对汽温进行细调，以保证过热蒸汽温度的稳定。

Je4C4036 引起泵与风机振动的原因有哪些？

答：（1）轴流风机因失速引起的振动。

（2）转动部分不平衡引起的振动。

（3）转动各部件连接中心不重合引起的振动。

（4）联轴器螺栓间距精度不高引起的振动。

（5）固体摩擦引起的振动。

（6）平衡盘引起的振动。

（7）泵座基础不好引起的振动。

（8）由驱动设备引起的振动。

Je4C5037 为什么在启动制粉系统时要减小锅炉送风，而停止时要增大锅炉送风？

答：运行时要维持炉膛出口过量空气系数为定值。制粉系统投入时，有漏风存在，制粉系统漏风系数为正值，则空气预热器出口空气侧过量空气系数值应减小，即送入炉膛的空气量应减小。当制粉系统停运时，制粉系统漏风系数为零，则空气预热器出口空气侧过量空气系数值应增大，即送入炉膛的空气量应增大。

Je3C1038 蒸汽温度的调节设备及系统分哪几类？

答：蒸汽温度的调节设备及系统分为两大类：

（1）烟气侧调节设备，有分隔烟气挡板式、烟气再循环和摆动燃烧器等。

（2）蒸汽侧调节设备，有喷水减温器、表面式减温器以及三通阀旁路调温系统等。

Je3C3039 直吹式制粉系统在自动投入时，运行中给煤机皮带打滑，对锅炉燃烧有何影响？

答：磨煤机瞬间断煤，磨出口温度上升，给煤机给煤指令增大，汽温、汽压下降，处理不当磨煤机产生强烈振动，燃烧不稳。

Je3C3040　锅炉正常停炉熄火后应做哪些安全措施？

答：（1）继续通风 5min，排除炉内可燃物，然后停止送、引风机运行，以防由于冷却过快造成汽压下降过快。

（2）停炉后采用自然泄压方式控制锅炉降压速度，禁止采用开启向空排汽等方式强行泄压，以免损坏设备。

（3）停炉后当锅炉尚有压力和辅机留有电源时，不允许对锅炉机组不加监视。

（4）为防止锅炉受热面内部腐蚀，停炉后应根据要求做好停炉保护措施。

（5）冬季停炉还应做好设备的防寒防冻工作。

Je3C3041　直流锅炉切除分离器时会发生哪些不安全现象？是什么原因造成的？

答：（1）切除启动分离器时，极易发生主汽温度下降和前屏过热器管壁超温现象。

（2）启动过程中应严格按照启动分离器切除的条件执行操作。若切除过早，分离器过早停止排水，使蒸发段出口工质焓值降低，同时过热器内蒸汽流量增大，易造成过热汽温降低。若切除过迟，则会使前屏过热器管壁超温。

Je3C4042　简述锅炉烧劣质煤时应采取的稳燃措施。

答：（1）控制一次风量，适当降低一次风速，提高一次风温。

（2）合理使用二次风，控制适当的过量空气系数。

（3）根据燃煤情况，适当提高磨煤机出口温度及煤粉细度，控制制粉系统的台数。

（4）尽可能提高给粉机或给煤机转速，燃烧器集中使用，保证一定的煤粉浓度。

（5）避免低负荷运行，低负荷运行时，可采用滑压方式，控制好负荷变化率。

（6）燃烧恶化时及时投油助燃。

（7）采用新型稳燃燃烧器。

Je3C5043　锅炉灭火有何现象？应注意哪些问题？

答：现象：

（1）炉膛负压突然增大，一、二次风压降低，工业电视及就地看火孔看不到火焰，火焰监视装置报警。

（2）汽温、汽压下降，汽包水位先下降之后升高。对于直流锅炉机组，汽轮机机械保护动作停机，汽压会出现短暂的升高。

（3）灭火保护正确动作后，所有制粉系统全部跳闸，油枪来油速断阀关闭并闭锁。

注意问题：

锅炉灭火后严禁继续向炉内给粉、给油、给气，切断一切燃料。灭火保护不能正确动作时，应及时手动切断所有燃料的供应，并做好防误措施。严防灭火"打炮"扩大事故。

Je3C5044　当投 CCS 时，为何要切除 DEH 的功率及压力回路？

答：因为当投 AGC 或一次调频时，机组处于协调控制运行方式。在协调控制主控系统中设有功率及压力控制回路，功率与压力已在协调控制主控系统中被恰当地处理。主控系统发出的是经处理后的燃烧率指令和汽轮机阀位指令。当投 CCS 时，如果不切除 DEH 的功率及压力回路，两者功能重复，从而影响机组运行稳定性与调节品质。

Je2C3045　汽温调节的总原则是什么？

答：（1）汽温调节的总原则是控制好煤水的比例，以燃烧调整作为粗调手段，以减温水调整作为微调手段。

（2）对于汽包锅炉，汽包水位的高低直接反映了煤水比例的正常与否，因此调整好汽包水位就能够控制好煤水比例。

（3）对于直流炉，必须将中间点温度控制在合适的范围内。

Je2C4046　试述降低锅炉启动能耗的主要措施。

答：（1）锅炉进水完毕后即可投入底部蒸汽加热，加温炉水，预热炉墙，缩短启动时间。

（2）正确利用启动系统，充分利用启动过程中的排汽热量，尽可能回收工质减少汽水损失。

（3）加强运行人员的技术力量，提高启动质量，严格按照启动曲线启动。

（4）单元机组采用滑参数启动方式。

（5）加强燃烧调整，保证启动时的燃烧的完全和经济。

（6）合理技改，采用先进技术，如"少油点火器""富集型""开缝纯体"燃烧器等。

Je2C5047 风量如何与燃料量配合？

答：风量过大或过小都会给锅炉安全经济运行带来不良影响。

锅炉的送风量是经过送风机进口挡板进行调节的。经调节后的送风机送出风量，经过一、二次风的配合调节才能更好地满足燃烧的需要，一、二次风的风量分配应根据它们所起的作用进行调节。一次风应满足进入炉膛风粉混合物挥发分燃烧及固体焦炭质点的氧化需要。二次风量不仅要满足燃烧的需要，而且补充一次风末段空气量的不足，更重要的是二次风能与刚刚进入炉膛的可燃物混合，这就需要较高的二次风速，以便在高温火焰中起到搅拌混合作用，混合越好，则燃烧得越快、越完全。一、二次风还可调节由于煤粉管道或燃烧器的阻力不同而造成的各燃烧器风量的偏差，以及由于煤粉管道或燃烧器中燃料浓度偏差所需求的风量。此外炉膛内火焰的偏斜、烟气温度的偏差、火焰中心位置等均需要用风量调整。

Je1C3048 锅炉低负荷运行时应注意些什么？

答：（1）保持合理的一次风速，炉膛负压不宜过大。

（2）尽量提高一、二次风温。

（3）风量不宜过大，煤粉不宜太粗，开停制粉系统操作要缓慢平稳。

（4）对于四角布置的直流喷燃器，下排给粉机转速不应太低。

（5）尽量减少锅炉漏风，特别是油枪处和底部漏风。

（6）保持煤种的稳定，减少负荷大幅度扰动。

（7）投停油枪应考虑对角，尽量避免缺角运行。

（8）燃烧不稳时应及时投油助燃。

Je1C4049 停炉后为何需要保养，常用保养方法有哪几种？

答： 锅炉停用后，如果管子内表面潮湿，外界空气进入，会引起内表面金属的氧化腐蚀。为防止这种腐蚀的发生，停炉后要进行保养。对于不同的停炉有如下几种保养方法：

（1）蒸汽压力法防腐。停炉备用时间不超过 5 天，可采用这一方法。

（2）给水溢流法防腐。停炉后转入备用或处理非承压部件缺陷，停用时间在 30 天左右，防腐期间应设专人监视与保持汽包压力在规定范围内，防止压力变化过大。

（3）氨液防腐。停炉备用时间较长，可采用这种方法。

（4）锅炉余热烘干法。此方法适用于锅炉检修期保护。

（5）干燥剂法。锅炉需长期备用时采用此法。

Je1C5050 锅炉给水全程调节为什么要设两套调节系统？它们之间切换的原则是什么？

答： 给水全程自动调节系统设两套调节系统的目的是在启停过程中，当负荷低于一定程度时，蒸汽流量信号很小，测量误差很大，所以三冲量给水调节系统改为单冲量系统。

两套系统进行切换的原则是：当蒸汽流量信号低于某一值时，高低值监视器动作，控制继电器使之由三冲量调节系统切换到单冲量调节系统。反之，当负荷高于某一值时，高低值监视器动作，控制继电器使之由单冲量调节系统切换到三冲量调节系统。

La4C1051 什么是凝结放热？包括哪两种形式？

答：（1）当蒸汽与低于蒸汽饱和温度的金属表面接触时，蒸汽放出汽化潜热，在金属壁表面发生蒸汽凝结现象，称为凝结换热。

（2）如果蒸汽在金属表面凝结形成水膜称膜状凝结。

（3）如果蒸汽在金属壁面上凝结，形不成水膜则这种凝结称珠状凝结，其放热系数是膜状凝结的 15～20 倍。

La4C2052　汽轮机支撑轴承个别温度升高和温度普遍升高的原因有什么不同？

答：个别轴承温度升高的原因：

（1）负荷增加、轴承受力分配不均、个别轴承负荷重。

（2）进油不畅或回油不畅。

（3）轴承内进入杂物、乌金脱壳。

（4）靠轴承侧的轴封进汽量过大或漏汽量过大。

（5）轴承中有气体存在、润滑油流动不畅。

（6）振动引起油膜破坏、润滑不良。

轴承温度普遍升高的原因：

（1）由于某些原因引起冷油器出油温度升高。

（2）油质恶化。

La4C1053　为防止汽轮机叶片断裂事故，在运行方面应注意哪些问题？

答：（1）加强蒸汽品质监督，防止叶片结垢腐蚀。

（2）电网应保持正常的频率运行，避免偏高或偏低，以防某几级叶片陷入共振区。

（3）严格控制汽轮机进汽参数、真空、负荷在规定范围内，防止汽轮机超温、超压、过负荷运行；加强对各监视段压力的监视，发现异常，及时分析查明原因。

（4）避免汽轮机在振动不合格的情况下长期运行。

（5）严防汽轮机超速、水冲击等事故发生。

（6）机组长时间停运，应做好防腐保养工作。

La4C1054　汽轮机差胀在什么情况下容易出现负值？

答：（1）由于汽缸与转子的钢材有所不同，一般转子的线膨胀系数大于汽缸的线膨胀系数，加上转子质量小受热面积大，机组在正常运行时，差胀均为正值。

（2）当负荷快速下降或甩负荷时，主蒸汽温度与再热蒸汽温度下降，或汽轮机发生水冲击，或机组启动与停机时加热装置使用不恰当，均有可能使差胀出现负值。

La4C1055 简述汽轮机启停过程优化分析的内容。

答：（1）根据转子寿命损耗率、热变形和差胀的要求确定合理的温度变化率；

（2）确保温度变化率随放热系数的变化而变化；

（3）监视汽轮机各测点温度及差胀、振动等不超限；

（4）盘车预热和正温差启动，实现最佳温度匹配；

（5）在保证设备安全的前提下尽量缩短启动时间，减少电能和燃料消耗等。

La4C1056 汽轮机按工作原理分有哪几种？按热力过程特性分为哪几种？

答：（1）汽轮机按工作原理分为两种：冲动式汽轮机和反动式汽轮机。

（2）汽轮机按热力过程特性分为：凝汽式汽轮机和背压式汽轮机、调整抽汽式汽轮机、中间再热式汽轮机。

La4C1057 造成汽轮机轴瓦损坏的主要原因有哪些？

答：（1）运行中轴承断油；

（2）机组发生强烈振动；

（3）轴瓦制造缺陷；

（4）轴承油温过高；

（5）润滑油质恶化。

La4C1058 影响汽轮机惰走曲线的斜率，形状的因素有哪些？

答：（1）真空破坏门开度的大小，开启时间的早晚；

（2）机组内转动部分是否摩擦；

（3）各主汽门、调速汽门、抽汽电动门、抽汽逆止门等是否严密；

（4）汽轮发电机组设备是否有异常；

（5）润滑油系统是否有异常。

La4C1059 水环式真空泵与喷射式抽气器相比较，在性能上有何优势？

答：（1）抽气设备的性能可分为两大部分：启动性能和持续运行性能。

（2）启动性能指抽气设备在启动工况下抽吸能力的大小，直接影响凝汽器建立汽轮机启动真空所需花费的时间。水环式真空泵在低真空下的抽吸能力远大于射水式抽气器和射汽式抽气器在同样吸入压力下的抽吸能力。

（3）持续运行性能直接反映抽气设备在额定工况下的运行性能，抽气能力不能太大，否则会将凝汽器中的蒸汽大量抽走。水环式真空泵的抽吸能力与吸入口压力有关，吸入口压力越低，抽吸能力越弱，因此它既能满足启动时低真空下的抽汽性能，又能满足高真空下的抽汽性能。

La4C1060 液力耦合器中的工作油是怎样传递动力的？

答：（1）液力耦合器中在主动涡轮和从动涡轮的腔室中充有工作油，形成一个循环流道。

（2）若主轴以一定转速旋转，主动涡轮和被动涡轮形成的工作腔室内的油自主动涡轮内侧引入后，在离心力的作用下被甩到油腔外侧形成高速的油流，冲向对面的被动涡轮叶片，驱动被动涡轮叶片一同旋转。

（3）然后，工作油又沿被动涡轮叶片流向油腔内侧并逐渐减速流回到主动涡轮内侧，构成一个油的循环流动圆。

（4）如此周而复始构成了工作油在泵轮和涡轮两者间的自然环流。

（5）这样，工作油在主动涡轮内获得能量，又在被动涡轮里释放能量，完成了能量的传递。

La4C1061　凝汽器中的空气有哪些危害？

答：凝汽器中的空气有三大主要危害：

（1）漏入空气量增大，使空气的分压力升高，从而使凝汽器真空降低。

（2）空气阻碍蒸汽凝结，使传热系数减少，传热端差增大，从而使真空下降。

（3）使凝结水过冷度增大，降低汽机热循环效率。

La4C1062　轴封蒸汽带水有何危害？如何处理？

答：（1）轴封蒸汽带水在机组运行中有可能使轴端汽封损坏，严重情况下将使机组发生水冲击，危害机组安全运行。

（2）处理轴封蒸汽带水事故，应根据不同的原因，采取相应的措施。

（3）如发现机组声音变沉，振动增大，轴向位移增大，差胀减小或出现负差胀，应立即破坏真空紧急停机。

（4）打开轴封蒸汽系统及本体疏水门，疏水放尽，对设备进行检查无损后，方可重新启动。

La4C1063　汽轮机大修后的分部验收大概可分为哪些步骤？

答：验收步骤大概可以分为：

（1）真空系统灌水严密性试验。

（2）有关设备及系统的冲洗和试运行。

（3）油系统的冲洗循环。

（4）转动机械的分部试运行。

（5）调速装置和保护装置试验。

La4C1064　汽轮机停机后转子的最大弯曲在什么地方？在哪段时间内启动最危险？

答：（1）汽轮机停运后，如果盘车因故不能投运，由于汽缸上下温差或其他原因，转子将逐渐发生弯曲，最大弯曲部位一般在调节级附近。

（2）最大弯曲值约出现在停机后 2～10h 之间，因此在这段时间内启动是最危险的。

La4C1065 机组正常运行中提高经济性要注意哪些方面？

答：（1）维持额定蒸汽初参数；

（2）保持最佳真空；

（3）充分利用加热设备，提高给水温度；

（4）降低厂用电率；

（5）减少各类工质损失；

（6）保持汽轮机最佳效率；

（7）确定合理的运行方式；

（8）保持最小的凝结水过冷度；

（9）注意汽轮机负荷的经济分配等。

La3C1066 汽轮机为什么要设差胀保护？

答：（1）汽轮机启动、停机及异常工况下，常因转子加热（或冷却）的速度比汽缸快，产生膨胀差值（简称差胀）。

（2）无论是正差胀还是负差胀，达到某一数值，汽轮机轴向动静部分就要相碰发生摩擦。

（3）为了避免因差胀过大引起动静摩擦，大机组一般都设有差胀保护。

（4）当正差胀或负差胀达到某一数值时，立即破坏真空紧急停机，防止汽轮机损坏。

La4C1067 凝结水产生过冷却的主要原因有哪些？

答：凝结水产生过冷却的主要原因是有：

（1）凝汽器汽侧积有空气，使蒸汽分压力下降，从而使凝结水温度降低。

（2）运行中凝汽器热井水位过高，淹没了一些冷却水管，形成了凝结水的过冷却。

（3）凝汽器冷却水管排列不佳或布置过密，使凝结水在冷却水管外形成一层水膜。此水膜外层温度接近或等于该处蒸汽的饱和温度，而膜内层紧贴钛（铜）管外壁，因而接近或等于冷却水温度。当水膜变厚下垂成水滴时，此水滴温度是水膜的平均温度，显然低于饱和温度，从而产生过冷却。

（4）凝汽器真空度过高。

（5）循环水量过大。

La3C2068　盘车过程中应注意什么问题？

答：盘车过程中应注意如下问题：

（1）监视盘车电动机电流是否正常，电流表是否晃动。

（2）定期检查转子偏心度指示值是否有变化。

（3）定期倾听汽缸内部及高低压汽封处有无摩擦声。

（4）定期检查润滑油泵及顶轴油泵的工作情况。

La4C1069　氢冷发电机在运行过程中，应注意哪些问题？

答：（1）氢冷发电机的密封必须严密，当机内充满氢气时，密封油不准中断，油压应大于氢压，以防空气进入发电机内壳或氢气充满汽轮机的油系统中而引起爆炸。

（2）主油箱上的排烟风机及密封油箱排烟风机应保持正常运行，如排烟风机故障时，应采取措施，使油箱内不积聚氢气。

（3）另外要防止密封油中带水，引起发电机内氢气的湿度增大，危及发电机安全。

La4C1070　汽轮机油系统的作用是什么？

答：汽轮机油系统作用如下：

（1）根据汽轮机油系统的作用，一般将油系统分为润滑油系统和调节（保护）油系统两部分。

（2）向机组各轴承供油，以便润滑和冷却轴承。

（3）供给调节系统和保护装置稳定充足的压力油，使它们正常工作。

（4）供应各传动机构润滑用油。

La3C3071　发电机为什么要采用氢冷？

答：（1）在电力生产过程中，当发电机运转把机械能转变成电能时，不可避免地会产生能量损耗，这些损耗的能量最后都变成热能，将使发电机的转子、定子等各部件温度升高。

（2）为了将这部分热量导出，往往对发电机进行强制冷却。

（3）常用的冷却方式有空气冷却、水冷却和氢气冷却。

（4）由于氢气热传导率是空气的 7 倍，氢气冷却效率比空气冷却高，所以电厂发电机组一般采用了水氢氢或全氢冷方式。

La3C3072 在主蒸汽温度不变时，主蒸汽压力的变化对汽轮机运行有何影响？

答：主蒸汽温度不变，主蒸汽压力升高对汽轮机的影响：

（1）整机的焓降增大，运行的经济性提高。但当主汽压力超过限额时，会威胁机组的安全。

（2）调节级叶片过负荷。

（3）机组末几级的蒸汽湿度增大。

（4）引起主蒸汽管道、主汽门及调速汽门、汽缸、法兰等承压部件的内应力增加，寿命减少，以致损坏。

主蒸汽温度不变，主蒸汽压力下降对汽轮机影响：

（1）汽轮机可用焓降减少，耗汽量增加，经济性降低，出力不足。

（2）对于用抽汽供给的给水泵的小汽轮机和除氧器，因主汽压力过低也会引起抽汽压力相应降低，使小汽轮机和除氧器无法正常运行。

La3C3073 蒸汽带水为什么会使转子的轴向推力增加？

答：（1）蒸汽作用到动叶片上的力，实际上可以分解成两个力，一个是沿圆周方向的作用力 F_U，一个是沿轴向的作用力 F_Z。

（2）F_U 是真正推动转子转动的作用力，而轴向力 F_Z 作用在动叶上只产生轴向推力。

（3）这两个力的大小比例取决于蒸汽进入动叶片的进汽角 w_1。

w_1 越小，则分解到圆周方向的力就越大，分解到轴向上的作用力就越少。

（4）w_1 越大，则分解到圆周方向上的力就越小，分布到轴向上的作用力就越大。

（5）而湿蒸汽进入动叶片的角度比过热蒸汽进入动叶片的角度大得多。所以说蒸汽带水会使转子的轴向推力增大。

La3C4074　简述哪些情况易造成汽轮机热冲击？

答：（1）启动时，为了保持汽缸、转子等金属部件有一定的温升速度，要求蒸汽温度高于金属温度，且两者应当匹配，相差太大就会对金属部件产生热冲击。

（2）极热态启动造成的热冲击。汽轮机调速级处汽缸和转子的温度在 400～500℃ 时的启动称为极热态启动，对于单元制大机组在极热态时不可能把蒸汽参数提到额定参数再冲动转子，往往是在蒸汽参数较低的情况下冲转。在这种情况下，蒸汽温度比金属温度低得多，因而在汽缸、转子上产生较大的热应力。

（3）甩负荷造成的热冲击。汽轮机在额定工况下运行时，如果负荷发生大幅度变化（50%以上的额定负荷），则通过汽轮机的蒸汽温度将发生急剧变化，使汽缸、转子产生很大的热应力。

（4）汽轮机进汽温度突变造成的热冲击。正常运行中，因控制或操作不当致使进入汽轮机的蒸汽温度骤变（包括水冲击），使汽缸、转子产生很大的热应力。

La3C4075　简述汽流激振的振动特点有哪些？

答：（1）汽流激振一般在大功率汽轮机的高压（或高中压）转子上突然发生振动。

（2）汽流激振出现在机组并网之后、负荷逐渐增加的过程中。对于负荷非常敏感，且一般发生在较高负荷。

（3）汽流激振的振动频率等于或略高于高压转子一阶临界转速。

（4）汽流激振属于自激振动，这种振动不能用动平衡的方法来消除。

La3C3076 为什么新汽轮机需要带负荷运行数小时后才可以进行汽机超速试验？

答：（1）转子温度在低于材料的脆性转变温度（FATT）时易造成转子的脆性断裂。

（2）材料的低温脆性转变温度（FATT）是指金属材料在低温条件下工作时，机械性能发生变化，从韧性变为脆性，许用应力下降，使转子上的宏观裂纹不断扩展，以致当温度低至某一值时，引起脆性断裂。

（3）为了防止做超速试验时，因转子中心处温度低于材料的脆性转变温度，而发生低应力破坏，需带负荷运行数小时后，才可进行汽机超速试验。

La3C3077 简述汽轮机调速系统应满足什么要求？

答：（1）当主蒸汽门全开状态时，调速系统能维持汽轮机空负荷运行。

（2）当汽轮机由满负荷突然甩到空负荷时，调速系统能维持汽轮机的转速在危急保安器动作转速以下。

（3）主蒸汽门和调节汽门门杆、错油门、油动机及调速系统的各活动、连接部件，没有卡涩和松动现象。当负荷变化时，调节汽门应平稳地开、关；负荷不变化时，阀门不应有摆动。

（4）在设计允许范围内的各种运行方式下，调速系统必须能保证使机组顺利并入电网，加负荷到额定、减负荷到零、与电网解列。

（5）当危急保安器动作后，应保证主蒸汽门关闭严密。

La3C4078 汽轮机排汽压力升高对汽轮机运行的影响？

答：（1）当排汽压力升高时，汽轮机的理想焓降减少；如果蒸汽流量不变，汽轮机的出力将降低。排汽压力升高后，汽轮机的总焓降的减少主要表现为最后几级热焓降的减少，从而高压各级热焓降基本不变。所以，此时各级叶片和隔板的应力均在安全范围内。

（2）当排汽压力升高时，将引起排汽侧的温度升高。排汽温度过高，可能引起机组旋转中心偏离，发生振动。

（3）排汽温度过高还会使排汽缸温度不均匀，而造成变形；还会引起低压缸及轴承座等部件产生过度热膨胀，导致旋转中心发生变化，引起机组振动或使端部轴封径向间隙消失而摩擦。

（4）还会影响到凝汽器铜管在管板上的胀口松动，使循环水渗入汽侧，恶化蒸汽品质。

La3C4079　主蒸汽门冲转和调节汽门冲转方式各有什么优缺点？

答：（1）主蒸汽门冲转（TV 方式）是启动时调节汽门全开，转速由主蒸汽门控制，转速达到一定值或带少量负荷后进行切换，改由调节汽门控制。这种启动方式汽轮机全周进汽，除圆周上温度均匀以外，全部喷嘴焓降很小，调节级汽温较高是其最明显的优点。缺点是有可能使主蒸汽门受到冲刷，导致主蒸汽门关闭不严。现在采用主蒸汽门冲转的机组，一般都用主蒸汽门阀座底下的预启阀来控制进汽，这样就避免了对主蒸汽门的直接冲刷。

（2）调节汽门冲转（GV 方式）是启动时主蒸汽门开足，进入汽轮机的蒸汽流量由调节汽门控制。这种方式一般采用部分进汽，导致汽缸受热不均，各部温差较大；但没有高压主蒸汽门与高压调节汽门之间的切换，操作简便。现在采用调节汽门冲转的机组冲转期间都采用单阀控制，使汽轮机仍为全周进汽，减小了汽缸各部分的温差。

La3C4080　汽轮机寿命管理的内容有哪些？

答：为了更好地使用汽轮机，必须对汽轮机的寿命进行有计划的管理，汽轮机的寿命管理包括两个方面的内容：

（1）对汽轮机在总的运行年限内的使用寿命情况作出明确的切合实际的规划，也就是确定汽轮机的寿命分配方案，事先给定汽轮机在整个运行年限内的启动类型、启停次数、工况变化以及甩负荷次数等。

（2）根据寿命分配方案，制定出汽轮机启停的最佳启动及变工况运行方案，保证在寿命损耗不超限的前提下，汽轮机启动最迅速，经济性最好。

La3C4081 现场如何根据检测结果区别临界共振、油膜振荡和间隙振荡？

答：根据转速、振动频率和振幅的测量结果可以区分这三种振动。

（1）临界共振时，其振动频率与当时的转速对应的频率一致，且转速越过临界转速后，振动会迅速减小。

（2）油膜振荡一般出现在升速过程中，其共振频率相当于当时转速对应的频率的一半（约为转子第一临界转速），且转速升高时振动频率不变，振幅不减小。

（3）间隙振荡一般出现在带负荷过程中。当负荷加到一定的值时出现，负荷减小时消失，其振动频率也与转子第一临界转速对应的频率相近。

La3C4082 汽轮机常用的调节方式有几种？各有什么特点？

答：（1）汽轮机常用的调节方式有三种。它们分别是：喷嘴调节、节流调节和滑压调节。

（2）喷嘴调节的特点是部分负荷时效率较高，但全负荷时效率并非最高，且变工况时高压部件（调节级后）温度变化较大，易在部件中产生较大热应力，负荷适应性较差。

（3）节流调节部分负荷下效率较低，但变工况时各级温度变化较平稳。滑压调节无节流损失，故汽轮机内效率最高，但由于低负荷下理想焓降大大减小，使循环效率下降，所以机组经济性不一定好。

（4）滑压调节变工况时各级温度变化最小，这是其突出的优点。

La3C4083 加热器运行时要注意监视什么？

答： 加热器运行时要注意监视以下参数：

（1）进、出各加热器的水温。

（2）各抽汽的压力、温度及被加热水的流量。

（3）各加热器汽侧疏水水位的高度。

（4）各加热器的端差。

La3C3084 汽轮机组停机后造成汽轮机进水、进冷汽（气）的原因有可能来自哪些方面？

答： 有可能来自：

（1）锅炉和主蒸汽系统。

（2）再热蒸汽系统。

（3）抽汽系统。

（4）轴封系统。

（5）凝汽器。

（6）汽轮机本身的疏水系统。

La3C3085 汽轮机冲转时，为什么规定要有一定数值的真空？

答：（1）汽轮机冲转前必须有一定的真空，一般为 60kPa 左右。

（2）若真空过低，转子转动就需要较多的新蒸汽，而过多的乏汽突然排至凝汽器，凝汽器汽侧压力瞬间升高较多，可能使凝汽器汽侧形成正压造成排大气安全薄膜损坏，同时也会给汽缸和转子造成较大的热冲击。

（3）冲动转子时，真空也不能过高，真空过高不仅要延长建立真空的时间，也因为通过汽轮机的蒸汽量较少，放热系数也小，使得汽轮机加热缓慢，转速也不易稳定，从而会延长启动时间。

La2C4086 汽轮机打闸后惰走阶段，胀差正向增加的主要原因是什么？

答：（1）机组打闸后，高、中压主汽门、调节汽门关闭，没有蒸汽进入通流部分，转子鼓风摩擦产生的热量无法被蒸汽带走使转子温度升高。

（2）泊桑效应的作用，由于转速下降，离心力减少，转子轴向伸长，造成胀差正向增长。

La2C4087 影响汽轮发电机组经济运行的主要技术参数有哪些？

答：影响汽轮发电机组经济运行的主要技术参数有：主再热蒸汽压力、主再热蒸汽温度、凝汽器压力、给水温度、汽耗率、辅机耗电率、高压加热投入率、凝汽器端差、凝结水过冷度、汽轮机热效率等。

La2C4088 造成凝汽器胶球清洗系统回收球率低有哪些原因？

答：（1）活动式收球网与管壁不密合，引起"跑球"。

（2）固定式收球网下端弯头堵球，收球网污脏堵球。

（3）循环水压力低、水量小，胶球穿越冷却水管能量不足，堵在管口。

（4）凝汽器进口水室存在涡流、死角，胶球聚集在水室中。

（5）管板检修后涂保护层，使管口缩小，引起堵球。

（6）新球较硬或过大，不易通过冷却水管。

（7）胶球密度太小，停留在凝汽器水室及管道顶部，影响回收。胶球吸水后的密度应接近于冷却水的密度。

La2C4089 为什么排汽缸要装喷水降温装置？

答：（1）在汽轮机冲转、空载及低负荷运行时，由于蒸汽流通量很小，不足以带走蒸汽与叶轮摩擦产生的热量，从而引起排汽温度和排汽缸金属温度的升高。

（2）金属温度升高会引起排汽缸产生较大的变形，破坏了汽轮机动、静部分中心线的一致性，严重时会引起机组振动或其他事故。所以，大功率机组都装有排汽缸喷水降温装置。

（3）小机组没有安装喷水降温装置，应尽量避免长时间空负荷运行而引起排汽缸温度超限。

La2C4090　热力系统节能潜力分析包括哪两个方面的内容？

答：（1）热力系统结构和设备上的节能潜力分析。它通过热力系统优化来完善系统和设备，达到节能目的。

（2）热力系统运行管理上的节能潜力分析。它包括运行参数偏离设计值，运行系统倒换不当，以及设备缺陷等引起的各种做功能力亏损。热力系统运行管理上的节能潜力，是通过加强维护、管理、消除设备缺陷，正确倒换运行系统等手段获得。

La2C4091　解释汽轮机的汽耗特性及热耗特性。

答：（1）汽耗特性是指汽轮发电机组汽耗量与电负荷之间的关系。汽轮发电机组的汽耗特性可以通过汽轮机变工况计算或在机组热力试验的基础上求得。凝汽式汽轮机组的汽耗特性随其调节方式不同而异。

（2）热耗特性是指汽轮发电机组的热耗量与负荷之间的关系。热耗特性可由汽耗特性和给水温度随负荷而变化的关系求得。

La2C4092　什么叫金属的低温脆性转变温度？对机组运行有什么影响？

答：（1）低碳钢和高强度合金钢在某些温度下有较高的冲击韧性，但随着温度的降低，其冲击韧性将有所下降，硬度有所提高。冲击韧性显著下降时，即脆性断口占试验断口50%时的温度，称为金属的低温脆性转变温度，英文缩写FATT。

（2）当转子在FATT附近冲转时，由于抗冲击韧性下降，易发生低应力破坏。

La4C4093　什么是金属疲劳和疲劳强度？

答：（1）金属部件在交变应力的长期作用下，会在小于材料的强度极限，甚至在小于屈服极限的应力下发生断裂现象，这种现象称为金属疲劳。

（2）金属材料在无限多次交变应力作用下，不致引起断裂的最大应力称为疲劳极限或疲劳强度。

La2C4094 除氧器发生"自生沸腾"现象有什么不良后果？

答：除氧器发生"自生沸腾"现象有如下后果：

（1）除氧器发生"自生沸腾"现象，使除氧器内压力超过正常工作压力，严重时发生除氧器超压事故。

（2）原设计的除氧器内部汽水逆向流动受到破坏，除氧塔底部形成蒸汽层，使分离出来的气体难以逸出，因而使除氧效果恶化。

La2C4095 机组启动前向轴封送汽要注意什么问题？

答：（1）轴封供汽前应先对送汽管道进行暖管，使疏水排尽。

（2）必须在连续盘车状态下向轴封送汽。热态启动时应先向轴封供汽，然后抽真空。

（3）向轴封供汽时间必须恰当，冲转前过早地向轴封供汽，会使上、下缸温差增大，或使胀差增大。

（4）要注意轴封送汽的温度与金属温度的匹配。热态启动最好用适当温度的备用汽源，有利于胀差的控制，如果系统有条件对轴封供汽进行温度调节，使之高于轴封处金属温度则更好，而冷态启动时轴封供汽最好选用低温汽源。

（5）在高、低温轴封汽源切换时必须谨慎，切换太快不仅引起胀差的显著变化，而且可能产生轴封处不均匀的热变形，从而导致摩擦、振动等。

La1C4096 启停机过程中，为什么汽轮机上缸温度要高于下缸温度？

答：（1）汽轮机下汽缸比上汽缸质量大，约为上汽缸的两倍，而且下汽缸有抽汽口和抽汽管道，散热面积大，保温条件差。

（2）机组在启动过程中温度较高的蒸汽上升，而内部疏水由上而下流到下汽缸，从下汽缸疏水管排出，使下缸受热条件恶化。如果疏水不及时或疏水不畅，回造成上下缸温差更大。

（3）停机时由于疏水不良或下汽缸保温质量不好及汽缸底部挡风板缺损，对流散热量增大，使上下缸冷却条件不同，增大温差。

（4）滑参数启动或停机时，加热装置使用不当。

（5）机组停运后，由于各级抽汽电动门或逆止门、主汽门或调节门等关闭不严，汽水漏至汽缸内。

La1C4097 什么是高压加热器的上、下端差？下端差过大、过小有什么危害？

答：（1）上端差是指高压加热器抽汽饱和温度与给水出水温度之差。

（2）下端差是指高压加热器进水温度与高压加热器疏水温度之差。

（3）下端差过大为疏水调节装置异常导致高压加热器水位高，或高压加热器泄漏，减少蒸汽和钢管的接触面积，影响热效率。严重时会造成汽机进水。

（4）下端差过小可能为抽汽量小，说明抽汽电动门及抽汽逆止门未全开。疏水水位低，部分抽汽未凝结进入下一级，排挤下一级抽汽，影响机组运行经济性，另一方面部分抽汽直接进入下一级，导致疏水管道振动。

La1C4098 汽轮机汽封的作用是什么？一般分几类？

答：（1）运行中，为了避免汽轮机动、静部件之间的碰撞，必须留有适当的间隙，这些间隙的存在势必会导致漏汽，为此必须加装密封装置——汽封。

（2）根据汽封在汽轮机中所处的位置可分为：轴端汽封（简称轴封）、隔板汽封和围带汽封三类。

La1C4099 汽轮机润滑油油质恶化有什么危害？

答：（1）汽轮机润滑油质量的好坏与汽轮机能否正常运行关系密切。

（2）油质变坏使润滑油的性能和油膜发生变化，造成各润滑部分不能很好润滑，结果使轴瓦乌金熔化损坏。

（3）油质变坏还会使调节系统部件被腐蚀、生锈而卡涩，导致调节系统和保护装置动作失灵的严重后果。

La1C4100 汽轮机启动操作，可分为哪三个性质不同的阶段？

答：（1）启动准备阶段。

（2）冲转、升速至额定转速阶段。

（3）发电机并网和汽轮机带负荷阶段。

La3C3101 什么是变压器的铜损和铁损？

答：铜损（短路损耗）是指变压器一、二次电流流过该绕组电阻所消耗的能量之和。由于绕组多用铜导线制成，故称铜损。它与电流的平方成正比，铭牌上所标的千瓦数，系指绕组在75℃时通过额定电流的铜损。铁损是指变压器在额定电压下（二次开路），在铁芯中消耗的功率，其中包括励磁损耗与涡流损耗。

La3C3102 变压器有哪些接地点？各接地点起什么作用？

答：（1）绕组中性点接地：为工作接地，构成大电流接地系统。

（2）外壳接地：为保护接地，为防止外壳上的感应电压高而危及人身安全。

（3）铁芯接地：为保护接地，为防止铁芯的静电电压过高使变压器铁芯与其他设备之间的绝缘损坏。

Lb3C3103 发电机变压器组的非电量保护有哪些？

答：（1）主变压器、高压厂用变压器瓦斯保护。

（2）发电机断水保护。

（3）主变压器温度高保护。

（4）主变压器冷却器全停保护等。

Lb3C3104 为什么规定发电机定子冷却水压力不能高于氢压？

答：因为若发电机定子水压力高于氢压，则在发电机定子水发生泄漏时会造成定子接地，对发电机造成威胁。所以应维持发电机定子冷却水压力低于氢压一定值。

Lb3C3105 变压器的油枕起什么作用？

答：当变压器油的体积随着油温的变化膨胀或缩小时，油枕起储油和补油的作用，以此来保证油箱内充满油，同时由于装了油枕，使变压器与空气的接触面减小，减缓了油的劣化速度。油枕的侧面还装有油位计，可以监视油位变化。

Lb3C3106　什么叫 UPS 系统？有几路电源？分别取自哪里？

答：交流不间断供电电源系统就叫 UPS 系统。

一般 UPS 系统输入有三路电源：

（1）工作电源：取自厂用低压母线。

（2）直流电源：取自直流 220V 母线（或专供 UPS 蓄电池）。

（3）旁路电源：取自保安电源母线。

Lb3C3107　什么叫主保护、后备保护、辅助保护？

答：主保护是指发生短路故障时，能满足系统稳定及设备安全的基本要求，首先动作于跳闸，有选择地切除被保护设备和全线路故障的保护。后备保护是指主保护或断路器拒动时，用以切除故障的保护。辅助保护是为补充主保护和后备保护的不足而增设的简单保护。

Lb3C3108　发电机过负荷运行应注意什么？

答：在事故情况下，发电机过负荷运行是允许的，但应注意：

（1）当发电机定子电流超过允许值时，应注意过负荷的时间不得超过允许值。

（2）在过负荷运行时，应加强对发电机各部分温度的监视，使其控制在规程规定的范围内。否则，应进行必要的调整或降出力运行。

（3）加强对发电机端部、滑环和整流子的检查。

（4）如有可能加强冷却；降低发电机入口风温；发电机变压器组增开冷却风扇。

Lb3C4109　二次设备常见的异常和事故有哪些？

答：（1）直流系统异常、故障。

（2）二次接线异常、故障。

（3）电流互感器、电压互感器等异常、故障。

（4）继电保护及安全自动装置异常、故障。

Lb2C4110　短路和振荡的主要区别是什么？

答：（1）振荡过程中，由并列运行发电机电势间相角差所决定的电气量是平滑变化的，而短路时的电气量是突变的。

（2）振荡过程中，电网上任一点的电压之间的角度，随着系统电势间相角差的不同而改变，而短路时电流和电压之间的角度基本上是不变的。

（3）振荡过程中，系统是对称的，故电气量中只有正序分量，而短路时各电气量中不可避免地将出现负序和零序分量。

Lb2C4111　电力系统对继电保护装置的基本要求是什么？

答：（1）快速性。要求继电保护装置的动作尽量快，以提高系统并列运行的稳定性，减轻故障设备的损坏，加速非故障设备恢复正常运行。

（2）可靠性。要求继电保护装置随时保持完整、灵活状态。不应发生误动或拒动。

（3）选择性。要求继电保护装置动作时，跳开具故障点最近的断路器，使停电范围尽可能缩小。

（4）灵敏性。要求继电保护装置在其保护范围内发生故障时，应灵敏地动作。

Lb2C4112　为什么提高氢冷发电机的氢气压力可以提高效率？

答：氢压越高，氢气密度越大，其导热能力越高。因此，在保证发电机各部分温升不变的条件下，能够散发出更多的热量。这样，发电机的效率就可以相应提高，特别是对氢内冷发电机，效果更显著。

Lb2C4113　为什么发电机要装设转子接地保护？

答：发电机励磁回路一点接地故障是常见的故障形式之一，励磁回路一点接地故障，对发电机并未造成危害，但相继发生第二点接地，即转子两点接地时，由于故障点流过相当大的故障电流而烧伤转子本体，并使励磁绕组电流增加可能因过热而烧伤。由于部分绕组被短接，使气隙磁通失去平衡从而引起振动其至还可使轴系和汽机磁化，两点接地故障的后果是严重的，故必须装设转子接地保护。

Lb2C4114 厂用电接线应满足哪些要求？

答：（1）正常运行时的安全性、可靠性、灵活性、经济性。

（2）发生了故障，能尽量缩小对厂用电系统的影响，避免引起全厂停电事故，即各机组厂用电系统具有高的独立性。

（3）保证启动电源有足够的容量和合格的电压质量。

（4）有可靠的备用电源，并且在工作电源发生故障时能自动投入，保证供电的连续性。

（5）厂用电系统发生事故时，处理方便。

Lb2C4115 简述中性点、零点、中性线、零线的含义。

答：（1）中性点是指发电机或变压器的三相电源绕组连成星型时三相绕组的公共点。

（2）零点是指接地的中性点。

（3）中性线是指从中性点引出的导线。

（4）零线是指从零点引出的导线。

Lb2C4116 高频闭锁距离保护的基本特点是什么？

答：高频保护是实现全线路速动的保护，但不能作为母线及相邻线路的后备保护。而距离保护虽然能起到母线及相邻线路的后备保护，但只能在线路的 80%左右范围内发生故障时实现快速切除。高频闭锁距离保护就是把高频和距离两种保护结合起来的一种保护，实现当线路内部发生故障时，既能进行全线路快速切断故障，又能对母线和相邻线路的故障起到后备作用。

Lb2C4117 电力系统中为什么要采用自动重合闸？

答：自动重合闸装置是将因故障跳开后的断路器按需要自动投入的一种自动装置。电力系统运行经验表明，架空线路绝大多数的故障都是瞬时性的，永久性故障一般不到 10%。因此，在由继电保护动作切除短路故障之后，电弧将自动熄灭，绝大多数情况下短路处的绝缘可以自动恢复。因此，自动将断路器重合闸，不仅提高了供电的安全性和可靠性，减少了停电损失，而且还提高了电力系统的暂态稳定水平，增大了高压线路的送电容量，也可纠正由于断路器或继电保护装置造成的误跳闸。所以，架空线路要采用自动重合闸装置。

Lb2C4118 自动励磁调节器应具有的保护和限制功能有哪些？

答：（1）电压互感器断线保护；

（2）过励磁（V/Hz）限制和保护。

（3）低励限制和保护。

（4）过励限制和保护。

（5）误强励保护。

（6）误失磁保护。

Jb2C4119 何谓黑启动？

答：黑启动是指整个系统因故障停运后，不依赖别的网络的帮助，通过系统中具有自启动能力的机组的启动，带动无自启动能力的机组，逐步扩大电力系统的恢复范围，最终实现整个电力系统的恢复。

Lb2C5120 发电机励磁回路中的灭磁电阻起何作用？

答：发电机励磁回路中的灭磁电阻 R_m 主要有两个作用：

（1）防止转子绕组间的过电压，使其不超过允许值。

（2）将转子磁场能量转变为热能，加速灭磁过程。

Lb2C5121 发电机失磁后为什么会失步？

答：发电机正常运行时，作用在其转子上的转矩有两个，一个是原动机转矩，一个是电磁转矩，电磁转矩是阻转矩，对应于发电机输出的电磁功率。这两个转矩在正常运行时达到平衡，因此发电机一直保持同步速度。发电机失去励磁后，电磁转矩迅速减小，发电机的转矩平衡被打破，从而使发电机加速，并超过同步转速，造成发电机失步。

Lb2C5122　发电机进相运行受哪些因素限制？

答：当系统供给的感性无功功率多于需要时，将引起系统电压升高，要求发电机少发无功甚至吸收无功，此时发电机可以由迟相运行转变为进相运行。

制约发电机进相运行的主要因素有：

（1）系统稳定的限制。

（2）发电机定子端部结构件温度的限制。

（3）定子电流的限制。

（4）厂用电电压的限制。

Lb1C5123　变压器的励磁涌流是如何产生的？它对差动保护产生什么影响？如何消除它的影响？

答：变压器的励磁涌流是在变压器空载合闸时产生的，其值高达变压器额定电流的6～8倍。因为变压器是磁元件，它的磁通不能突变，当空载合闸在电源电压过零一瞬间，它的一次电流全部成为暂态励磁电流，使变压器铁芯高度饱和，励磁电流剧烈增加，从而形成励磁涌流。变压器空载合闸，即二次侧电流为零，一次侧流过励磁涌流，这将在差动回路内产生极大的不平衡电流，造成差动保护误动作。励磁涌流的特点是：直流分量成分很大，波形偏向时间轴一边，含有大量高次谐波，其中二次谐波所占比例最大。可用 BCH 型差动继电器，利用它的速饱和变流器可大大限制励磁涌流。

Lb1C5124　大型发电机组加装电力系统稳定器（PSS）的作用是什么？

答：电力系统稳定器（PSS），是作为发电机励磁系统的附加控制，在大型发电机组加装电力系统稳定器（PSS），适当整定电力系统稳定器（PSS）有关参数可以起到以下作用：

（1）提供附加阻尼力矩，可以抑制电力系统低频振荡。

（2）提高电力系统静态稳定限额。

Lb1C5125　什么叫电力系统的静态稳定？

答：电力系统运行的静态稳定性也称微变稳定性，它是指当正常运行的电力系统受到很小的扰动，将自动恢复到原来运行状态的能力。

Lb1C5126　什么叫电力系统的动态稳定？

答：电力系统运行的动态稳定性是指当正常运行的电力系统受到较大的扰动，它的功率平衡受到相当大的波动时，将过渡到一种新的运行状态或回到原来的运行状态，继续保持同步运行的能力。

Lb1C5127　提高电力系统动态稳定的措施有哪些？

答：（1）快速切除短路故障。

（2）采用自动重合闸装置。

（3）采用电气制动和机械制动。

（4）变压器中性点经小电阻接地。

（5）设置开关站和采用强行串联电容补偿。

（6）采用联锁切机。

（7）快速控制调速汽门等。

Ld3C3128　怎样维护、保管安全用具？

答：（1）绝缘棒（拉杆）应垂直存放，架在支架上或吊挂在室内，不要靠墙壁。

（2）绝缘手套、绝缘鞋应定位存放在柜内，与其他工具分开。

（3）安全用具的橡胶制品不能与石油类的油脂接触。存放的环境温度不能过热或过冷。

（4）高压验电器用后存放于匣内，置于干燥处，防止积灰和受潮。

（5）存放安全用具的地点，应有明显标志，做到"对号入座"，存取方便。

（6）安全用具不准移作他用。

（7）应定期进行检查、试验，使用前检查有无破损和是否在有效期内。

Ld3C3129 继电保护连接片的投入与退出要求？

答：（1）设备投入备用、运行或断路器合闸送电前，应检查有关保护连接片已投入。

（2）设备退出备用后，保护连接片是否退出应根据继电保护和自动装置运行有关规定或通知执行，无明确规定退出时，一般不退出。

Jd3C2130 电气倒闸操作中发生疑问时怎么办？

答：（1）应立即停止操作。并向值班调度员或值班负责人报告，弄清问题后，再进行操作。

（2）不准擅自更改操作票。

（3）不准随意解除闭锁装置。

Jd3C3131 断路器"防误闭锁装置"应该能实现哪五种防误功能？

答：（1）防止误分及误合断路器。

（2）防止带负荷拉、合隔离开关。

（3）防止带电挂（合）接地线（接地隔离开关）。

（4）防止带地线（接地隔离开关）合断路器。

（5）防止误入带电间隔。

Je3C3132 电动机接通电源后电动机不转，并发出"嗡嗡"声，是什么原因？

答：（1）两相运行。

（2）定子绕组一相反接或将星形接线错接为三角形接线。

（3）转子的铝（铜）条脱焊或断裂，滑环电刷接触不良。

（4）轴承严重损坏，轴被卡住。

Je3C3133 氢冷发电机进行气体置换时应注意哪些事项？

答：（1）现场严禁烟火。

（2）一般只有在发电机气体置换结束后，再提高风压或泄压。

（3）在排泄氢气时速度不宜过快。

（4）发电机建立风压前应向密封瓦供油。

（5）在气体置换过程中，应严密监视密封油箱油位，如有异常应作调整，以防止发电机内进油。

Je3C4134 简述引起轻瓦斯保护动作可能的原因有哪些？

答：（1）滤油、加油或冷却系统不严密，使空气进入变压器。

（2）温度下降或漏油致使油面缓慢低落。

（3）变压器故障而产生少量气体。

（4）呼吸系统阻塞而形成负压。

（5）发生穿越性短路而引起。

（6）二次回路故障误动。

Je3C4135 发电机正常运行时，其定子电流三相偏差值有何规定？

答：（1）发电机定子电流三相之差不得大于额定值的10%。

（2）同时任一相电流不得大于额定值。

Je3C4136 发电机转子绕组发生两点接地故障有哪些危害？

答：发电机转子绕组发生两点接地后，使相当一部分绕组短路。由于电阻减小，所以另一部分绕组电流增加，破坏了发电机气隙磁场的对称性，引起发电机剧烈振动，同时无功出力降低。另外，转子电流通过转子本体，如果电流较大，可能烧坏转子和磁化汽轮机部件，以及引起局部发热，使转子缓慢变形而偏心，进一步加剧振动。

Je3C4137 转子发生一点接地可以继续运行吗？

答：转子绕组发生一点接地，即转子绕组的某点从电的方面来看与转子铁芯相通，由于电流构不成回路，所以按理能继续运行。但这种运行不能认为是正常的，因为它有可能发展为两点接地故障，那样转子电流就会增大，其后果是部分转子绕组发热，有可能被烧毁，而且电动机转子会由于作用力偏移而导致强烈振动。

Je2C3138 励磁调节器运行时，手动调整发电机无功负荷时应注意什么？

答：（1）增加无功负荷时，应注意发电机转子电流和定子电流不能超过额定值，既不要使发电机功率因数过低。否则无功功率送出太多，使系统损耗增加，同时励磁电流过大也将是转子过热。

（2）降低无功负荷时，应注意不要使发电机功率因数过高或进相，从而引起稳定问题。

Je2C4139　电缆着火应如何处理？

答：（1）立即切断电缆电源，及时通知消防人员。

（2）有自动灭火装置的地方，自动灭火装置应动作，否则手动启动灭火装置。无自动灭火装置时可使用干式灭火器、二氧化碳灭火器或砂子进行灭火，禁止使用泡沫灭火器或水进行灭火。

（3）在电缆沟、隧道或夹层内的灭火人员必须正确佩戴压缩空气防毒面罩、胶皮手套，穿绝缘鞋。

（4）设法隔离火源，防止火蔓延至正常运行的设备，扩大事故。

（5）灭火人员禁止用手摸不接地的金属部件，禁止触动电缆托架和移动电缆。

Je2C4140　在什么情况下快切装置应退出运行？

答：（1）机组已停运，6kV 工作母线由备用电源带。

（2）快切装置故障并闭锁。

（3）正常运行时，快切装置的二次回路正在进行检修、消缺工作。

（4）机组正常运行时，检修维护断路器的辅助接点。

（5）机组正常运行时，检修人员在发变组保护启动快切回路的工作。

（6）6kV 电压互感器停运前。

（7）在 6kV 电压互感器回路进行有可能造成快切不能正常切换的工作。

（8）机组运行中，6kV 备用电源断路器检修时。

Je2C4141 调整发电机有功负荷时应注意什么？

答：（1）使功率因数保持在规定的范围内，一般不大于迟相0.95。因为功率因数高，说明此时有功功率相对应的励磁电流小，即发电机定子、转子磁极间用以拉住的磁力小，易失去稳定性。从功角特性来看，送出去的有功功率增大，功角就会接近90°，这样易引起失步。

（2）调整有功负荷时要缓慢进行，与机炉运行人员配合好。

Je2C4142 发电机、励磁机着火及氢气爆炸应如何处理？

答：（1）发电机、励磁机着火及氢气爆炸时，应立即紧急停机。

（2）关闭补氢门，停止补氢。

（3）立即进行排氢。

（4）及时调整密封油压至规定值。

Je2C4143 误合隔离开关时应如何处理？

答：误合隔离开关时，即使合错，甚至在合闸时产生电弧，也不准再拉开隔离开关。因为带负荷拉隔离开关，会造成三相弧光短路。错合隔离开关后，应立即采取措施，操作断路器切断负荷。

Je2C4144 发电机并、解列前为什么必须投主变压器中性点接地隔离开关？

答：因为主变压器高压侧断路器一般是分相操作的，而分相操作的断路器在合、分操作时，易产生三相不同期或某相合不上、拉不开的情况，可能在高压侧产生零序过电压，传递给低压侧后，引起低压绕组绝缘损坏。如果在操作前合上接地隔离开关，可有效地限制过电压，保护绝缘。

Je2C4145 为什么停电时拉开断路器后先拉负荷侧隔离开关，后拉母线侧隔离开关？

答：这种操作顺序是为防止万一断路器因某种原因该断而未断开时，如果先拉电源侧隔离开关，弧光将造成短路，电源侧的隔离开关短路将导致母线保护动作或上一级保护动作，扩大事故范围。如果先拉负荷侧隔离开关，弧光短路产生在断路器的负荷侧，本线路的保护动作，跳开断路器，切断本来就准备停电的设备，不会使事故范围扩大。

Je2C4146　发电机逆功率运行对发电机有何影响？

答：一般发生在刚并网时，负荷较轻，造成发电机逆功率运行，这样的情况对发电机一般不会有什么影响。当发电机带着高负荷运行时，若引起发电机逆功率运行可能造成发电机瞬间过电压，因为带负荷时一般为感性（即迟相运行）即正常运行的电枢反应磁通的励磁电流在负荷瞬间消失后，会使全部励磁电流使发电机电压升高，升高多少与励磁系统特性有关。

Je2C4147　在投入 6kV 电压互感器操作时，发生了铁磁谐振，怎样处理？

答：（1）迅速启动一台热备用中的电动机，改变系统的阻抗参数，消除谐振条件，从而使谐振消失。

（2）铁磁谐振消除后，再将不需要的电动机停运。

Je2C4148　简述直流正、负极接地对运行有哪些危害？

答：（1）直流正极接地有造成保护误动的可能。因为一般跳闸线圈（如出口中间继电器线圈和跳合闸线圈等）均接负极电源，若这些回路再发生接地或绝缘不良就会引起保护误动作。

（2）直流负极接地与正极接地同一道理，如回路中再有一点接地就可能造成保护拒绝动作（越级扩大事故）。因为两点接地将跳闸或合闸回路短路，这时还可能烧坏继电器触点。

Je2C4149　停用电压互感器时应注意哪些问题？

答：（1）不使保护自动装置失去电压。

（2）停用前必须进行电压切换。

（3）防止反充电，取下二次熔丝（包括电容器）。

（4）二次负荷全部断开后，断开电压互感器一次侧电源。

Je2C5150　发电机空载试验的目的是什么？

答：用发电机空载电压检查有关保护接线的正确性，测定发电机电压相序是否正确，必要时充电至空母线进行核相，以确定同期系统结线的正确性，进行自动励磁调节器的空载试验以确定是否满足要求，检查发电机的空载特性曲线及励磁回路的有关参数是否正常。

La4C1151 燃煤电厂排放的大气污染物主要有哪些？

答：燃煤电厂排放的大气污染物主要有总悬浮颗粒物、硫氧化物、氮氧化物、二氧化碳、多环芳烃类物质、重金属（如汞、镉、铅等）等。

La4C1152 什么是酸雨？

答：酸雨通常是指 pH 值小于 5.6 的雨雪或其他形式的降水（如雾、露、霜），是一种大气污染现象。酸雨的酸类物质绝大部分是硫酸和硝酸，它们是由二氧化硫和氮氧化物两种主要物质在大气中经过一系列光化学反应、催化反应后形成的。

Lb4C2153 烟气脱硫技术的分类有哪些？

答：（1）按吸收剂的种类可分为以 $CaCO_3$ 为基础的钙法、以 MgO 为基础的镁法、以 Na_2SO_3 为基础的钠法、以 NH_3 为基础的氨法、以有机碱为基础的有机碱法。

（2）按吸收剂及脱硫产物在脱硫过程中的干湿状态可分为湿法、干法和半干法。

（3）按脱硫产物的用途可分为抛弃法和回收法。

Lb4C2154 燃煤电厂常用的脱硫工艺有哪几种？

答：（1）石灰石/石灰-石膏湿法烟气脱硫。

（2）烟气循环流化床脱硫。

（3）喷雾干燥法脱硫。

（4）炉内喷钙尾部烟气增湿活化脱硫。

（5）海水脱硫。

（6）电子束脱硫等。

Lb4C2155 二氧化硫（SO_2）对大气的污染表现在哪些方面？

答：大气污染物中 SO_2 主要来源于化石燃料燃烧。在燃烧过程中排放出的大量 SO_2 经氧化后形成酸雨，造成森林破坏、土壤板结、水体酸化等相关生态问题；同时，SO_2 可使呼吸道疾病发病率增高，慢性病患者的病情迅速恶化，对人类的健康造成直接威胁。

Lb4C2156 简述大气中 NO_x 污染物的来源。

答：一是自然源，二是人为源：

（1）自然源的 NO_x 数量比较稳定，主要来自微生物的活动、生物体氧化分解、火山喷发、林火、雷电、平流层光化学过程、土壤和海洋中的光解释放等；

（2）人为源是由人类的生活和生产活动产生和排放进入大气的，主要有：

1）通过化石燃料的燃烧获取能量或动力，如火电、热电、车船飞机等；

2）通过生产制取产品，如硝酸生产、冶炼、加工等；

3）处理废弃物，如垃圾焚烧。

Lb4C2157 氮氧化物（NO_x）对大气的污染表现在哪些方面？

答：（1）以 NO 和 NO_2 为主的氮氧化物是形成光化学烟雾和酸雨的一个重要因素。氮氧化物与碳氢化合物经紫外线照射发生反应形成的有毒烟雾，称为光化学烟雾。光化学烟雾具有特殊气味，刺激眼睛，伤害植物，并能使大气能见度降低。在温度较高或有云雾存在时，NO_2 与水分子作用形成酸雨中的第二重要酸分——硝酸（HNO_3），危害人体健康，主要是损害呼吸系统，可引起支气管炎和肺气肿。

（2）氮氧化物对还会参与臭氧层的破坏。NO_x 浓度增大，NO_x 再与平流层内的 O_3 发生反应生成 NO_2 与 O，NO_2 与 O 进一步反应生成 NO 和 O_2，从而打破 O_3 平衡，使 O_3 浓度降低，导致 O_3 层的耗损。

（3）NO_x 中的 N_2O 也是引起全球气候变暖的因素之一，虽然其数量极少，但其温室效应的能力是 CO_2 的 $200\sim300$ 倍。

Lb4C2158 烟气脱硝工艺大致可分为几种？

答：烟气脱硝工艺大致可分为干法、半干法和湿法三类。烟气脱硝干法包括选择性非催化还原法（SNCR）、选择性催化还原法（SCR）、电子束联合脱硫脱硝法等；半干法有活性炭联合脱硫脱硝法；湿法有臭氧氧化吸收法等。

Lb4C2159 什么是烟气排放连续监测系统，系统由哪几个单元组成？

答：烟气排放连续监测系统是连续监测固定污染源颗粒物和（或）气态污染物排放浓度和排放量所需要的全部设备，简称 CEMS。

烟气排放连续监测系统由气态污染物和（或）颗粒物监测单元、烟气参数监测单元、数据采集与处理单元组成。

Lb4C2160 简述石灰石-石膏湿法烟气脱硫工艺原理。

答：从锅炉出来的烟气经除尘后进入吸收塔，石灰石浆液通过浆液循环泵从吸收塔浆液池输送至喷淋系统，烟气中的 SO_2 与喷淋层喷出的石灰石浆液液滴逆流接触混合发生反应，在吸收塔循环浆液池中利用氧化空气将亚硫酸钙氧化成硫酸钙，石膏排出泵将石膏浆液从吸收塔送到石膏脱水系统。脱硫后的烟气夹带的液滴在吸收塔出口的除雾器中收集，经烟囱排放至大气中。

Lb4C2161 什么是选择性催化还原（SCR）脱硝技术，有哪些特点？

答：SCR 是 Selective Catalytic Reduction 的缩写，由美国 Eegelhard 公司发明并于 1959 年申请了专利，而日本率先在 20 世纪 70 年代对该方法实现了工业化。SCR 脱硝原理是利用 NH_3 和催化剂（铁、钒、铬、钴或钼等碱金属）在温度 $200\sim450℃$ 时将 NO_x 还原为无毒的 N_2 和 H_2O，因 NH_3 具有选择性，只与 NO_x 发生反应，基本上不与 O_2 反应，所以称为选择性催化还原脱硝。

SCR 系统特点：系统简单，工艺设备紧凑；转动设备少，运行可靠性高，可达 98%以上；脱硝效率高，可达 80%～99%；无副产品，无二次污染；使用广泛。

Lb4C2162 超低排放改造后，燃煤电厂大气污染物排放限值应达到什么标准？

答：燃煤电厂超低排放技术改造实施后，大气污染物排放浓度应达到燃气轮机组排放限值，根据《火电厂大气污染物排放标准》（GB 13223—2011），以天然气为燃料的燃气轮机组排放限值为：在基准氧含量6%条件下，烟尘、二氧化硫、氮氧化物排放浓度不高于10、35、50mg/Nm³。当地方政府有更严格的排放限值要求时，应执行地方排放要求。

Lb4C2163 简述二氧化硫排放绩效的定义。

答：二氧化硫排放绩效是机组每发1kWh电向大气排放的二氧化硫质量，单位为g/kWh。为了控制我国二氧化硫总的排放量，根据排放绩效值来确定每个机组允许的最大排放量。

Lb4C2164 脱硫系统运行与调整的主要任务有哪些？

答：（1）在机组正常运行情况下，满足机组全烟气、全负荷下脱硫的需要，实现脱硫系统的环保功能。

（2）保证机组和脱硫装置的安全、环保、稳定、经济运行。

（3）保证各参数在最佳工况下运行，降低电耗、吸收剂耗、水耗、废水药品耗量，增效剂、消泡剂、钢球等各种物耗。

（4）保证脱硫系统的各项技术经济指标在设计范围内，SO_2脱除率、石膏品质、废水品质等满足环保要求。

Lb4C2165 脱硫石膏与天然石膏相比具有哪些特点？

答：（1）纯度高于天然石膏；

（2）含水率较高，黏性强；

（3）颗粒较天然石膏细；

（4）堆积密度较天然石膏大；

（5）杂质成分复杂。

Lb4C2166 液氨泄漏后，使用什么介质稀释、吸收液氨最有效？为什么？

答：液氨泄漏后，使用水进行稀释、吸收最有效。因为氨极易溶于水，常温常压下 1 体积水可溶解 700 倍体积氨（氨水饱和浓度 34%）。

Lb4C3167 SO_2 转换成 SO_3 对尾部烟道设备有何影响？

答：由于在催化反应器中 SO_2 将转化成 SO_3，反应器下游的 SO_3 会明显的增加，特别是在高含尘烟气段布置系统中，可生成硫酸氢氨黏附在催化剂、除尘器表面，影响脱硝效率和除尘效率，黏附在空气预热器换热元件上造成空气预热器堵塞，在露点温度下 FGD 换热系统中会凝结过量的硫酸，从而对受热面造成腐蚀。

Lb4C3168 简述布袋除尘器的工作原理。

答：布袋除尘器的工作原理是含尘气体进入除尘器后，撞击在挡板上，大颗粒粉尘直接落入灰斗，细颗粒的含尘气体在通过滤布层时，粉尘被滤布纤维阻留，在过滤过程中，滤布表面及内部形成一层粉尘料层，改善了过滤作用，气体中的粉尘几乎全部被过滤下来，但是随着粉尘的加厚，滤布阻力逐渐增加，除尘能力也逐渐降低。为保持稳定的处理能力，必须定期清除滤布上的部分粉尘层。由于滤布绒毛的支撑，滤布上总有一定厚度的粉尘清理不下来，成为滤布外的第二过滤介质，过滤后的干净气体从布袋管顶排出。

Lb4C3169 SCR 脱硝还原剂消耗高的主要原因是什么？

答：SCR 脱硝还原剂消耗高的主要原因是：

（1）催化剂性能下降导致脱硝效率降低，从而氨耗量增加。

（2）脱硝反应器出口 NO_x 设定值偏低，导致过量喷氨。

（3）入口 NO_x 波动大且大于入口 NO_x 设计值。

Lc4C3170 哪些设备检修后需试运？

答：（1）对于不能直接判断检修设备的性能及检修质量是否达到要求的，工作终结前必须进行试运；

（2）所有泵、风机、电机、断路器、电动（气动）阀门（挡板）等设备大修或解体检修后均需进行试运；

（3）所有保护、联锁回路检修后，必须进行相关联锁试验；

（4）所有辅机的控制回路检修后，必须进行相关联锁试验。

La3C2171　什么是化学需氧量？

答：化学需氧量又称化学耗氧量，简称 COD，是利用化学氧化剂（如高锰酸钾）将废水中可氧化物质（如有机物、亚硝酸盐、亚铁盐、硫化物等）氧化分解，然后根据残留的氧化剂的量计算出氧的消耗量，用于检测水体中污染物含量，是表示水质污染度的重要指标。

La3C2172　简述板式催化剂和蜂窝式催化剂的性能特点。

答：板式催化剂的显著优点是不易黏接飞灰、抗堵灰能力强，且采用金属板网作为基材，抗磨损能力强。此外，板式催化剂还具有抗 As 中毒能力强、SO_2/SO_3 转化率较低等优点，同时较大的孔隙率使得积灰情况更不容易出现。

蜂窝式催化剂的显著特点是几何比表面积比板式催化剂大。由于脱硝反应是气相反应，需要大量的反应面积。在同样的烟气条件下，比表面积大就表示所需要的催化剂体积量少，反应器尺寸和相应的钢结构也较小。蜂窝式催化剂的相邻蜂窝孔隙的中心距（即节距）可以在不改变催化剂外部尺寸的情况下较容易地改变，因此能适应不同的应用场合。蜂窝式催化剂节距大小的确定取决于烟气中的含尘量。高粉尘含量时选择大节距的结构，以减少催化剂被粉尘堵塞的现象发生。由于蜂窝式催化剂与烟气接触的边界较多，因而比板式催化剂更容易堵塞。但是，由于蜂窝式催化剂的单位价格较贵，尽管体积数较小，总投资仍然较高。

Lb3C3173　燃煤电厂烟气中汞是如何产生的？

答：煤中含有一定量的汞，这些汞进入炉膛后，大部分在一定温度下转化为单质汞（HgO）。烟气经过水冷壁、过热器、再热器和省煤器后逐步冷却，在此过程中气相单质汞将会发生以下几种不同的变化：

（1）部分被飞灰通过物理、化学吸附和化学反应等几种途径吸收转化为颗粒汞（HgP）；

（2）部分与其他燃烧产物相互作用产生氧化态汞（Hg^{2+}），主要包括 $HgCl_2$、HgO、$HgSO_4$ 和 HgS 等，其中大多数是 $HgCl_2$，气相 $HgCl_2$ 中一部分保持气态随烟气排出，一部分被飞灰颗粒吸收转变成颗粒态汞；

（3）大部分气相单质汞保持不变，随烟气排出。

Lb3C3174　请说明 ppm 的定义，并列出气体质量浓度单位与 ppm 的换算关系。

答：ppm 就是百万分率或百万分之一，是用溶质质量占全部溶液质量的百万分比来表示浓度。

气体浓度单位 mg/m^3 与 ppm 的换算公式为 1ppm=气体分子量/22.4（mg/m^3）。

Lb3C3175　脱硫系统出现正水平衡的原因是什么？

答：（1）锅炉长时间低负荷运行，造成烟气蒸发及携带水量大大减少，副产品石膏带走的水分也相应减少。

（2）除雾器由原来的两层平板式改造为三层屋脊式除雾器，除雾器冲洗耗水量增加。

（3）除雾器冲洗时间和冲洗频率设置不合理。

（4）出口排放标准提高，造成吸收塔供浆量大幅度增加。

（5）设备增多，冷却水量增大，超过设计水平衡值。

（6）湿式电除尘冲洗水、低温省煤器冲洗水等进入脱硫系统。

Lb3C3176　吸收塔内安装喷淋增效环的作用是什么？

答：靠近吸收塔塔壁区域的烟气常常会发生烟气逃逸现象，从而影响系统的脱硫效率和除尘效率。因此，在每层喷淋层塔壁设置一圈增效环，将塔壁区域的烟气导向吸收塔中心的高密度喷淋区域，有效地封堵烟气逃逸通道，同时也可收集吸收塔壁面上的浆液，进行二次再分布，改善塔壁区域的气液固三相传质状况，从而有效提高脱硫效率。

Lb3C3177　吸收塔搅拌器的作用有哪些？

答：吸收塔搅拌器是用来搅拌浆液、防止浆液沉淀的搅拌设备。吸收塔浆池搅拌器除了搅拌悬浮浆液中的固体颗粒外，还有以下作用：

（1）使新加入的吸收塔浆液尽快分布均匀，加速石灰石的溶解。

（2）避免局部脱硫反应产物的浓度过高，防止石膏垢的形成。

（3）提高氧化效果和促使更多的石膏结晶形成。

Lb3C3178　运行值班人员应如何做好液氨罐区运行工作？

答：运行值班人员应按规定巡视检查液氨罐区设备和系统运行状况，定期测定空气中氨气含量，并做好记录，发现异常及时处理。应加强对储罐温度、压力、液位等重要参数的监控，严禁超温、超压、超液位运行。储罐液位计应有明显的限高标识，运行中储罐存储量不得超过储罐有效容量的85%。禁止敲击液氨罐区运行中的设备系统，接卸、气体置换、倒罐等重要操作应严格执行操作票制度。

Lb3C4179　脱硫系统废水的排放量与哪些因素有关？

答：脱硫系统废水的排放量主要由浆液中的氯离子浓度（一般不超过20000mg/L）和镁离子的浓度（一般不超过4000mg/L）决定。浆液中的氯离子主要来自于烟气和工艺水，镁离子主要来自于吸收剂的携带。因此废水的排放量与煤质（决定烟气的含氯量）、工艺水质、耗水量以及吸收剂石灰石的品质有关。

Lb3C4180　煤中的硫由哪几部分组成，对燃煤发电机组的影响有哪些？

答：煤中的硫由有机硫、硫化铁和硫酸盐中的硫三部分组成。前两种硫可以燃烧，构成所谓的挥发硫或可燃硫；后一种硫不能燃烧，将其并入灰分。硫是煤中的有害元素。

锅炉燃用高硫煤可引起锅炉高低温受热面腐蚀，特别是高、低段空气预热器往往会有腐蚀穿孔且伴随堵灰的现象；煤中含硫量增加将导致煤灰熔融性温度下降，使锅炉易产生结渣或加剧其结渣的严重程度。

Lb3C4181 烟气中三氧化硫生成量受哪些因素的影响？

答：SO_3 生成量受以下四个因素的影响：

（1）煤中含硫量越多，SO_2 和 SO_3 生成量越多；

（2）过量空气系数越大，SO_3 生成量越多；

（3）火焰中心温度越高，烟气中高温区范围越大，SO_3 生成量越多；

（4）超低改造后，SCR 中以 TiO_2 为载体的催化剂，具有高的脱硝效率，但 V_2O_5 能促进 SO_2 向 SO_3 的转化，使 SO_3 生成量增加。

Lb3C4182 什么是 SCR 催化剂失活？

答：催化剂失活是催化剂失去催化性能。通常分为两类，化学失活和物理失活。化学失活被称为中毒，催化剂中毒的原因主要是反应物、反应产物或杂质占据了催化剂的活性位而不能进行催化反应。物理失活是指催化剂的微孔被堵塞，NO_x 与催化剂的接触被阻断或表面被其他物质覆盖，使其不能进行催化反应。

Lb3C4183 典型湿法烟气脱硫系统中主要结垢类型有哪些？

答：（1）灰垢：主要体现在吸收塔入口干湿界面，较易清除；

（2）石膏垢：主要分布在吸收塔壁面及浆液循环泵入口、石膏排出泵入口滤网两侧，以及在石膏旋流器的盖子和底部分配器管子上。该垢非常坚硬，这种垢不能用降低 pH 值的方法溶解掉，必须用机械方法清除；

（3）CSS 垢：即亚硫酸钙和硫酸钙两种物质的混合结晶，主要分布在吸收塔底搅拌器下的"死区"内。

Lb3C4184 发生吸收塔浆液循环泵全停应如何处理？

答：（1）立即确认吸收塔事故喷淋联锁投入正常，汇报值长，降低机组负荷；若事故喷淋无法投运或投运效果不足，吸收塔出口烟气温度超过设计值，应汇报值长立即停运机组。

（2）视吸收塔内烟气温度情况，开启除雾器冲洗水，防止吸收塔内防腐层及除雾器损坏。

（3）查明吸收塔浆液循环泵跳闸的原因，若属电源故障，应立即恢复电源，启动浆液循环泵运行；若因吸收塔液位低保护动作，尽快恢复至正常液位，启动浆液循环泵。

（4）若短时间内不能恢复运行，按短时停机有关规定处理。

Lb3C5185　简述燃煤电厂大气污染物基准氧含量排放浓度折算方法。

答：《火电厂大气污染物排放标准》（GB 13223）规定，实测的火力发电厂烟尘、二氧化硫、氮氧化物和汞及其化合物排放浓度，必须执行《固定污染源排气中颗粒物测定与气态污染物采样方法》（GB/T 16157）的规定折算为基准氧含量（O_2，%）排放浓度。按照热能转换设施的不同，燃煤锅炉、燃油锅炉及燃气锅炉、燃气轮机组基准氧含量分别为 6、3、15。折算公式如下：

$$\rho = \rho' \times \frac{21 - \varphi(O_2)}{21 - \varphi'(O_2)}$$

式中　ρ ——大气污染物基准氧含量排放浓度，mg/m^3；

ρ' ——实测的大气污染物排放浓度，mg/m^3；

$\varphi(O_2)$ ——实测的氧含量，%；

$\varphi'(O_2)$ ——基准氧含量，%。

La2C2186　防止电气误操作（五防）的具体内容是什么？

答：（1）防止带负荷拉、合隔离开关；

（2）防止误分、合断路器；

（3）防止带电装设接地线或合接地开关；

（4）防止带电接地线或接地开关，合隔离开关或断路器；

（5）防止误入带电间隔。

La2C3187　什么是污染当量？

答：污染当量是指根据污染物或者污染排放活动对环境的有害程度以及处理的技术经济性，衡量不同污染物对环境污染的综合性指标或者计量单位。同一介质相同污染当量的不同污染物，其污染程度基本相当。如二氧化硫、氮氧化物的污染当量值为 0.95，一氧化碳的污染当量值为 16.7，烟尘的污染当量值为 2.18 等。

La2C4188 NO_2 和 NO 转换的意义及转换公式是什么？

答：《火电厂大气污染物排放标准》中规定火电厂氮氧化物排放浓度以 NO_2 计，一般 CEMS 仪器的测量目标为 NO，故 CEMS 直接测量出来的 NO 需要转换为 NO_2 以计算烟气中的 NO_x 含量。转换公式为

$$C_{NO_2} = C_{NO} \times \frac{46}{30} = C_{NO} \times 1.53$$

式中　30 —— NO 的分子量；

　　　46 —— NO_2 的分子量。

Lb2C2189 脱硫系统超低排放改造的技术路线有哪些？

答：（1）单塔双循环技术。

（2）双塔双循环技术。

（3）双托盘脱硫技术。

（4）双吸收塔串联技术（串塔技术）。

（5）单塔多喷淋技术。

（6）单塔双区（双 pH）技术。

（7）除此之外，还有湍流管栅技术、旋转耦合脱硫技术、沸腾式泡沫脱硫除尘一体化技术。其主要原理类似托盘，均是在吸收塔中增加使烟气均布、气液扰动的装置来提高脱硫效率。

Lb2C2190 屋脊式除雾器的优点有哪些？

答：（1）每个除雾器单元之间设有走道，便于安装和维护。

（2）优化冲洗过程，节约冲洗水量。

（3）改善气流分布，降低气体压降。

（4）可节省空间体积，降低吸收塔高度。

（5）除雾器效率高，且不易结垢堵塞。

Lb2C2191 声波吹灰器气源为仪用空气还是杂用空气？

答：声波吹灰器气源优先选用仪用空气。杂用空气中含水、含油，这两种成分会造成失气、膜片污染。所以，当选用杂用

空气时，应考虑管道放水，保证气体温度不凝结出水，设计除油装置。

Lb2C3192 防止硫酸氢氨对空气预热器造成影响的措施有哪些？

答：（1）限制通过 SCR 催化剂的烟气 SO_2/SO_3 的转换率。

（2）控制 SCR 出口的 NH_3 泄漏量。

综合上述两点，实际操作时，在试运行期间调整氨的喷射流量，以获得设计的脱硝效率及 NH_3 逃逸，在运行期间定期检测烟气中 NH_3 残余量，以调整氨的注入量。

Lb2C3193 试分析脱硝系统供氨管道堵塞的原因有哪些？

答：（1）氨水、尿素或液氨品质不合格，有杂质。

（2）因供氨管道材质问题导致供氨管道发生腐蚀。

（3）环境温度影响。当环境温度下降时，供氨管道外壁结露严重，导致氨气密度增大，流速相对降低，如果氨气中含有杂质，对其携带能力下降，极易导致这些杂质在管路中阀门、阀芯等节流明显的部位沉积，进而堵塞管路，出现供氨流量、压力下降的现象。

Lb2C3194 烟气温度对脱硝催化剂特性的影响有哪些？

答：不同的催化剂具有不同的适用温度范围。当反应温度低于催化剂的适用温度范围下限时，在催化剂上会发生副反应，NH_3 与 SO_3 和 H_2O 反应生成（NH_4）$_2SO_4$ 或 NH_4HSO_4，减少与 NO 的反应，生成物附着在催化剂表面，堵塞催化剂的通道和微孔，降低催化剂的活性。另外，如果反应温度高于催化剂的适用温度，催化剂通道和微孔发生变形，导致有效通道和面积减少，从而使催化剂失活。温度越高，催化剂失活越快。

Jd2C3195 CEMS 测量仪表发生零点漂移时如何处理？

答：（1）手动标定。对分析仪中异常成分进行通空气标定零点或通标气标定满点。

（2）自动校准。对分析仪中异常成分进行自动校零或通标气进行自动校准。

（3）检查取样系统有无异常。

（4）若仪表在运行中频繁发生零点漂移，应缩短仪表自动校准的周期。

Lb1C3196　吸收塔浆液循环停留时间对脱硫系统的影响有哪些？

答：浆液循环停留时间随循环浆液总流量的增大而减小，与液气比有一定的关系，在石灰石-石膏湿法脱硫工艺中，一般为 3.5～7min，提高浆液循环停留时间有利于在一个循环周期内，在浆液池中完成氧化、中和和沉淀析出反应，提高 $CaCO_3$ 的溶解和石灰石的利用率。

Lb1C4197　吸收塔喷淋层喷嘴的主要性能参数有哪些？

答：喷嘴性能和喷嘴布置设计直接影响到湿法脱硫系统性能参数和运行可靠性。喷嘴的主要性能参数包括：

（1）喷雾角。指浆液从喷嘴旋转喷出后，形成的液膜空心锥的锥角。影响喷雾角的因素主要是喷嘴的各种结构参数，如喷嘴孔半径、旋转室半径和浆液入口半径等。

（2）喷嘴压力降。指浆液通过喷嘴通道时所产生的压力损失。喷嘴压力降越大，能耗就越大。喷嘴压力降的大小主要与喷嘴结构参数和浆液黏度等因素有关，浆液黏度越大，喷嘴压力降越大。

（3）喷嘴流量。指单位时间内通过喷嘴的体积流量。喷嘴流量与喷嘴压力降、喷嘴结构参数等因素有关。在相同喷嘴压力降条件下，喷嘴孔半径越大，喷嘴流量越大。

（4）喷嘴雾化液滴平均直径。雾化液滴平均直径通常采用体积面积平均直径来表示。影响液滴直径的因素很多，如喷嘴孔径、进口压力、浆液黏度、表面张力和浆液流量等。

Lb1C4198　SCR 脱硝流场优化的步骤是什么？

答：SCR 脱硝流场优化的步骤是：

（1）开展现场试验，获得流场分布情况数据。

（2）根据现场测试数据以及 SCR 脱硝反应器设计数据，开展 CFD 模拟，设计导流板安装位置及尺寸。一般情况不进行物模试验，必要的情况下可以开展物模试验进行验证，然后对设计的导流板进行修正。

（3）根据数模和物模结果进行现场改造。

（4）开展现场试验，评估流场优化效果。

Lb1C4199 什么是氨逃逸？氨逃逸及其对下游设备的影响是什么？

答：氨逃逸是指烟气经过脱硝装置后，由于氨与 NO_x 的不完全反应，会有少量的氨与烟气一起逃逸出反应器，这种情况称之为氨逃逸。氨逃逸是烟气中氨的质量与烟气体积（标准状态、干基、$6\%O_2$）之比，用 mg/Nm^3 表示。

氨逃逸可导致：

（1）生成硫酸氨沉积在催化剂和空气预热器上，造成空气预热器堵塞、催化剂通道堵塞、ESP 均流板堵塞。

（2）NH_3 与 SO_3 和 H_2O 生成硫酸铵，增加烟囱细微颗粒排放。

（3）被脱硫浆液吸收，在皮带脱水机间稀释，散发臭味。

（4）被飞灰颗粒捕捉，降低飞灰荷阻比，影响除尘效率并污染飞灰。

Lc1C5200 燃煤发电机组二氧化硫、氮氧化物、烟尘排放浓度小时均值超过限值后环保电价的执行及罚款如何界定？

答：燃煤发电机组二氧化硫、氮氧化物、烟尘排放浓度小时均值超过限值要求仍执行环保电价的，由政府价格主管部门没收超限时段的环保电价款。超过限值 1 倍及以上的，并处超限值时段环保电价款 5 倍以下罚款。因发电机组启动导致脱硫除尘设施退出、机组负荷低导致脱硝设施退出引起污染物浓度超限值、CEMS 因故障不能及时采集和传输数据，以及其他不可抗拒的客观原因导致环保设施不正常运行等情况，应没收该时段环保电价款，但可免于罚款。

五、计算题

La4D2001 计算测量范围为 0～16MPa，精确度为 1.5 级的弹簧管式压力表的允许基本误差。

解：允许基本误差 ＝±（仪表量程×准确度等级/100）

＝±（16×1.5%）＝±0.24（MPa）

答：允许基本误差±0.24MPa。

La4D3002 某一台水泵，其轴功率 P_a 为 80kW，有效功率 P_r 为 40kW，试求该泵的效率 η 为多少？

解：已知：P_a= 80kW，P_r= 40kW

$$\eta = \frac{P_r}{P_a} \times 100\% = 50\%$$

答：该泵的效率 η 为 50%。

La4D3003 测得某风管由于阻力而产生的压力降为 30Pa，风量为 10m³/s 时，试计算其特性系数？

解：根据 $\Delta P = KQ^2$（ΔP 为压力降，Q 为风量）得

$$K = \frac{\Delta P}{Q^2} = \frac{30}{10^2} = 0.3$$

答：该风管的特性系数是 0.3。

La4D4004 水在某容器内沸腾，如压力保持 1MPa，对应饱和温度 t_0=180℃，加热面温度保持 t_1=205℃，沸腾放热系数为 85700W/（m²℃），求单位加热面上的换热量。

解：$q = a(t_1 - t_0) = 85700（205-180）= 2142500（W/m^2）= 2.14（MW/m^2）$

答：单位加热面上的换热量是 2.14MW/m²。

La3D3005 某台送风机在介质温度为 20℃，大气压力为 760mmHg 的条件下工作时，出力 Q = 292000m³/h，全风压 p 为 524mmH₂O，求这台风机的有效功率是多少？

解：$1mmH_2O = 9.80665Pa = 9.80665 \times 10^{-3}kPa$

$P = Qp/3600 = (292000 \times 524 \times 9.80665 \times 10^{-3})/3600 = 417（kW）$

答：这台风机的有效功率是 417kW。

La3D4006 过热器管道下方 38.5m 处安装一只过热蒸汽压力表，其指示值为 13.5MPa，问过热蒸汽的绝对压力 p 为多少？修正值 C 为多少？示值相对误差 δ 为多少？

解：已知表压 $p_g = 13.5MPa$，$H = 38.5m$，大气压 $p_a = 0.098067MPa$

$$p = p_g - \rho gH + p_a$$
$$= 13.5 - 10^3 \times 38.5 \times 9.8067 \times 10^{-6} + 0.098067$$
$$= 13.22（MPa）$$
$$C = 13.5 - 13.22 = 0.28（MPa）$$
$$\delta = (13.5-13.22)/13.22 \times 100\% = 2.1\%$$

答：过热蒸汽的绝对压力为 13.22MPa，修正值为 0.28MPa，示值相对误差为 2.1%。

La2D2007 某台 125MW 发电机组年运行小时达到 4341.48h，强迫停运 346.33h，求强迫停运率。

解：强迫停运率 = 强迫停运小时/（运行小时 + 强迫停运小时）
$$\times 100\%$$
$$= 346.33/(4341.48 + 346.33) \times 100\%$$
$$= 7.39\%$$

答：该机组强迫停运率为 7.39%。

La2D3008 某锅炉反平衡热力试验，测试结果 $q_2 = 5.8\%$，$q_3 = 0.15\%$，$q_4 = 2.2\%$，$q_5 = 0.4\%$，$q_6 = 0$，求锅炉反平衡效率。

解：$\eta = 100 - (q_2 + q_3 + q_4 + q_5 + q_6)$
$$= 100 - (5.8 + 0.15 + 2.2 + 0.4)$$
$$= 100 - 8.55$$
$$= 91.45$$

答：锅炉反平衡热效率为 91.45%。

La2D4009　某锅炉一次风管道直径为 $\phi 300\text{mm}$，测得风速为 23m/s，试计算其通风量每小时为多少 m^3。

解：已知 $\omega = 23\text{m/s}$，$D = 300\text{mm} = 0.3\text{m}$

根据 $Q = \omega F$，$F = \pi D^2 / 4$

$$Q = \omega \pi D^2 / 4 = 23 \times 3.14 \times 0.3^2 / 4$$

$$= 1.625\ (\text{m}^3 / \text{s}) = 1.625 \times 3600 = 5850\ (\text{m}^3 / \text{h})$$

答：通风量为 $5850\text{m}^3/\text{h}$。

La1D1010　某锅炉炉膛出口含氧量为 3.5%，空气预热器后氧量增加到 7%，求此段的漏风系数。

解：$O_2' = 35\%$，$O_2'' = 7\%$

$$\Delta \alpha = \alpha'' - \alpha' = 21 / (21 - O_2'') - 21 / (21 - O_2')$$

$$= (21 / 21 - 7) - (21 / 21 - 3.5)$$

$$= 1.5 - 1.2 = 0.3$$

答：此段漏风系数为 0.3。

La1D2011　已知煤的收到基成分为 $C_{ar} = 56.22\%$，$H_{ar} = 3.15\%$，$O_{ar} = 2.74\%$，$N_{ar} = 0.88\%$，$S_{ar} = 4\%$，$A_{ar} = 26\%$，$M_{ar} = 7\%$，试计算其高、低位发热量。

解：$Q_{ar \cdot gr} = [81C_{ar} + 300H_{ar} - 26(O_{ar} - S_{ar})] \times 4.1816$

$$= [81 \times 56.2\overset{.}{2} + 300 \times 3.15 - 26(2.74 - 4)] \times 4.1816$$

$$= 23130.9\ (\text{kJ/kg})$$

$$Q_{ar \cdot net} = Q_{ar \cdot gr} - (54H_{ar} + 6M_{ar}) \times 4.1816$$

$$= 23130.9 - (54 \times 3.15 + 6 \times 7) \times 4.1816$$

$$= 22244\ (\text{kJ/kg})$$

答：该煤收到基高位发热量为 23130.9kJ/kg；低位发热量为 22244kJ/kg。

La1D3012　某锅炉蒸发量为 130t/h，给水温度为 172℃，给水压力为 4.41MPa（给水焓 t_{gs}=728kJ/kg），过热蒸汽压力为 3.92MPa，过热蒸汽温度为 450℃（过热蒸汽的 h_o = 3332kJ/kg），锅炉的燃煤量为 16346kg/h，燃煤的低位发热量 $Q_{ar \cdot net}$ 为

22676kJ/kg，试求锅炉效率。

解：$Q_R = B \cdot Q_{ar \cdot net} = 16346 \times 22676 = 3.707 \times 10^8$（kJ/h）

$\quad\quad Q_0 = D(h_0 - t_{gs}) = 130 \times 10^3 \times (3332 - 728)$

$\quad\quad\quad\quad = 3.385 \times 10^8$（kJ/h）

$\quad\quad \eta_{gl} = Q_0 / Q_r = 3.385 \times 10^8 / 3.707 \times 10^8$

$\quad\quad\quad\quad = 3.385 / 3.707 = 0.9131 = 91.31\%$

答：此台锅炉效率是 91.31%。

La1D4013　某台锅炉的排烟温度 $t_2 = 135℃$，冷风 $t_1 = 20℃$，排烟过剩空气系数 $\alpha = 1.35$，飞灰及炉渣中可燃物均为 $C = 3.7\%$，煤的发热量 $Q_d^Y = 4800$kcal/kg，灰分 $A_y = 27\%$，煤种函数 $k_1 = 3.45$，$k_2 = 0.56$，试计算锅炉的排烟损失 q_2 和机械不完全燃烧损失 q_4？

解：排烟损失 q_2

$$q_2 = (k_1\alpha + k_2)\frac{t_2 - t_1}{100}\%$$

$$= [(3.45 \times 1.35 + 0.56) \times (125 - 20) \div 100]\%$$

$$= 6.14\%$$

机械不完全燃烧损失 q_4

$$q_4 = \frac{7850 \times 4.18 A_Y}{4.18 \times Q_d^Y} \cdot \frac{C}{100 - C}\%$$

$$= \frac{7850 \times 4.18 \times 27}{4.18 \times 4800} \times \frac{3.7}{100 - 3.7}\% = 1.7\%$$

答：锅炉的排烟损失 q_2 为 6%，机械不完全燃烧损失 q_4 为 1.7%。

Lb4D3014　某锅炉空气预热器出口温度 t 为 340℃，出口风压 H 为 3kPa，当地大气压力 p 为 92110Pa，求空气预热器出口实际密度。（空气的标准密度为 1.293kg/m³）

解：已知 $t = 340℃$，$p = 92110$Pa，$H = 3000$Pa

$\rho L = 1.293 \times 273 / (273 + t) \times (p_0 + H) / 101308$

$\quad\quad = 1.293 \times 273 / (273 + 340) \times (92110 + 3000) / 101308$

$= 0.54$（kg/m^3）

答：空气预热器出口的真实密度为 0.54kg/m^3。

Lb3D4015 某风机运行测试结果：入口动压为 10Pa，静压−10Pa，出口动压为 30Pa，静压 200Pa，试计算该风机的全风压。

解：方法（1）

风机入口全压 = 入口动压+入口静压 = 10+（−10）= 0

风机出口全压 = 出口动压+出口静压 = 30+200 = 230（Pa）

风机全压 = 出口全压−入口全压 = 230−0 = 230（Pa）

方法（2）

风机出、入口静压差 = 出口静压−入口静压 = 200−（−10）= 210（Pa）

风机出、入口动压差 = 出口动压−入口动压 = 30−10 = 20（Pa）

风机全压 = 出入口静压差+出、入口动压差 = 210+20 = 230（Pa）

答：风机全压为 230Pa。

Lb2D4016 某直流锅炉在启动中准备切分，这时锅炉包覆管出口压力为 16MPa，包覆管出口温度为 350℃，低温过热器出口温度为 380℃，启动分离器压力 3MPa，给水流量单侧每小时 150t，假定包覆管出口流量 $G_2 = 90$t/h，低温过热器出口通流量 $G_2 = 60$t/h，试计算这时候是否符合等焓切分的条件。（查表得包覆管 16MPa，350℃时出口比焓值 $h_1 = 2646$kJ/kg；低温过热器出口 16MPa，380℃时比焓 $h_2 = 2863$kJ/kg；分离器出口 3MPa 饱和蒸汽比焓 $h_3 = 2802$kJ/kg）

解：计算进分离器的蒸汽平均比焓值：

$$h = (h_1 G_1 + h_2 G_2)/(G_1 + G_2)$$
$$= (2426 \times 90 + 2863 \times 60)/(90 + 60)$$
$$= 2600.8 \text{（kJ/kg）}$$

因为　　　　　　　2600.8kJ/kg＜2802kJ/kg

即　　　　　　　　　　　$h＜h_3$

答：计算结果显示分离器进口焓小于出口焓值，因此不符合等焓切分的条件。

Lb2D5017 某主蒸汽管采用 12Cr1MoV 钢，额定运行温度 $540℃$（$T_1 = 540+273 = 813K$），设计寿命 $\tau_1 = 10^5h$，运行中超温 $10℃$，试求其使用寿命。（$C = 20$）

解：$T_1(C+\lg\tau_1) = T_2(C+\lg\tau_2)$

$$813×(20+\lg10^5) = (540+10+273)(20+\lg\tau_2)$$

$$813×(20+\lg10^5) = 823(20+\lg\tau_2)$$

$$\tau_2 = 49700h$$

答：主汽管超温后使用寿命为 49700h。

Lb2D5018 管壁厚度 $\delta_1 = 6mm$，管壁的导热系数 $\lambda_1 = 200kJ/$（$m℃$），内表面贴附着一层厚度为 $\delta_2 = 1mm$ 的水垢，水垢的导热系数 $\lambda_2 = 4kJ/$（$m℃$）。已知管壁外表面温度为 $t_1 = 250℃$，水垢内表面温度 $t_3 = 200℃$。求通过管壁的热流量以及钢板同水垢接触面上的温度。

解：$q = (t_1 - t_3)/(\delta_1/\lambda_1 + \delta_2/\lambda_2)$

$$= (250 - 200)/(0.006/200 + 0.001/4)$$

$$= 1.786 × 10^5 [kJ/(m^2h)]$$

因为 $q = (t_1 - t_2)/(\delta_1/\lambda_1)$

所以 $t_2 = t_1 - q •\delta_1/\lambda_1 = 250 - 1.786×10^5×0.006/200 = 244.6$（$℃$）

答：通过管壁的热流量是 $1.786×10^5kJ/$（m^2h），钢板同水垢接触面上的温度是 244.6℃。

Lb1D2019 某高压锅炉蒸汽流量节流装置的设计参数为 $P_H = 14MPa$，$t_H = 550℃$，当滑压运行参数为 $P = 5MPa$，$t = 380℃$，指示流量为 $M_j = 600t/h$ 时，求示值修正值的 b_ρ 和实际流量。（根据设计参数查得密度 $\rho_H = 39.27kg/m^3$，运行参数的密度 $\rho = 17.63kg/m^3$）

解：$b_\rho = \sqrt{\rho/\rho_H} = \sqrt{17.63/39.72} = 0.67$

则由 $M_S = b_\rho M_j$

得 $M_S = 0.67 \times 600 = 402$（t/h）

答：示值修正值为 0.67，实际流量为 402t/h。

Lb1D3020 某厂总装机容量为 1000MW，年发电量为 60 亿 kWh，厂用电率为 5.6%，年耗煤量为 300 万 t，燃煤年平均低位发热量为 19000kJ/kg，试求年平均供电煤耗（标准煤耗）？按国家标准每吨 7000kcal 折 1kg 标准煤计算：

解：年耗标准煤量 $= 300 \times 19000/(7000 \times 4.1868) = 194.5$（万 t）

年平均发电煤耗 $= 194.5 \times 10000 \times 1000 \times 1000/(60 \times 100000000)$
$= 324.2$（g/kWh）

年平均供电煤耗 $= 324.2/(1 - 0.056) = 344.4$（g/kWh）

答：年平均供电煤耗为 344.4（g/kWh）。

Lb1D4021 某锅炉炉膛火焰温度由 1500℃ 下降至 1200℃ 时，假设火焰发射率 $\alpha = 0.9$，试计算其辐射能力变化。（全辐射体的辐射系数 $C_0 = 5.67\text{W/m}^2\text{K}^4$）

解：火焰为 1500℃ 时辐射能量 E_1

$E_1 = \alpha \cdot C_0 (T/100)^4 = 0.9 \times 5.67 \times [(1500+273)/100]^4 = 504.267$（kW/m^2）

火焰为 1200℃ 时辐射能量 E_2

$E_2 = \alpha \cdot C_0 \cdot (T/100)^4 = 0.9 \times 5.67 \times [(1200+273)/100]^4 = 240.235$（kW/m^2）

辐射能量变化 $E_1 - E_2 = 504.267 - 240.235 = 264.032$（kW/m^2）

答：辐射能量变化为 264.032kW/m^2。

Lb1D5022 某锅炉高温过热器管子尺寸 $\phi 42 \times 5\text{mm}$，热导率 $\lambda_1 = 40\text{W/(m} \cdot \text{℃)}$，该管子材料的最高允许工作温度为 570℃。烟气侧平均温度为 855℃，总换热系数 $\alpha_1 = 120\text{W/(m}^2 \cdot \text{℃)}$；蒸汽侧平均温度为 505℃，换热系数 $\alpha_2 = 2200\text{W/(m}^2 \cdot \text{℃)}$。按平壁传热来计算：（1）热流密度为多少，管子是否超温？（2）若因蒸汽带水等原因使管内结垢 1.5mm，垢的 $\lambda_2 = 1\text{W/(m} \cdot \text{℃)}$，而其他条件不变，此时管壁是否超温？

解：（1）热流密度为：

$$q = (t_烟 - t_蒸)/(1/\alpha_1 + \delta_1/\lambda_1 + 1/\alpha_2)$$
$$= (855 - 505)/(1/120 + 0.005/40 + 1/2200)$$
$$= 39269 \ (W/m^2)$$

管子外壁温度：（因管子外壁温度高于内壁温度，故只要计算外壁温度）

$$t_外 = t_烟 - q \times 1/\alpha_1 = 855 - 39269 \times 1/120 = 527.76 \ (℃)$$

由于管子外壁温度小于管材的允许温度570℃，故管子不超温。

（2）若管子内壁结垢时：

$$q = (t_烟 - t_蒸)/(1/\alpha_1 + \delta_1/\lambda_1 + \delta_垢/\lambda_垢 + 1/\alpha_2)$$
$$= (855 - 505)/(1/120 + 0.005/40 + 0.0015/1 + 1/2200)$$
$$= 33612.2 \ (W/m^2)$$

$$t_外 = t_烟 - q \times 1/\alpha_1 = 855 - 33612.2 \times 1/120 = 574.9 \ (℃)$$

答：由于管子外壁温度大于管材的允许温度570℃，故管子超温。

Jb4D2023 某锅炉干度 x 为 0.25，求此锅炉的循环倍率。

解：$K = 1/x = 1/0.25 = 4$

答：此锅炉的循环倍率为4。

Jb4D3024 某锅炉连续排污率 $P = 1\%$，当锅炉出力 D 为 610t/h 时，排污量 D_{pw} 为多少？

解：$D_{pw} = PD = 1\% \times 610 = 6.1 \ (t/h)$

答：锅炉出力为610t/h时的排污量为6.1t/h。

Jb4D4025 某锅炉炉膛出口过剩空气系数为1.2，求此处烟气含氧量是多少？

解：根据 $\alpha = 21/(21 - O_2)$

$$O_2 = 21(\alpha-1)/\alpha = 21(1.2-1)/1.2 = 3.5\%$$

答：此处烟气含氧量为3.5%。

Jb3D3026 某锅炉汽包和水冷壁充满水容积为 143m³，省煤器 45m³，过热器 209m³，再热器 110m³，计算锅炉本体水压试验用水量。

解：锅炉本体水压试验用水量 = 汽包和水冷壁水容积 + 省煤器水容积 + 过热器水容积 = 143 + 45 + 209 = 397（m³）

（因再热器不能与锅炉本体一起进行水压试验，不应计算在内）

答：锅炉本体水压试验用水量为 397m³。

Jb2D2027 某 1110t/h 锅炉汽包上有四个安全阀，其排汽量分别为：240.1t/h、242t/h、245.4t/h、245.4t/h，过热器上有三个安全阀，其排汽量为 149.3t/h、149.7t/h、116.8t/h，试计算总排汽量是否符合规程要求。

解：总排汽量 = 240.1 + 242 + 245.4 + 245.4 + 149.3 + 149.7
$$+ 116.8$$
$$= 1388.7（t/h）$$

答：总排汽量 1388.7t/h ＞ 1110t/h，符合规程要求。

Jb2D3028 某锅炉，在额定蒸汽流量 1110t/h 工作时，散热损失为 0.2%，当锅炉实际蒸汽流量为 721.5t/h 时，锅炉散热损失是多少？

解：q_5 = 0.2% × 1110/721.5
$$= 0.2\% × 1.538$$
$$= 0.3076\%$$

答：锅炉蒸发量 721.5t/h 时，锅炉散热损失 q_5 = 0.3076%。

Jb2D4029 HG_2008/18.2-YM2 锅炉，额定蒸发量为 2008t/h，每小时燃煤消耗量为 275.4t，燃煤收到基低位发热量为 20525kJ/kg，炉膛容积为 16607.4m³，求该炉膛容积热负荷。

解：已知 B = 275.4t，$Q_{ar·net}$ = 20525kJ/kg，V = 16607.4m³
$$q_v = B · Q_{ar·net}/V$$
$$= 275400 × 20525/16607.4$$
$$= 3.4 × 10^5 kJ/（m³h）$$

答：该锅炉炉膛容积热负荷为 $3.4 × 10^5 kJ/（m³h）$。

Jb1D3030　已知某锅炉引风机在锅炉额定负荷下的风机出力为 $5.4 \times 10^5 m^3/h$，风机入口静压为 $-4kPa$，风机出口静压为 $0.2kPa$，风机入口动压为 $0.03kPa$，风机出口动压为 $0.05kPa$，风机采用入口调节挡板调节，挡板前风压为 $-2.4kPa$，试求风机的有效功率及风门节流损失。

解：风机入口全压 $H' = H'_j + H'_d = -4 + 0.03 = -3.97$（kPa）

风机出口全压 $H' = H''_j + H''_d = 0.2 + 0.05 = 0.205$（kPa）

风机产生的全压 $H = H'' - H' = 0.205 - (-3.97) = 4.175$（kPa）

风机有效功率 $p_e = P \cdot q_V/1000 = 4.175 \times 1000 \times 5.4 \times 10^5/(3600 \times 1000)$

$$= 626.25（kW）$$

风机风门节流损失 $p = P \cdot q_V/1000 = (4 - 2.4) \times 10^3 \times 5.4 \times 10^5/(3600 \times 1000)$

$$= 240（kW）$$

答：引风机有效功率为 626.5kW，风门节流损失为 240kW。

Jb1D4031　某炉的额定蒸发量 $D = 670t/h$，锅炉热效率 $\eta_0 = 92.2\%$，燃煤量 $B = 98t/h$，煤的低位发热量 $Q^Y_D = 5000 \times 4.186kJ/kg$，制粉系统单耗 $P_1 = 27kWh/t$ 煤，引风机单耗 $P_2 = 2.4kWh/t$ 汽，送风机单耗 $P_2 = 3.5kWh/t$ 汽，给水泵单耗 $P_4 = 8kWh/t$ 汽，求该炉的净效率？（发电标准煤耗 $b = 350g/kWh$）

解：锅炉辅机每小时总耗电量为

$$\Sigma P = D(P_2 + P_3 + P_4) + BP_1$$

$$= 670 \times (2.4 + 3.5 + 8) + 98 \times 27$$

$$= 9313 + 2646 = 11959（kWh）$$

辅机耗电损失率

$$\Delta \eta = [(7000 \times 4.186 \times \Sigma Pb \times 10^{-3})/(B Q^Y_D \times 10^3)] \times 100\%$$

$$= [(7000 \times 4.186 \times 11959 \times 350 \times 10^{-3})/(98 \times 5000$$

$$\times 4.186 \times 10^3)] \times 100\%$$

$= 5.9795\%$

该锅炉净效率 $\eta = 92.2\% - 5.9795\% = 86.22\%$

答：该炉的净效率为 86.22%。

Jd4D3032　某台 1000t/h 燃煤锅炉额定负荷时总燃烧空气量为 1233t/h，根据 DL 435—1991《火电厂煤粉锅炉燃烧室防爆规程》规定，从锅炉启动开始不能低于 25%额定通风量，计算锅炉通风量极低保护的定值。

解：通风量极低保护定值 $= 1233 \times 25\% = 308.25$（t/h）

答：通风量极低保护定值为 308.25t/h。

Jd4D4033　某发电机组发电煤耗为 310g/（kWh），厂用电率 8%，求供电煤耗。

解：$b_g = b_f / (1 - 0.08) = 310/(1 - 0.08) = 337 [g/（kWh）]$

答：供电煤耗为 337g/（kWh）。

Je3D3034　某台亚临界通用压力直流锅炉的容量为：$D = 1000t/h$，试计算其最小启动旁路系统容量。

解：直流炉启动旁路系统容量 $D_1 = (25\% \sim 30\%) D$

取最小旁路容量为 25%D

则 $D_1 = 25\%D = 25\% \times 1000 = 250$（t/h）

答：其最小启动旁路系统容量为 250t/h。

Je3D4035　某锅炉水冷壁管垂直高度为 30m，由冷炉生火至带满负荷，壁温由 $20^\circ C$ 升高至 $360^\circ C$，求其热伸长值 ΔL。（线膨胀系数 $\alpha_L = 0.000012^\circ C^{-1}$）。

解：热伸长值：

$\Delta L = L \alpha_L \Delta t = 30000 \times 0.000012 \times (360 - 20) = 122.4$（mm）

答：热伸长值 $\Delta L = 122.4$mm。

Je2D2036　某台机组，锅炉每天烧煤量 $B = 2800t$，燃煤的低位发热量 $Q_{ar.net} = 21995$kJ/kg，其中 28%变为电能，试求该机组单机容量是多少？$[（1kWh）= 860 \times 4.1868 = 3600（kJ）]$

解：$P = BQ_{ar \cdot net} / (3600 \times 24) \times 0.28$

$= 2800 \times 10^3 \times 21995 / (3600 \times 24) \times 0.28$

$= 199584 \approx 200$（MW）

答：该机组容量为 200MW。

Je2D4037　某锅炉蒸发量 1110t/h，过热蒸汽出口焓 3400kJ/kg，再热蒸汽流量 878.8t/h，再热蒸汽入口焓 3030kJ/kg，再热蒸汽出口焓 3520kJ/kg，给水焓 1240kJ/kg，每小时燃料消耗量为 134.8t/h，燃煤收到某低位发热量 23170kJ/kg，求锅炉热效率。

解：已知：$D = 1110$t/h，$h_0 = 3400$kJ/kg，$D_r = 878.8$t/h，$h' = 3030$kJ/kg，$h'' = 3520$kJ/kg，$h_{gs} = 1240$kJ/kg，$B = 134.8$t/h，$Q_{net} = 23170$kJ/kg

$$\eta = [D(h_0 - h_{gs}) + D_r(h'' - n)] / (B \cdot Q_{net})$$

$$= [1110 \times 10^3 \times (3400 - 1240) + 878.8 \times 10^3$$

$$\times (3520 - 3030)] / (134.8 \times 10^3 \times 23170)$$

$$= 0.9055 \approx 90.55\%$$

答：该锅炉效率为 90.55%。

Je2D5038　一台额定蒸发量为 670t/h 的锅炉，锅炉效率为 90%，过热蒸汽焓为 3601kJ/kg，给水焓为 1005kJ/kg，空气预热器前 O_2 为 4%，空气预热器后 O_2 量为 6%。求在额定负荷（标准状况下），每小时空气预热器的漏风量是多少？

已知燃料收到基数据：$Q_{net \cdot ar} = 20306$kJ/kg，每 kg 煤需要理论空气量为 5.29（m^3/kg）。

解：锅炉每小时的燃煤量为

$B = 670 \times 10^3 \times (3601 - 1005) / (20306 \times 0.9) = 95173$（kg/h）

空气预热器漏风系数

$\Delta \alpha = \alpha_1 - \alpha_2 = 21/(21 - 6) - 21/(21 - 4) = 1.4 - 1.24 = 0.16$

每小时漏风量（标准状况下）

$\Delta V = \Delta \alpha BV = 0.16 \times 95173 \times 5.29 = 80554$（$m^3$/h）

答：该炉空气预热器每小时漏风量为 80554m^3/h。

Je1D4039 某锅炉 3A 磨煤机出力 45.2t/h，耗电量为 1119kWh；3B 磨煤机出力 45.1t/h，耗电量为 1125kWh；3C 磨煤机出力 44.9t/h，耗电量为 1046.5kWh；3A 一次风机耗电量为 1106.56kWh，3B 一次风机耗电量为 1097.56kWh。求磨煤机单耗，一次风机单耗，制粉系统单耗。

解：由题意：该锅炉磨煤机单耗

$P_M = \Sigma P/\Sigma B$

$\quad = (1119 + 1125 + 1046.5)/(45.2 + 45.1 + 44.9)$

$\quad = 24.338$（kWh/t）

该锅炉一次风机单耗为：

$P_{PA} = \Sigma P/\Sigma B = (1106.56 + 1097.56)/(45.2 + 45.1 + 44.9)$

$\quad = 16.3$（kWh/t）

制粉系统单耗为

$$P = 24.338 + 16.3 = 40.638（kWh/t）$$

答：磨煤机单耗为 24.338kWh/t，一次风机单耗 16.3kWh/t，制粉系统单耗 40.638kWh/t。

Je1D5040 某锅炉热效率试验测定，飞灰可燃物 $C_{fh} = 6.5\%$，炉渣含碳量 $C_{lz} = 2.5\%$，燃煤的低位发热量 $Q_{ar \cdot net} = 20908kJ/kg$，灰分 $A_{ar} = 26\%$，燃煤量 $B = 56t/h$，飞灰占燃料总灰分的份额 $a_{fh} = 95\%$，炉渣占燃料总灰分的份额 $a_{lz} = 5\%$，求：①锅炉机械未完全燃烧热损失 q_4；②由于 q_4 损失，每小时损失多少原煤？

解：$q_4 = (32866 A_{ar}/Q_{ar \cdot net}) \left[a_{fh} \cdot C_{fh}/(100 - C_{fh}) \right.$

$\quad \left. + a_{lz} \cdot C_{lz}/(100 - C_{lz}) \right] \%$

$\quad = 32866 \times 26/20908 \left[0.95 \times 6.5/(100-6.5) + 0.05 \right.$

$\quad \left. \times 2.5/(100-2.5) \right] \%$

$\quad = 2.75\%$

$$B_4 = B \cdot q_4 = 56 \times 2.75\% = 1.54（t/h）$$

答：锅炉机械不完全燃烧热损失 q_4 为 2.75%。由于 q_4 损失，每小时损失原煤 1.54t。

La3D2041　某发电厂供电标准煤耗 $b_g = 300\text{g}/(\text{kWh})$，厂用电率 $\Delta\rho = 4.2\%$，汽轮发电机组热耗为 $q = 8300\text{kJ}/(\text{kWh})$，不计算管道阻力损失，试计算发电厂总效率、发电标准煤耗及锅炉效率。

解：（1）发电厂总效率

$\eta = 3600/(4.1868 \times 7000 b_g) = 3600/(4.1868 \times 7000 \times 0.3)$

$= 0.409 \approx 40.9\%$

（2）发电标准煤耗

$b_f = b_g(1 - \Delta\rho) = 300 \times (1 - 0.042) = 287.4$（g/kWh）

（3）锅炉效率

$\eta = q/(4.1868 \times 7000 b_f) = 8300/(4.1868 \times 7000 \times 0.2874) = 98.5\%$

答：发电厂总效率为 40.9%，发电标准煤耗为 287.4g/kWh，锅炉效率为 98.5%。

La4D1042　某汽轮机每小时排汽量 $D_1 = 650\text{t}$，排汽焓 $i_1 = 560 \times 4.1868\text{kJ/kg}$，凝结水焓 $i_2 = 40 \times 4.1868\text{kJ/kg}$，凝汽器每小时用循环冷却水量 $D_2 = 42250\text{t}$。水的比热容 $c = 4.1868\text{kJ/kg}$，求循环冷却水温升为多少？

解： $\Delta t = (i_1 - i_2) \times D_1/(D_2 c) = 4.1868 \times (560 - 40) \times 650/(42250 \times 4.1868) = 8$（℃）

答：循环冷却水温升为 8℃。

La3D3043　某朗肯循环蒸汽初参数为 $p_1 = 17\text{MPa}$，$t_1 = 550℃$，$h_1 = 3432\text{kJ/kg}$，汽轮机排汽参数 $p_2 = 0.005\text{MPa}$，$h_2 = 1984\text{kJ/kg}$，排汽压力下饱和水的焓 $h_2' = 138\text{kJ/kg}$，求此循环的热效率、汽耗率及热耗率？

解：循环热效率为

$\eta_t = (h_1 - h_2)/(h_1 - h_2') = (3432 - 1984)/(3432 - 138) = 0.44 = 44\%$

汽耗率为

$d = 3600/w = 3600/(h_1 - h_2) = 3600/(3432 - 1984) = 2.49\text{kg/kWh}$

热耗率为

$$q = d(h_1 - h_2') = 3600(h_1 - h_2')/(h_1 - h_2) = 3600/\eta_t = 3600/0.44$$
$$= 8181.8 \text{kJ}/\text{kW}$$

答：此循环的热效率为44%，汽耗率为2.49kg/kWh，热耗率为8181.8kJ/kWh。

La1D4044 试求某机组在某工况下1号、2号高压加热器的抽汽份额，已知疏水逐级自流。1号高压加热器出口给水焓 $i_1 = 1040.4$kJ/kg，入口给水焓 $i_2 = 946.9$kJ/kg，出口疏水焓 $i_{s1} = 979.6$kJ/kg，入口蒸汽焓 $i_{z1} = 3093$kJ/kg。2号高压加热器入口给水焓 $i_3 = 667.5$kJ/kg，出口疏水焓 $i_{s2} = 703.5$，入口蒸汽焓 $i_{z2} = 3018$kJ/kg。

解：1号高压加热器热平衡方程

$$\alpha_1(i_{z1} - i_{s1}) = (i_1 - i_2)$$
$$\alpha_1 = (i_1 - i_2)/(i_{z1} - i_{s1})$$
$$= (1040.4 - 946.9)/(3093 - 979.6)$$
$$= 93.5/2113.4$$
$$= 0.04424$$

2号高压加热器热平衡方程

$$\alpha_2(i_{z2} - i_{s2}) + \alpha_1(i_{s1} - i_{s2}) = (i_2 - i_3)$$
$$\alpha_2 = [(i_2 - i_3) - \alpha_1(i_{s1} - i_{s2})]/(i_{z2} - i_{s2})$$
$$= [(946.9 - 667.5) - 0.04424(979.6 - 703.5)]/(3018 - 703.5)$$
$$= (279.4 - 12.215)/2314.5$$
$$= 0.11544$$

答：1号高压加热器抽汽份额为0.04424，2号高压加热器抽汽份额为0.11544。

La4D2045 已知凝汽器的排汽温度为42℃，冷却水进口温度为25℃，冷却水温升为10℃。求该凝汽器的端差。

解：$t_{排} = 42℃$，$t_{w1} = 25℃$，$\Delta t = 10℃$。且 $t_{排} = t_{w1} + \Delta t + \delta_t$

$$\delta_t = t_{排} - (t_{w1} + \Delta t)$$
$$= 42 - 25 - 10 = 7 （℃）$$

答：该凝汽器的端差为7℃。

La4D1046　某高压加热器的给水流量为 900t/h，进水温度 $t_1 =$ 230℃，出水温度 $t_2 = 253$℃，抽汽压力为 5.0MPa，抽汽温度为 $t =$ 495℃。已知：抽汽焓 $i_1 = 3424.15$kJ/kg，凝结水焓 $i_2 = 1151.15$kJ/kg。求：高压加热器每小时所需要的蒸汽量。

解：蒸汽放出的热量为 $Q_汽 = G_汽(i_1 - i_2)$，

水吸收的热量为 $Q_水 = G_水 C_水(t_2 - t_1)$，$C_水 = 4.186$kJ/（kg·℃）

根据题意：$Q_汽 = Q_水$，即 $G_汽(i_1 - i_2) = G_水 C_水(t_2 - t_1)$

$$G_汽 = G_水 C_水(t_2 - t_1)/(i_1 - i_2)$$
$$= 900 \times 4.186 \times (253 - 230)/(3424.15 - 1151.15)$$
$$= 38.12 \text{（t/h）}$$

答：高压加热器每小时所需要的蒸汽量为 38.12t。

La2D3047　某汽轮机组，已知其凝汽器内的压力为 $P_0 =$ 5kPa，排汽进入凝汽器时的干度 $x = 0.93$，排汽的质量流量 $D_m =$ 570t/h，若凝汽器冷却水的进出口温度分别是 18℃和 28℃，水的平均定压质量比热 $c_p = 4.187$kJ/（kg·℃）。求该凝汽器的冷却倍率和循环冷却水量。

解：查饱和水与饱和水蒸气热力性质表，得知：排汽压力下的饱和水焓 $h'_{co} = 137.77$kJ/kg，饱和蒸汽焓 $h''_{co} = 2561.6$kJ/kg。

排汽焓

$$h_{co} = xh''_{co} + (1 - x) \times h'_{co}$$
$$= 0.93 \times 2561.6 + (1 - 0.93) \times 137.77$$
$$= 2382.3 + 9.6$$
$$= 2391.9 \text{（kJ/kg）}$$

凝汽器热平衡方程

$$D_m(h_{co} - h'_{co}) = D_w c_p(t_{w2} - t_{w1})$$
$$D_w = [D_m(h_{co} - h'_{co})]/[c_p(t_{w2} - t_{w1})]$$
$$= [570 \times (2391.9 - 137.7)]/[4.187 \times (28 - 18)]$$
$$= 30687.7 \text{（t/h）}$$

冷却倍率

$$m = D_{\mathrm{w}} / D_{\mathrm{m}} = 30687.7/570 = 53.84$$

答：该凝汽器的冷却倍率为 53.84，循环冷却水量为 30687.7t/h。

La3D2048 已知某汽轮机排汽压力下的饱和水温度 $t_{\mathrm{p}} = 36℃$，凝结水温度 $t_{\mathrm{n}} = 35℃$，凝汽器循环冷却水进水温度 $t_{\mathrm{w2}} = 19℃$，排汽量 $D_{\mathrm{p}} = 550t/h$，冷却水量 $D_{\mathrm{w}} = 30800t/h$，求凝汽器循环冷却水温升 Δt 及循环水出水温度及过冷度及端差？此时凝汽器真空值为 96kPa，当地大气压为 0.101MPa，问此台机组当时真空度为多少？凝汽器绝对压力是多少？

解：冷却倍率 $m = D_{\mathrm{w}}/D_{\mathrm{p}} = 30800 \div 550 = 56$

冷却水温升 $\Delta t = 520 \div m = 520 \div 56 = 9.3$（℃）

循环水出水温度 $= 19 + 9.3 = 28.3$（℃）

端差 $\delta_{\mathrm{t}} = t_{\mathrm{p}} - (t_{\mathrm{w2}} + \Delta t) = 36 - (19 + 9.3) = 7.7$（℃）

真空度 = 凝汽器真空/大气压 × 100% = 96/101 × 100%

      = 95.05%

凝汽器绝对压力 $P = 101 - 96 = 5$（kPa）

答：循环水冷却水温升为 9.3℃，循环水出水温度为 28.3℃，端差为 7.7℃，真空度为 95.05%，凝汽器绝对压力为 5kPa。

La1D4049 某电厂有甲、乙两台机组，甲机组速度变动率 $\delta_{甲} = 5\%$，乙机速度变动率 $\delta_{乙} = 4\%$，电网频率 50Hz，两机均带额定负荷 200MW，问：（1）若外界负荷下降了 90MW，则电网频率是多少？（2）倘外界总负荷不变（310MW），而欲使甲机带满负荷，且使电网频率恢复 50Hz，则甲、乙两机静态特性应移至何处？

解：（1）设电网频率上升了 Δf 使机组转速上升 Δn

则甲机下降负荷 $\Delta P_{甲} = \dfrac{\Delta n}{\delta_{甲} \times 3000} P_{0甲} = \dfrac{\Delta n}{150} P_{0甲}$

乙机下降负荷 $\Delta P_{乙} = \dfrac{\Delta n}{\delta_{乙} \times 3000} P_{0乙} = \dfrac{\Delta n}{120} P_{0乙}$

所以 $\Delta P_{甲} + \Delta P_{乙} = \dfrac{\Delta n}{150} P_{0甲} + \dfrac{\Delta n}{120} P_{0乙} = 90MW$

$$\Delta n = 30 \mathrm{r/min}$$

$$\Delta f = 0.5 \mathrm{Hz}$$

所以电网频率为 50.5Hz。

（2）甲机静态特性不变

乙机负荷为（310–200）= 110（MW）

所以 $\dfrac{110}{200} = \dfrac{n_x - 3000}{120} \Rightarrow n_x = 3066 \mathrm{r/min}$

所以乙机静态特性应移至 $\dfrac{3066 - 3000}{3000} = +2.2\%$

答：电网频率为 50.5Hz，乙机静态特性应移至 + 2.2%。

La3D1050　某汽轮机调节系统静态特性曲线在同一负荷点增负荷时的转速为 2980r/min，减负荷时的转速为 2990r/min，额定转速为 3000r/min，求该调节系统的迟缓率。

解：调节系统的迟缓率

$$\varepsilon = \Delta n / n_e \times 100\%$$

$$= （2990–2980）/3000 \times 100\% = 0.33\%$$

答：该调节系统的迟缓率为 0.33%。

La1D4051　某再热机组，主蒸汽压力 $p_1 = 27.46 \mathrm{MPa}$，主蒸汽温度 $t_1 = 605℃$，高压缸排汽压力 $p_a = 5.946 \mathrm{MPa}$，排汽温度 $t_a = 377.3℃$，再热蒸汽压力 $p_a = 5.35 \mathrm{MPa}$，再热蒸汽温度 $t_a = 603℃$，低压缸排汽压力 $p_a = 0.004 \mathrm{MPa}$，排汽进入凝汽器时的干度 $x = 0.93$，计算该机组的循环热效率、汽耗率和热耗率。

解：查图或通过计算软件得出：主蒸汽焓值 $h_1 = 3486.1 \mathrm{kJ/kg}$，高压缸排汽焓值 $h_a = 3081.0 \mathrm{kJ/kg}$，再热蒸汽焓值 $h_b = 3666.3 \mathrm{kJ/kg}$，排汽压力下的饱和汽焓值 $h_{21} = 2553.7 \mathrm{kJ/kg}$，排汽压力下的饱和水焓值 $h_{22} = 121.4 \mathrm{kJ/kg}$。

低压缸排汽焓值

$$h_2 = h_{21} \times x + h_{22} \times （1-x）= 2553.7 \times 0.93 + 121.4 \times （1-0.93）$$

$$= 2383.4 （\mathrm{kJ/kg}）$$

机组循环热效率

$\eta = \left[(h_1 - h_a) + (h_b - h_2)\right] / \left[(h_1 - h_a) + (h_b - h_{22})\right]$

$= \left[(3486.1 - 3081.0) + (3671.0 - 2383.4)\right] /$

$\left[(3486.1 - 3081.0) + (3671.0 - 121.4)\right]$

$= 42.8\%$

汽耗率为

$d = 3600/w = 3600/\left[(h_1 - h_a) + (h_b - h_2)\right]$

$= 3600/\left[(3486.1 - 3081.0) + (3671.0 - 2383.4)\right]$

$= 2.13 \text{kg/kWh}$

热耗率为

$q = d(h_1 - h_2') = 3600(h_1 - h_2')/(h_1 - h_2) = 3600/\eta_t = 3600/0.44$

$= 8181.8 \text{(kJ)/kWh}$

答：此循环的热效率、汽耗率及热耗率分别是 44%，2.49kg/kWh，8181.8kJ/kWh。

La4D2052 某凝汽式发电厂发电机的有功负荷为 600MW，锅炉的燃煤量为 247.7t/h，燃煤的低位发热量为 $Q_D^Y = 20900 \text{kJ/kg}$，试求该发电厂的效率，发电标准煤耗率是多少？

解：发电厂锅炉产生的热量

$Q_{gl} = B \times Q_D^Y = 2.09 \times 10^4 \times 247.7 \times 10^3$

$= 5.17693 \times 10^9 \text{(kJ/h)}$

发电厂输出的热量 $Q_0 = N \times 3.6 \times 10^3$

$= 600 \times 10^3 \times 3.6 \times 10^3$

$= 2.16 \times 10^9 \text{(kJ/h)}$

$\eta = \dfrac{Q_0}{Q_{ql}} = \dfrac{2.16 \times 10^9}{5.17693 \times 10^9} = 0.417 = 41.7\%$

$b^b = B \times 10^3 \times Q_D^Y / (W \times 29310) = 294.4 \text{g/kWh}$

答：该发电厂的效率是 41.7%，发电标准煤耗率是 294.4g/kWh。

La4D2053 某循环热源温度 $t_1 = 538℃$，冷源温度 $t_2 = 38℃$，在此温度范围内循环可能达到的最大热效率是多少？

解：已知 $T_1 = 273 + 538 = 811$（K）

$T_2 = 273 + 38 = 311$（K）

$\eta = (1 - T_1/T_2) \times 100\% = (1 - 311/811) \times 100\% = 61.7\%$

答：机组最大热效率是 61.7%。

La3D1054 某冷油器入口油温 $t_1 = 55℃$，出口油温 $t_2 = 40℃$，油的流量 $q_m = 50t/h$，求冷油器每小时放出的热量 Q [油的比热容 $c = 1.9887kJ/（kg \cdot K）$]。

解：

$$Q = cq_m(t_1 - t_2)$$
$$= 1.9887 \times 50 \times 1000 \times (55 - 40)$$
$$= 1.49 \times 10^6（kJ/h）$$

答：该冷油器油放出的热量为 $1.49 \times 10^6 kJ/h$。

La4D1055 某喷嘴的蒸汽进口处压力 $P_0 = 1.0MPa$，温度 $t = 300℃$，若喷嘴出口处压力 $P_1 = 0.6MPa$，问该选用哪一种喷嘴？

解：查水蒸气表或 $h-s$ 图可知，喷嘴前蒸汽为过热蒸汽，其临界压力比 $\varepsilon_k = 0.546$。这组喷嘴的压力比为

$$p_1 / p_0 = 0.6 / 1.0 = 0.6 > 0.546$$

答：其压力比大于临界压力比，应选渐缩喷嘴。

La4D1056 已知除氧器水箱水的温度 $t = 165℃$（$\rho g = 9319.5N/m^3$），为了避免产生沸腾现象，水箱自由表面上的蒸汽压力为 $p_0 = 1.41 \times 10^5 Pa$，除氧器中水面比水泵入口高 $h = 10m$，求给水泵入口处水的静压力。

解：根据液体静力学基本方程式

$$p = p_0 + \rho gh$$
$$= 1.41 \times 10^5 + 9319.5 \times 10$$
$$= 2.469 \times 10^5（Pa）$$

答：给水泵入口处水的静压力为 $2.469 \times 10^5 Pa$。

La4D2057 已知循环水进口温度 $t_{w1} = 25℃$，循环水温升为

$\Delta t = 10℃$，凝结器的端差为 $t_\delta = 7℃$。求凝结器的排汽温度。

解：

$$t_\delta = 7℃，\ t_{w1} = 25℃，\ \Delta t = 10℃$$

$$t_排 = t_{w1} + \Delta t + t_\delta$$

$$= 25 + 10 + 7 = 42（℃）$$

答： 凝结器的排汽温度为 42℃。

La3D2058 已知某高压加热器给水流量 $G_水 = 900t/h$，高压加热器进汽压力为 5.0MPa，温度 $t = 495℃$，高压加热器每小时所需的抽汽量为 $G_汽 = 38.12t/h$，高压加热器进水温度 $t_1 = 230℃$。已知：抽汽焓 $h_1 = 3424.15kJ/kg$，凝结水焓 $h_2 = 1151.15kJ/kg$。求该高压加热器出水温度 t_2 等于多少？

解：

蒸汽放出的热量为 $Q_汽 = G_汽(h_1-h_2)$

水吸收的热量为 $Q_水 = G_水 C_水(t_2-t_1)$，$C_水 = 4.18kJ/（kg·℃）$

根据题意 $Q_汽 = Q_水$，即 $G_汽(h_1-h_2) = G_水 C_水(t_2-t_1)$

$t_2 = G_汽(h_1-h_2)/G_水 C_水 + t_1$

$= 38.12 × (3424.15-1151.15)/（900 × 4.186）+ 230$

$= 253（℃）$

答： 该高压加热器的出水温度为 253℃。

La3D3059 某纯凝汽式发电厂总效率 $\eta_{ndc} = 32\%$，汽轮机的相对内效率 η_{oi} 由 80% 提高到 85%，试求该电厂每发 1kWh 电能节省多少标准煤？

解：

已知 $\eta_{ndc} = \eta_{g1}\eta_{gd}\eta_t\eta_{oi}\eta_j\eta_d = 0.32$，令 $\eta_{g1}\eta_{gd}\eta_t\eta_j\eta_d = K$，则

$$K = \eta_{ndc}/\eta_{oi} = 0.32/0.8 = 0.4$$

$$\eta'_{ndc} = K\eta'_{oi} = 0.4×0.85 = 0.34$$

则每发 1kWh 电能节省的标准煤 Δb^b 为

$$\Delta b^b = b^b - b^{b'} = 0.123 / \eta_{ndc} - 0.123 / \eta'_{ndc}$$
$$= 0.123 / 0.32 - 0.123 / 0.34$$
$$= 0.02261 \ (\text{kg} / \text{kWh})$$
$$= 22.61 \ (\text{g} / \text{kWh})$$

答：当汽轮机的相对内效率 η_{oi} 由 80%提高到 85%时，该电厂每发 1kWh 电能节省 22.61g 标准煤。

La4D2060 某级喷嘴出口绝对进汽角 $\alpha_1 = 13.5°$，实际速度 $c_1 = 332.31\text{m/s}$，动叶出口绝对排汽角 $\alpha_2 = 89°$，动叶出口绝对速度 $c_2 = 65\text{m/s}$，通过该级的蒸汽流量 $q_m = 60\text{kg/s}$，求圆周方向的作用力 F。

解：圆周作用力为
$$F = q_m(c_1 \cos\alpha_1 + c_2 \cos\alpha_2)$$
$$= 60 \times (332.31\cos13.5° + 65\cos89°)$$
$$= 60 \times 324.3$$
$$= 19458 \ (\text{N})$$

答：该级圆周作用力为 19458N。

La4D2061 已知某级的理想焓降 $\Delta h_1 = 61.2\text{kJ/kg}$，喷嘴的速度系数 $\psi = 0.95$，求喷嘴出口理想速度 c_{1t} 及出口的实际速度 c_1。

解：喷嘴出口理想速度为
$$c_{1t} = 1.414 \times \sqrt{1000\Delta h_1} = 1.414 \times \sqrt{1000 \times 61.2}$$
$$= 1.414 \times \sqrt{61200} = 349.8 \ (\text{m/s})$$

喷嘴出口实际速度为
$$c_1 = \psi c_{1t} = 0.95 \times 349.8 = 332.31 \ (\text{m/s})$$

答：喷嘴出口实际理想速度及实际速度分别为 349.8m/s 及 332.31m/s。

La4D1062 某冲动级喷嘴前压力 $P_0 = 1.5\text{MPa}$，温度为 $t_0 = 300℃$，喷嘴后压力为 $t_1 = 1.13\text{MPa}$，喷嘴前的滞止焓降为 $\Delta h_0^* = 1.2\text{kJ/kg}$，求该级的理想焓降 h_t^*。

解：根据滞止焓的公式，先求出滞止焓 h_0^*

$$h_0^* = h_0 + \Delta h_0^*$$

在 h–s 图上，查的喷嘴前的初焓 $h_0 = 3040 \text{kJ/kg}$，喷嘴出口理想焓 $h_{1t} = 2980 \text{kJ/kg}$

$$h_0^* = h_0 + \Delta h_0^* = 3040 + 1.2 = 3041.2 \ （\text{kJ} / \text{kg}）$$

理想焓降为

$$h_t^* = h_0^* - h_{1t} = 3041.2 - 2980 = 61.2 \ （\text{kJ} / \text{kg}）$$

答：该级理想比焓降为 61.2kJ/kg。

La4D2063　某机组发电标准煤耗率为 $b^b = 320 \text{g/kWh}$，若年发电量 $N = 103.1559$ 亿 kWh，将消耗多少标准煤？若燃用发热量为 4800kcal/kg 的煤，又将消耗多少煤？

解：该机组年消耗标准煤 B^b 为

$$B^b = b^b \times N = 320 \times 10^{-3} \times 103.1559 \times 10^8$$

$$= 3300988800 \ （\text{kg 标准煤}）$$

$$= 3300988.8 \ （\text{t 标准煤}）$$

若燃用发热量为 4800kcal/kg 的煤，则消耗量为

$$B = 3300988.8 \times 7000 / 4800$$

$$= 4813942 \ （\text{t}）$$

答：该机组每年将消耗 3300988.8t 标准煤。若燃用发热量为 4800kcal/kg 的煤，则消耗 4813942t。

La1D3064　某中间再热凝汽式发电厂，已知有关参数为锅炉出口压力 $p_{gr} = 14.3 \text{MPa}$，锅炉出口温度 $t_{gr} = 555℃$，机组额定容量 $P = 125 \text{MW}$，汽轮机进汽压力 $p_0 = 13.68 \text{MPa}$，汽轮机的进汽温度 $t_0 = 550℃$，高压缸排汽压力 $p_{zr}'' = 2.63 \text{MPa}$，中压缸进汽压力 $p_{zr}'' = 2.37 \text{MPa}$，中压缸进汽温度 $t_{zr} = 550℃$，高压缸的排汽温度为 331℃，低压缸的排汽压力 $p_{co} = 0.006 \text{MPa}$，排汽的干度 $x = 0.942$，汽轮机发电机组的机械效率 $\eta_j = 0.98$，发电机效率 $\eta_d = 0.985$，无

回热。试计算该厂的汽耗量、汽耗率、热耗量、热耗率。

解：根据已知数据，查得各状态点的焓值为：汽轮机进口蒸汽焓 $i_0 = 3469.3\text{kJ/kg}$，高压缸的排汽焓 $i'_{zr} = 3198.6\text{kJ/kg}$，中压缸的进汽焓 $i''_{zr} = 3577.4\text{kJ/kg}$，低压缸排汽焓 $i_{co} = 2421.8\text{kJ/kg}$。

因为无回热，锅炉进口给水焓即凝结水焓 $i'_{co} = 136.4\text{kJ/kg}$。

汽耗量

$$D = (3600 \times P)/\{[(i_0 - i'_{zr}) + (i''_{zr} - i_{co})] \times \eta_j \times \eta_d\}$$

$$= (3600 \times 125000)/\{[(3469.3 - 3198.6)$$

$$+ (3577.4 - 2421.8)] \times 0.98 \times 0.985\}$$

$$= 326843 \text{（kg/h）}$$

汽耗率

$$d = D/P = 326843/125000 = 2.61 \text{（kg/kWh）}$$

热耗量

$$Q = D[(i_0 - i'_{co}) + (i''_{zr} - i'_{zr})]$$

$$= 326843[(3469.3 - 136.4) + (3577.4 - 3198.6)]$$

$$= 1213143163 \text{（kJ/h）}$$

热耗率

$$q = Q/P = 1213143163/125000$$

$$= 9705.145 \text{（kJ/kWh）}$$

答：该厂的汽耗量为 326843kg/h；汽耗率为 2.61kg/kWh；热耗量为 1213143163kJ/h；热耗率为 9705.145kJ/kWh。

La4D1065　某发电厂年发电量为 $103.1559 \times 10^8\text{kWh}$，燃用原煤 5012163t。原煤的发热量为 21352.68kJ/kg，全年生产用电 $6.4266 \times 10^8\text{kWh}$。求该发电厂的供电标准煤耗率是多少？厂用电率是多少？

解：发电标准燃煤量 $B = 5012163 \times 10^6 \times 21352.68/7000$

$$\times 4.1868 = 3651718.76 \text{（t）}$$

供电标准燃耗率 $b_g = 3651718.76 \times 10^6/(1031559 \times 10^8$

$$-64266 \times 10^8) = 377.5 \ (\text{g/kWh})$$

厂用电率 $\Psi = 6.4266 \times 10^8 / 103.1559 \times 10^8 = 6.23\%$

答：该发电厂的供电标准煤耗率是 377.5g/kWh，厂用电率是 6.23%。

La4D1066 某汽轮机按卡诺循环工作，分别在温度 $t_1 = 20℃$、$t_1' = 300℃$、$t_1'' = 600℃$ 的高温热源与温度 $t_2 = 20℃$ 的低温冷源下工作，分别求其热效率。

解：已知 $T_2 = 273 + 20 = 293$（K），同理，$T_1 = 293\text{K}$，$T_1' = 573\text{K}$，$T_2'' = 873\text{K}$

$$\eta_{cu} = (1 - T_2 / T_1) \times 100\%$$

则

$$\eta_{cu} = (1 - 293 / 293) \times 100\% = 0\%$$
$$\eta_{cu}' = (1 - 293 / 573) \times 100\% = 48.87\%$$
$$\eta_{cu}'' = (1 - 293 / 873) \times 100\% = 66.44\%$$

答：该机组的热效率分别为 0%、48.87%、66.44%。

La4D1067 某汽轮机的凝汽器，其表面单位面积上的换热量 $Q = 23000\text{W/m}^2$，凝汽器铜管内外壁温差为 2℃，求水蒸气的凝结换热系数 α。

解：
$$Q = \alpha \, (t_{内} - t_{外})$$
$$\alpha = 23000/2 = 11500 \ [\text{W/}（\text{m}^2 \cdot ℃）]$$

答：水蒸气的凝结换热系数是 11500W/（m² · ℃）。

La3D2068 某发电厂年发电量为 $103.1559 \times 10^8 \text{kWh}$，燃用原煤 5012163t。原煤的发热量为 21352.68kJ/kg。求该发电厂的发电标准煤耗率。

解：标准煤燃煤量 = （5012163 × 21352.68）/（7000 × 4.1868）

$$= 3651718.757 \ (\text{t})$$

发电标准煤耗率 = （3651718.757 × 10^6）/（103.1559 × 10^8）

$$= 354 \ (\text{g/kWh})$$

答：该发电厂的发电标准煤耗率是 354g/kWh。

La4D1069 某台凝汽器冷却水进口温度为 $t_{w1} = 16℃$，出口温度 $t_{w2} = 22℃$，冷却水流量 $q_m = 8.2 \times 10^4 t/h$，水的比热容 $C_P = 4.187 kJ/(kg \cdot K)$，问该凝汽器 8h 内被冷却水带走了多少热量？

解：1h 内被冷却水带走的热量

$$q = q_m C_p (t_{w2} - t_{w1})$$
$$= 8.2 \times 10^4 \times 10^3 \times 4.187 \times (22 - 16)$$
$$= 2.06 \times 10^9 \quad (kJ/h)$$

8h 内被冷却水带走热量

$$Q = 2.06 \times 10^9 \times 8 = 1.648 \times 10^{10} \quad (kJ)$$

答：该凝汽器 8h 内被冷却水带走了 $1.648 \times 10^{10} kJ$ 的热量。

La3D1070 某热机中的工质从 $t_1 = 1727℃$ 的高温热源吸热 1000kJ/kg，向 $t_2 = 227℃$ 的低温热源放热 360kJ/kg。试判断该热机中工质的循环能否实现，是否为可逆循环。

解：按卡诺循环定理，在两给定的热源间卡诺循环的热效率最高。

卡诺循环的热效率为：
$$\eta_{tk} = (1 - T_1/T_2) \times 100\% = [1 - (273 + 227)/(273 + 1727)] \times 100\%$$
$$= 0.75 \times 100\% = 75\%$$

按热效率的定义，该循环的热效率为
$$\eta_t = (q_1 - q_2)/q_1 \times 100\% = (1 - q_2/q_1) \times 100\%$$
$$= (1 - 360/1000) \times 100\% = 0.64 \times 100\% = 64\%$$

因 $\eta_t < \eta_{tk}$，所以这一循环原则上是可能实现的，且为不可逆循环。

答：该热机中工质的循环可以实现，是不可逆循环。

La2D3071 某汽轮机汽缸材料为 ZG20CrMoV，工作温度为 535℃，材料的高温屈服极限 $\sigma_{0.2}^t = 225MPa$，泊桑比 $\mu = 0.3$，取安全系数 $n = 2$，弹性模数 $E = 0.176 \times 10^6 MPa$，线胀系数 $\alpha = 12.2 \times$

10^{-6}1/℃，求停机或甩负荷时，汽缸内外壁的最大允许温差。（停机时汽缸冷却取 $\psi = 2/3$）

解：该材料的许用应力

$$[\sigma] = \sigma_{0.2}^{t}/n = 225 \div 2 = 112.5（MPa）$$

汽缸内外壁的最大允许温差

$\Delta t = [\sigma] \times (1-\mu)/(\psi E \alpha)$

$\quad = \{112.5 \times (1-0.3)\} \div (\psi \times 0.176 \times 10^{6} \times 12.2 \times 10^{-6})$

$\quad = 36.7/\psi$

停机或甩负荷时，汽缸受到冷却，应按内壁计算，取 $\psi = 2/3$

则　　　　$\Delta t = 36.7 \div (2/3) = 55（℃）$

答：停机或甩负荷时，汽缸内外壁的最大允许温差为55℃。

La2D3072　卡诺循环热机的热效率为40%，若它自高温热源吸热4000kJ，而向25℃的低温热源放热，试求高温热源的温度及循环的有用功。

解：卡诺循环热机的热效率 η_c 由下式求出

$$\eta_c = 1-T_2/T_1 = W/Q_1$$

式中　T_2——冷源温度，K；

　　　T_1——热源温度，K；

　　　Q——循环的有用功，kJ；

　　　Q_1——放热量，kJ。

则高温热源的温度

$\quad\quad T_1 = T_2/(1-\eta_c)$

$\quad\quad\quad = (25+273.15)/(1-40\%) = 496.9（K）$

$\quad\quad\quad = 223.9（℃）$

循环有用功

$$W = Q\eta_c = 4000 \times 40\% = 1600（kJ）$$

答：高温热源的温度为223.9℃；循环的有用功为1600kJ。

La2D3073　某汽轮发电机组进汽参数为 $p_1 = 13.24$MPa，$t_1 = $

550℃，高压缸排汽压力 2.55MPa，再热蒸汽温度 550℃，排汽压力为 5kPa，试比较再热循环的热效率与简单朗肯循环的热效率，并求排汽干度变化。

解：从水蒸气焓熵图及表中查得：

高压缸进汽焓 $h_1 = 3467$kJ/kg，熵 $S_1 = 6.6$kJ/（kg·K）；高压缸排汽焓 $h_b = 2987$kJ/kg；中压缸的进汽焓 $h_a = 3573$kJ/kg，熵 $S_a = 7.453$kJ/（kg·K）；简单朗肯循环排汽焓 $h_c = 2013$kJ/kg；再热循环排汽焓 $h_{c0} = 2272$kJ/kg；排汽压力下饱和水焓 $h'_{co} = 137.8$kJ/kg。

再热循环的热效率

$$\eta_{t,zr} = [(h_1 - h_b) + (h_a - h_{co})] / [(h_1 - h'_{co}) + (h_a - h_b)] \times 100\%$$
$$= [(3467 - 2987) + (3573 - 2272)] /$$
$$[(3467 - 137.8) + (3573 - 2987)] \times 100\%$$
$$= 1781 / 3915.2 \times 100\%$$
$$= 45.5\%$$

简单朗肯循环的热效率为

$$\eta_t = (h_1 - h_c) / (h_1 - h'_{co}) \times 100\%$$
$$= (3467 - 2013) / (3467 - 137.8) \times 100\%$$
$$= 1454 / 3329.2 \times 100\%$$
$$= 43.7\%$$

采用再热循环后，循环热效率提高了

$$\delta\eta_t = (\eta_{t,zr} - \eta_t) / \eta_t \times 100\%$$
$$= (45.5\% - 43.7\%) / 43.7\% \times 100\%$$
$$= 0.0412 \times 100\%$$
$$= 4.12\%$$

从水蒸气焓熵图中可查得，简单朗肯循环的排汽干度为 0.7735，再热循环的排汽干度为 0.881，排汽干度提高了

$$(0.881 - 0.7735) / 0.7735 \times 100\% = 0.139 \times 100\% = 13.9\%$$

答：采用再热循环，使循环热效率提高了 4.12%，使排汽干度

提高了 13.9%。

La4D1074 汽轮机的主蒸汽温度每低于额定温度 10℃，汽耗量要增加 1.4%。一台 $P = 25000\text{kW}$ 的机组带额定负荷运行，汽耗率 $d = 4.3\text{kg/kWh}$，主蒸汽温度比额定温度低 15℃，计算该机组每小时多消耗多少蒸汽量。

解：主蒸汽温度低 15℃时，汽耗增加率为

$$\Delta\delta = 0.014 \times 15/10 = 0.021$$

机组在额定参数下的汽耗量为

$$D = Pd = 25000 \times 4.3 = 107500\,(\text{kg/h}) = 107.5\,(\text{t/h})$$

由于主蒸汽温度比额定温度低 15℃致使汽耗量的增加量为

$$\Delta D = D \times \Delta\delta = 107.5 \times 0.021 = 2.26\,(\text{t/h})$$

答：由于主蒸汽温度比额定温度低 15℃，使该机组多消耗蒸汽量 2.26t/h。

La2D4075 如果系统内有 2 台汽轮机并列运行，其中 1 号机带额定负荷 $P_{01} = 50\text{MW}$，其调节系统速度变动率 $\delta_1 = 3\%$，2 号机带额定负荷 $P_{02} = 25\text{MW}$，其调节系统速度变动率 $\delta_2 = 5\%$，如果此时系统频率增高至 50.5Hz，试问每台机组负荷降低多少？

解：系统频率变动时，汽轮机速度变动率

$$\delta_n = (50.5 - 50)/50 \times 10\% = 1\%$$

1 号机负荷减少

$$\begin{aligned}
\Delta P_1 &= P_{01} \times \delta_n / \delta_1 \\
&= 50 \times 0.01 / 0.03 \\
&= 16.7(\text{MW})
\end{aligned}$$

2 号机负荷减少

$$\begin{aligned}
\Delta P_2 &= P_{02} \times \delta_n / \delta_2 \\
&= 25 \times 0.01 / 0.05 \\
&= 5\,(\text{MW})
\end{aligned}$$

答：1、2 号机负荷分别下降了 16.7MW 及 5MW。

La1D4076　某二次再热机组，主蒸汽压力 $p_1 = 30\text{MPa}$，主蒸汽温度 $t_1 = 600℃$，超高压缸排汽压力 $p_a = 10.66\text{MPa}$，排汽温度 $t_a = 426.3℃$，高压缸排汽压力 $p_b = 3.40\text{MPa}$，排汽温度 $t_a = 444.7℃$，一次再热蒸汽压力 $p_a = 10.66\text{MPa}$，一次再热蒸汽温度 $t_a = 426.3℃$，二次再热蒸汽压力 $p_a = 10.66\text{MPa}$，二次再热蒸汽温度 $t_a = 426.3℃$，低压缸排汽压力 $p_a = 0.0029\text{MPa}$，排汽进入凝汽器时的干度 $x = 0.93$，计算该机组的循环热效率。

解：查图或通过计算软件得出：主蒸汽焓值 $h_1 = 3446.9\text{kJ/kg}$，超高压缸排汽焓值 $h_a = 3163.6\text{kJ/kg}$，一次再热蒸汽焓值 $h_b = 3674.9\text{kJ/kg}$，高压缸排汽焓值 $h_c = 3327.2\text{kJ/kg}$，二次再热蒸汽焓值 $h_d = 3726.0\text{kJ/kg}$，排汽压力下的饱和汽焓值 $h_{21} = 2543.9\text{kJ/kg}$，排汽压力下的饱和水焓值 $h_{22} = 98.6\text{kJ/kg}$。

低压缸排汽焓值

$$h_{20} = h_{21} \times x + h_{22} \times (1-x) = 2543.9 \times 0.93 + 98.6 \times (1-0.93)$$
$$= 2296.4 \ (\text{kJ/kg})$$

机组循环热效率

$$\eta = [(h_1-h_a) + (h_b-h_c) + (h_d-h_{20})] / [(h_1-h_a) + (h_b-h_c) + (h_d-h_{22})]$$
$$= [(3446.9-3163.6) + (3674.9-3327.2) + (3726.0-2296.4)]$$
$$/ [(3446.9-3163.6) + (3674.9-3327.2) + (3726.0-98.6)]$$
$$= 48.4\%$$

答：该机组的循环热效率是 48.4%。

La4D1077　某汽轮机排汽饱和温度为 $t_{c0} = 36℃$，凝结水温度为 $35℃$，凝汽器循环冷却水进水温度为 $T_{w2} = 19℃$，排汽量为 $D_{c0} = 550\text{t/h}$，冷却水量 $D_w = 30800\text{t/h}$，求凝汽器循环冷却水温升 Δt 及端差。

解：已知 $D_{c0} = 550\text{t/h}$，$D_w = 30800\text{t/h}$，$t_{c0} = 36℃$，$T_{w2} = 19℃$，则

冷却倍率

$$m = 30800/550 = 56$$

冷却水温升

$\Delta t = 520/m = 520 \div 56 = 9.3$（℃）

端差 $= t_{c0} - (t_{w2} + \Delta t) = 36 - (19 + 9.3) = 7.7$（℃）

答：该凝汽器冷却水温升为 9.3℃，端差为 7.7℃。

La2D1078 某台汽轮机额定参数为：主蒸汽压力 $p_1 =$ 24.2MPa，做主汽门、调节汽门严密性试验时的蒸汽参数为：主蒸汽压力 $p_2 = 12$MPa。问该台汽轮机转速 n 下降到多少时，主汽门、调节汽门的严密性才算合格？

解： $n = p_2/p_1 \times 1000$

$\qquad = 12/24.2 \times 1000$

$\qquad = 496$（r/min）

答：该汽轮机转速下降到 496r/min 以下时，主汽门、调节汽门严密性才算合格。

La2D3079 某汽轮机每小时排汽量为 400t，排汽压力为 0.004MPa，排汽干度 $x = 0.88$，冷却水比热容 $c_p = 4.186$kJ/（kg·℃），凝汽器每小时用循环冷却水 24800。求循环冷却水温升。

解：查饱和水与饱和水蒸气热力性质表知，排汽压力为 0.004MPa 时，饱和蒸汽焓为 $h''_{c0} = 2554.5$（kJ/kg），饱和水焓 $h'_{c0} = 121.41$（kJ/kg）。

排汽焓为

$$h_{c0} = xh''_{c0} + (1 - x)h'_{c0}$$

$$= 0.88 \times 2554.5 + (1 - 0.88) \times 121.14$$

$$= 2247.96 + 14.57$$

$$= 2262.53 \text{（kJ/kg）}$$

凝汽器循环倍率为

$$m = D_W/D_{c0} = 24800/400 = 62$$

循环冷却水温升：

$$\Delta t = (h_{c0} - h'_{c0})/(mc_p)$$

$$= (2262.53 - 121.41)/(62 \times 1.1868) = 8.25 \text{（℃）}$$

答：循环水冷却温升为 8.25℃。

La2D4080　一台简单朗肯循环凝汽式机组容量是 12MW。蒸汽参数 $P_0 = 5MPa$、$t_0 = 450℃$、$P_{c0} = 0.005MPa$、机组的相对内效率 $\eta_{oi} = 0.85$、机械效率 $\eta_j = 0.99$、发电机效率 $\eta_d = 0.98$、排汽干度 $x = 0.9$。求机组汽耗量 D、汽耗率 d、热耗量 Q、热耗率 q。

解：查表求出下列参数

$h_0 = 3316.8kJ/kg$，$h'_{c0} = 137.77kJ/kg$，$h''_{c0} = 2561.6kJ/kg$

绝热膨胀排汽焓为

$$
\begin{aligned}
h_{cot} &= xh''_{co} + (1-x) \times h'_{co} \\
&= 0.9 \times 2561.6 + (1-0.9) \times 137.77 \\
&= 2305.44 + 13.777 \\
&= 2319.21 (kJ/kg)
\end{aligned}
$$

汽耗量

$$
\begin{aligned}
D &= 3600N / [(h_0 - h_{cot})\eta_{oi}\eta_j\eta_d] \\
&= 3600 \times 12000 / [(3316.8 - 2319.21) \times 0.85 \times 0.99 \times 0.98] \\
&= 52511.14 \text{（kg/h）}
\end{aligned}
$$

汽耗率

$$
\begin{aligned}
d &= D / N \\
&= 52511.14 / 12000 \\
&= 4.376 \text{（kg / kWh）}
\end{aligned}
$$

热耗量

$$
\begin{aligned}
Q &= D(h_0 - h'_{c0}) \\
&= 52511.14 \times (3316.8 - 137.77) \\
&= 166934489.4 \text{（kJ/h）}
\end{aligned}
$$

热耗率

$$
\begin{aligned}
q &= Q / N \\
&= 166934489.4 / 12000 \\
&= 13911.2 \text{（kJ / kWh）}
\end{aligned}
$$

答：汽轮机的热耗量 $D = 52511.14kg/h$；汽轮机的汽耗率 $d = 4.376kg/kWh$；汽轮机的热耗量 $Q = 166934489.4kJ/h$；汽轮机的热

耗率 $q = 13911.2 \text{kJ/kWh}$。

La5D2081 电阻 $R_1 = 1\Omega$，$R_2 = 8\Omega$，两电阻串联后接在一内阻为 1Ω，电动势为 5V 的直流电源上。求：回路中的电流是多少？R_1 和 R_2 两端的电压各为多少？

解：R_1 和 R_2 串联后的总电阻为

$$R = R_1 + R_2 = 1 + 8 = 9 \quad (\Omega)$$

电源内阻 $r = 1\Omega$

根据全电路欧姆定律 $I = \dfrac{E}{R+r}$ 可知

回路电流 $I = \dfrac{E}{R+r} = \dfrac{5}{9+1} = 0.5$ （A）

所以，电阻 R_1 分得的电压为 $U_1 = I \times R_1 = 0.5 \times 1 = 0.5$ （V）

电阻 R_2 分得的电压为 $U_2 = I \times R_2 = 0.5 \times 8 = 4$ （V）

答：回路电流为 0.5A，电阻 R_1 两端的电压为 0.5V，电阻 R_1 两端的电压为 4V。

La5D2082 已知某发电机的某一时刻的有功功率 P 为 240MW，无功功率 Q 为 70Mvar，此时发电机发出的视在功率是多少？功率因数是多少？

解：根据公式 $S^2 = P^2 + Q^2$ 可得

视在功率 $S = \sqrt{P^2 + Q^2} = \sqrt{240^2 + 70^2} = 250$ （MVA）

功率因数 $\cos\varphi = \dfrac{P}{S} = \dfrac{240}{250} = 0.96$

答：此时该发电机发的视在功率为 250MVA，功率因数为 0.96。

La4D2083 某一正弦交流电的表达式 $i = \sin(1000t + 30°)$A，试求其最大值、有效值、角频率、频率和初相角各是多少？

解：最大值 $I_\text{m} = 1$ （A）

有效值 $I = \dfrac{I_\text{m}}{\sqrt{2}} = \dfrac{1}{\sqrt{2}} = 0.707$ （A）

角频率 $\omega = 1000 \text{r/s}$

频率
$$f = \frac{\omega}{2\pi} = \frac{1000}{2\pi} = 159 \quad （Hz）$$

初相角
$$\varphi = 30°$$

答：该交流电的最大值为 1A 有效值为 0.707A，角频率为 1000r/s、频率为 159Hz、初相角为 30°。

La4D2084 设人体最小电阻为 1000Ω，当通过人体的电流达到 50mA 时，就会危及人身安全，试求安全工作电压。

解：已知：$R = 1000Ω$，$I = 50mA = 0.05A$

$$U = IR = 0.05 × 1000 = 50 \quad （V）$$

答：安全工作电压应小于 50V，一般采用 36V。

La3D2085 已知一个 R、L 串联电路，其电阻 R 和感抗 X_L 均为 10Ω，求在线路上加 100V 交流电压时，电流是多少？电流与电压的相位差是多少？

解：阻抗为 $Z = \sqrt{R^2 + X_L^2} = \sqrt{10^2 + 10^2} = 10\sqrt{2} = 14.1 \quad （Ω）$

电路中的电流为 $I = \dfrac{U}{Z} = \dfrac{100}{14.1} = 7.1 \quad （A）$

电流与电压的相位差

$$\phi = tg^{-1}\frac{X_C}{R} = tg^{-1}\frac{10}{10} = 45°$$

答：电流是 7.1A，电流与电压相位差是 45°。

La3D3086 如图 D-1 所示电路，交流电源电压 $U_{AB} = 80V$，$R_1 = 3Ω$，$R_2 = 1Ω$，$X_1 = 5Ω$，$X_2 = X_3 = 2Ω$，$X_4 = 1Ω$，试求电路中 AC 两点间的电压。

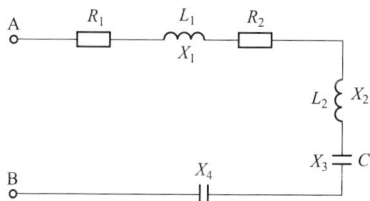

图 D-1

解：根据串联电路复阻抗为

$$Z = R_1 + R_2 + j(X_1 + X_2 - X_3 - X_4)$$

$$= 4 + j(5 + 2 - 2 - 1)$$

$$= 4 + j4 = 5.66e^{j+5} \quad (\Omega)$$

设电压 $\dot{U} = 80e^{j0} \quad (V)$

电路电流 $\dot{I} = \dfrac{\dot{U}}{Z} = \dfrac{80e^{j0}}{5.66e^{j+5}} = 14.1e^{-j+5} \quad (A)$

根据公式 $\dot{U} = \dot{I}Z$

A、C 两点间电压 $\dot{U}_{AC} = \dot{I}[R_1 + R_2 + j(X_1 + X_2)]$

$$= 14.1e^{-j+5} \times (4 + j7)$$

$$= 14.1e^{-j+5} \times 8.1e^{jc0}$$

$$= 114e^{j1.5} \quad (V)$$

答：A、C 两点间的电压 $\dot{U}_{AC}$ 为 $114e^{j1.5}$V。

La3D3087 在图 D-2 所示电路中，已知电阻 $R_1 = R_4 = 30\Omega$，$R_2 = 15\Omega$，$R_3 = 10\Omega$，$R_5 = 60\Omega$，通过电阻 R_4 支路的电流 $I_4 = 0.2$A，试根据以上条件求电路中的总电压 U_{AB} 和总电流 I 的值各是多少？

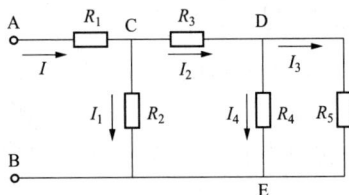

图 D-2

解：$U_{DE} = I_4 R_4 = 0.2 \times 30 = 6 \quad (V)$

$$I_3 = \frac{U_{DE}}{R_5} = \frac{6}{60} = 0.1 \quad (A)$$

$$I_2 = I_3 + I_4 = 0.1 + 0.2 = 0.3 \quad (A)$$

$$U_{CE} = U_{CD} + U_{DE} = I_2R_3 + U_{DE} = 0.3 \times 10 + 6 = 9 \text{（V）}$$

$$I_1 = \frac{U_{CE}}{R_2} = \frac{9}{15} = 0.6 \text{（A）}$$

$$I = I_1 + I_2 = 0.6 + 0.3 = 0.9 \text{（A）}$$

$$U_{AB} = IR_1 + U_{CE} = 0.9 \times 30 + 9 = 36 \text{（V）}$$

答：电路中的总电压 U_{AB} 为 36V，电路中的总电流 I 为 0.9A。

La3D5088 求 $f_1 = 50Hz$，$f_2 = 1000Hz$ 时角频率 ω、周期 T 各是多少？

解：当 $f_1 = 50Hz$ 时

$$T_1 = \frac{1}{f_1} = \frac{1}{50} = 0.02 \text{（s）}$$

$$\omega_1 = 2\pi f_1 = 2 \times 3.14 \times 50 = 314 \text{（r/s）}$$

当 $f_2 = 1000Hz$

$$T_2 = \frac{1}{f_2} = \frac{1}{1000} = 0.001 \text{（s）}$$

$$\omega_2 = 2\pi f_2 = 2 \times 3.14 \times 1000 = 6.28 \times 10^3 \text{（r/s）}$$

答：当频率为 50Hz 时，周期是 0.02s，角频率为 314r/s。

当频率为 1000Hz 时，周期是 0.001s，角频率为 6.28×10^3r/s。

Lb3D2089 如图 D-3 所示，电路中 $R_1 = 2\Omega$，$R_2 = 6\Omega$，$R_3 = 4\Omega$，通过 R_3 的电流 $I_2 = 6A$，试求 AB 两端电压 U_{AB}。

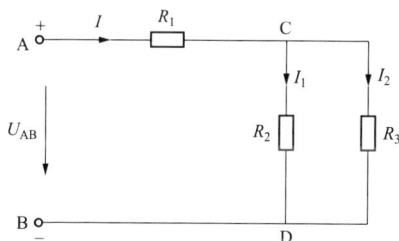

图 D-3

解： 根据公式 $U = IR$

$$U_{CD} = I_2R_3 = 6 \times 4 = 24（V）$$

$$I_1 = \frac{U_{CD}}{R_2} = \frac{24}{6} = 4（A）$$

$$I = I_1 + I_2 = 4 + 6 = 10（A）$$

$$UR_1 = IR_1 = 10 \times 2 = 20（V）$$

$$U_{AB} = UR_1 + U_{CD} = 20 + 24 = 44（V）$$

答： AB 两端电压 U_{AB} 为 44V。

Lb3D4090　一个标明"220V，40W"的钨丝灯泡，如果把它接入 110V 的控制回路中，求其消耗的功率是多少？

解： 根据公式 $P = \frac{U^2}{R}$，则 R 一定时，P 与 U^2 成正比，即

$$\frac{P_1}{P_2} = \frac{U_1^2}{U_2^2}$$

220V 灯泡接在 110V 中它所消耗的功率为

$$P_2 = \frac{P_1U_2^2}{U_1^2} = \frac{40 \times 110^2}{220^2} = 10（W）$$

答： 灯泡消耗的功率是 P_2 为 10W。

Jb3D4091　有额定值分别为 220V、100W 和 100V、60W 的白炽灯各一盏，并联后接到 48V 电源上，问哪个灯泡亮些？

解：
$$R_1 = \frac{U_1^2}{P_1} = \frac{220^2}{100} = 484（\Omega）$$

$$R_2 = \frac{U_2^2}{P_2} = \frac{110^2}{60} = 201（\Omega）$$

各电阻所消耗功率 $P = \frac{U^2}{R}$ 因为 U 相同，则 $R_1 > R_2$，所以 $P_1 < P_2$。

答： 60W 的灯泡亮些。

Jb3D4092　如图 D-4 所示电路，求各支路电流 I_1、I_2、I_3 是多少？

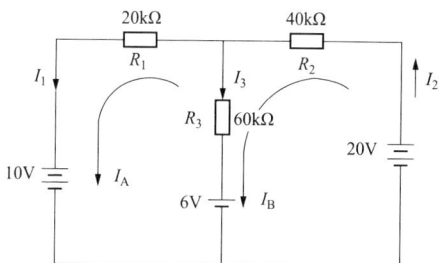

图 D-4

解：利用节点电压法解

上下两个节点间的电压 $U_{AB} = \dfrac{\dfrac{10}{20} + \dfrac{6}{60} + \dfrac{20}{40}}{\dfrac{1}{20} + \dfrac{1}{60} + \dfrac{1}{40}} = 12$（V）

故

$$I_1 = \frac{U_{AB} - 10}{R_1} = \frac{12 - 10}{20} = 0.1 \text{（mA）}$$

$$I_2 = \frac{-U_{AB} + 20}{R_2} = \frac{-12 + 20}{40} = 0.2 \text{（mA）}$$

$$I_3 = \frac{U_{AB} - 6}{R_3} = \frac{12 - 16}{60} = 0.1 \text{（mA）}$$

验证：$\sum I = 0 - I_1 + I_2 - I_3 = 0$，即 $-0.1 + 0.2 - 0.1 = 0$，正确。

答：支路电流 I_1 为 0.1mA，I_2 为 0.2mA，I_3 为 0.1mA。

Jb3D4093 如图 D-5 所示的电路，利用戴维南定理求支路电流 I_3。已知 $E_1 = 140\text{V}$，$E_2 = 90\text{V}$，$R_1 = 20\Omega$，$R_2 = 5\Omega$，$R_3 = 6\Omega$。

解：（1）利用戴维南定理求图 D-5 的开路电压 U_0，把负载电阻 R_3 看作开路，如图 D-5′（a）所示。

由图 D-5′（a）可得 $I = \dfrac{E_1 - E_2}{R_1 + R_2} = \dfrac{140 - 90}{20 + 5} = 2$（A）

开路电压 $U_0 = E = E_1 - IR_1 = 140 - 2 \times 20 = 100$（V）

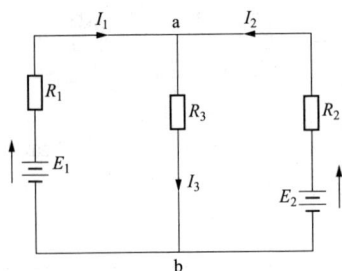

图 D-5

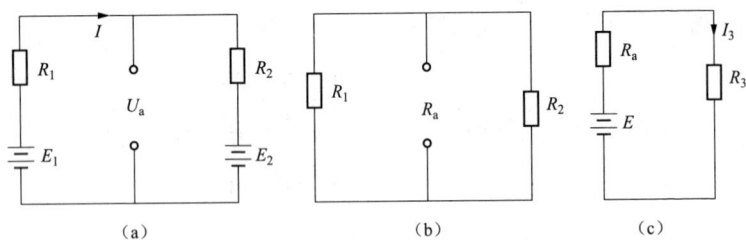

（a）　　　　　　　　（b）　　　　　　（c）

图 D-5′

（2）把图 D-5 电源看作短路如图 D-5′（b）所示。

由图 D-5′（b）可求出等效电阻

$$R_0 = \frac{R_1 R_2}{R_1 + R_2} = \frac{20 \times 5}{20 + 5} = 4 \quad （\Omega）$$

（3）等效电路图如图 D-5′（c）所示。则

$$I_3 = \frac{E}{R_0 + R_3} = \frac{100}{4 + 6} = 10 \quad （A）$$

答：支路电流 I_3 为 10A。

Ja4D2094　有一日光灯电路，额定电压为 220V，频率为 50Hz，电路的电阻为 200Ω，电感为 1.66H，试计算这个电路的有功功率、无功功率、视在功率和功率因数？

解：根据公式 $X_L = \omega L$

电路的阻抗

$$Z = R + \mathrm{j}\omega L = 200 + \mathrm{j}2 \times \pi \times 50 \times 1.66 = 200 + \mathrm{j}521 = 558\mathrm{e}^{\mathrm{j}69°}$$

电路的电流

$$I = \frac{U}{Z} = \frac{220}{558} \approx 0.394(\mathrm{A})$$

电路的视在功率 $S = UI = 220 \times 0.394 \approx 86.74$ （VA）

电路的有功功率 $P = I^2R = (0.394)^2 \times 200 \approx 31$ （W）

电路的无功功率 $Q = I^2X_\mathrm{L} = (0.394)^2 \times 521 \approx 81$ （var）

功率因数 $\cos\varphi = \dfrac{P}{S} = \dfrac{31}{86.7} = 0.358$

答：电路的视在功率 S 为 86.74VA，电路的有功功率 P 为 31W，电路的无功功率 Q 为 81var。功率因数为 0.358。

Ja4D3095 计算截面 S 为 5mm^2，长 L 为 200m 的铁导线电阻是多少？（铁的电阻率 $\rho = 0.1 \times 10^{-6}\Omega \cdot \mathrm{m}$）

解：$R = \rho\dfrac{L}{S}$

$$= 0.1 \times 10^{-6} \times 200 \div (5 \times 10^{-6}) = 4 \text{（}\Omega\text{）}$$

答：铁导线的电阻 R 为 4Ω。

Jb3D3096 有一△形接线的对称负载，接到 380V 对称三相电源上，每相负载电阻 $R = 16\Omega$，感抗 $X_\mathrm{L} = 12\Omega$，试求负载的相电流 I_ph 和线电流 I_L 各是多少？

解：对称负载为三角形接线，因此相电压 U_ph 与线电压 U_L 相等，即

$$U_\mathrm{ph} = U_\mathrm{L} = 380\mathrm{V}$$

阻抗 $\quad Z = \sqrt{R^2 + X_\mathrm{L}^2} = \sqrt{16^2 + 12^2} = 20$ （Ω）

流过每相负载电流

$$I_\mathrm{ph} = \frac{U_\mathrm{ph}}{Z} = \frac{380}{20} = 19 \text{（A）}$$

则线电流为 $\quad I_\mathrm{L} = \sqrt{3}\,I_\mathrm{ph} = \sqrt{3} \times 19 = 32.9$ （A）

答：负载的相电流为 19A，负载的线电流为 32.9A。

Jd3D3097 某一感性负载接入电压 100V，$f = 50Hz$ 的电路中，供出电流 $I = 10A$，$\cos\varphi = 0.85$，若采用并联电容的方法，将功率因数提高到 1，求需并联多大的电容器？

解：根据公式 $P = UI\cos\varphi$，$\arccos 0.85 = 31.8°$

电路消耗的功率为 $P = 100 \times 10 \times 0.85 = 850$（W）

根据并联电容公式 $C = \dfrac{P}{\omega U^2}(\text{tg}\varphi_1 - \text{tg}\varphi)$

$\cos\varphi = 1$（$\arccos 1 = 0°$）需并联的电容为

$$C = \frac{850}{2 \times 3.14 \times 50 \times 100^2} \times (\text{tg}31.8° - \text{tg}0°) = 1.68 \times 10{-4}F = 168（\mu F）$$

答：并联电容为 168μF。

Jb3D3098 一单相电动机由 220V 的电源供电，电路中的电流为 11A，$\cos\varphi = 0.83$。试求电动机的视在功率 S，有功功率 P、无功功率 Q。

解：
$$S = UI = 220 \times 11 = 2420（VA）$$
$$P = S\cos\varphi = 2420 \times 0.83 = 2008.6（W）$$
$$Q = \sqrt{S^2 - P^2} = \sqrt{2420^2 - 2008.6^2} = 1349.8（var）$$

答：电动机的视在功率为 2420VA，电动机的有功功率为 2008.6W，电动机的无功功率为 1349.8var。

Jb1D3099 一台 10/0.4kV、180kVA 的三相变压器，实测电压 $U_2 = 0.4kV$，$I_2 = 250A$，短路电压 $U_k\% = 4.5$，空载电流 $I_0\% = 7$，空载损耗 $\Delta P_0 = 1kW$，短路损耗 $\Delta P_k = 3.6kW$，求变压器总的有功损耗和无功损耗是多少？

解：（1）变压器空载损耗

$$S = \sqrt{3}UI = \sqrt{3} \times 0.4 \times 250 = 173（kVA）$$
$$\Delta S_0 = \Delta P_0 - jQ_0 = \Delta P_0 - j\frac{I_0\%}{100}S_N = 1 - j\frac{7}{100} \times 180 = 1 - j12.6（kVA）$$

$$\Delta S_0 = 12.64\text{kVA}$$

（2）变压器负载损耗

$$\Delta P_T = \Delta P_k \left(\frac{S}{S_N}\right)^2 = 3.6 \times \left(\frac{173}{180}\right)^2 = 3.33 \quad (\text{kW})$$

$$\Delta Q_T = \frac{U_k\%}{100} S_N \times \left(\frac{S}{S_N}\right)^2 = \frac{4.5 \times 180}{100} \times \left(\frac{173}{180}\right)^2 = 7.48 \quad (\text{kvar})$$

$$\Delta S_T = \Delta P_T + jQ_T = 3.33 + j7.48 \quad (\text{kVA})$$

$$\Delta S_T = 8.18\text{kVA}$$

（3）变压器总损耗

$$\Delta S = \Delta S_0 + \Delta S_T = 12.64 + 8.18 = 20.82 \quad (\text{kVA})$$

变压器有功损耗

$$\Delta P = \Delta P_0 + \Delta P_T = 1 + 3.33 = 4.33 \quad (\text{kW})$$

变压器无功损耗

$$\Delta Q = \Delta Q_0 + \Delta Q_T = 12.6 + 7.48 = 20.08 \quad (\text{kvar})$$

答：变压器总的有功损耗为4.33kW，总的无功损耗为20.08kvar。

Jd4D2100 星型连接的三相电动机，运行时功率因数为0.8，若该电动机的相电压 U_{ph} 是220V，线电流 I_L 为10A，求该电动机的有功功率和无功功率各是多少？

解：电动机线电压：

$$U_L = \sqrt{3}\,U_{ph} = 1.732 \times 220 \approx 380 \quad (\text{V})$$

电动机的有功功率

$$P = \sqrt{3}\,U_L I_L \cos\varphi = 1.732 \times 380 \times 10 \times 0.8 \times 10^3 \approx 5.3 \quad (\text{kW})$$

功率因数角

$$\varphi = \arccos 0.8 = 36.9°$$

电动机的无功功率

$$Q = \sqrt{3}\,U_L I_L \sin\varphi = 1.732 \times 380 \times 10 \times \sin 36.9°$$
$$= 4000 \quad (\text{var}) = 4 \quad (\text{kvar})$$

答：电动机的有功功率为 5.3kW，电动机的无功功率为 4kvar。

Jd4D2101 两根输电线，每根的电阻为 1Ω，通过的电流年平均值为 50A，一年工作 4200h，求此输电线一年内的电能损耗多少？

解：已知 $R_1 = R_2 = 1$，$I = 50A$，$t = 4200h$，$R = 2 \times 1 = 2$（Ω）

$W = I^2 \times R \times t = 50^2 \times 2 \times 4200 = 21 \times 10^6 \text{（kWh）} = 21 \times 10^3 \text{（kWh）}$

答：此输电线一年内的电能损耗为 21000kWh。

Jd4D4102 某星型接线的三相电动机，运行时功率因数为 0.8，电动机的相电压为 220V，线电流为 10A，求该电动机的有功功率是多少？

解：电动机线电压为 $U = 1.732 \times 220 = 380$（V）

电动机的有功功率为 $P = (1.732 \times 380 \times 10 \times 0.8)/1000 = 5.3$（kW）

答：该电动机的有功功率 5.3kW。

Jd4D4103 三相汽轮发电机，输出的线电流 I_L 是 1380A，线电压 U_L 为 6300V，若负载的功率因数从 0.8 降到 0.6，求该发电机输出的有功功率的变化？

解：当 $\cos\varphi_1 = 0.8$ 时

$$P_1 = \sqrt{3}\, U_L I_L \cos\varphi_1 = \sqrt{3} \times 6300 \times 1380 \times 0.8$$
$$= 12046406 \approx 12000 \text{（kW）}$$

当 $\cos\varphi_2 = 0.6$ 时

$$P_2 = \sqrt{3} \times 6300 \times 1380 \times 0.6 = 9034804$$
$$\approx 9000 \text{（kW）}$$

所以当负荷的功率因数由 0.8 降至 0.6 时，发电机有功功率降低了 $P_1 - P_2 = 12000 - 9000 = 3000$（kW）

答：有功功率降低了 3000kW。

Jd3D3104 某电厂的可调最大负荷为 1200MW，某日的总发电量为 2200 万 kWh，求该日的平均负荷率？

解：根据题意，该日的平均负荷为：总发电量/24h = 2200/24 = 91.667（万 kW）

可调最大负荷为 1200MW = 120 万 kW

日平均负荷率 = 全日平均负荷/可调最大负荷 × 100%

$$= 91.667/120 × 100\% = 76.39\%$$

答：该发电厂该日的平均负荷率为 76.39%。

Jd3D3105　一台四对极异步电动机，接在工频（$f = 50\text{Hz}$）电源上，已知转差率为 2%，试求该电动机的转速？

解：根据公式 $s = \dfrac{n_1 - n}{n_1} × 100\%$

同步转速　$n_1 = \dfrac{60f}{P} = \dfrac{60 × 50}{4} = 750$（r / min）

转差率为 2%的电动机的转速为

$$n = n_1 - \frac{n_1 s}{100\%} = 750 - \frac{750 × 2\%}{100\%} = 750 \text{（r / min）}$$

答：电动机的转数 n 为 735r/min。

Jd3D3106　一台三相四极异步电动机的电源频率 50Hz，试求该电动机定子旋转磁场的旋转速度是多少？如果转差率是 0.04，试问转子的额定转速是多少？

解：旋转磁场的转速就是转子的同步转速，可得

同步转速　$n_1 = 60\dfrac{f}{p} = 60 × \dfrac{50}{2} = 1500$（r/min）

由电动机转差率公式 $s = \dfrac{n_1 - n_2}{n_1}$，可得

$$n_2 = n_1 - sn_1 = 1500 - 0.04 × 1500 = 1440 \text{（r/min）}$$

答：该电动机定子旋转磁场的旋转速度为 1500r/min。该电动机转子的额定转速为 1440r/min。

Jd3D3107　型号为 QFS-300-2 型的汽轮发电机，额定电压 $U_N = 20\text{kV}$，额定功率因数为 $\cos\varphi_N = 0.85$，试求额定转速 N_n 以及额定电流 I_n 分别是多少？

解：由型号可知，发电机极数为 2，即极对数 $p = 1$（对）

则额定转速 $n_N = \dfrac{60f}{p} = \dfrac{60 \times 50}{1} = 3000$ （r/min）

额定电流可由公式 $P_N = \sqrt{3}U_N I_N \cos\varphi_N$ 计算

则 $I_N = \dfrac{P_N}{\sqrt{3}U_N \cos\varphi_N} = \dfrac{300}{\sqrt{3} \times 20 \times 0.85} = 10.2$ （kA）

答：该汽轮发电机的额定转速为 3000r/min、额定电流为 10.2kA。

Jd3D3108 一台四极异步电动机接在工频 50Hz 电源上，转子实际转速 $n = 1440$r/min，求该电动机的转差率。

解：同步转速 $n_1 = \dfrac{60f}{P} = \dfrac{60 \times 50}{2} = 1500$（r/min）

转差率 $S = \dfrac{n_1 - n}{n_1} \times 100\% = \dfrac{1500 - 1440}{1500} \times 100\% = 4\%$

答：该电动机的转差率为 4%。

Jd3D3109 有一台三角形接线的三相异步电动机，满载时每相电阻为 8Ω，电抗为 6Ω，由 380V 的线电压电源供电，求电动机相、线电流各多少？

解：电动机的相阻抗 $Z = \sqrt{R^2 + X^2} = \sqrt{8^2 + 6^2} = 10Ω$

因三角形接线，线电压 U_L 与相电压 U_{ph} 相等，$U_L = U_{ph} = 380$（V）

电动机的相电流 $I_{ph} = \dfrac{U_{ph}}{Z} = \dfrac{380}{10} = 38$（A）

电动机的线电流 $I_L = \sqrt{3} I_{ph} = \sqrt{3} \times 38 = 65.8$（A）

答：电动机线电流为 65.8A，电动机相电流为 38A。

Jd3D3110 如图 D-6 所示，电源电压为 15V，$R_1 = 10$kΩ，$R_2 = 20$kΩ，用灵敏度为 5000Ω/V 的万用表的 10V 量程测量 R_1 两端的电压，求电压表的指示是多少？测量的相对误差是多少？

解：相对误差 $\beta = \dfrac{|测量值 - 真值|}{真值}$；分压公式 $U_{R1} = U\dfrac{R_1}{R_1 + R_2}$，

则 R_1 上电压真值

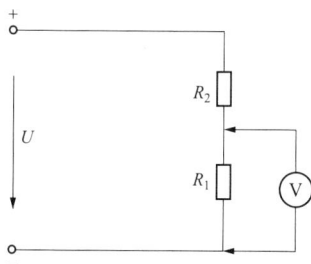

图 D-6

$$U_{R1} = U \frac{R_1}{R_1 + R_2} = 15 \times \frac{10}{10 + 20} = 5 \ (\text{V})$$

万用表 10V 量程所具有的内阻

$$R_V = 10 \times 5000 = 50 \ (\text{k}\Omega)$$

用万用表测量 U_{R1} 相当于在 R_1 上并联 R_V，其等效电阻

$$R = \frac{R_1 R_V}{R_1 + R_V} = \frac{10 \times 50}{10 + 50} = 8.33 \ (\text{k}\Omega)$$

再利用分压公式求出测量值

$$U_{R1} = 15 \times \frac{8.33}{8.33 + 20} = 4.41 \ (\text{V})$$

则相对误差 $\beta = \frac{|4.41 - 5|}{5} \times 100\% = 11.8\%$

答：R_1 两端电压 U_{R1} 为 4.41V，表相对误差 11.8%。

Jd3D3111 直流电动机启动时，由于内阻很小而反电压尚未建立，启动电流很大，为此常用一个启动变阻器串入启动回路。如果电动机内阻 $R_i = 1\Omega$，工作电流为 12.35A，现接在 220V 电源上，限制启动电流不超过正常工作电流的两倍，试求串入启动回路的电阻值是多少？

解：根据欧姆定律 $I = \dfrac{E}{R + R_i}$

限制启动电流 $I_q = 2I = 12.35 \times 2 = 24.7 \ (\text{A})$

应串入启动回路的电阻为

$$R = \frac{E - I_q R_1}{I_q} = \frac{220 - 24.7 \times 1}{24.7} = 7.9 \ （\Omega）$$

答：串入启动回路的电阻是 7.9Ω。

Jd3D3112　设计一分流电路，要把 3mA 的表头量程扩大 8 倍，而且分流电阻与表头并联的等效电阻为 20Ω，求表头电路电阻 R_G 和分流电阻 R_f 各为多少？

解：根据欧姆定律 $R = \dfrac{U}{I}$

总电流 $I_\Sigma = 3 \times 8 = 24$（mA）

回路端电压 $U = IR = 24 \times 20 = 480$（mV）

已知流过表头电流 3mA，则流过分流器的电流 $I_f = I_\Sigma - I_G = 24 - 3 = 21$（mA）

表头电阻 $R_G = \dfrac{U}{I_G} = \dfrac{480}{3} = 160$ （Ω）

分流电阻 $R_f = \dfrac{U}{I_f} = \dfrac{480}{21} = 22.86$ （Ω）

答：表头电阻 R_G 是 160Ω，分流电阻 R_f 是 22.86Ω。

Jd3D4113　三相电灯负载接成星形，由线电压为 380V 的电源供电，每相灯负载电阻为 500Ω。当 A 相供电线路断线时，求其他两相负载的电压、电流各为多少？

解：A 相断线后，B、C 两相负载串联起来，接在线电压 U_{BC} 上，两相负载的电流、电压相等，即

$$U_B = U_C = \frac{U_{BC}}{2} = \frac{380}{2} = 190 \ （V）$$

B、C 两相负载的相电流为

$$I_B = I_C = \frac{U_{BC}}{R_B + R_C} = \frac{380}{500 + 500} = 0.38 \ （A）$$

答：其他两相负载的电压为 190V，其他两相负载的电流为 0.38A。

Jd2D4114　某台 300MW 发电机组年运行小时为 4341.48h，强迫停运 346.33h，求该机组的强迫停运率。

解：强迫停运率 = 强迫停运小时/（运行小时 + 强迫停运小时）× 100% = 346.33/（4341.48 + 346.33）× 100% = 7.39%

答：该机组强迫停运率为 7.39%。

Jd2D4115　从星形接法的交流电动机定子出线处测定子线圈间直流电阻 $R_{AB} = 0.125\Omega$，$R_{BC} = 0.123\Omega$，$R_{CA} = 0.122\Omega$，求 A、B、C 三相直流电阻各是多少？

解：$R_A = \dfrac{R_{AB} + R_{CA} - R_{BC}}{2} = \dfrac{0.125 + 0.122 - 0.123}{2} = 0.062$（Ω）

$R_B = \dfrac{R_{AB} + R_{BC} - R_{CA}}{2} = \dfrac{0.125 + 0.123 - 0.122}{2} = 0.06$（Ω）

$R_C = \dfrac{R_{BC} + R_{CA} - R_{AB}}{2} = \dfrac{0.123 + 0.122 - 0.125}{2} = 0.06$（Ω）

答：A 相直流电阻 R_A 为 0.062Ω，B 相的 R_B 为 0.06Ω，C 相的 R_C 为 0.06Ω。

Je2D3116　一台 8000kVA 的变压器，接线组别为 YN，d11，变比 35000/10500V，求高压侧线电流 I_{1L}、相电流 I_{1p} 及低压侧线电流 I_{2L}、相电流 I_{2p} 和相电压 U_{2p} 为多少？

解：$I_{1L} = S/\sqrt{3}\,U_{1L} = 8000 \times 10^3/1.732 \times 35000 = 132$（A）

$I_{1p} = I_{1L} = 132$（A）

$I_{2L} = S/\sqrt{3}\,U_{2L} = 8000 \times 10^3/1.732 \times 10500 = 440$（A）

$I_{2p} = I_{2L}/\sqrt{3} = 254$（A）

$U_{2p} = U_{2L} = 10500$（V）

答：高压侧线电流为 132A，相电流为 132A。低压侧线电流为 440A，相电流为 254A，相电压为 10500V。

Je2D4117　某台汽轮发电机，其定子线电压为 13.8kV，线电流为 6150A，若负载的功率因数由 0.85 降到 0.6 时，求该发电机有功功率、无功功率如何变化？

解：根据公式 $P = \sqrt{3}\, U_{线} I_{线} \cos\varphi$，$Q = \sqrt{3}\, U_{线} I_{线} \sin\varphi$

当功率因数 $\cos\varphi_1 = 0.85$ 时，$P_1 = \sqrt{3} \times 13.8 \times 6.15 \times 0.85 \approx 125$（MW）

$\varphi_1 = \arccos 0.85 = 31.79°$，$Q_1 = \sqrt{3} \times 13.8 \times 6.15 \times \sin 31.79° \approx 77.44$（Mvar）

当功率因数 $\cos\varphi_2 = 0.6$ 时，$\varphi_2 = \arccos 0.6 = 53.1°$

$$P_2 = \sqrt{3} \times 13.8 \times 6.15 \times 0.6 \approx 88 （MW）$$

$$Q_2 = \sqrt{3} \times 13.8 \times 6.15 \times \sin 53.1° \approx 117.6 （Mvar）$$

答：可见负载功率因数的变化由 0.85 降到 0.6 时发电机有功功率由 125MW 下降到 88MW。发电机无功功率由 77.44Mvar 上升到 117.6Mvar。

Je2D4118 通过对循环水系统的调节，使循泵下降的电流 $I = 20A$，试求每小时节约的电量？（循泵电动机线电压 $U = 6kV$，功率因数 $\cos\varphi = 0.85$）

解：
$$\begin{aligned} W &= \sqrt{3}\, UI\cos\varphi \times t \\ &= \sqrt{3} \times 6 \times 20 \times 0.85 \times 1 \\ &= 176 （kWh） \end{aligned}$$

答：每小时可节约 176kWh 电量。

Je2D4119 某电厂一台 $P = 12000kW$ 机组带额定负荷运行，由一台循环水泵增加至两台循环水泵运行，凝汽器真空率由 $H_1 = 90\%$ 上升到 $H_2 = 95\%$。增加一台循环水泵运行，多消耗电功率 $P' = 150kW$。计算这种运行方式的实际效益（在各方面运行条件不便的情况下，凝汽器真空率每变化 1%，机组效益变化 1%）。

解：凝汽器真空上升率为 $\Delta H = H_2 - H_1 = 0.95 - 0.90 = 0.05$

机组提高的效益为 $P = P \times \Delta H = 12000 \times 0.05 = 600$（kW）

增加一台循环水泵运行后的效益为

$$P - P' = 600 - 150 = 450 （kW）$$

答：增加运行一台循环水泵每小时可增加 450kW 的效益。

Je2D4120　某电厂一台机组的自并励励磁系统有整流柜 5 面，正常运行时 5 个整流柜的输出电流分别为 500A、500A、400A、600A、400A，请计算均流系数。

解：均流系数的计算公式为

K =（各支路电流和）/支路数/最大的支路电流

　　=（500 + 500 + 400 + 600 + 400）/5/600 = 0.8

答：该机组自并励励磁系统均流系数为 0.8。

La4D2121　已知水泵的流量 Q_v = 280t/h，扬程 H = 180m，密度 ρ = 1000kg/m³，水泵轴功率 P = 200kW，求水泵的效率 η。

解：水泵的效率为

$$\eta = \frac{P_e}{P} = \frac{\rho g Q H}{P} = \frac{1000 \times 9.8 \times 280 \times 180}{3600 \times 1000 \times 200} = 68.6\%$$

答：水泵的效率是 68.6%。

La4D2122　在氧含量为 5%的烟气中，测得 SO_2 体积分数为 1150ppm，试将 SO_2 体积分数折算为 6%氧含量时的标准值。

解：

$$C_{折} = C \times \frac{21-6}{21-5} = 1150 \times \frac{21-6}{21-5} = 1078\text{ppm}$$

答：6%氧含量时的标准值为 1078ppm。

La4D2123　某锅炉炉膛出口过量空气系数为 1.3，求此处烟气含氧量是多少？

解：根据公式

$$a = \frac{21}{21-[O_2]}$$

得　　　　$[O_2]$ = $21\dfrac{\alpha-1}{\alpha}$ = $21 \times \dfrac{1.3-1}{1.3}$ = 4.85%

答：炉膛出口处烟气含氧量是 4.85%。

La4D2124　已知烟气中的氮氧化物浓度为 200ppm，试求氮氧化物的质量浓度。

解：

$$C = 200 \times \frac{46}{22.4} = 410.71 \ (\text{mg} / \text{Nm}^3)$$

答： 氮氧化物的质量浓度为 410.71mg/Nm³。

La4D2125 石灰石中 CaO 含量为 49%，MgO 含量为 3%，试计算石灰石中 $CaCO_3$ 和 $MgCO_3$ 的含量。

解： $CaCO_3$ 的含量为 $M_1 = \dfrac{100}{56} \times 49\% = 87.50\%$

$MgCO_3$ 的含量为 $M_2 = \dfrac{84.3}{40.3} \times 3\% = 6.28\%$

答： 石灰石中 $CaCO_3$ 和 $MgCO_3$ 的含量分别为 87.50%和 6.28%。

Lb4D2126 某电厂脱硫系统吸收塔入口 SO_2 含量为 2100mg/Nm³，经过脱硫后吸收塔出口 SO_2 含量为 28.20mg/Nm³，试计算该电厂脱硫系统脱硫效率。

解： 根据公式

$$\eta = \frac{C_1 - C_2}{C_1} \times 100\%$$

式中 η ——脱硫效率，%；

C_1 ——吸收塔入口 SO_2 浓度，mg/Nm³；

C_2 ——吸收塔出口 SO_2 浓度，mg/Nm³。

得： $\eta = \dfrac{2100 - 28.2}{2100} \times 100\% = 98.66\%$

答： 脱硫效率为 98.66%。

Lb4D2127 已知吸收塔内浆液的密度为 1100kg/m³，吸收塔底部 1.5m 标高处的压力表显示的读数为 90kPa，试计算吸收塔内的实际液位？

解：

$$H_1 = P/(9.8 \times 10^{-3} \times \rho)$$
$$= 90/(9.8 \times 10^{-3} \times 1100)$$
$$= 8.34$$

则：实际液位 $H = 8.35 + 1.5 = 9.85$（m）

答：吸收塔内的实际液位为 9.85 米。

La3D3128　已知石灰石浆液的含固量（质量分数）为 25%，固体石灰石的密度为 2800kg/m³，试求石灰石浆液的密度（石灰石的溶解可忽略）。

解：设有 1m³ 石灰石浆液，密度为 ρ，则有

$$\frac{\rho \cdot 25\%}{2800} + \frac{\rho - \rho \cdot 25\%}{1000} = 1$$

解得 $\rho = \dfrac{1000 \times 2800}{2800 - \dfrac{25}{100} \times (2800 - 1000)} = 1191.49$（kg/m³）

答：石灰石浆液的密度为 1191.49kg/m³。

Lb3D3129　某电厂湿法脱硫吸收塔入口烟气流量为 896000Nm³/h，出口烟气量为 900000Nm³/h，为保证脱硫效果，经计算需液气比为 14L/m³，设置 3 台浆液循环泵（裕量为 5%），试求每台浆液循环泵的流量约为多少？

解：

$$\frac{L}{G} = \frac{L \times 1000}{900000} = 14 \text{ L/m}^3$$

则，$L = 12600$m³/h

每台浆液循环泵的流量约为

$$V = \frac{12600}{3} \times 1.05 = 4410\text{m}^3/\text{h}$$

答：每台浆液循环泵的流量约为 4410m³/h。

Lb3D3130　已知脱硝反应器入口氮氧化物含量为 500mg/Nm³（6%O_2，标况），反应器出口 NO_x 含量为 35mg/m³（6.7%O_2，标况），计算该反应器的脱硝效率。

解：将反应器出口 NO_2 含量折算为标准（6%O_2，标况）下的值

$$C = 35 \times \frac{21-6}{21-6.7} = 36.71 \text{mg/Nm}^3$$

则反应器的脱硝效率为

$$\eta = \frac{500-36.71}{500} \times 100\% = 92.66\%$$

答：该反应器的脱硝效率为 92.66%。

Lb3D3131 把 100mL 98%的浓硫酸（密度为 1.84g/cm³）稀释成 20%的硫酸溶液（密度为 1.14g/cm³），问需加水多少毫升？

解：设需加 xmL 的水，则

$$100 \times 1.84 \times 98\% \times 10^3 = (100+x) \times 1.14 \times 20\% \times 10^3$$

$$x = 690.88 \text{（mL）}$$

答：需加水 690.88mL。

Lb3D3132 烟气中 SO_2 含量为 2000mg/Nm³，测得脱硝反应器入口 SO_3 含量为 5mg/Nm³，反应器出口 SO_3 含量为 20mg/Nm³，试求 SO_2/SO_3 的转化率。

解：根据公式

$$SO_2/SO_3 \text{ 转化率} = \frac{M_{SO2}}{M_{SO3}} \times \frac{SO_{3,出口} - SO_{3,入口}}{SO_{2,入口}} \times 100$$

式中 M_{SO2}——SO_2 的摩尔质量，g/mol；

M_{SO3}——SO_3 的摩尔质量，g/mol；

$SO_{3,出口}$——SCR 反应器出口 6%O_2 下的 SO_3 浓度，mg/m³；

$SO_{3,入口}$——SCR 反应器入口 6%O_2 下的 SO_3 浓度，mg/m³；

$SO_{2,入口}$——SCR 反应器入口 6%O_2 下的 SO_2 浓度，mg/m³。

得

$$SO_2/SO_3 \text{ 转化率} = \frac{64}{80} \times \frac{20-5}{2000} \times 100\% = 0.6\%$$

答：SO_2/SO_3 的转化率为 0.6%。

Lb2D3133 某 600MW 燃煤电厂烟气脱硝系统，脱硝反应器入口烟气中的氮氧化物浓度为 450mg/Nm^3，氨气浓度为 180mg/Nm^3，假定 96% 的氨气参与脱硝过程，氨逃逸率为 1%，试计算氮氧化物和氨的排放浓度？（1mg 氨可脱除 2.4mg 氮氧化物）

解：（1）氮氧化物的排放浓度为

$$C_{NO_x} = 450 - 180 \times 96\% \times 2.4 = 35.28 \text{（mg/Nm}^3\text{）}$$

（2）氨的排放浓度为

$$C_{NHx} = 180 \times 0.01 = 1.80 \text{（mg/Nm}^3\text{）}$$

答：氮氧化物排放浓度为 35.28mg/Nm^3，氨的排放浓度为 1.80mg/Nm^3。

Lb2D3134　锅炉采用低氮燃烧和 SNCR 工艺脱硝，要求总脱硝效率大于 55%，其中低氮燃烧可减少 35% 的 NO$_x$，试计算 SNCR 脱硝效率最低是多少？

解：设 SNCR 脱硝效率最低为 η，则有

$$1 - 55\% = (1 - \eta)(1 - 35\%)$$

解得，

$$\eta = 30.77\%$$

答：SNCR 脱硝的最低效率为 30.77%。

Lb2D3135　从气压计上读得当地大气压力是 765mmHg，试换算成 Pa、标准大气压和 mmH$_2$O。

解：因为 1mmHg = 133.322Pa，1mmHg ≈ 13.6mmH$_2$O，760mmHg = 1 标准大气压，所以 765（mmHg）= 133.322 × 765 = 101991.33（Pa）。

765（mmHg）≈ 765 × 13.6 = 10404（mmH$_2$O）

765（mmHg）= 765/760 ≈ 1.007（标准大气压）

答：765mmHg 为 101991.33Pa，约为 1.007 标准大气压、10404mmH$_2$O。

Je2D4136　某电厂一台机组的功率为 200MW，锅炉燃煤平均发热量达 28000kJ/kg，若发电效率取 30%，试求：（1）该电厂每昼夜要消耗多少吨煤？（2）每发 1kWh 的电量要消耗多少千克煤？

解：功率为 200MW 机组每小时完成功所需的热量为

$$200 \times 10^3 \times 3600 = 7.2 \times 10^8 \text{（kJ）}$$

每千克煤实际用于做功的热量为

$$28000 \times 0.3 = 8400 \text{（kJ/kg）}$$

则机组每小时耗煤量为

$$7.2 \times 10^8 / 8.4 \times 10^3 = 85.7 \text{（t）}$$

每昼夜耗煤量为 $85.7 \times 24 = 2056.8$（t），每发 1kWh 电量要消耗的煤量为 $1 \times 3600 / (8.4 \times 103) = 0.428$（kg）。

答：每昼夜耗煤量为 2056.8t，每发 1kWh 电消耗 0.428kg 煤。

Je2D5137 要使 20g 铜完全反应，最少需要用 96% 的浓硫酸多少毫升（$\rho = 1.84\text{g/cm}^3$）？生成多少克硫酸铜？

解：设需要的浓硫酸 VmL，生成的硫酸铜为 xg

反应式为 $Cu + 2H_2SO_4 = CuSO_4 + 2H_2O + SO_2 \uparrow$

$$64 \qquad 196 \qquad\quad 160$$

$$20 \quad 1.84 \times 96\%V \qquad x$$

依反应式建立等式 $64:196 = 20:1.84 \times 96\%V$

$$64:160 = 20:x$$

则 $V = (196 \times 20) / (64 \times 1.84 \times 96\%) = 34.68\text{mL}$

$$x = (160 \times 20) / 64 = 50 \text{（g）}$$

答：最少需要用 96% 的浓硫酸 34.68mL；生成 50g 硫酸铜。

Je2D5138 某电厂年发电量 60 亿 kWh，标准煤耗为 350g/kWh，燃煤热值为 20933kJ/kg。采用石灰石—石膏法脱硫工艺，$C_a/S = 1.03$。燃煤中收到基硫分年平均 0.9%，硫的转化率为 85%，石灰石中碳酸钙含量 90%，脱硫效率 95%，求该厂年燃煤量、石灰石用量和石膏产量？

解：该厂年燃煤量为

$$W_1 = \text{标准煤耗} \times \text{年发电量} \times \frac{\text{标准热量}}{\text{燃煤热值}} = 350 \times 60$$

$$\times 10^8 \times \frac{29306}{20933} \times 10^{-6} = 2940000 \text{（t）} = 294 \text{（万 t）}$$

则 SO_2 产生量为

$M_1 =$ 燃煤量 × 收到基硫分 × 2 × 硫的转化率

　　$= 294 × 0.9\% × 2 × 85\% = 4.4982$（万 t）

年石灰石用量为

$M_2 = SO_2$ 产生量 × 脱硫效率 × 100 ÷ 64 × 钙硫比

　　÷ 石灰石中碳酸钙含量

　　$= 4.4982 × 95\% × 100 ÷ 64 × 1.03 ÷ 90\% = 7.64$（万 t）

年石膏产生量为

$$M_3 = 7.26 × 1.72 = 13.14（万 t）$$

答：该厂年燃煤量、石灰石用量和石膏产量分别为 294 万 t、7.64 万 t、13.14 万 t。

Lb1D5139　一般地，燃煤燃烧时发出 1MJ 热量所产生的干烟气体积在过量空气系数为 1.4（6%O_2）时为 $0.3678m^3$。已知某电厂燃煤收到基含硫量为 1%，收到基低位发热量为 20MJ/kg，试求烟气中 SO_2 的排放浓度为多少？（煤中硫的转化系数 K 取 0.85）

解：根据公式可得

$$C = \frac{2S_{ar}K × 10^6}{0.3678Q_{ar.net.p}} = \frac{2 × 1\% × 0.85 × 10^6}{0.3678 × 20} = 2311.04（mg/Nm^3）$$

式中　S_{ar}——收到基含硫量；

　　　K——煤中硫的转化系数；

　　$Q_{ar,net,p}$——收到基低位热值，MJ/kg。

答：烟气中 SO_2 的排放浓度为 2311.04mg/Nm^3。

Je1D5140　2019 年 6 月，某燃煤电厂 SO_2 排放量为 96.84t，当月 SO_2 平均排放浓度为 28mg/Nm^3。已知该电厂执行超低排放标准，所在区域的 SO_2 环境保护税税率为 4.8 元/当量。假定其他条件不变，试计算该电厂当月 SO_2 平均排放浓度分别为 28mg/Nm^3、24mg/Nm^3、17mg/Nm^3 下需缴纳的环境保护税。

解：假定其他条件不变，当 SO_2 出口浓度分别为 24mg/Nm^3、

17mg/Nm^3 时，当月 SO_2 排放量分别为

$M_1 = 96.84/28 \times 24 = 83.01$（t）；

$M_2 = 96.84/28 \times 17 = 58.80$（t）；

则 SO_2 排放浓度分别在 28mg/Nm^3、24mg/Nm^3、17mg/Nm^3 下的排放当量分别为：

$m_1 = 96.84 \times 1000/0.95 = 101936.84$（当量）

$m_2 = 83.01 \times 1000/0.95 = 87378.95$（当量）

$m_3 = 58.80 \times 1000/0.95 = 61894.74$（当量）

根据《中华人民共和国环境保护税法》，排放应税大气污染物浓度值低于国家和地方规定的污染物排放标准百分之三十的，减按百分之七十五征收环境保护税。低于国家和地方规定的污染物排放标准百分之五十的，减按百分之五十征收环境保护税。

则需缴纳的环保税分别为：

$A_1 = 101936.84 \times 4.8 = 48.93$（万元）

$A_2 = 87378.95 \times 4.8 \times 75\% = 31.46$（万元）

$A_3 = 61894.74 \times 4.8 \times 50\% = 14.85$（万元）

答：该电厂本月在 SO_2 出口浓度为 28、24、17mg/Nm^3 下的排污税分别为 48.93 万元、31.46 万元、14.85 万元。

六、绘图题

La3E3001 画出朗肯循环的 T–S 图，并说明 T–S 图中各过程线的意义。

答：如图 E-01 所示。

4-5-6-1 为给水在锅炉中的定压加热过程；

1-2 为蒸汽在汽轮机内的绝热膨胀做功过程；

2-3 为汽轮机的排汽在凝汽器中定压放热过程；

3-4 为凝结水在给水泵中的绝热压缩过程。

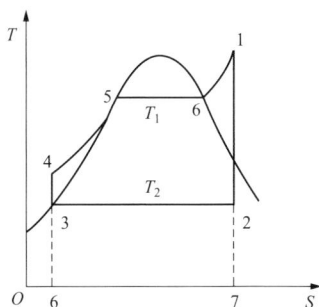

图 E-01　朗肯循环的 T–S 图

Lb4E2002　画出双冲量汽温调节系统示意图并注明设备名称。

答：如图 E-02 所示。

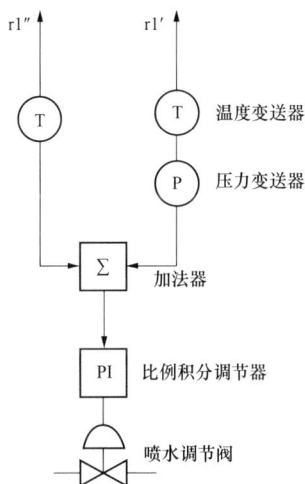

图 E-02　双冲量汽温调节系统示意图

Lb4E3003　画出自然循环锅炉蒸发回路简图，标出主要设备的名称。

答：如图 E-03 所示。

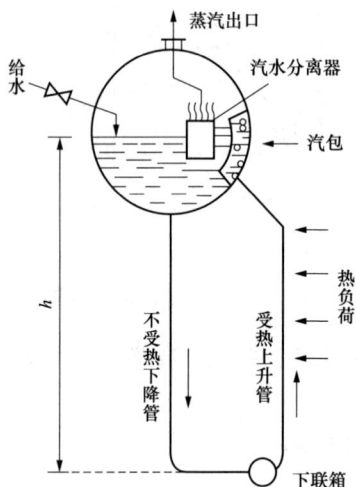

图 E-03　自然循环锅炉蒸发回路简图

Lb4E3004　画出控制循环锅炉蒸发回路简图，标出主要设备的名称。

答：如图 E-04 所示。

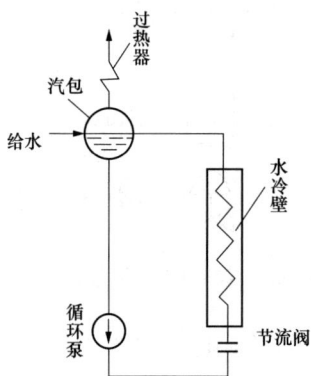

图 E-04　控制循环锅炉蒸发回路简图

Lb3E3005 画出确定煤粉经济细度的曲线图。

答：如图 E-05 所示。

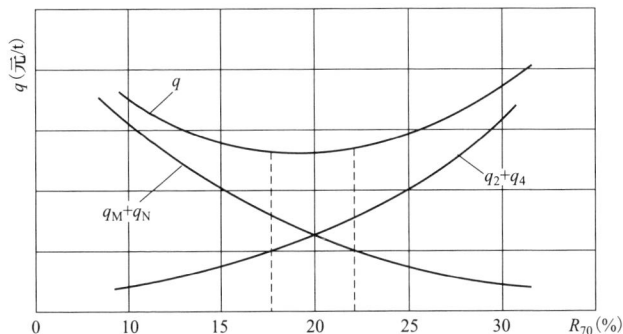

图 E-05 确定煤粉经济细度的曲线图

q_2—排烟热损失；q_4—机械未完全燃烧热损失；

q_M—制粉金属消耗量；q_N—磨煤电能消耗；q—总和

Lb3E3006 画出三冲量汽包水位自动调节系统示意图。

答：如图 E-06 所示。

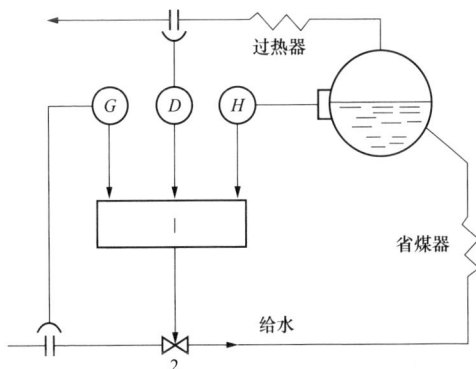

图 E-06 三冲量汽包水位自动调节系统示意图

Lb4E4007 画出过热蒸汽在绝热节流过程中能量损失的 h–s 图。

答： 如图 E-07 所示。

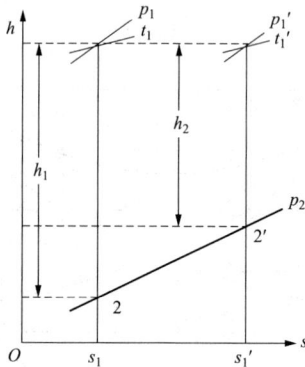

图 E-07 过热蒸汽在节流过程中能量损失的 $h-s$ 图

Lb4E5008 画出一次中间再热循环装置示意图及 $T-S$ 图。

答： 如图 E-08 所示。

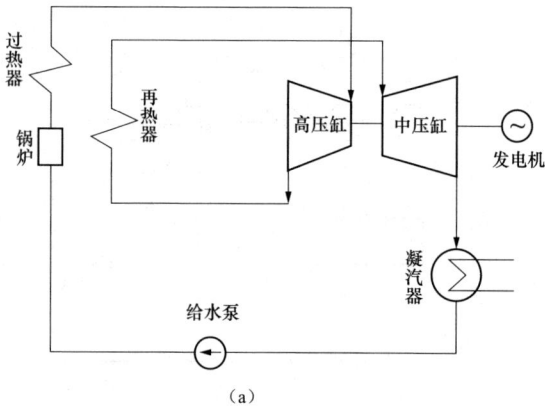

（a）

图 E-08 一次中间再热循环装置示意图及 $T-S$ 图（一）

（a）中间再热循环装置示意图

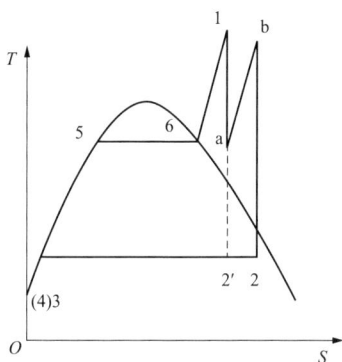

（b）

图 E-08　一次中间再热循环装置示意图及 T–S 图（二）

（b）中间再热循环 T–S 图

Lb3E3009　画出排烟热损失 q_2、化学未完全燃烧热损失 q_3、机械未完全燃烧热损失 q_4 随过剩空气系数 α_1 的变化关系曲线，及最佳过剩空气系数 α 的确定。

答：如图 E-09 所示，$q_2 + q_3 + q_4$ 对应的曲线最小值对应的 α_1 为最佳过剩空气系数。

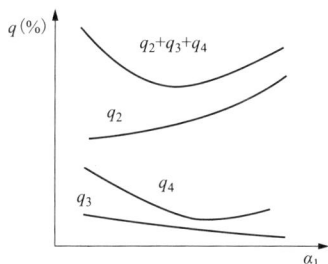

图 E-09　最佳过剩空气系数的确定

Lb2E2010　画出两台性能相同的风机并联运行的工作点。

答：如图 E-10 所示。

Lb2E3011　绘图说明变速调节风机在同一管道上三种不同转速时的 Q—P 曲线及相应的工作点。

答：如图 E-11 所示，图中该风机 Q—P 曲线为 1，管道特性为曲线 4，该风机不同转速时的 Q—P 曲线为 2 和 3。曲线 1、2、

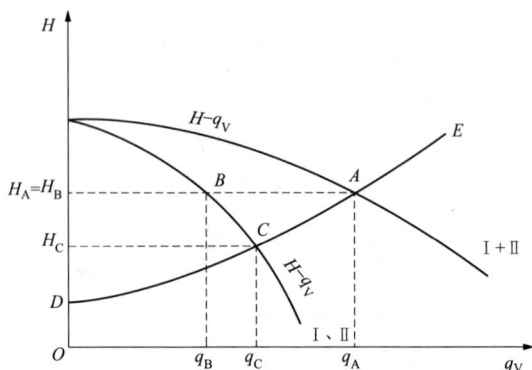

图 E-10　两台性能相同的风机并联运行的工作点

3 与曲线 4 的交点分别为 A_1、A_2、A_3，即为该风机在三种不同转速下的工作点，对应的流量分别为 Q_1、Q_2、Q_3。

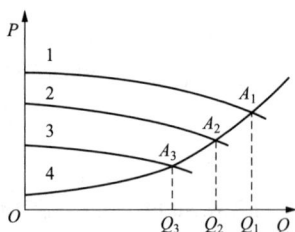

图 E-11　变速调节风机的工作点

Lb1E3012　画出锅炉负荷与过热汽温的特性关系曲线。

答：如图 E-12 所示。

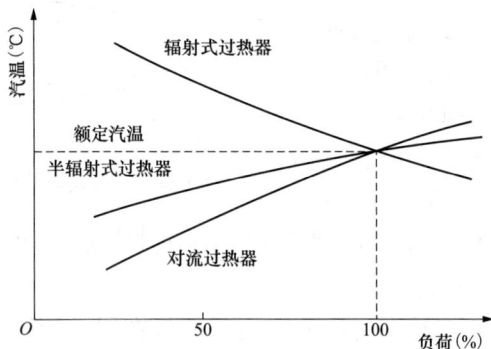

图 E-12　锅炉负荷与过热汽温的特性关系曲线

Je4E3013　图 E-13 为 1025t/h 亚临界直流锅炉启动旁路系统图，请标出 10 个设备部件名称。

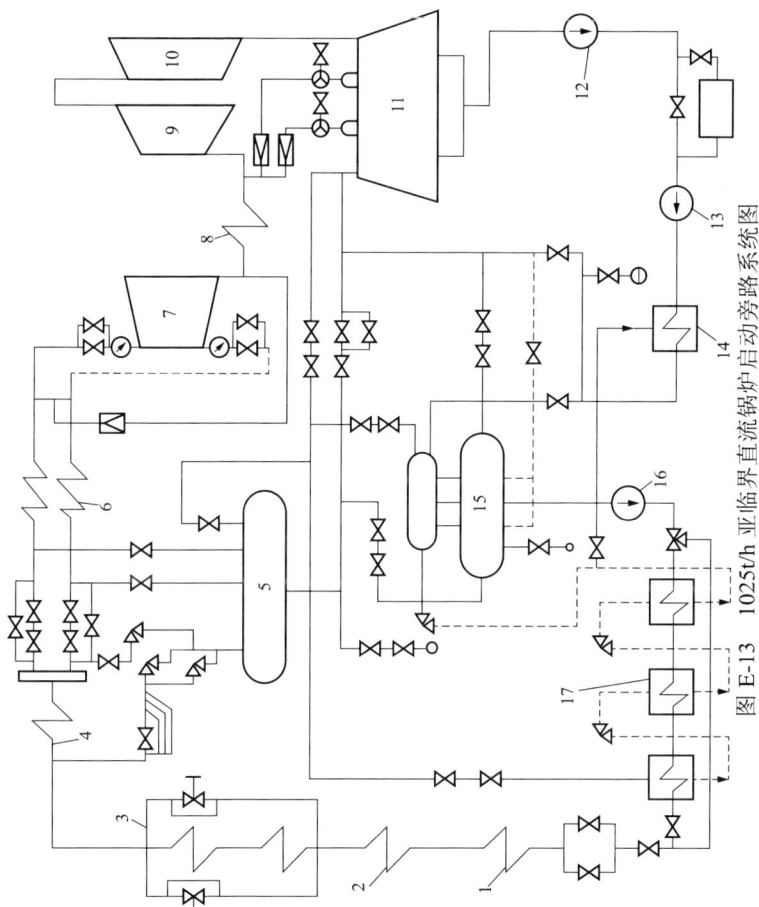

图 E-13 1025t/h 亚临界直流锅炉启动旁路系统图

答：1—省煤器；2—水冷壁；3—包墙；4—低温过热器；5—启动分离器；6—高温过热器；7—高压缸；8—再热器；9—中压缸；10—低压缸；11—凝汽器；12—凝结水泵；13—凝升泵；14—低压加热器；15—除氧器；16—给水泵；17—高压加热器。

Je4E4014 画出汽轮机跟随锅炉的负荷调节方式框图。

答：如图 E-14 所示。

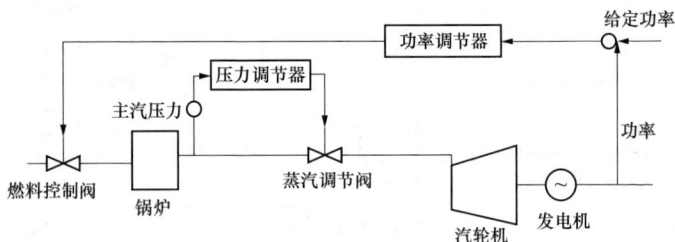

图 E-14 汽轮机跟随锅炉的负荷调节方式框图

Je4E4015 画出锅炉跟随汽轮机的负荷调节方式框图。

答：如图 E-15 所示。

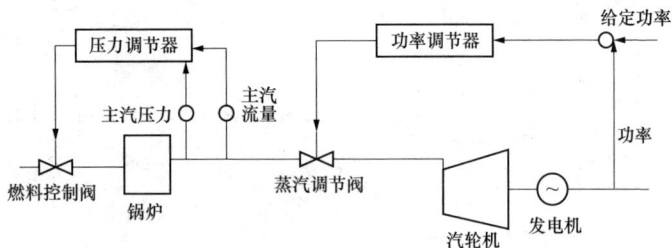

图 E-15 锅炉跟随汽轮机的负荷调节方式框图

Je3E3016 画出机炉协调负荷调节方式框图。

答：如图 E-16 所示。

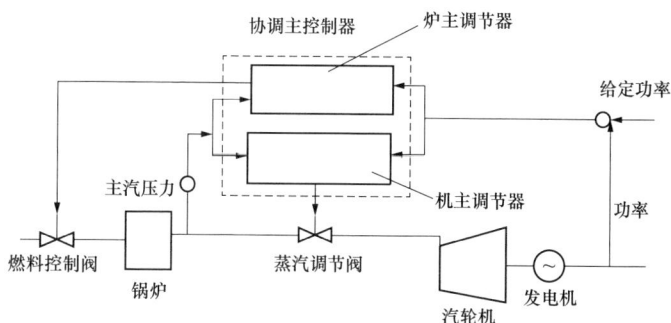

图 E-16　机炉协调负荷调节方式框图

Je3E3017　画出锅炉给水系统图，标出主要设备的名称。

答： 如图 E-17 所示。

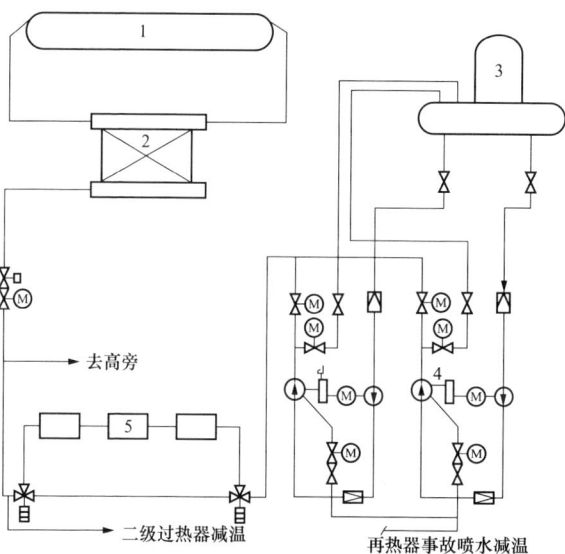

图 E-17　锅炉给水系统图

1—汽包；2—省煤器；3—除氧器；4—给水泵（电动）；5—高压加热器

Je2E3018　画出锅炉制粉系统图。

答： 如图 E-18 所示。

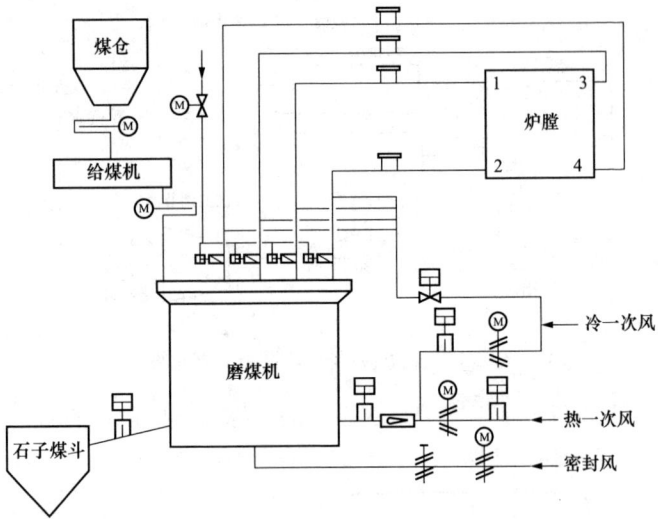

图 E-18　锅炉制粉系统图

Je2E3019 画出锅炉送风机电动机润滑油系统图。

答：如图 E-19 所示。

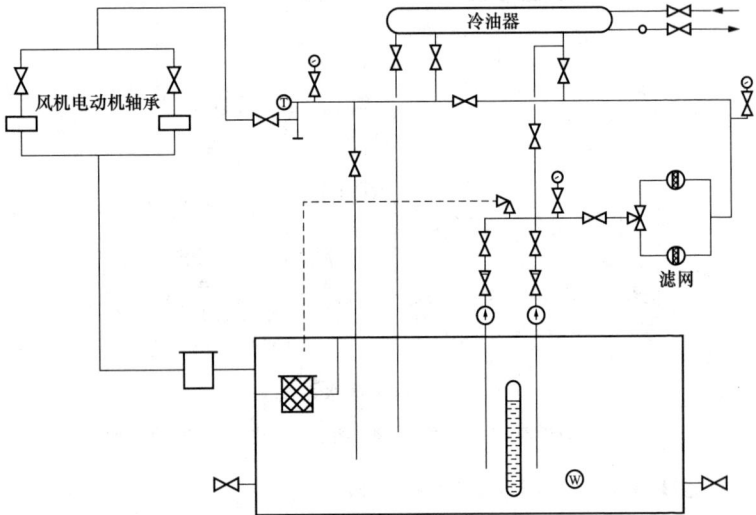

图 E-19　锅炉送风机电动机润滑油系统图

Je1E3020　画出过热汽温自动调节系统示意图。

答：如图 E-20 所示。

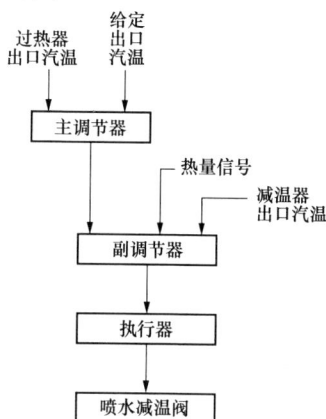

图 E-20　过热汽温自动调节系统示意图

La4E1021　绘出火力发电厂三级旁路系统简图，说明减温水各来自何处？

答：如图 E-21 所示。其中大旁路和高压旁路的减温水来自主给水，低压旁路的减温水来自凝结水。

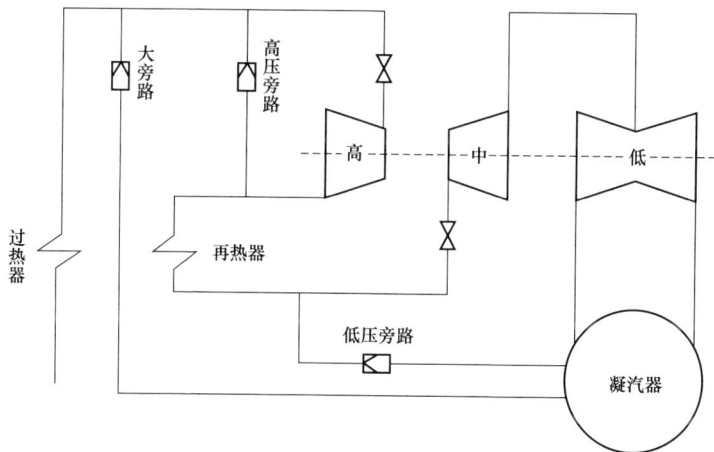

图 E-21　火力发电厂三级旁路系统图

La4E1022 绘出汽轮机调速系统静态特性曲线并说明其特性。

答：如图 E-22 所示。

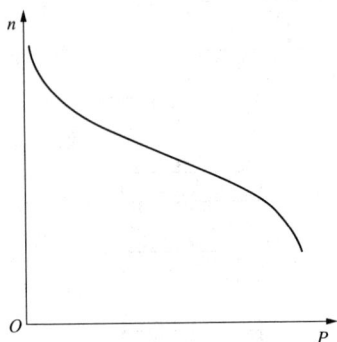

图 E-22　汽轮机调速系统静态特性曲线

为了保证汽轮机在任何功率下都能稳定运行，不发生转速或负荷摆动，调节系统静态特性曲线应是连续、平滑及沿负荷增加方向逐渐向下倾斜的曲线，中间没有任何水平段或垂直段。

（1）曲线在空负荷附近要陡一些，有利于机组并网和低负荷暖机。

（2）曲线在满负荷附近也要陡一些，防止在电网频率降低时机组超负荷过多，保证机组安全。

La4E1023 绘出朗肯循环热力设备系统图。

答：如图 E-23 所示。

La4E1024 绘出汽轮机转子惰走曲线，并加以说明。

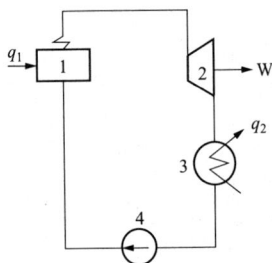

图 E-23　朗肯循环热力设备系统图

1—锅炉；2—汽轮机；3—凝汽器；4—给水泵

答：如图 E-24 所示。

第 I 阶段，转子主要克服由于鼓风摩擦所产生的阻力，且阻力与转速的平方成正比；

第 II 阶段，转子主要克服由于设备旋转摩擦所产生的阻力，时间持续较长；

第 III 阶段，转子主要克服润滑油膜所产生的阻力。

如果转子惰走的时间急剧减少，可能是轴承已经磨损或机组动静部分有摩擦，或者真空系统破坏早，阻力增加。

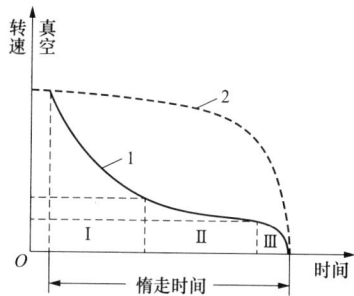

图 E-24　汽轮机转子惰走曲线

1—转速变化曲线；2—真空变化曲线

如果惰走时间显著增加，则可能是主汽门或调节汽门关闭不严或抽汽电动门、抽汽逆止门漏汽所致，或者真空系统破坏晚。

La2E4025　绘出汽轮机组汽压不变时汽温变化的焓熵图。

答：如图 E-25 所示。

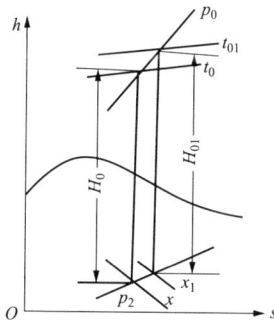

图 E-25　汽轮机组汽压不变时汽温变化的焓熵图

La2E3026　绘出复合变压运行方式滑压—喷嘴混合调节示意图，并写出说明。

答：如图 E-26 所示。

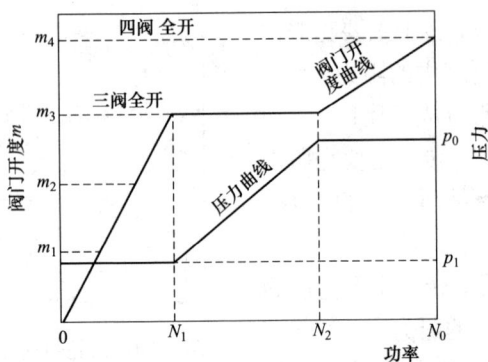

图 E-26　复合变压运行方式滑压—喷嘴混合调节示意图

复合变压运行方式，在极低负荷及高负荷区采用喷嘴调节，在中低负荷区为滑压运行。如图所示，当机组并网后，汽压维持在 p_1，升负荷时靠开大调速汽阀来实现，功率增加到 N_1 时，3 个调速汽阀全开，第四只调速汽阀仍然关闭。随后功率从 N_1 增加到 N_2，是靠提高进汽压力来实现的，功率增加到 N_2 时，主蒸汽压力达到额定值 p_0。由 N_2 继续增加功率，就需要打开第四只调速汽阀，直到额定功率。

La2E3027　画出反动级的热力过程示意图。

答：如图 E-27 所示。

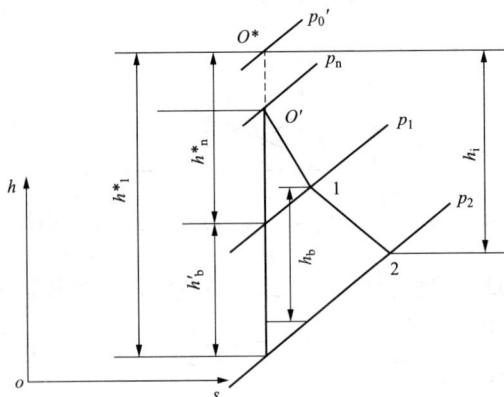

图 E-27　反动级的热力过程示意图

La1E4028　画出汽轮机组汽温不变时汽压变化的焓熵图。

答：如图 E-28 所示。

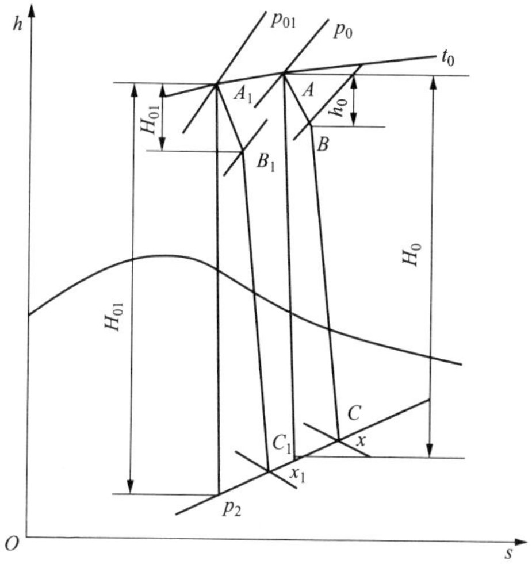

图 E-28　汽轮机组汽温不变时汽压变化的焓熵图

La4E1029　绘图说明"传热温差越大，做功能力损失越大"的原理。

答：如图 E-29 所示。

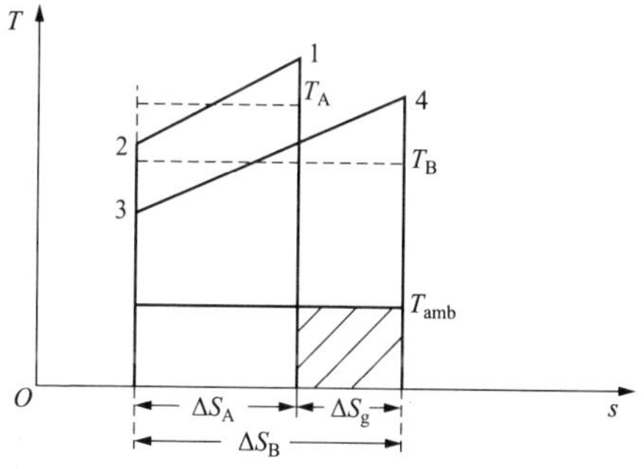

图 E-29　"传热温差越大，做功能力损失越大"的原理

从图 E-29 可以看出，当两路流体进行热交换时，流体 A 沿过

225

程 1-2 放热，流体 A 的平均放热温度为 T_A，熵减少了 ΔS_A。流体 B 沿过程 3-4 吸热，流体 B 的平均吸热温度为 T_B，熵增加了 ΔS_B。平均换热温度 $\Delta T = T_A - T_B$。不考虑散热损失，则放热量 ΔQ 等于吸热量。

$$\Delta Q = T_A \times \Delta S_A = T_B \times \Delta S_B$$

$$\Delta S_g = \Delta S_B - \Delta S_A = \Delta Q/T_B - \Delta Q/T_A = \Delta Q \times \Delta T/(T_A \times T_B)$$

换热过程中的作功损失为 $\Delta W_L = T_{amb} \times \Delta S_g = T_{amb} \times \Delta Q \times \Delta T/(T_A \times T_B)$

由此可知 ΔT 越大，换热过程中的作功损失也愈大。

La2E3030 绘图说明什么是经济真空。

答：如图 E-30 所示。所谓经济真空，就是用提高真空使汽轮发电机增加的负荷与循环水泵多消耗的电力之差最大时的真空。

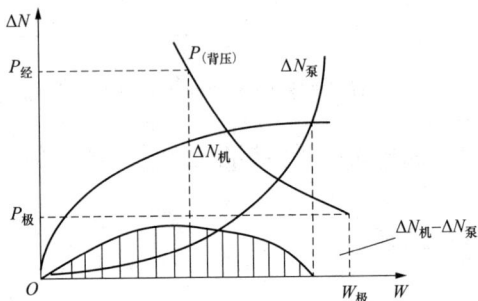

图 E-30 经济真空示意图

La2E3031 画出两台性能相同的离心式泵并列工作时的性能曲线，并指出并列工作时每台泵的工作点。

答：如图 E-31 所示，图中 B 点为并列时每台泵的工作点，A 点为总的工作点。

La4E1032 已知凝结水泵正常运行时的工作点 1 如图 E-32 所示，对应凝结水量为 Q_1 采用低水位运行。如果汽轮机负荷下降，使凝结水量下降到 Q_2、Q_3，且 $Q_3 < Q_2$，画出对应的工况点，并比

较热井水位的变化。

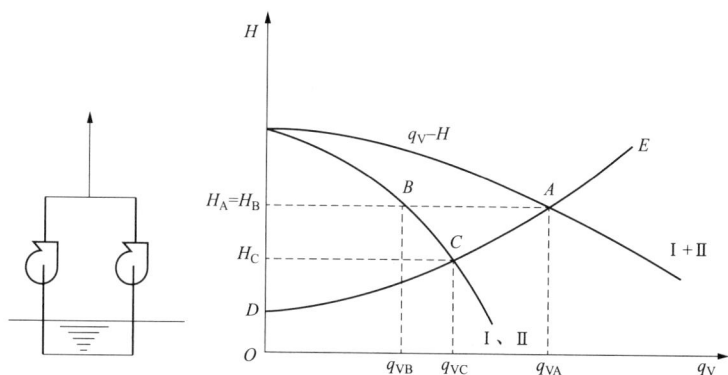

图 E-31　两台性能相同的离心式泵并列工作时的性能曲线

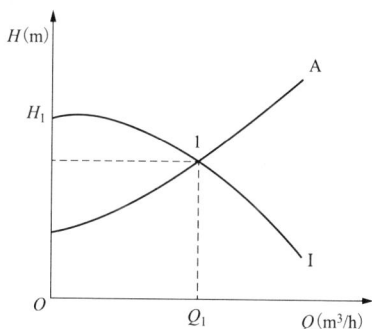

图 E-32　凝结水泵正常运行时的工作点

A—管道特性曲线；Ⅰ—凝结水泵正常工况特性曲线

答：如图 E-32'所示。根据低水位汽蚀调节原理得到：当凝结水流量 $Q < Q_1$ 后，由于利用汽蚀调节，则 Q 小，热井中水位下降，故 $H_1 > H_2 > H_3$。

La1E3033　两台性能相同的水泵串联运行，工况图 E-33 所示。画出串联后的总扬程和各泵的工作点，并与串联前各泵单独工作时的情况相对照。

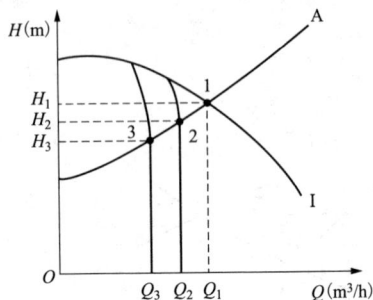

图 E-32' 对应工况点示意图

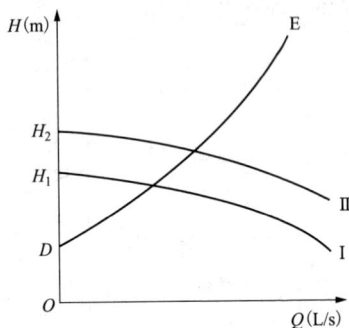

图 E-33 两台水泵串联运行工况

答：根据泵串联的工作特性，在流量相等情况下，扬程 H 为两台水泵的扬程相加，$H = H_1 + H_2$；作出 Ⅰ + Ⅱ 的特性曲线如图 E33' 所示。

A_1、A_2 为两台泵单独工作时各自的工作点；

B_1、B_2 为串联工作后两台泵各自的工作点；

串联工作后的总扬程 $H_A = H_{B1} + H_{B2}$。

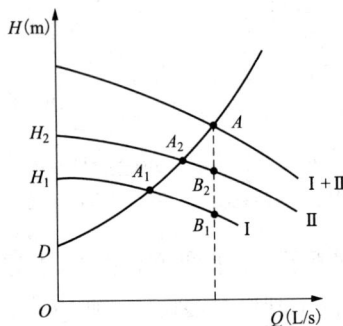

图 E-33' Ⅰ + Ⅱ特性曲线示意图

La4E1034 绘出当汽轮机调节汽门开度 u_T 如图 E-34 扰动时，超临界机组的实发功率 N、机前压力 p_t 和中间点温度 t_{st} 的变化。

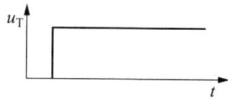

图 E-34 调节汽门开度扰动

答： 如图 E-34′所示。

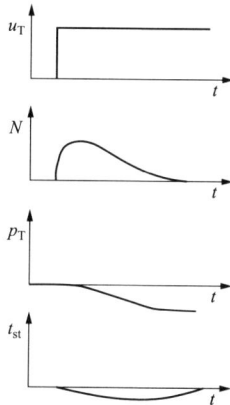

图 E-34′ 调节汽门开度 u_T 变化时响应曲线

La3E3035 绘出热电联产供热循环 T–S 图，指出循环的吸热量、实际循环做功量和供热量。

答： 如图 E-35 所示。

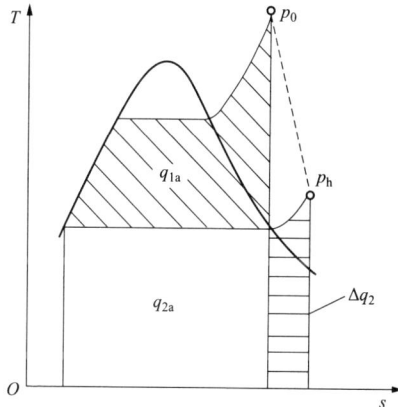

图 E-35 热电联产供热循环 T–S 图

其中：吸热量，$q_1 = q_{1a} + q_{2a}$。实际循环做功量，$q'_{1a} = q_{1a} - \Delta q_2$。实际循环供热量，$q_2 = q_{2a} + \Delta q_2$。

La3E3036 画出换热器中冷热流体在顺流时、逆流时的温度变化示意。

答：如图 E-36 所示。

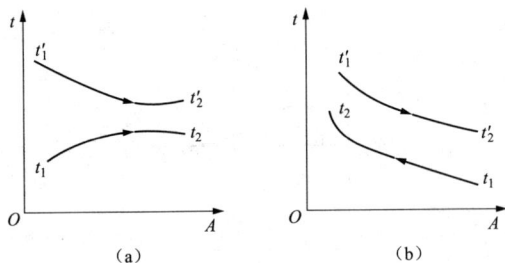

图 E-36 换热器中冷热流体在顺流时、逆流时的温度变化示意图

（a）顺流时温度变化示意；（b）逆流时温度变化示意

La3E3037 画图说明水蒸气液体热、汽化热、过热热在 T-S 图上应如何表示。

答：如图 E-37 所示。

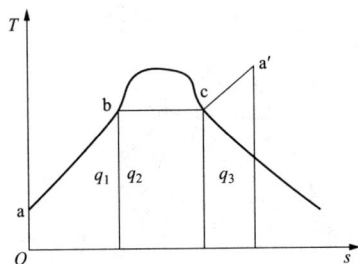

图 E-37 水蒸气 T-S 图

q_1、q_2、q_3—水蒸气的液体热、汽化热、过热热

La3E2038 画出火电厂朗肯循环的 P-V 图和 T-S 图。

答： 如图 E-38 所示。

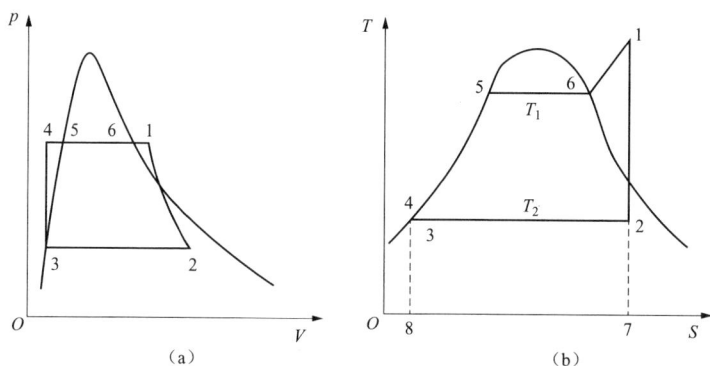

图 E-38 火电厂朗肯循环的 $P–V$ 图和 $T–S$ 图

（a）$P–V$ 图；（b）$T–S$ 图

La3E3039 绘出单元机组主机联锁保护框图。

答： 如图 E-39 所示。

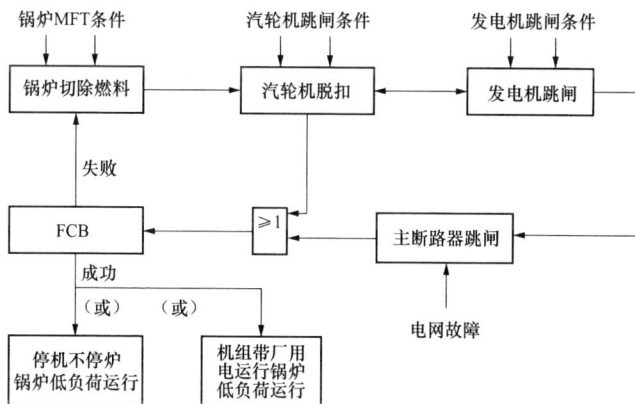

图 E-39 单元机组主机联锁保护框图

La3E3040 绘出汽轮机功—频电液调节原理图。

答： 如图 E-40 所示。

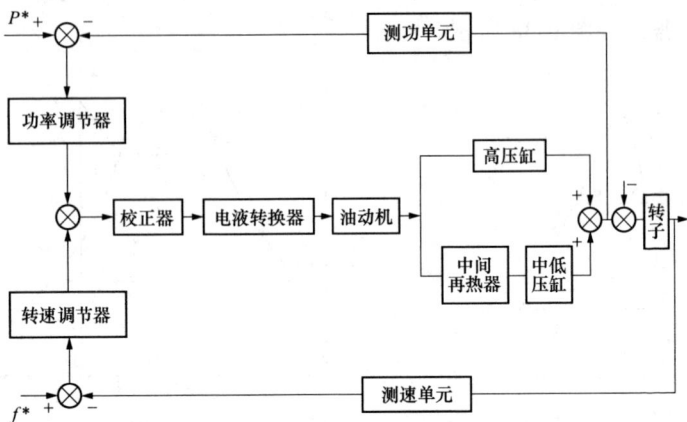

图 E-40　汽轮机功—频电液调节原理图

La3E2041　画出两个双联断路器控制一盏白炽灯的接线图。

答：如图 E-41 所示。

La3E3042　画出一个简单直流电桥原理接线图。

答：如图 E-42 所示。

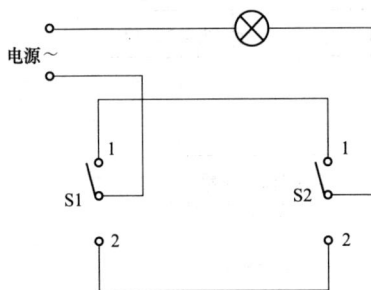

图 E-41　两个双联断路器控制一
盏白炽灯的接线图
S1、S2—双联断路器

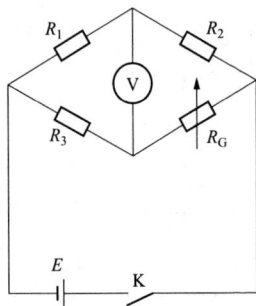

图 E-42　简单直流电桥
原理接线图

Lb4E4043　画出电阻、电感、电容并联交流电路图（$X_L > X_C$）及电流相量图。

答：如图 E-43 所示。

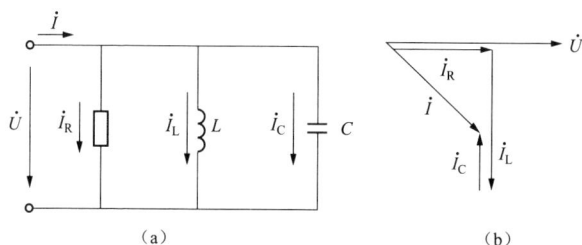

图 E-43　电阻、电感、电容并联交流电路图及电流相量图

（a）电路图；（b）相量图

Lb4E4044　已知三个电流的瞬时值分别为：$i_1 = 15\sin(\omega t + 30°)$；$i_2 = 14\sin(\omega t - 60°)$；$i_3 = 12\sin\omega t$。画出它们的相量图，并比较它们的相位关系。

答：如图 E-44 所示。其中 i_1 超 i_3 30°；i_3 超 i_2 60°；i_1 超 i_2 90°。

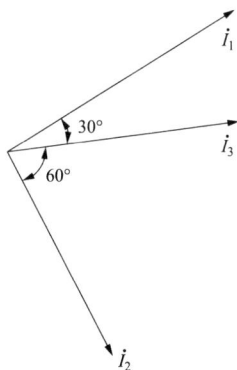

图 E-44　相量图

Lb4E4045　求电压 $u = 100\sin(\omega t + 30°)$ V 和电流 $i = 30\sin(\omega t - 60°)$ A 的相位差，并画出它们的波形图。

答：如图 E-45。由图可知，相位差为 $\omega_U - \omega_I = 30° - (-60°) = 90°$。

233

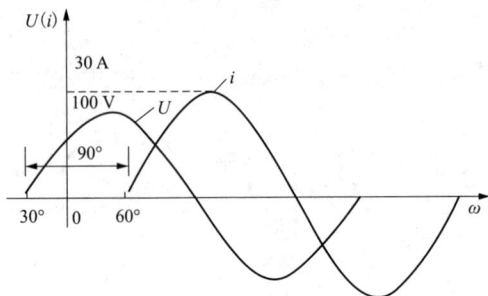

图 E-45 波形图

Lb3E3046 画出双母线带旁路一次系统接线图（至少包括 1 条出线，1 旁路，1 母联，对接地开关不作要求）。

答：如图 E-46 所示。

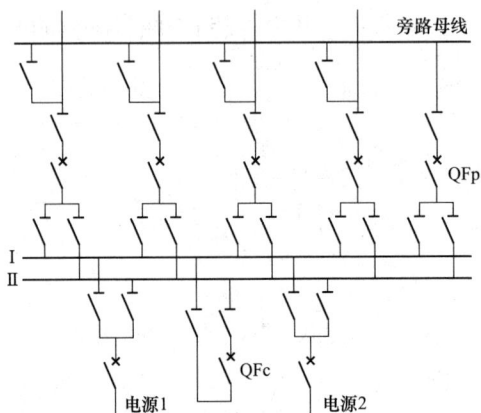

图 E-46 双母线带旁路一次系统接线图

Lb3E3047 画出 3/2 断路器接线图。

答：如图 E-47 所示。

Lb3E3048 画出两相三继电器式的不完全星形原理接线图。

答：如图 E-48 所示。

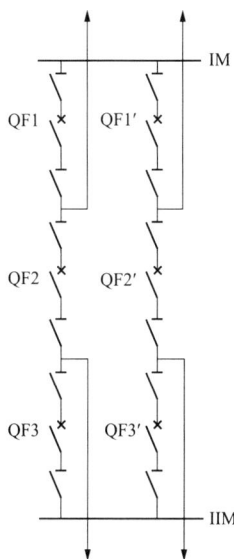

图 E-47　3/2 断路器接线图

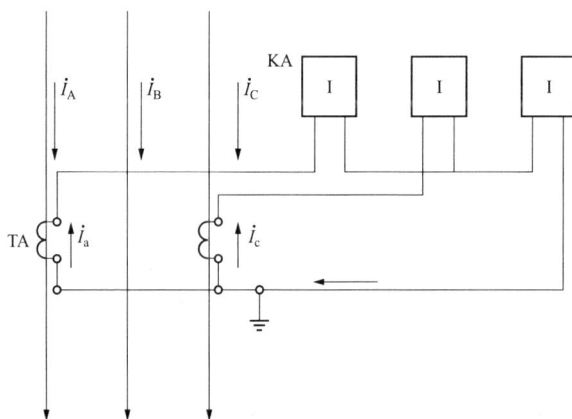

图 E-48　两相三继电器式的不完全星形原理接线图

KA—电流继电器；TA—电流互感器

Lb2E4049 画出发电机静态稳定曲线。

答： 如图 E-49 所示。

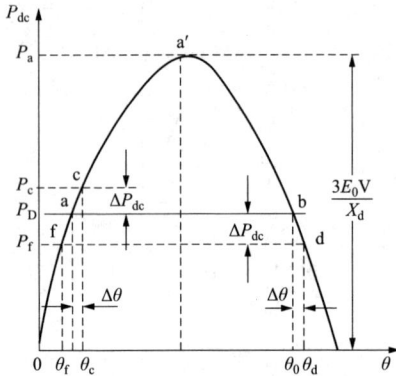

图 E-49　发电机静态稳定曲线

Lb2E4050　画出发电机动态稳定曲线。

答：如图 E-50 所示。

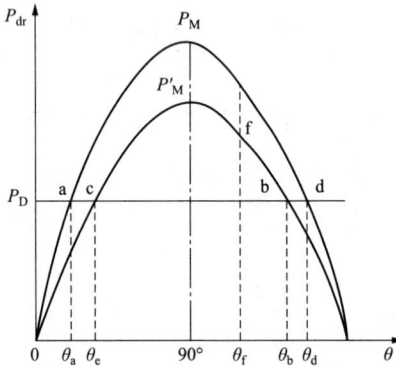

图 E-50　发电机动态稳定曲线

Lb2E4051　画出发电机功率角特性曲线。

答：如图 E-51 所示。

Jd1E3052　画出三相电源与负载采用"三相四线制"连接的电路图。

答：如图 E-52 所示。

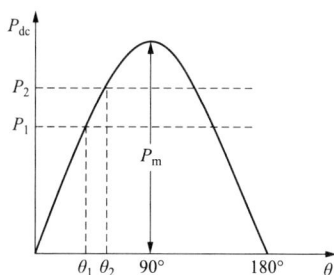

图 E-51　发电机功率角特性曲线

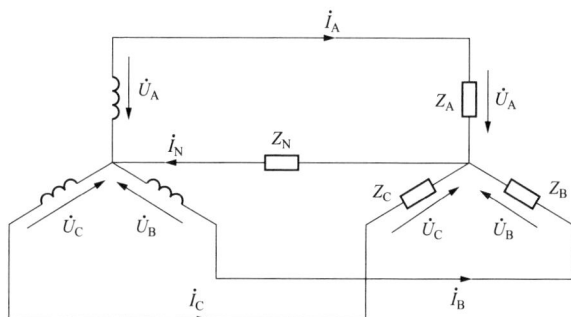

图 E-52　三相四线制接线图

Jd1E5053　画出三相对称电路，中性点直接接地，当发生单相（A）接地短路时相量图。

答：如图 E-53 所示。

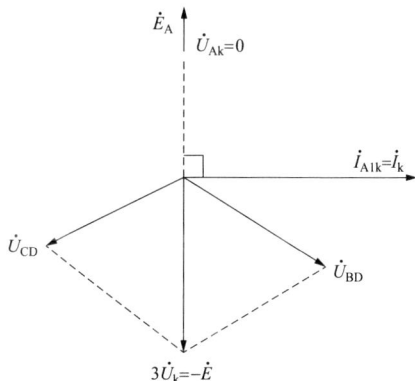

图 E-53　单相接地短路相量图

Je2E3054 画出电压互感器（TV）二次开口三角形侧接地发信启动回路图。

答：如图 E-54 所示。

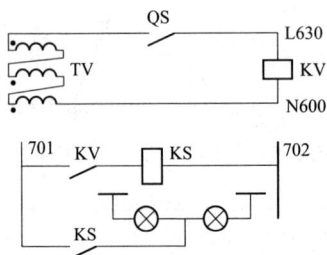

图 E-54 接地发信启动回路图

Je2E3055 画出发电机定子（A 相）一点接地时电压相量图。

答：如图 E-55 所示。

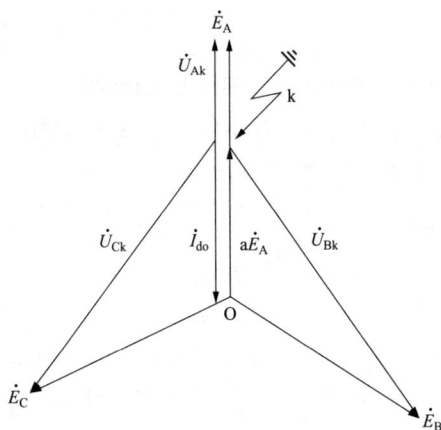

图 E-55 发电机定子一点接地时电压相量图

Je2E4056 画出电流互感器原理接线图。

答：如图 E-56 所示。

Je2E5057 画出低压异步鼠笼式电动机控制回路。

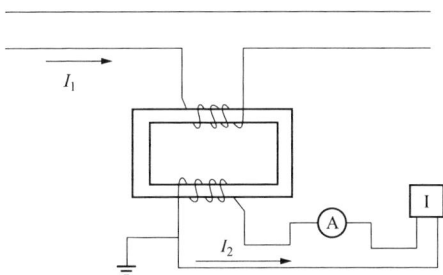

图 E-56　电流互感器原理接线图

答：如图 E-57 所示。

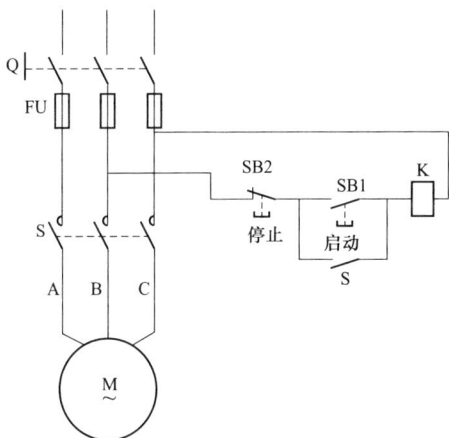

图 E-57　低压异步鼠笼式电动机控制回路

Je1E5058　画出 220kV 双母线带母联一次接线图中母联断路器死区故障示意图。

答：如图 E-58 所示。

Je1E5059　画出发电机的 $P-Q$ 图，并说明各段曲线的物理意义。

答：如图 E-59 所示。它包括四部分：

（1）原动机功率极限，为图中与有功坐标轴垂直的直线 BC。

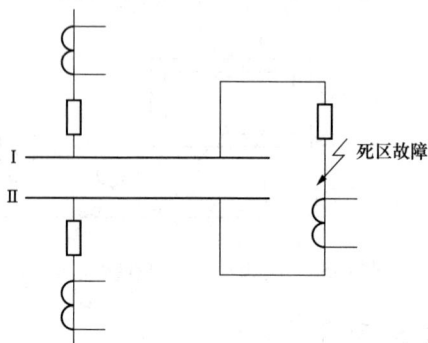

图 E-58　母联断路器死区故障示意图

（2）定子电流发热极限（定子电流额定值），为图中一段圆弧 CD。

（3）转子电流发热极限（转子电流额定值），为图中一段圆弧 DE。

（4）发电机静稳定极限，为直线 AB。

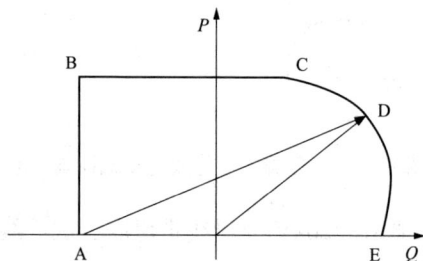

图 E-59　发电机的 P–Q 图

Je1E5060　将隔离开关电动操作机构的线路原理图（见图 E-60）补充完整。

答：如图 E-60′所示。

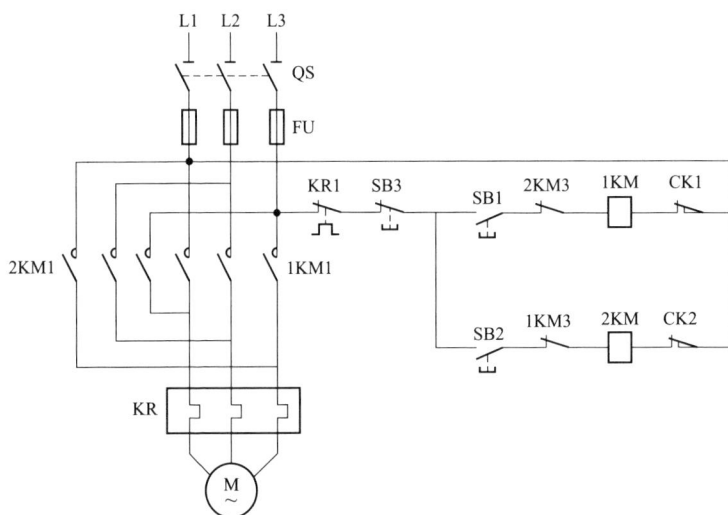

图 E-60 隔离开关电动操作机构的线路原理图

QS—隔离开关；FU—熔断器；SB1、SB2、SB3—按钮；1KM、

2KM—交流接触器；KR—热继电器；CK1、CK2—限位开关

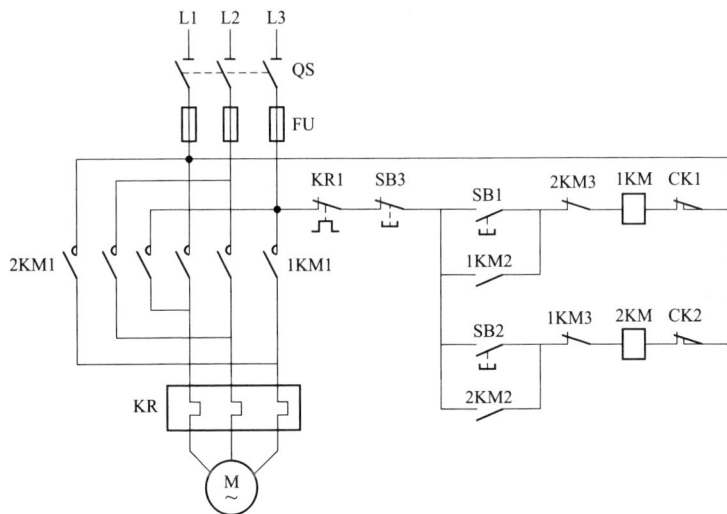

图 E-60′ 补充后的线路原理图

Lb4E3061 画出 pH 值对碳钢在高温下水中腐蚀影响示意图。

答：如图 E-61 所示。

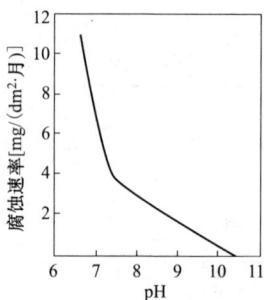

图 E-61 pH 值对碳钢在高温下水中腐蚀影响示意图

Je4E2062 请画出典型石灰石-石膏湿法 FGD 中吸收塔系统图。

答：如图 E-62 所示。

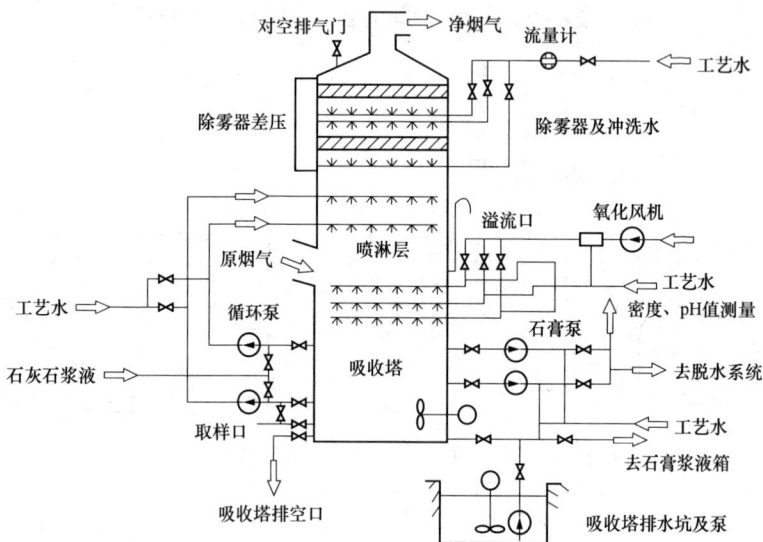

图 E-62 典型石灰石-石膏湿法 FGD 中吸收塔系统图

Je4E2063　请简单画出脱硫废水处理系统中三联箱系统与污泥脱水系统的流程图，并标出设备名称和加药点。

答：如图 E-63 所示。

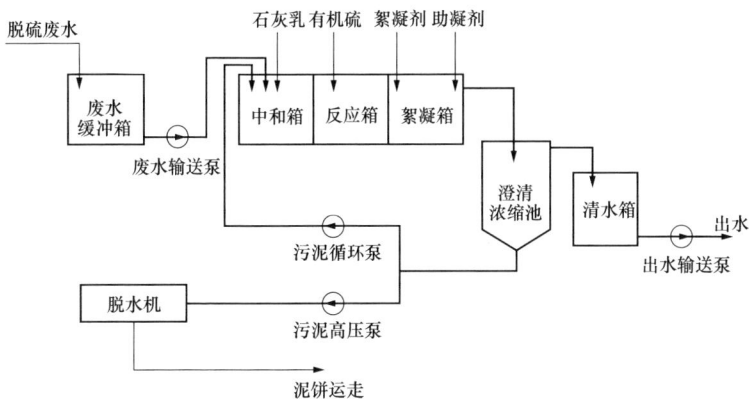

图 E-63　三联箱系统与污泥脱水系统的流程图

Lb3E3064　画出脱硝效率和 NH_3 逸出量与 NH_3/NO（摩尔比）的关系图。

答：如图 E-64 所示。

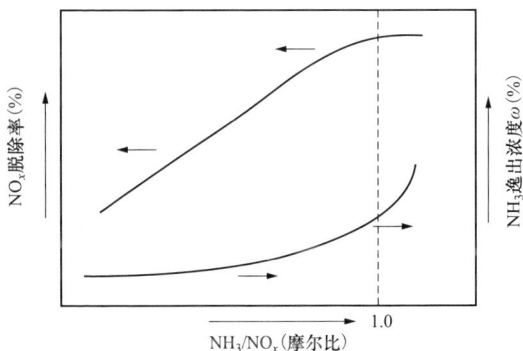

图 E-64　脱硝效率和 NH_3 逸出量与 NH_3/NO（摩尔比）的关系图

Je3E3065 画出石灰石-石膏湿法脱硫系统水平衡图。

答：如图 E-65 所示。

进入系统的水分　　　　　　　　　　　　　　离开系统的水分

吸收塔补水　→
石灰石浆液　→
除雾器冲洗水　→　　石灰石-石膏湿法
风机及泵机封水　→　　烟气脱硫装置
设备及管道冲洗水　→
物料及入口烟气带水　→

→ 饱和烟气带水
→ 废水系统处理
石膏结晶水
石膏附着水

图 E-65　石灰石-石膏湿法脱硫系统水平衡图

Je3E3066 画出典型的石灰石-石膏湿法脱硫石膏脱水系统二级脱水工艺流程图。

答：如图 E-66 所示。

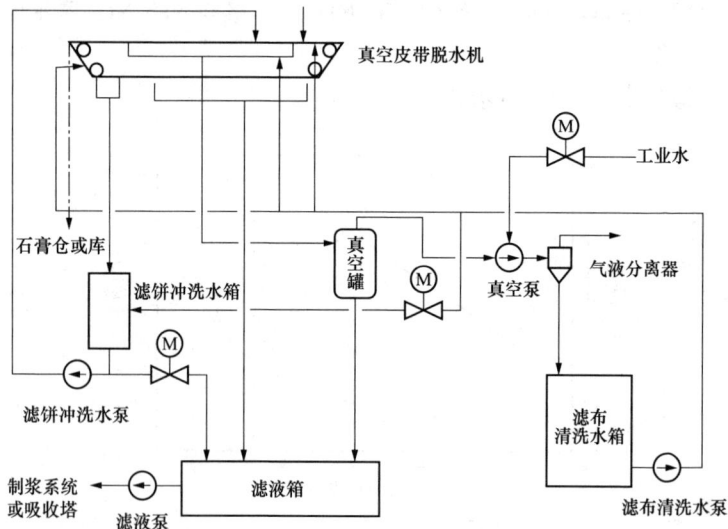

图 E-66　典型的石灰石-石膏湿法脱硫石膏脱水系统二级脱水工艺流程图

Lb2E3067　画出 NO_x 生成量与温度的关系图。

答：如图 E-67 所示。

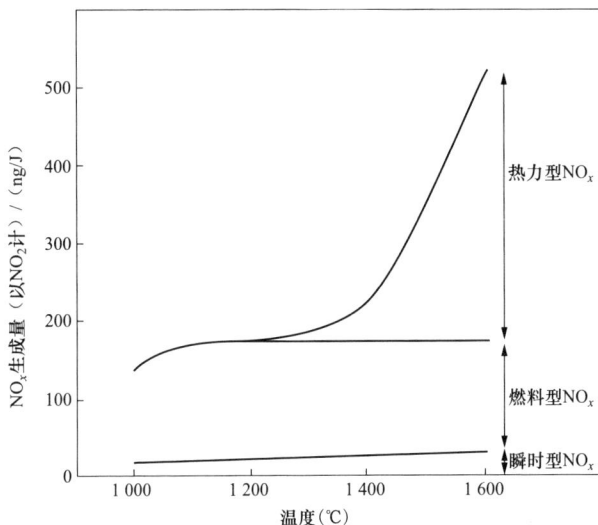

图 E-67　NO_x 生成量与温度的关系图

Je2E3068　请画出石灰石-石膏湿法脱硫湿式制浆工艺系统流程图。

答：如图 E-68 所示。

Lb1E4069　画出吸收塔中 H_2SO_3、HSO_3^-、SO_3^{2-} 相对含量与 pH 值的函数关系曲线，并简述要点。

答：如图 E-69 所示。

当 pH 值低于 2.0 时，被吸收的 SO_2 大多以 H_2SO_3 的形式存在于液相中；

当 pH 值为 4~5 时，H_2SO_3 主要离解成 HSO_3^-；

当 pH 值高于 6.5 时，液相中主要是 SO_3^{2-} 离子。

由上图可知，pH 值低于 4.0 以下及高于 6.5 以上时，HSO_3^- 大大减少，不利于反应进行，所以石灰石-石膏湿法脱硫工艺 pH 值一般选取 5.0~6.0。

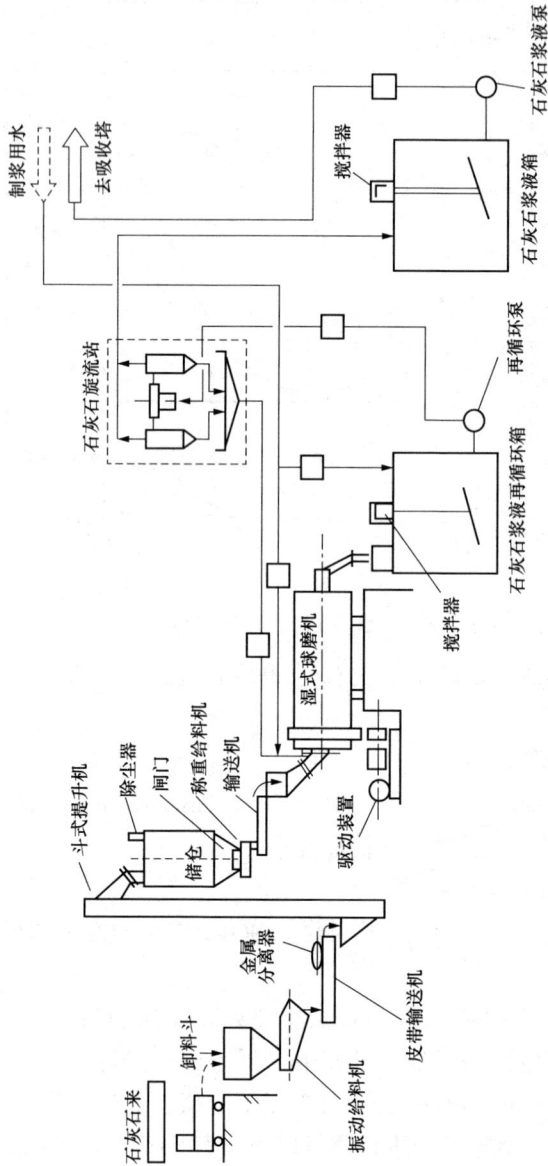

图 E-68 石灰石-石膏湿法脱硫湿式制浆工艺系统流程图

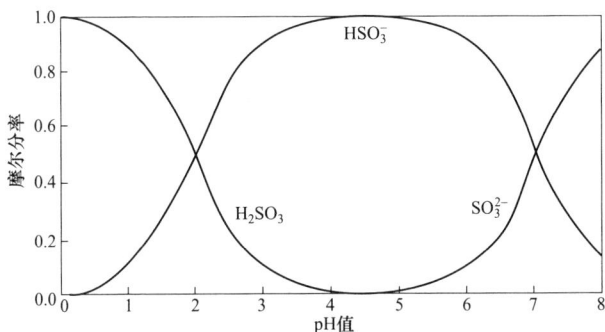

图 E-69 吸收塔中 H_2SO_3、HSO_3^-、SO_3^{2-} 相对含量与 pH 值的函数关系曲线

Je1E3070 请画出尿素水解系统的工艺流程图。

答：如图 E-70 所示。

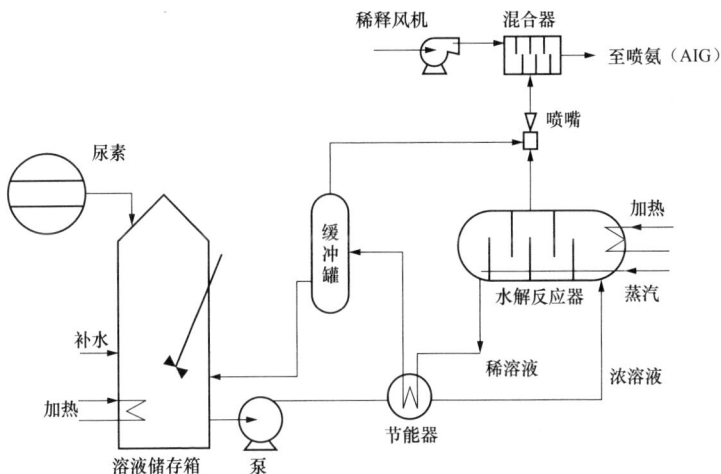

图E-70 尿素水解系统的工艺流程图

七、论述题

Lb4F3001 汽包的作用是什么？

答：（1）汽包将水冷壁、下降管、过热器及省煤气等各种直径不等、根数不同、用途不一的管子有机地连接在一起。是锅炉加热、蒸发和过热三过程的中枢。

（2）将水冷壁来的汽水混合物进行汽水分离，分离出来的蒸汽进入过热器，水进入汽包下部水容积进行再次循环。

（3）汽包储存有一定数量的水和热，在运行工况变化时可起一定的缓冲作用，从而稳定运行工况。

（4）汽包里的连续排污装置能保持炉水品质合格，清洗装置可以用给水清洗掉溶解在蒸汽中的盐，从而保证蒸汽品质。汽包中的加药装置可防止蒸发受热面结垢。

（5）汽包上装有安全阀、水位计、压力表等安全附件，确保锅炉安全运行。

Lb3F4002 汽压变化对汽温有何影响？为什么？

答：（1）当汽压升高时，过热蒸汽温度升高；汽压降低时，过热汽温降低。这是因为当汽压升高时，饱和温度随之升高，则从水变为蒸汽需消耗更多的热量；在燃料量未改变的情况下，由于压力升高，锅炉的蒸发量瞬间降低，导致通过过热器的蒸汽量减少，相对蒸汽吸热量增大，导致过热汽温升高，反之亦然。

（2）上述现象只是瞬间变化的动态过程，定压运行当汽压稳定后汽温随汽压的变化与上述现象相反。主要原因为：

1）汽压升高时过热热增大，加热到同样主汽温度的每公斤蒸汽吸热量增大，在烟气侧放热量一定时主汽温度下降。

2）汽压升高时，蒸汽的定压比热 C_p 增大，同样蒸汽吸收相同热量时，温升减小。

3）汽压升高时，蒸汽的比容减小，容积流量减小，传热减弱。

4）汽压升高时，蒸汽的饱和温度升高，与烟气的传热温差减小，传热量减小。

Lb3F5003 强制循环锅炉有哪些特点？

答：（1）由于装有强制循环泵，其循环推动力比自然循环大好几倍可达 0.25～0.5MPa，因此可采用小直径的水冷壁管，使管壁减薄，节约金属。

（2）循环倍率降低，可以采用蒸汽负荷较高、旋转强度较大的涡轮式汽水分离装置，以减少分离装置的数量和尺寸，从而可采用较小直径的汽包。

（3）蒸发受热面中可保持足够高的质量流速，并且水冷壁管子进口处一般装有节流圈，而使循环安全；因此蒸发受热面可采用较好的布置方案。

（4）调节控制系统的要求比直流炉低。

（5）锅炉在点火前就可启动循环泵，保证了水循环的建立，锅炉能快速启停。

（6）缺点是由于循环泵的采用，增加了厂用电率及设备的制造费用，而且循环泵长期在高压高温的环境运行，需用特殊材料才能保证锅炉安全运行。

Lb2F3004 论述机组采用变压运行主要有何优点？

答：（1）机组负荷变动时，主蒸汽温度、调节级温度、高压缸排汽温度、再热蒸汽温度基本维持不变，可以减少高温部件的温度变化，从而减小汽缸和转子的热应力、热变形，减少了末级叶片的冲蚀，同时压力降低机械应力减小，提高部件的使用寿命。

（2）合理选择在一定负荷下变压运行，能保持机组较高的效率。由于变压运行时调速汽门全开，在低负荷时节流损失很小；因降压不降温，进入汽轮机的容积流量基本不变，汽流在叶片通道内偏离设计工况小，所以与同一条件的定压运行相比，机组内效率较高。

（3）机组低负荷运行时调门晃动减小，变压运行调门基本全开前后压差减小晃动减小。

（4）给水泵功耗减小，当机组负荷减少时，给水流量和压力也随之减少，因此，给水泵的消耗功率也随之减少。

Lb2F4005 运行中影响燃烧经济性的因素有哪些？

答：（1）燃料质量变差，如挥发分下降，水分、灰分增大，使燃料着火及燃烧稳定性变差，燃烧完全程度下降。

（2）煤粉细度变粗，均匀度下降。

（3）风量及配风比不合理，如过量空气系数过大或过小，一二次风风率或风速配合不适当，一二次风混合不及时。

（4）燃烧器出口结渣或烧坏，造成气流偏斜，从而引起燃烧不完全。

（5）炉膛及制粉系统漏风量大，导致炉膛温度下降，影响燃料的安全燃烧。

（6）锅炉负荷过高或过低。负荷过高时，燃料在炉内停留的时间缩短；负荷过低时，炉温下降，配风工况也不理想，都影响燃料的完全燃烧。

（7）制粉系统中旋风分离器堵塞，三次风携带煤粉量增多，不完全燃烧损失增大。

（8）给粉机工作失常，下粉量不均匀。

Lb2F5006　直流锅炉有哪些主要特点？

答：（1）蒸发部分及过热器阻力必须由给水泵产生的压头克服。

（2）水的加热、蒸发、过热等受热面之间没有固定的分界线，随着运行工况的变动而变动。

（3）在热负荷较高的蒸发区，易产生膜态沸腾。

（4）蓄热能力比汽包炉少许多，对内外扰动的适应性较差，一旦操作不当，就会造成出口蒸汽参数的大幅度波动，故需要较灵敏的调整手段，自动化程度要求高。

（5）没有汽包不能排污，给水带入炉内的盐类杂质，会沉积在受热面上和汽轮机中，因此对给水品质要求高。

（6）在蒸发受热面中，由于双相工质受强制流动，特别是在压力较低时，会出现流动不稳定和脉动等问题。

（7）因没有厚壁汽包，启、停炉速度只受联箱及管子或其连接处的热应力限制，故启、停炉速度大大加快。

（8）因无汽包，水冷壁管多采用小管径管子，故直流炉一般比汽包炉省钢材。

（9）不受工作压力的限制，理论上适用于任何压力。

（10）蒸发段管子布置比较自由。

Lb1F3007 漏风对锅炉运行的经济性和安全性有何影响？

答：不同部位的漏风对锅炉运行造成的危害不完全相同。但不管什么部位的漏风，都会使气体体积增大，使排烟热损失升高，使吸风机电耗增大。如果漏风严重，吸风机已开到最大还不能维持规定的负压（炉膛、烟道），被迫减小送风量时，会使不完全燃烧热损失增大，结渣可能性加剧，甚至不得不限制锅炉出力。

炉膛下部及燃烧器附近漏风可能影响燃料的着火与燃烧。由于炉膛温度下降，炉内辐射传热量减小，并降低炉膛出口烟温。炉膛上部漏风，虽然对燃烧和炉内传热影响不大，但是炉膛出口烟温下降，对漏风点以后的受热面的传热量将会减少。

对流烟道漏风将降低漏风点的烟温及以后受热面的传热温差，因而减小漏风点以后受热面的吸热量。由于吸热量减小，烟气经过更多受热面之后，烟温将达到或超过原有温度水平，会使排烟热损失明显上升。

综上所述，炉膛漏风要比烟道漏风危害大，烟道漏风的部位越靠前，其危害越大。空气预热器以后的烟道漏风，只使吸风机电耗增大。

Lb1F4008 为什么采用蒸汽中间再热（给水回热和供热）循环能提高电厂的经济性？

答：（1）蒸汽中间再热：因为提高蒸汽初参数，就能够提高发电厂的热效率。而提高蒸汽初压时，如果不采用蒸汽中间再热，那么要保证蒸汽膨胀到最后、湿度在汽轮机末级叶片允许的限度以内，就需要同时提高蒸汽的初温度。但是提高蒸汽的初温度受到锅炉过热器、汽轮机高压部件和主蒸汽管道等钢材强度的限制。所以如降低终湿度，就必须采用中间再热。由此可见，采用了中

251

间再热，实际上为进一步提高蒸汽初压力的可能性创造了条件，而不必担心蒸汽的终湿度会超出允许限度。因此采用中间再热能提高电厂的热经济性。

（2）给水回热：这是由于一方面利用了在汽轮机中部分作过功的蒸汽来加热给水，使给水温度提高，减少了由于较大温差传热带来的热损失；另一方面因为抽出了在汽轮机作过功的蒸汽来加热给水，使得进入凝汽器的排汽量减少，从而减少了工质排向凝汽器中的热量损失，所以，节约了燃料，提高了电厂的热经济性。

（3）供热循环：一般发电厂只生产电能，除了从汽轮机中抽出少量蒸汽加热给水外，绝大部分进入凝汽器，仍将造成大量的热损失。如果把汽轮机排汽不引入或少引入凝汽器，而供给其他工业、农业、生活等热用户加以利用，这样就会大大减少排汽在凝汽器中的热损失，提高了电厂的热效率。亦即采用供热循环能提高电厂的热经济性。

Lb1F5009 什么是直流锅炉启动时的膨胀现象？造成膨胀现象的原因是什么？启动膨胀量的大小与哪些因素有关？

答： 直流锅炉一点火，蒸发受热面内的水是在给水泵推动下强迫流动。随着热负荷的逐渐增大，水温不断升高，一旦达到饱和温度，水就开始汽化，工质比容明显增大。这时会将汽化点以后管内工质向锅炉出口排挤，使进入启动分离器的工质容积流量比锅炉入口的容积流量明显增大，这种现象即称为膨胀现象。

产生膨胀现象的基本原因是蒸汽与水的比容差别太大。启动时，蒸发受热面内流过的全部是水，在加热过程中水温逐渐升高，中间点的工质首先达到饱和温度而开始汽化，体积突然增大，引起局部压力升高，猛烈地将其后面的工质推向出口，造成锅炉出口工质的瞬时排出量很大。

启动时，膨胀量过大将使锅内工质压力和启动分离器的水位难以控制。影响膨胀量大小的主要因素有：

（1）启动分离器的位置。启动分离器越靠近出口，汽化点到分离器之间的受热面中蓄水量越多，汽化膨胀量越大，膨胀现象持续的时间也越长。

（2）启动压力。启动压力越低，其饱和温度也越低，水的汽化点前移，使汽化点后面的受热面内蓄水量大，汽水比容差别也大，从而使膨胀量加大。

（3）给水温度。给水温度高低，影响工质开始汽化的迟早。给水温度高，汽化点提前，汽化点后部的受热面内蓄水量大，使膨胀量增大。

（4）燃料投入速度。燃料投入速度即启动时的燃烧率。燃烧率高，炉内热负荷高，工质温升快，汽化点提前，膨胀量增大。

Le4F4010　对运行锅炉进行监视与调节的任务是什么？

答：（1）为保证锅炉运行的经济性与安全性，运行中应对锅炉进行严格的监视与必要的调节。对锅炉进行监视的主要内容为：主蒸汽压力、温度；再热蒸汽压力、温度；汽包水位：各受热面管壁温度，特别是过热器与再热器的壁温；炉膛压力等。

（2）锅炉运行调节的主要任务是：

1）使锅炉蒸发量随时适应外界负荷的需要。

2）根据负荷需要均衡给水。对于汽包锅炉，要维持正常的汽包水位±50mm。

3）保证蒸汽压力、温度在正常范围内。对于变压运行机组，则应按照负荷变化的需要，适时地改变蒸汽压力。

4）保证合格的蒸汽品质。

5）合理地调节燃烧，设法减小各项热损失，以提高锅炉的热效率。

6）合理调度、调节各辅助机械的运行，努力降低厂用电量的消耗。

Le3F4011　什么是"虚假水位"？在什么情况下容易出现虚假水位？

答：（1）汽包水位的变化不是由于给水量与蒸发量之间的物

料平衡关系破坏所引起，而是由于工质压力突然变化，或燃烧工况突然变化，使水容积中汽泡含量增多或减少，引起工质体积膨胀或收缩，造成的汽包水位升高或下降的现象，称为虚假水位。"虚假水位"就是暂时的不真实水位，如：当汽包压力突降时，由于炉水饱和温度下降到相应压力下的饱和温度而放出大量热量并自行蒸发，于是炉水内气泡增加，体积膨胀，使水位上升，形成虚假水位；汽包压力突升，则相应的饱和温度提高，一部分热量被用于炉水加热，使蒸发量减少，炉水中气泡量减少，体积收缩，促使水位降低，同样形成虚假水位。

（2）下列情况下容易出现虚假水位：

1）在负荷突然变化时：负荷变化速度越快，虚假水位越明显；

2）如遇汽轮机甩负荷；

3）运行中燃烧突然增强或减弱，引起汽泡产量突然增多或减少，使水位瞬时升高或下降；

4）安全阀起座或旁路动作时，由于压力突然下降，水位瞬时明显升高；

5）锅炉灭火时，由于燃烧突然停止，锅水中汽泡产量迅速减少，水位也将瞬时下降。

Le2F4012 为什么锅炉在运行中应经常监视排烟温度的变化？锅炉排烟温度升高一般是什么原因造成的？

答：（1）因为排烟热损失是锅炉各项热损失中最大的一项，一般为送入热量的6%左右；排烟温度每增加12～15℃，排烟热损失增加1%，同时排烟温度可反应锅炉的运行情况，所以排烟温度应是锅炉运行中最重要的指标之一，必须重点监视。

（2）使排烟温度升高的因素如下：

1）受热面结垢、积灰、结渣。

2）过剩空气系数过大。

3）漏风系数过大。

4）燃料中的水分增加。

5）锅炉负荷增加。

6）燃料品种变差。

7）制粉系统的运行方式不合理。

8）尾部烟道二次燃烧。

Le1F4013　请叙述三冲量给水自动调节系统原理及调节过程，何时投入？

答：三冲量给水自动调节系统有三个输入信号（冲量）：水位信号、蒸汽流量信号和给水流量信号。蒸汽流量信号作为系统的前馈信号，当外界负荷要求改变时，使调节系统提前动作，克服虚假水位引起的误动作；给水流量信号是反馈信号，克服给水系统的内部扰动，然后把汽包水位作为主信号进行校正，取得较满意的调节效果。下面仅举外扰（负荷要求变化）时水位调节过程。当锅炉负荷突然增加时，由于虚假水位将引起水位先上升，这个信号将使调节器输出减小，关小给水阀门，这是一个错误的动作；而蒸汽流量的增大又使调节器输出增大，要开大给水阀门，对前者起抵消作用，避免调节器因错误动作而造成水位剧烈变化。随着时间的推移，当虚假水位逐渐消失后，由于蒸汽流量大于给水流量，水位逐渐下降，调节器输出增加，开大给水阀门，增加给水流量，使水位维持到定值。所以三冲量给水自动调节品质要比单冲量给水自动调节系统要好。一般带 30%额定负荷以后才投入此系统。

Jb4F5014　机组启动升温升压过程中需注意哪些问题？

答：（1）锅炉点火后应加强空气预热器吹灰。

（2）严格按照机组启动曲线控制升温、升压速度，监视汽包上下、内外壁温差不大于 40℃。

（3）若再热器处于干烧时，必须严格控制炉膛出口烟温不超过管壁允许的温度，密切监视过热器、再热器管壁不得超温。

（4）严密监视汽包水位，停止上水时应开启省煤器再循环阀。

（5）严格控制汽水品质合格。

（6）按时关闭蒸汽系统的空气门及疏水阀。

（7）经常监视炉火及油枪投入情况，加强对油枪的维护、调整、保持雾化燃烧良好。

（8）汽轮机冲转后，保持蒸汽温度有 50℃ 以上的过热度，过热蒸汽、再热蒸汽两侧温差不大于 20℃，慎重投用减温水，防止汽温大幅度波动。

（9）定期检查和记录各部的膨胀指示，防止受阻。

（10）发现设备有异常情况，直接影响正常投运时，应汇报值长，停止升压，待缺陷消除后继续升压。

Jb3F4015 什么是启动流量？启动流量的大小对启动过程有何影响？

答： 直流锅炉、低循环倍率锅炉和复合循环锅炉启动时，为保证蒸发受热面良好冷却所必须建立的给水流量（包括再循环流量），称启动流量。

直流锅炉一点火，就要需要有一定量的工质强迫流过蒸发受热面，以保证受热面得到可靠的冷却。启动流量的大小，对启动过程的安全性、经济性均有直接影响。启动流量越大，流经受热面的工质流速较高，这除了保证有良好的冷却效果外，对水动力的稳定性和防止出现汽水分层流动都有好处。但启动流量过大，将使启动时的容量增大。启动流量过小，又使受热面的冷却和水动力的稳定性难以保证。确定启动流量的原则是：在保证受热面可靠冷却和工质流动稳定的前提下，启动流量应尽可能小一些。一般启动流量约为锅炉额定蒸发量的 25%～30%。

Jb2F3016 什么是低氧燃烧，有何特点？

答： 为了使进入炉膛的燃料完全燃烧，避免和减少化学和机械不完全燃烧损失，送入炉膛的空气总量总是比理论空气量多，即炉膛内有过剩的氧。例如，当炉膛出口过剩空气系数 α 为 1.31 时，烟气中的含氧量为 5%；当 α 为 1.17 时，含氧量为 3%，根据现有技术水平，如果炉膛出口的烟气含氧量能控制在 1%（对应的过剩空气系数，α 为 1.05）或以下，而且能保证燃料完全燃烧，则是属于低氧燃烧。

低氧燃烧有很多优点，首先可以有效地防止和减轻空气预热器的低温腐蚀。低温腐蚀是由于燃料中的硫燃烧产生二氧化硫，二氧化硫在催化剂的作用下，进一步氧化成三氧化硫，三氧化硫与烟气中的水蒸气生成硫酸蒸汽，烟气中的露点大大提高，使硫酸蒸汽凝结在预热器管壁的烟气侧，造成预热器的硫酸腐蚀，三氧化硫的含量对预热器的腐蚀速度影响很大。三氧化硫的生成量不但与燃料的含硫量有关，而且与烟气中的含氧量有很大关系，低氧燃烧使烟气中的含氧量显著降低，大大减少了二氧化硫氧化成三氧化硫的数量，降低了烟气的露点，可以有效的减轻预热器的腐蚀。低氧燃烧，使烟气量减少，不但可以降低排烟温度，提高锅炉效率，而且送引风机的电耗也下降，受热面磨损减轻。

Jb2F4017　叙述锅炉控制系统的主要内容。

答： 锅炉控制系统包括模拟量控制系统、辅机顺序控制系统以及锅炉燃烧管理系统。

（1）模拟量闭环控制系统。包括：①燃料控制系统。由燃料主控系统发出燃料指令，改变进入炉膛的燃料量，以保证主汽压力稳定。②二次风量控制系统。通过对送风机动叶的调节，控制进入炉膛的二次风量，保持最佳过剩空气系数，以达到最佳燃烧工况。③炉膛压力调节系统。通过对引风机静叶或动叶的调节，控制从炉膛抽出的烟气量，从而保持炉膛压力在设定值。④蒸汽温度控制系统。包括对主汽温度控制和再热蒸汽温度的控制，其控制质量直接影响到机组的安全与经济运行。⑤给水控制系统。调节锅炉的给水量，以适应机组负荷的变化，保持汽包水位稳定或者保持在不同锅炉负荷下的最佳燃水比。

（2）磨煤机控制系统。包括磨煤机出口温度控制系统，磨煤机风量控制系统，磨煤机煤位控制系统等。

（3）辅机顺控系统。一般都以某一辅机为主，在启停过程中与它相关的设备按一定的逻辑或顺序进行动作，以保证整个机组安全启停，主要有如下系统：①送风机启停顺序控制系统；②引风机顺序控制系统；③空气预热器顺序控制系统；④一次风机顺序控制系统；⑤磨煤机顺序控制系统；⑥锅炉汽水顺序控制系统。

（4）锅炉安全监控系统。主要功能是进行锅炉吹扫、锅炉点火、燃油泄漏试验、煤燃烧器控制。一旦运行出现危险，系统控制主燃料跳闸（MFT），切断进入锅炉的一切燃料。

Jb1F3018 直流锅炉调节特性是什么？

答：在直流锅炉中，给水变成过热蒸汽是一次完成的，这样锅炉的蒸发量不仅取决于燃烧率，同时也决定于给水流量。为了满足负荷变化的需要，给水调节和燃烧调节是密切相关而不能独立。而且给水量和燃烧率的比例改变时，锅炉的各个受热面的分界就发生移动。由于受热面不固定，因此当给水量和燃烧率的比例改变时，过热汽温将有剧烈变化。对于一般高压锅炉，燃烧率和给水量的比例变化为 1%，将使过热汽温度变化约 10℃。因此对于直流锅炉来说，调节汽温的根本手段是使燃烧率和给水量成适当比例。应该指出，在直流锅炉中，也采用喷水减温作为调节汽温的手段，喷水量的改变能迅速改变汽温，但不能依靠喷水作为调节汽温的主要手段。在稳态时，必须使燃烧率和给水流量保持适当的比例，而使喷水量维持设计时的数值（保持适当的喷水），以便在动态过程中喷水量可以少量地增或减，有效地、暂时地改变汽温。

因此，直流锅炉的给水调节、燃烧调节和汽温调节不像汽包炉那样相对独立，而是密切关联，这就是直流锅炉调节的主要特性。

Jb1F5019 叙述机、炉协调控制的过程。

答：在机炉协调控制的方式中，锅炉与汽轮机控制装置同时接受功率与压力偏差信号。在稳定工况下，机组的实发功率等于给定功率，主汽压力等于给定压力，其偏差均为零。当外界要求机组增加出力时，使给定功率信号（出力指令）加大，出现正的偏差信号，这一信号一方面加到汽轮机主控制器上，会导致汽轮机调速门开大，增加汽轮机出力；另一方面加到锅炉主控制器上，会导致燃料量增加，提高锅炉蒸汽量。汽轮机调速门的开大会立即引起主汽压力下降，这时锅炉虽已增加了燃料，但锅炉汽压的变化有一定的延迟，因而此时会出现正的压力偏差信号（实际汽压低于给定汽压）。压力偏差信号按正方向加在锅炉主控制器上，促使燃料控制阀开得更大；压力偏差信号按负方向作用在汽轮机主控制器上，使调速汽门向关小的方向动作，使得汽压恢复正常。正的功率偏差使调速汽门开大，而开大的结果导致产生正的压力偏差，又使调速汽门关小，因此，这两个偏差对调速汽门作用的结果使调速汽门在开大到一定的程度后停在某一位置上。同时调速汽门在功率偏差和主汽压力恢复的作用下，提高机组负荷，使功率偏差也缩小，最后功率偏差与压力偏差均趋于零，机组在新的负荷下达到新的稳定状态。

Jd4F4020 锅炉启动前应进行哪些系统的检查？

答：（1）汽水系统检查。所有阀门及操作装置应完整无损，动作灵活，并正确处于启动前应该开启或关闭的状态，管道支吊架应牢固；有关测量仪表处于工作状态。

（2）锅炉本体检查。炉膛内、烟道内检修完毕，无杂物，无人在工作，所有门、孔完好，处于关闭状态；各膨胀指示器完整，并校对其零位。

（3）除灰除尘系统检查。所有设备完好，具备投入运行条件。

（4）转动机械检查。地脚螺栓及安全防护罩应牢固；润滑油质量良好，油位正常；冷却水畅通，试运行完毕，接地线应牢固，电动机绝缘合格。

（5）制粉系统检查。系统内各种设备完整无缺，操作装置动作灵活，各种挡板处于启动前的正确位置，防爆门完整严密，锁气器启闭灵敏。

（6）燃油系统及点火系统检查。系统中各截门处于应开或应关的位置，电磁速断阀经过断路器试验；点火设备完好，处于随时可以启用的状态。

（7）确认厂用气系统、仪表用气系统已投运，有关供气阀门开启。

Jd3F4021 锅炉检修后启动前应进行哪些试验？

答：（1）锅炉风压试验。检查炉膛、烟道、冷热风道及制粉系统的严密性，消除漏风点。

（2）锅炉水压试验。锅炉检修后应进行锅炉工作压力水压试验，以检查承压元部件的严密性。

（3）联锁及保护装置试验。所有联锁及保护装置均需进行动、静态试验，以保证装置及回路可靠。

（4）电（气）动阀、调节阀试验。进行各电（气）动阀、调节阀的就地手操、就地电动、遥控远动全开和全关试验，闭锁试验，观察指示灯的亮、灭是否正确；电（气）动阀、调节阀的实际开度与 CRT/表盘指示开度是否一致；限位开关是否可靠。

（5）转动机械试运。辅机检修后必须经过试运，并验收合格。主要辅机试运行时间不得低于 8h，风机试运行时，应进行最大负荷试验及并列特征试验。

（6）冷炉空气动力场试验。如果燃烧设备进行过检修或改造，应根据需要进行冷炉空气动力场试验。

（7）安全门校验，安全门经过检修或运行中发生误动、拒动，均需进行此项试验。

（8）预热器漏风试验。以检验预热器漏风情况，验证检修质量。

Je4F2022 论述转动机械滚动轴承发热原因。

答：（1）轴承内缺油。

（2）轴承内加油过多，或油质过稠。

（3）轴承内油脏污，混入了小颗粒杂质。

（4）转动机械轴弯曲。

（5）传动装置校正不正确，如对轮偏心，传动带过紧，使轴承受到的压力增大。

（6）摩擦力增加。

（7）轴承端盖或轴承安装不好，配合得太紧或太松。

（8）轴电流的影响，由于电动机制造上的原因，磁路不对称，在轴上感应了轴电流而引起涡流发热。

（9）冷却水温度高，或冷却水管堵塞流量不足，冷却水流量中断等。

Je4F3023 锅炉哪些辅机装有事故按钮？事故按钮在什么情况下使用？应注意什么？

答：送、引风机，一次风机，磨煤机，排粉机，密封风机，捞渣机，灰浆泵，预热器，电动给水泵，等辅机均配有事故按钮。

在下述情况下，应立即按下事故按钮：

（1）强烈振动、串轴超过规定值或内部发生撞击声。

（2）轴承冒烟、着火，轴承温度急剧上升并超过额定值。

（3）电动机及其附属设备冒烟、着火或水淹。

（4）电动机转子与定子摩擦冒火。

（5）危及人身安全（如触电或机械伤人）。

注意：按下事故按钮后应保持一段时间后再放手复位。

Je4F4024 什么情况下紧急停炉？

答：（1）汽包水位超过极限值时。

（2）锅炉所有水位计损坏时。

（3）过热蒸汽管道、再热蒸汽管道、主给水管道发生爆破时。

（4）锅炉尾部发生再燃烧时。

（5）所有吸、送风机、空气预热器停止运行时。

（6）再热蒸汽中断时。

（7）锅炉压力升高到安全门动作压力，而所有安全门拒动时。

（8）炉膛内或烟道内发生爆炸，使设备遭到严重损坏时。

（9）锅炉灭火时。

（10）锅炉房内发生火警，直接影响锅炉的安全运行时。

（11）炉管爆破不能维持汽包正常水位时。

（12）所有的操作员站同时黑屏或死机且主要参数失去监视手段时。

Je4F5025 FSSS 系统由哪几部分组成？各部分的作用是什么？

答：（1）主控屏。包括运行人员控制屏和就地控制屏，屏上设置所有的指令及反馈器件，指令器件用来操作燃料燃烧设备，反馈器件可监视燃烧的状态。运行人员控制屏通常安置在主控制室的控制台上，通过预制电缆与逻辑控制柜相连。

（2）现场设备。包括驱动器和敏感元件。驱动器中典型的有阀门（燃油）驱动器、电动机（风门、给煤机、给粉机、磨煤机）等驱动器，它们可分别控制各辅机、设备的状态。敏感元件包括反映驱动器位置信息的元件（如限位开关等），及反应各种参数和状态的器件（如压力开关、温度开关、火焰检测信号等）。

（3）逻辑系统。它是整个炉膛安全监控系统的核心，该系统根据操作盘发出的操作指令和控制对象传出的检测信号进行综合判断和逻辑运算，得出结果后发出控制信号用以操作相应的控制对象。逻辑控制对象完成操作动作后，经检测由逻辑控制系统发出返回信号送至操作盘，告诉运行人员执行情况。

Je3F4026 怎样调整再热汽温？

答：（1）烟气挡板调节。烟气挡板调节是一种应用较广的再热汽温调节方法。烟气挡板可以手控，也可自控，当负荷变化时，调节挡板开度可以改变通过再热器的烟气流量达到调节再热汽温的目的。如当负荷降低，开大再热器侧的烟气挡板开度，使通过再热器的烟气流量增加，就可以提高再热汽温。

（2）烟气再循环调节。烟气再循环是利用再循环风机从尾部烟道抽出部分烟气再送入炉膛，运行中通过对再循环气量的调节，来改变流经过热器、再热器的烟气量，使汽温发生变化。

（3）摆动式燃烧器。摆动式燃烧器是通过改变燃烧器的倾角，来改变火焰中心的高度，使炉膛出口温度得到改变，以达到调整再热汽温的目的。当燃烧器的下倾角减小时，火焰中心升高，炉膛辐射传热量减少，炉膛出口温度升高，对流传热量增加，使再热汽温升高。

（4）再热喷水减温调节。喷水减温器由于其结构简单，调节方便，调节效果好而被广泛用于锅炉再热汽温的细调，但它的使用使机组热效率降低。因此在一般情况下应尽量减少再热喷水的用量，以提高整个机组的热经济性。

（5）为了保护再热器，大容量中间再热锅炉往往还设有事故喷水。即在事故情况下危及再热器安全（使其管壁超温）时，用来进行紧急降温，但在低负荷时尽量不用事故喷水。遇到减负荷或紧急停机时应立即关闭事故喷水隔绝门，以防喷水倒入高压缸。

除了上述几种再热蒸汽调整方法以外，还有几种常用的方法，如：调整上下层给粉机的出力、调整上下层二次风量、汽-汽热交换器、蒸汽旁路、双炉体差别燃烧等。总之，再热蒸汽的调节方法是很多的，不管采用哪种方法进行调节，都必须做到既能迅速稳定汽温，又能尽量提高机组的经济性。

Je3F5027　试述如何进行锅炉的燃烧调整？

答：（1）风量的调整。及时调整送、引风机风量，维持炉膛压力正常；炉膛出口的过量空气系数，应根据不同燃料的燃烧试验确定，保证最佳过量空气系数；各部漏风率符合设计要求。值班人员应确知炉前燃料的种类及其主要成分（挥发分、水分、灰分、燃油黏度）、发热量和灰熔点等，不同燃料通过调整试验确定合理的一、二、三次风率、风速、风压，达到配风要求，组织炉内良好的燃烧工况。当锅炉增加负荷时，应先增加风量，随之增加燃料量；反之，锅炉减负荷时应先减少燃料量，后减少风量，并加强风量和燃料量的协调配合。

（2）燃料量的调整。配直吹式制粉系统的锅炉，负荷变化不大时，通过调整运行中制粉系统的出力来满足负荷的要求；负荷变化较大时，通过启、停制粉系统的方式满足负荷要求。配中间储仓式制粉系统的锅炉，负荷变化不大时，通过调整给粉机转速的方法即可满足负荷的需要；负荷变化较大时，通过投、停给粉机的方法满足负荷的需要。

（3）煤粉燃烧器的组合方式。对配中间储仓式制粉系统的锅炉，煤粉燃烧器应逐只对称投入或停用，四角布置、切圆燃烧的锅炉严禁煤粉燃烧器缺角运行；对配直吹式制粉系统的锅炉，各煤粉燃烧器的煤粉气流应均匀；高负荷运行时，应将最大数量的煤粉燃烧器投入运行，并合理分配各煤粉燃烧器的供粉量，以均衡炉膛热负荷，减小热偏差；低负荷运行时，尽量少投煤粉燃烧器，保持较高的煤粉浓度；煤粉燃烧器投用后，及时进行风量调整，确保煤粉燃烧完全。

（4）当煤质较差、负荷较低和燃烧不稳时，应及时投油稳燃，防止锅炉灭火，保证锅炉安全经济运行。

（5）定期检查燃烧器、受热面的运行情况，若有结渣、堵灰和污染现象，及时调整，采取措施予以消除。

Je3F5028 锅炉结焦的原因及危害有哪些？

答：锅炉结焦的原因：

（1）灰的熔点越高，则越不容易结焦，反之熔点越低越容易结焦。

（2）在燃烧过程中，由于供风不足或燃料与空气混合不良，使燃料达不到完全燃烧，未完全燃烧将产生还原性气体，灰的熔点大大降低。

（3）运行操作不当。由于燃烧调整不当使炉膛火焰发生偏斜；一、二次风配合不合理，一次风速高，煤粒没有完全燃烧而在高温软化状态粘附在受热面上继续燃烧，而形成恶性循环。

（4）炉膛容积热负荷过大。由于炉膛设计不合理或锅炉不适当的超出力，而造成炉膛容积热负荷过大，炉膛温度过高，造成结焦。

（5）吹灰、除焦不及时，当炉膛受热面积灰过多，清理不及时或发现结焦后没及时清除，都会造成受热面壁温升高，使受热面严重结焦。

结焦对锅炉运行的经济性与安全性均带来不利影响，主要表现在如下一些方面：

（1）锅炉热效率下降。

1）受热面结焦后，使传热恶化，排烟温度升高，锅炉热效率下降；

2）燃烧器出口结焦，造成气流偏斜，燃烧恶化，有可能使机械未安全燃烧热损失、化学未完全燃烧热损失增大；

3）使锅炉通风阻力增大，厂用电量上升。

（2）影响锅炉出力。

1）水冷壁结焦后，会使蒸发量下降；

2）炉膛出口烟温升高，蒸汽出口温度升高，管壁温度升高，以及通风阻力的增大，有可能成为限制出力的因素。

（3）影响锅炉运行的安全性。

1）结焦后过热器处烟温及汽温均升高，严重时会引起管壁超温；

2）结焦往往是不均匀的，结果使过热器热偏差增大，对自然循环锅炉的水循环安全性以及强制循环锅炉的水冷壁热偏差带来不利影响；

3）炉膛上部结焦块掉落时，可能砸坏冷灰斗水冷壁管，造成炉膛灭火或堵塞排渣口，使锅炉被迫停止运行；

4）除渣操作时间长时，炉膛漏入冷风太多，使燃烧不稳定甚至灭火。

Je2F2029　锅炉烟囱冒黑烟的主要原因及防范措施？

答：主要原因有：

（1）燃油雾化不良或油枪故障，油嘴结焦。

（2）总风量不足。

（3）配风不佳，缺少根部风或风与油雾的混合不良，造成局部缺氧而产生高温列解。

（4）烟道发生二次燃烧。

（5）启动初期炉温、风温过低。

防范措施：

（1）点火前检查油枪，清除油嘴结焦，提高雾化质量。

（2）油枪确已进入燃烧器，且位置正确。

（3）保持运行中的供油、回油压力和燃油的黏度指标正确。

（4）及时调整好一二次风，使油雾与空气强烈混合，防止局部缺氧。

（5）尽可能的提高风温和炉膛温度。

Je2F3030　试述运行中锅炉受热面超温的主要原因及运行中防止受热面超温的主要措施。

答：主要原因：

运行中如果出现燃烧控制不当、火焰上移、炉膛出口烟温高或炉内热负荷偏差大、风量不足燃烧不完全引起烟道二次燃烧、局部积灰、结焦、减温水投停不当、启停及事故处理不当等情况都会造成受热面超温。

运行中防止超温的措施：

（1）要严格按运行规程规定操作，锅炉启停时应严格按启停曲线进行，控制锅炉参数和各受热面管壁温度在允许范围内，并严密监视及时调整，同时注意汽包、各联箱和水冷壁膨胀是否正常。

（2）要提高自动投入率，完善热工表计，灭火保护应投入闭环运行，并执行定期校验制度。严密监视锅炉蒸汽参数、流量及水位，主要指标要求压红线运行，防止超温超压、满水或缺水事故发生。

（3）应了解近期内锅炉燃用煤质情况，做好锅炉燃烧的调整，防止汽流偏斜，注意控制煤粉细度，合理用风，防止结焦，减少热偏差，防止锅炉尾部再燃烧。加强吹灰和吹灰器的管理，防止受热面严重积灰，也要注意防止吹灰器漏水、漏汽和吹坏受热面管子。

（4）注意过热器、再热器管壁温度监视，在运行上尽量避免超温。保证锅炉给水品质正常及运行中汽水品质合格。

Je2F4031 锅炉热控及仪表电源中断的现象及处理方法？

答：（1）现象：

1）电动执行机构指示灯灭，开度指示表回零，无法对设备进行电动摇控操作；

2）光字牌报警热控电源失去；

3）热控系统不能正常工作，调节控制系统失灵；

4）热控电源失去，仪表指示异常；

5）键盘和鼠标操作失灵；

6）锅炉可能燃烧不稳，甚至灭火。

（2）处理：

1）将自动切换为手动；

2）热控电源部分失去时，主要参数有监视手段时维持机组稳定运行，尽量减少不必要的操作，联系热工人员，恢复电源；

3）锅炉尚未灭火，应尽量保持机组负荷稳定，同时监视就地水位计、压力表，并参照有关参数值，加强运行分析，不可盲目操作；

4）迅速恢复电源，否则，应请示停炉；

5）部分热控电源中断期间严密监视主要运行参数的变化，当运行参数越限，又无调整手段，威胁机组安全运行时，应紧急停机、锅炉灭火；

6）热控电源全部失去后，应紧急停炉，确认锅炉灭火，锅炉燃料全部切断。严密监视就地汽包水位计显示在正常范围内，否则手动操作调整。

Je2F5032 锅炉受热面有几种腐蚀？如何防止受热面的高、低温腐蚀？

答：锅炉受热面的腐蚀有承压部件内部的锅内腐蚀、机械腐蚀和高温及低温腐蚀四种。

（1）高温腐蚀的防止：

1）提高金属的抗腐蚀能力。

2）组织好燃烧，在炉内创造良好的燃烧条件，保证燃料迅速着火，及时燃尽，特别是防止一次风冲刷壁面；使未燃尽的煤粉尽可能不在结渣面上停留；合理配风，防止壁面附近出现还原气体等。

3）降低燃料中的含硫量。

4）确定合适的煤粉细度。

5）控制管壁温度。

（2）防止低温腐蚀的方法有：

1）燃料脱硫。

2）提高预热器入口空气温度。

3）采用燃烧时的高温低氧方式。

4）采用耐腐蚀的玻璃、陶瓷等材料制成的空气预热器。

5）把空气预热器的"冷端"的第一个流程与其他流程分开。

Je1F3033 防止锅炉炉膛爆炸事故发生的措施有哪些？

答：（1）加强配煤管理和煤质分析，并及时做好调整燃烧的应变措施，防止发生锅炉灭火。

（2）加强燃烧调整，以确定一、二次风量、风速、合理的过剩空气量、风煤比、煤粉细度、燃烧器倾角或旋流强度及不投油最低稳燃负荷等。

（3）当炉膛已经灭火或已局部灭火并濒临全部灭火时，严禁投油助燃。当锅炉灭火后，要立即停止燃料（含煤、油、燃气、制粉乏气风）供给，严禁用爆燃法恢复燃烧。重新点火前必须对锅炉进行充分通风吹扫，以排除炉膛和烟道内的可燃物质。

（4）加强锅炉灭火保护装置的维护与管理，确保装置可靠动作；严禁随意退出火焰探头或联锁装置，因设备缺陷需退出时，应做好安全措施。热工仪表、保护、给粉控制电源应可靠，防止因瞬间失电造成锅炉灭火。

（5）加强设备检修管理，减少炉膛严重漏风、防止煤粉自流、堵煤；加强点火油系统的维护管理，消除泄漏，防止燃油漏入炉膛发生爆燃。对燃油速断阀要定期试验，确保动作正确、关闭严密。

（6）防止严重结焦，加强锅炉吹灰。

Je1F4034　锅炉启动过程中如何防止蒸汽温度突降？

答：（1）锅炉启动过程中要根据工况的改变，分析蒸汽温度的变化趋势，应特别注意对过热器中间点及再热蒸汽减温后温度监视，尽量使调整工作恰当的做在蒸汽温度变化之前。

（2）一级减温水一般不投，即使投入也要慎重，二级减温水不投或少投，视各段壁温和汽温情况配合调整，控制各段壁温和蒸汽温度在规定范围内，防止大开减温水，使汽温骤降。

（3）防止汽机调门开得过快，进汽量突然大增，使汽温骤降。

（4）汽包炉还要控制汽包水位在正常范围内，防止水位过高造成汽温骤降。

（5）燃烧调整上力求平稳、均匀，以防引起汽温骤降，确保设备安全经济运行。

Je1F5035　简述水锤定义、水锤危害，水锤防止措施。

答：（1）水锤定义：在压力管路中，由于液体流速的急剧变化，从而造成管中液体的压力显著、反复、迅速的变化，对管道有一种"锤击"的特征，称这种现象为水锤。

（2）危害：水锤有正水锤和负水锤危害。

1）正水锤时，管道中的压力升高，可以超过管中正常压力的几十倍至几百倍，以致使壁衬产生很大的应力，而压力的反复变化将引起管道和设备的振动，管道的应力交变变化，都将造成管道、管件和设备的损坏。

2）负水锤时，管道中的压力降低，也会引起管道和设备振动。应力交递变化，对设备有不利的影响。同时负水锤时，如压力降得过低，可能使管中产生不利的真空，在外界大气压力的作用下，会将管道挤扁。

（3）防止措施：为了防止水锤现象的出现，可采取增加阀门启闭时间，尽量缩短管道的长度，以及管道上装设安全阀门或空气室，以限制压力突然升高的数值或压力降得太低的数值。

La4F1036　叙述高压加热器满水的现象、危害及处理。

答：（1）运行中高压加热器满水的现象有：

1）给水温度下降（高压加热器水侧进、出口温升下降），这样使相同负荷下煤量增多，汽温升高，相应减温水量增大，排烟温度下降，煤耗增大。

2）疏水温度降低。

3）CRT 上高压加热器水位高或极高报警。

4）就地水位指示实际满水。

5）正常疏水阀全开及事故疏水阀频繁动作或全开。

6）满水严重时抽汽温度下降，抽汽管道振动大，法兰结合面冒汽。

7）高压加热器严重满水时汽轮机有进水迹象，参数及声音异常。

8）若水侧泄漏则给水泵的给水流量与给水总量不匹配。

（2）高压加热器满水危害：

1）加热器出水温度降低，影响机组效率。

2）若高压加热器水侧泄漏，给水泵转速增大，影响给水泵安全运行。

3）严重满水时，可能造成汽轮机水冲击，引起叶片断裂，损坏设备等严重事件。

（3）高压加热器满水时的处理：

1）核对就地水位计，判断高压加热器水位是否真实升高。

2）若疏水调节阀"自动"失灵，应立即切至"手动"调节。

3）当高压加热器水位上升至高值时，事故疏水阀自动开启。否则应手动开启，手动开启后水位明显下降，说明事故疏水阀自动失灵，告检修处理。

4）手动开启事故疏水阀后水位无明显下降。根据给水泵的给水流量与给水总量是否匹配，若匹配说明疏水管道系统有堵塞，要求检修处理，若不匹配说明高压加热器水侧有可能泄漏，汇报值长，减负荷至额定负荷的 80%～90%左右，将高压加热器撤出并进行隔离。在撤出过程中严格控制好汽温，以及加强对凝结水系统监视及调整。告检修查漏处理。

5）当高压加热器水位上升至极高时，高压加热器应保护动作，否则应立即手动紧急停用。检查逆止门及电动阀自动关闭，否则手动关闭。并告检修处理。

6）当高压加热器满水严重而影响机组安全运行时，应立即解列停机。

La4F1037 论述防止汽轮机超速事故的措施。

答：（1）坚持调速系统静态调试，保证速度变动率和迟缓率符合规定。

（2）对新安装机组及对调速系统进行技术改造后的机组均应进行调速系统动态特性试验，并保证甩负荷后飞升转速不超过规定值，能保持空负荷运行。

（3）机组大修后，甩负荷试验前、危急保安器解体后都应做超速试验。

（4）汽轮机各项保护符合要求并投入运行。

（5）各主汽门、调节门开关灵活，严密性试验合格，发现缺陷及时处理。

（6）定期进行主汽门、调节门、各抽汽止回门活动试验。

（7）定期进行油质分析化验。

（8）加强蒸汽品质监督，防止门杆结垢。

（9）发现机组超速，应该立即破坏真空紧急停机。

（10）采用滑压方式运行的机组，在滑参数启动过程中，调速汽门开度要留有裕度。

（11）机组长期停用时要做好保养工作。

La4F1038 汽轮机热态启动中有哪些注意事项？

答：（1）热态启动先送轴封汽，后抽真空。

（2）加强监视振动，如突然发生较大振动，必须打闸停机，查清原因，消除后可重新启动。

（3）蒸汽温度不应出现下降情况。注意汽缸金属温度不下降，若出现温度下降，无其他原因时应尽快升速，并网，带负荷。

（4）注意相对膨胀，当负值增加时应尽快升速，必要时采取措施控制负值在规定范围内。

（5）真空应保持高些。

（6）冷油器出口油温度不低于 38℃。

La4F1039 火力发电机组采用中间再热系统后给调节系统带来了哪几方面的问题？分别采取什么措施来解决？

答：（1）中间容积较大带来的问题：

1）中、低压缸功率滞后，采用动态校正器使高压缸动态过调，以补偿中、低压缸功率滞后。

2）甩负荷时超速，采取在中压缸设置调节阀的方法，并配置微分器在甩负荷超速时将高、中压缸同时关闭。

（2）采用单元制带来的问题：

1）机、炉、再热器的流量匹配问题，采用设置旁路系统的办法解决。

2）锅炉动态响应太慢的问题，采取机炉协调控制策略的办法解决。

La4F1040 在火力发电厂中汽轮机为什么采用多级回热抽汽？怎样确定回热级数？

答：（1）火力发电厂大都采用多级抽汽回热系统，这样凝结水可以通过各级加热器逐渐提高温度。

（2）抽汽可以在汽轮机中更多地作功，并可减少过大的传热温差所造成的蒸汽作功能力损失。

（3）从理论上讲回热抽汽越多则热效率越高，但也不能过多，因为，随着抽汽级数的增多热效率的增加量趋缓，而设备投资费用增加，系统复杂，增大了安装、运行和维修的难度。

（4）目前大部分电厂采用 8 级回热抽汽，部分 1000MW 机组采用 10 级回热抽汽。

La4F1041　试述汽轮机的各项级内损失及损失产生的原因。

答： 汽轮机级内主要有喷嘴损失、动叶损失、余速损失、叶高损失、扇形损失、部分进汽损失、摩擦鼓风损失、漏汽损失、湿汽损失。

（1）喷嘴损失和动叶损失是由于蒸汽流过喷嘴和动叶时汽流之间的相互摩擦及汽流与叶片表面之间的摩擦所形成的。

（2）余速损失是指蒸汽在离开动叶时仍具有一定的速度，这部分速度能量在本级未被利用，所以是本级的损失。但是当汽流流入下一级的时候，汽流动能可以部分地被下一级所利用。

（3）叶高损失是指汽流在喷嘴和动叶栅的根部和顶部形成涡流所造成的损失。

（4）扇形损失是指由于叶片沿轮缘成环形布置，使流道截面成扇形，因而，沿叶高方向各处的节距、圆周速度、进汽角是变化的，这样会引起汽流撞击叶片产生能量损失，汽流还将产生半径方向的流动，消耗汽流能量。

（5）部分进汽损失是由于动叶经过不安装喷嘴的弧段时发生"鼓风"损失，以及动叶由非工作弧段进入喷嘴的工作弧段时发生斥汽损失。

（6）摩擦鼓风损失是指高速转动的叶轮与其周围的蒸汽相互摩擦并带动这些蒸汽旋转，要消耗一部分叶轮的有用功。隔板与喷嘴间的汽流在离心力作用下形成涡流也要消耗叶轮的有用功。

（7）漏汽损失是指在汽轮机内由于存在压差，一部分蒸汽会不经过喷嘴和动叶的流道，而经过各种动静间隙漏走，不参与主流做功，从而形成损失。

（8）湿汽损失是指在汽轮机的低压区蒸汽处于湿蒸汽状态，湿汽中的水不仅不能膨胀加速做功，还要消耗汽流动能，还要对叶片的运动产生制动作用消耗有用功，并且冲蚀叶片。

La4F1042 从蒸汽动力循环的角度分析导致汽轮机组热耗率上升的因素。

答：（1）影响汽轮机组热耗率的因素主要由汽轮机通流部分效率与蒸汽动力循环热效率两部分组成。其中汽轮机通流部分效率主要取决于汽轮机高、中、低压缸的效率及高压配汽机构的节流损失；蒸汽动力循环热效率取决于循环型式与循环初、终参数。

（2）蒸汽初参数。主要指汽轮机主汽门前的主蒸汽压力、主蒸汽温度。低于设计值会导致循环热效率降低，同时造成汽轮机内部膨胀与流动状态偏离设计值，缸效率下降，汽轮机组热耗率上升。

（3）蒸汽终参数。指汽轮机低压缸排汽压力。一般情况，排汽压力越低，汽轮机热耗率越低。现场分析排汽压力对机组的影响时习惯上采取真空。真空度低于设计值，热力循环冷源参数高于设计值，会导致汽轮机冷源损失增加、循环热效率降低，热耗率上升。而真空提高又以增加循环水流量、循环水泵耗电量增加为代价，实际运行中应综合考虑汽轮机的最有利真空。

（4）再热循环。再热蒸汽循环对机组热耗率的影响主要通过再热蒸汽温度、再热器减温水流量及再热器压损来体现。再热蒸汽温度低于设计值，循环热效率降低，同时造成中压缸效率下降，汽轮机组热耗率上升；再热器喷水减温是一个非再热的中参数循环，与主循环相比其热经济性要低许多。再热器压损增加，蒸汽做功能力降低，同时造成中压缸效率下降，汽轮机组热耗率上升。

（5）给水回热循环。对汽轮机热耗率的影响主要是通过给水循环效果体现。从回热循环结果看，给水温度达不到设计值，会使给水循环的效率下降，汽轮机组热耗率上升。从回热循环过程看，各加热器温升、端差达不到设计值，也会使回热循环效率降低，汽轮机热耗率上升。

（6）热力系统严密性。热力系统严密性差，存在内、外漏现象，汽轮机组热耗率上升。

La4F1043　汽轮机中压缸启动与高中压缸联合启动相比有何优点？

答：（1）缩短启动时间。由于汽轮机冲转前对高压缸进行倒暖，这样在启动初期启动速度不受高压缸热应力和胀差的限制。另外由于高压缸不进汽做功，同样工况下，进入中压缸的蒸汽流量大，暖机更充分迅速，从而缩短了整个启动过程的持续时间。

（2）汽缸加热均匀。中压缸启动时，高中压缸加热均匀，温升合理，汽缸易于胀出，胀差小，与常规高中压缸启动相比，虽然多了一项切换操作，但从整体上可以提高启动的安全性和灵活性。

（3）可以提前渡过转子低温脆性转变温度（FATT）。中压缸启动时，高压缸倒暖，启动初期中压缸进汽量大，这样可使高压转子和中压转子尽早越过低温脆性转变温度，提高了高转速运转的安全可靠性。

（4）对特殊工况具有良好的适应性。主要体现在空负荷和极低负荷运行方面。机组启动并网过程中，若遇到故障等待处理，或在并网前进行电气试验或其他试验时，常需在额定转速下长时间空负荷运行。在采用高中压缸联合启动时，即使冷态启动也会带来很多问题，比如高压缸排汽口金属超温。然而采用中压缸启动方式，只要关闭高压缸排汽逆止阀，打开真空阀（VV 阀），维持高压缸真空，汽轮机即可安全地长时间空负荷运行；同样采用中压缸进汽时，只要打开旁路系统，隔离高压缸，汽轮机就能在很低的负荷下长时间运行；在单机带厂用电的情况下，也可采用该方式运行，这样，一旦事故排除，就能迅速重新带负荷。

（5）抑制低压缸尾部温度水平。采用中压缸进汽，启动初期流经低压缸的蒸汽流量较大，这样就能更有效地带走低压缸尾部由于鼓风产生的热量，保持低压缸温度在较低的水平。

La4F1044　按照《防止电力生产事故的二十五项重点要求》（国能安全〔2014〕161号），为防止汽轮机大轴弯曲事故的发生，机组启、停过程中的主要操作措施有哪些？

答：（1）机组启动前连续盘车时间应执行制造商的有关规定，至少不得少于2～4h，热态启动不少于4h。若盘车中断应重新计时。

（2）机组启动过程中因振动异常停机必须回到盘车状态，应全面检查、认真分析、查明原因。当机组已符合启动条件时，连续盘车不少于4h才能再次启动，严禁盲目启动。

（3）停机后立即投入盘车。当盘车电流较正常值大、摆动或有异音时，应查明原因及时处理。当汽封摩擦严重时，将转子高点置于最高位置，关闭与汽缸相连通的所有疏水（闷缸措施），保持上下缸温差，监视转子弯曲度，当确认转子弯曲度正常后，进行试投盘车，盘车投入后应连续盘车。当盘车盘不动时，严禁用起重机强行盘车。

（4）停机后因盘车装置故障或其他原因需要暂时停止盘车时，应采取闷缸措施，监视上下缸温差、转子弯曲度的变化，待盘车装置正常或暂停盘车的因素消除后及时投入连续盘车。

（5）机组热态启动前应检查停机记录，并与正常停机曲线进行比较，若有异常应认真分析，查明原因，采取措施及时处理。

（6）机组热态启动投轴封供汽时，应确认盘车装置运行正常，先向轴封供汽，后抽真空。停机后，凝汽器真空到零，方可停止轴封供汽。应根据缸温选择供汽汽源，以使供汽温度与金属温度相匹配。

（7）疏水系统投入时，严格控制疏水系统各容器水位，注意保持凝汽器水位低于疏水联箱标高。供汽管道应充分暖管、疏水、严防水或冷汽进入汽轮机。

（8）停机后应认真监视凝汽器（排汽装置）、高低压加热器、除氧器水位和主蒸汽及再热冷段管道集水罐处温度，防止汽轮机进水。

（9）启动或低负荷运行时，不得投入再热蒸汽减温器喷水。在锅炉熄火或机组甩负荷时，应及时切断减温水。

（10）汽轮机在热状态下，锅炉不得进行打水压试验。

La4F1045　运行中如何根据汽轮机监视段压力分析通流部分工作是否正常？

答：（1）在安装或大修后，应在正常运行工况下对汽轮机通流部分进行实测，求得机组负荷、主蒸汽流量与监视段压力之间的关系，以作为平时运行监督的标准。

（2）除了汽轮机最后一、二级外，调节级压力和各段抽汽压力均与主蒸汽流量成正比。根据这个关系，在运行中通过监视调节级压力和各段抽汽压力，可以有效地监督通流部分工作是否正常。

（3）在同一负荷（主蒸汽流量）下，监视段压力增高，则说明该监视段后通流面积减少，或者高压加热器停运、抽汽减少。多数情况是因叶片结垢而引起通流面积减少，有时也可能因叶片断裂、机械杂物堵塞造成监视段压力升高。

（4）如果调节级和高压缸Ⅰ段、Ⅱ段抽汽压力同时升高，则可能是中压调节汽门开度受阻或者中压缸某级抽汽停运。

（5）监视段压力不但要看其绝对值增高是否超过规定值，还要监视各段之间压差是否超过规定值。若某个级段的压差过大，则可能导致叶片等设备损坏事故。

La4F1046　分析凝汽器运行中真空偏低的原因及各原因有什么特征。

答：（1）当循环水泵出现严重故障时，将使循环水中断。此时，进入凝汽器的少量冷却水的温升急剧增大，真空下降。主要故障特征为：循环水泵电动机电流为零，循环水泵出口压力降至零，冷却水温升急剧增大，真空泵抽出的空气温度与冷却水进口温度之差增加。

（2）当后轴封供汽突然中断时，大量空气将漏入凝汽器，使其真空急剧下降。主要故障特征为：凝汽器端差增加，凝结水过冷度增加，转子因急剧冷却而产生负胀差。

（3）当凝汽器水位调整失灵等原因引起凝汽器满水时，排汽与冷却水之间的热交换面积将急剧减小，使凝汽器真空急剧下降。主要故障特征为：凝汽器端差增加，凝结水过冷度增加，循环水温升减小，凝结水泵出口压力增加，凝结水泵电动机电流增加，真空泵抽出的空气温度与冷却水进口温度之差增加。

（4）当抽真空系统管路破裂时，将使凝汽器真空下降。主要故障特征为：凝汽器端差增加，凝结水过冷度增加，真空急剧下降。

（5）当真空系统不严密时，将使真空下降。主要故障特征为：凝汽器端差增加，凝结水过冷度增加，真空缓慢下降。

（6）当凝结水泵工作不正常时，将使真空下降。主要故障特征为：凝汽器热井水位升高，端差增加，凝结水过冷度增加。凝结水泵出口压力下降，凝结水泵电动机电流减小。

（7）当凝汽器铜管在运行过程中发生部分破裂时，将使凝汽器真空下降。主要故障特征为：凝汽器热井水位升高，端差增加，凝结水过冷度、导电率、硬度增加，凝结水泵出口压力增加，凝结水泵电动机电流增加。

（8）当最后一级低压加热器的铜管发生破裂时，将使真空下降。主要故障特征为：凝汽器热井水位升高，端差增加，凝结水过冷度增加，凝结水泵出口压力增加，凝结水泵电动机电流增加，低压加热器汽侧疏水水位增高。

（9）当凝汽器铜管脏污时，将使传热效果降低，真空下降。主要故障特征为：端差增加，冷却水温升减小，真空泵抽出的空气温度与冷却水进口温度之差增加。

（10）当凝汽器铜管堵塞（或循环水量不足）时，将使凝汽器真空下降。主要故障特征为：端差增加，循环水进出口温升增加，真空泵抽出的空气温度与冷却水进口温度之差增加。

（11）当真空泵工作不正常时，将使凝汽器真空下降。主要故障特征为：端差增加，凝结水过冷度增加，凝汽器空气抽出口至真空泵进口之间的压差减小。

La4F1047 分析汽轮机冷态启动时胀差的变化规律。

答：（1）汽封供汽抽真空阶段。从汽封供汽抽真空到转子冲转前胀差值是一直向正方向变化的。均压箱对汽封供汽时，汽封套受热后向两侧膨胀，对整个汽缸的膨胀影响不大。而与汽封相对应的转子主轴段受热后则使转子伸长。汽封供热对转子伸长值的影响是由供汽温度来决定的，但加热时间也有影响。当抽气系统投入并开始抽真空后，如果胀差向正值变化过快，可以采取降低均压箱压力或适当提升凝汽器真空的方法，因为通过提升真空可以减少蒸汽在汽封中的滞留时间。

冷态开机，汽封来汽温度和压力应该低一些，真空应该提升的快一点，在确保安全的前提下尽早达到冲转的条件。

（2）暖机升速阶段。从冲转到定速，胀差基本上继续上升。在这一阶段，蒸汽流量小，蒸汽主要在调节级内做功。中速暖机以后再升速时，胀差值才会有减小的趋势。这主要是因为随着转速的升高，离心力增大，轴向的分力也增大了，而使转子变粗缩短。同时汽缸温度逐渐上升，汽缸的膨胀速度也在上升，相对迟滞了转子的膨胀值。在冲转过程当中要密切注意缸温的变化，此时如果胀差正值过高应稳定转速，或者降低真空，让蒸汽在汽缸中的滞留时间长一些，充分暖机。在暖机升速过程中，如果汽缸本体疏水调节不当也会影响到胀差，所以，开机时应当注意控制汽缸本体疏水。为了防止胀差表数据失真，还应当密切观察机组热膨胀和轴向位移的变化，通过热膨胀、轴向位移的对比来进一步判断胀差变化。同时严密监视机组振动情况，特别是跨越临界转速时更为重要。

（3）定速和并列带负荷阶段。由于从升速到定速的时间较短，蒸汽温度和流量几乎不变化，对胀差的影响在定速后才能反映出来。定速后，胀差增加的幅度较大，持续的时间较长，特别是在发电机并网以后。在低负荷暖机阶段，蒸汽对转子和汽缸的加热比较剧烈。并网后，随着调节阀的开大，调节级的温度上升比较快，调节阀的开启速度对胀差的影响比较大，因此，在并网后要缓慢开启调节阀，并注意调节级的温度变化。当汽轮机进入准稳态区，正胀差值达到最大。

（4）为防止胀差变化过快，并网后应在低负荷下暖机一段时间，具体暖机时间由上、下缸壁温度，调节级温度和胀差的变化趋势来定。只有胀差值出现下降趋势且比并网时的数值下降10%以后才能开始逐步升负荷，一旦胀差又出现上涨并且达到并网时的数值时就应适当减缓升负荷速度甚至停止升负荷继续暖机。

La4F1048 试分析如何提高中间再热机组对负荷的响应能力？

答：（1）采用高压缸过调法。在调节的动态过程中，使高压调节阀动态过调，利用主蒸汽系统的蓄能，增加高压缸功率的变化，以弥补中、低压缸功率变化的"滞后"。

（2）设置中压调节阀。在低负荷区参与调节；在高、中负荷区，减负荷时参与动态调节；甩负荷时，与高压调节阀一起快速关闭，减弱中间再热器的影响。

（3）设置旁路系统。当锅炉、汽轮机和再热器所需流量不一致时，把多余蒸汽通过减温减压后排入凝汽器。

（4）选择适当的机炉协调方式。将外负荷变化的信号提前送入锅炉调节器，减缓其调节的迟缓。

（5）提高调节系统动态特性、迟缓率。

La4F1049 凝汽器真空缓慢下降如何处理？

答：（1）发现真空下降，应首先核对排汽温度及有关表计，确认真空下降应迅速查明原因立即处理，同时汇报值长。

（2）启动备用真空泵，如真空仍继续下降至一定值时，联系值长，机组开始减负荷以维持真空在规程要求的最低值以上，减负荷速率视真空下降的速度决定。

（3）如果机组已减负荷至零，真空仍无法恢复，并继续下降至跳机值时，应汇报值长，立即故障停机，并注意一、二级旁路，主、再热蒸汽管道至凝汽器所有疏水，高压加热器事故疏水扩容器疏水门严禁开启。

（4）真空下降时，应注意汽动给水泵的运行，必要时可及时切换为电动给水泵运行。

（5）注意低压缸排汽温度的变化，按规程要求打开汽缸喷雾调节阀，当排汽温度超过规程规定的停机值时应打闸停机。

（6）事故处理过程中，应密切监视下列各项：

1）各监视段压力不得超过允许值，否则应减负荷至允许值。

2）倾听机组声音，注意监视机组振动、胀差、轴向位移、推力轴承金属温度、回油温度变化情况。

La4F1050 汽轮机运行中，引起推力瓦温度升高的原因有哪些？如何进行调整？

答：引起推力瓦温度升高的原因如下：

（1）冷油器出口油温高。

（2）润滑油压低。

（3）推力轴承油量不足。

（4）推力轴承磨损。

（5）轴向推力大。

（6）进冷汽、冷水。

（7）负荷骤变。

（8）真空变化。

（9）蒸汽压力及温度变化。

调整处理方法：

（1）当发现推力轴承金属温度任一点升高 5℃或升高至 90℃时，应查明升高原因，并向主值、值长汇报。检查冷油器出口温度，并调整至正常。检查润滑油压、推力轴承轴承油流是否正常。

（2）如果推力轴承金属温度异常，应倾听机组内部有无异音，并检查负荷、汽温、汽压、真空、轴向位移、振动变化情况，若有异常应将其调整至正常。

（3）当推力轴承金属温度任一点达到 99℃，或推力轴承回油温度为 65℃时，应汇报值长，申请减负荷，并密切监视参数变化。

（4）当推力轴承金属温度任一点到 107℃，或轴承回油温度达 75℃时，应破坏真空紧急停机。

La3F2051 为了防止大轴弯曲，汽轮机启动前必须满足哪些条件？

答：（1）汽机启动前一定要连续盘车 2～4h 以上，并不得间断。

（2）检查转子弯曲值不大于原始值 0.02mm，大轴偏心不得超过规定值。

（3）所有保护及主要仪表仪表正常投入。

（4）热态启动应先送轴封后抽真空，冷态先抽真空后送轴封。送轴封前应充分暖管疏水，严禁冷汽、冷水进入汽轮机轴封系统。

（5）检查汽轮机上、下缸温差正常。

（6）各管道及联箱应充分暖管。

（7）加强汽轮机本体疏水。

（8）检查高压缸第一级金属温度及中压缸第一级静叶持环温度，确定冲转参数。严格控制主再热蒸汽参数，确保蒸汽温度比汽缸金属温度高 50℃以上，并有 80～100℃以上的过热度。

La3F2052 汽轮机叶片断裂的现象有哪些？运行中为防止叶片损坏应采取哪些措施？

答：现象如下：

（1）汽轮机内或凝汽器内产生突然声响。

（2）机组突然振动增大或抖动。

（3）当叶片损坏较多时，若要维持负荷不变，则应增加蒸汽流量，即增大调门开度。

（4）凝汽器水位升高，凝结水导电度增大，凝结水泵电流增大。

（5）断叶片进入抽汽管道造成阀门卡涩。

（6）在惰走、盘车状态下，可听到金属摩擦声。

（7）运行中级间压力升高。

措施如下：

（1）电网应保持正常频率运行，避免频率偏高、偏低引起某几级叶片进入共振区。

（2）蒸汽参数和各监视段压力、真空等超过极限值应限负荷运行。

（3）机组大修中应对通流部分损伤情况进行全面细致地检查，做好叶片、围带、拉筋的损伤记录，做好叶片的调频工作。

La3F2053　什么是单阀方式运行和顺序阀方式运行？各有何优缺点？

答：（1）单阀方式运行是指汽轮机采用节流配汽方式，所有蒸汽通过几个开度一致，同时动作的调节汽门进入汽轮机。

（2）顺序阀方式运行是指汽轮机采用喷嘴配汽，汽轮机第一级是调节级，调节级分为几个喷嘴组，蒸汽经全开的自动主汽门后，再经过随负荷增加按一定顺序依次开启的几个调节汽门，通向调节级。

（3）汽轮机采用单阀（节流配汽）方式运行的优点是，汽轮机没有调节级，结构比较简单。当定压运行流量变化时，各级温度变化较小，对负荷变化适应性较好。

（4）单阀方式运行的主要缺点是，低负荷定压运行时调节汽门中节流损失较大。

（5）汽轮机采用顺序阀（喷嘴配汽）方式运行的主要优点是，部分负荷定压运行时，只有部分开启的调节汽门中蒸汽节流损失较大，其余全开，因此与单阀方式（节流配汽）运行相比，节流损失较少，效率较高。

（6）顺序阀方式运行主要缺点是，定压运行的调节级汽室及各高压级在变工况下温度变化都较大，从而引起较大热应力，成为限制汽轮机迅速改变负荷的主要因素。

La3F3054 什么是机组的惰走时间、惰走曲线？惰走时间过长或过短说明什么问题？

答：惰走时间，指从主汽门和调节门关闭开始，到转子完全停止的这一段时间。惰走曲线，指转子在惰走阶段转速和时间的变化对应关系曲线。

根据惰走时间，可以确定轴承、进汽阀门的状态及其他有关情况。

（1）如果惰走时间延长，表明机组进汽阀门有漏汽现象或关闭不严，或者有其他蒸汽倒入汽缸内，如各主汽门、调节门、各抽汽电动门或者逆止门关闭不严。

（2）如惰走时间缩短，则表明汽轮发电机组动、静之间有碰磨或轴承损坏，或者润滑油质变差等。

（3）或其他有关设备、操作引起的，例如真空破坏时间的早晚。

La3F2055 什么是凝结水过冷却？有什么危害？分析造成凝结水产生过冷却的原因有哪些？

答：（1）凝结水的过冷却就是凝结水温度低于汽轮机排汽压力下的饱和温度。

（2）凝结水产生过冷却现象说明凝汽设备工作不正常。由于凝结水的过冷却必须增加锅炉的燃料消耗，使发电厂的热经济性降低。此外，过冷却还会使凝结水中的含氧量增加，加剧热力设备和管道的腐蚀，降低安全性。

凝结水产生过冷却的主要原因有：

（1）凝汽器汽侧积有空气，使蒸汽分压力下降，从而凝结水温度降低。

（2）运行中的凝汽器水位过高，淹没了一些冷却水管，形成了凝结水的过冷却。

（3）凝汽器冷却水管排列不佳或布置过密，使凝结水在冷却水管外形成一层水膜。此水膜外层温度接近或等于该处蒸汽的饱和温度，而膜内层紧贴铜管外壁，因而接近或等于冷却水温度。当水膜变厚下垂成水滴时，此水滴温度是水膜的平均温度，显然它低于饱和温度，从而产生过冷却。

La3F1056　分析汽轮机超速的主要原因及处理原则。

答：汽轮机超速的主要原因有：

（1）发电机甩负荷到零，汽轮机调速系统工作不正常。

（2）危急保安器超速试验时转速失控。

（3）发电机解列后高、中压主汽门或调节门、抽汽逆止门等卡涩或关闭不到位。

汽轮机超速的处理原则：

（1）立即破坏真空紧急停机，确认转速下降。

（2）检查并开启高压导管排汽阀。

（3）如发现转速继续升高，应采取果断隔离及泄压措施。

（4）查明超速原因并消除故障，全面检查确认汽轮机正常方可重新启动，应该经过校验危急保安器及各超速保护装置动作正常后，方可并网带负荷。

（5）重新启动过程中应对汽轮机振动、内部声音、轴承温度、轴向位移、推力瓦温度等进行重点检查与监视，发现异常应停止启动。

La3F3057　防止汽轮机轴瓦损坏的主要技术措施有哪些？

答：（1）油系统各阀门应有标示牌，油系统切换工作按规程进行。

（2）润滑油系统阀门采用明杆或有标尺。

（3）高低压供油设备定期试验，润滑油压应以汽轮机中心线距冷油器最远的轴瓦为准。直流油泵电源熔断器宜选用较高的等级。

（4）汽轮机定速后停止油泵运行时应注意油压的变化。

（5）油箱油位应符合规定。

（6）润滑油压应符合设计值。

（7）停机前应试验润滑油泵正常后方可停机。

（8）严格控制油温。

（9）汽轮机任一道轴承断油冒烟或轴承回油温度突然上升至紧急停机值时应紧急停机。

（10）汽轮机任一轴承温度突升至紧急停机值时应紧急停机。

La3F3058 分析汽轮机启动时为什么要限制上、下缸的温差？

答：（1）汽轮机汽缸上、下存在温差，将引起汽缸的变形。上、下缸温度通常是上缸高于下缸，因而上缸变形大于下缸，引起汽缸向上拱起，发生热翘曲变形，俗称"猫拱背"。

（2）汽缸的这种变形导致下缸底部径向动静间隙减小甚至消失，造成动静部分摩擦，尤其当转子存在热弯曲时，动静部分摩擦的危险更大。

（3）上、下缸温差是监视和控制汽缸热翘曲变形的指标。

（4）大型汽轮机高压转子一般是整锻的，轴封部分在轴体上车削加工而成，一旦发生摩擦就会引起大轴弯曲发生振动，如不及时处理，可能引起永久变形。

（5）汽缸上、下温差过大通常是造成大轴弯曲的初始原因，因此汽轮机启动时一定要限制上、下缸的温差。

La3F2059 分析为什么汽轮机采用变压运行方式能够取得经济效益？

答：（1）通常低负荷下，定压运行，大型锅炉难以维持主蒸汽及再热蒸汽温度不降低。

（2）而变压运行时，锅炉较易保持额定的主蒸汽和再热蒸汽温度。当变压运行主蒸汽压力下降，温度保持一定时，虽然蒸汽的过热焓随压力的降低而降低，但由于饱和蒸汽焓上升较多，总焓明显升高，这一点是变压运行取得经济效益的重要原因。

（3）变压运行汽压降低，汽温不变时，汽轮机各级容积流量、流速近似不变，能在低负荷时保持汽轮机内效率不下降。

（4）变压运行，高压缸各级，包括高压缸排汽温度将有所升高，这就保证了再热蒸汽温度，有助于改善热循环效率。

（5）变压运行时，允许给水压力相应降低，在采用变速给水泵时可显著地减少给水泵的电耗。此外，给水泵降速运行，对减轻水流对设备的侵蚀，延长给水泵使用寿命也有利。

La3F3060 什么叫负温差启动？为什么应尽量避免负温差启动？

答：（1）冲转时蒸汽温度低于汽轮机最高部位金属温度的启动称为负温差启动。

（2）因为负温差启动时，转子与汽缸先被冷却，而后又被加热，经历一次热交变应力循环，从而增加了级组疲劳寿命损耗。

（3）如果蒸汽温度过低，则将在转子表面和汽缸内壁产生过大的拉应力，而拉应力比压应力更容易引起金属裂纹，并会引起汽缸变形，使动静间隙改变，严重时会发生动静摩擦事故。

（4）此外，汽轮机热态负温差启动，使汽轮机金属温度下降，升负荷时间必须相应延长，降低了经济性，因此，没有特殊情况，一般不采用负温差启动。

La3F3061 什么叫机组的滑压运行？滑压运行有何特点？

答：汽轮机开足调节阀，锅炉基本维持新蒸汽温度，并且不超过额定压力、额定负荷，用新蒸汽压力的变化来调整负荷，这种运行方式称为机组的滑压运行。

滑压运行的特点：

（1）可以增加负荷的可调节范围。

（2）使汽轮机允许较快速度变更负荷。

（3）由于末级蒸汽湿度的减少，提高了末级叶片的效率，减少了对叶片的冲刷，延长了末级叶片的使用寿命。

（4）由于温度变化较小，所以机组热应力也较小，从而减少了汽缸的变形和法兰结合面的漏汽。

（5）滑压运行时，由于受热面和主蒸汽管道的压力下降。延长了其使用寿命。

（6）因为减少了调节阀的节流损失，滑压运行方式可提高机组的经济性，且负荷愈低经济性愈高。

La2F3062 在主蒸汽温度不变时，主蒸汽压力的变化对汽轮机运行有何影响？

答：主蒸汽温度不变，主蒸汽压力升高对汽轮机的影响：

（1）整机的焓降增大，运行的经济性提高。但当主汽压力超过限额时，会威胁机组的安全。

（2）调节级叶片过负荷。

（3）机组末几级的蒸汽湿度增大。

（4）引起主蒸汽管道、主汽阀及调节阀、汽缸、法兰等承压部件的内应力增加，寿命减少，以致损坏。

主蒸汽温度不变，主蒸汽压力下降对汽轮机影响：

（1）汽轮机可用焓降减少，耗汽量增加，经济性降低，出力不足。

（2）对于用抽汽供给的给水泵的小汽轮机和除氧器，因主汽压力过低也就引起抽汽压力相应降低，使小汽轮机和除氧器无法正常运行。

La2F3063 分析运行中控制胀差的措施有哪些？

答：（1）在汽轮机启停及负荷变化过程中，控制蒸汽温度的升降速率，是控制胀差的有效方法。

（2）使用法兰螺栓加热装置。可以提高或降低汽缸法兰和螺栓的温度，有效地减小汽缸内外壁、法兰内外、汽缸与法兰、法兰与螺栓的温差，加快汽缸的膨胀或收缩，起到控制胀差的目的。

（3）合理选择轴封供汽温度及供汽时间。冷态启动时为了不使胀差正值过大，应选择温度较低的汽源，并尽量缩短冲转前向轴封送汽时间；热态启动时应合理使用高温汽源，防止向轴封供汽后胀差出现负值。

（4）汽轮机启动过程中改变凝汽器真空也可以在一定范围内调整胀差。

La2F3064　分析怎样在启停过程中控制和调整汽缸热应力？

答：（1）在汽轮机的启停中，要控制热应力不超过允许值，只要控制汽缸和法兰内外壁的温差在规定范围内即可。

（2）汽缸内、外壁温差的大小主要决定于水蒸气和汽缸壁之间的热交换规律。汽轮机在运行中，主要处于对流换热方式，因此控制汽缸内壁温度变化率的大小，可通过改变蒸汽的流量、温度和压力来实现，也就是控制汽轮机的转速或负荷变化速度的快慢，当然也意味着汽轮机的启动、停机过程的快慢。

（3）高压汽轮机汽缸和法兰做得很厚，汽缸内壁的温度变化率更应严格控制，这也就是大容量的机组启动时间比一般中小型机组要长的原因之一。

La2F3065　论述汽轮机旁路系统的作用有哪些？

答：（1）在机组启动过程中，旁路锅炉所产生的过量蒸汽，以回收工质和热量，同时调整蒸汽参数，使与汽机的金属温度相匹配，缩短启动时间。

（2）在启动工况或汽机跳闸时，保证过热器和再热器有适当的蒸汽流量，使它们得到足够的冷却，从而使其得到保护。

（3）在正常运行期间，负荷变化较大时，起主蒸汽压力调节和超压保护作用。

（4）在机组甩负荷时，允许锅炉在能够稳燃的最低负荷下稳定运行，实现停机不停炉。

（5）电网短时故障时，实现带厂用电方式运行。

La2F4066　分析汽轮机启动过程中为何排汽温度会升高？

答：（1）在汽轮机启动过程中，蒸汽经节流后通过喷嘴去推动叶轮，节流后的蒸汽焓值增加（焓降较小），以致作功后排汽温度较高。

（2）在并网发电前的整个启动过程中，所需蒸汽量很少，这时作功主要依靠调节级，乏汽在流向排汽缸的通路中，流量小、流速低、通流截面大，产生了显著的鼓风作用。因鼓风损失较大而使排汽温度升高。

（3）在转子转动时，叶片（尤其末几级叶片较长）与蒸汽产生鼓风摩擦，也是使排汽温度升高的因素之一。

（4）汽轮机启动的真空较低，相对的饱和温度也将升高，即意味着排汽温度升高。

（5）当并网发电升负荷后，主蒸汽流量随着负荷的增加而增加，汽轮机逐步进入正常工况，摩擦和鼓风损耗所占的功率份额越来越小。在汽轮机排汽缸真空逐步升高的同时，排汽温度也逐步降低。

（6）汽轮机启动时间过长，也可能使排汽温度过高。应按照规程要求，控制机组启动时间，将排汽缸温度限制在额定范围内。汽轮机排汽温度不允许超过 120℃。

La2F3067　分析主蒸汽温度下降对汽轮机运行有何影响？

答：（1）主蒸汽温度下降，使蒸汽在汽轮机中的焓降减少，维持出力时使蒸汽流量增大，汽耗率增大，经济性下降。

（2）主蒸汽温度急剧下降，汽轮机末级的蒸汽湿度会增加，加剧了末几级叶片的冲蚀，缩短了叶片的使用寿命。

（3）主蒸汽温度急剧下降，会引起汽轮机各金属部件温差增大，热应力和热变形也随着增加，且胀差会向负值变化，因此机组振动加剧，严重时会发生动、静摩擦。

（4）主蒸汽温度急剧下降，往往是发生水冲击事故的预兆，会引起转子轴向推力的增加。若汽温骤降，使主蒸汽带水，引起水冲击，后果极其严重。

（5）主蒸汽或再热汽温下降时，根据温度变化情况降负荷以及进行停机处理。

La1F3068　汽轮机大轴弯曲的主要原因是什么？

答：（1）由于通流部分动静摩擦，使转子局部过热。过热部分的膨胀，受到周围材质的约束，产生压应力。当应力超过该部位屈服极限时，发生塑性变形。当转子温度均匀后，该部位呈现凹面永久性弯曲。

（2）在第一临界转速下，大轴热弯曲方向与转子不平衡力方向大致相同，动静碰磨时将产生恶性循环，使大轴产生永久弯曲。

（3）停机后在汽缸温度较高时，因某种原因使冷汽、冷水进入汽缸时，汽缸和转子将由于上下缸温差产生很大的热变形。如果中断盘车，加速大轴弯曲，严重时将造成永久弯曲。

（4）转子的原材料存在过大的内应力。在较高的工作温度下经过一段时间的运行以后，内应力逐渐得到释放，使转子产生弯曲变形。

（5）运行人员在机组启动或运行中，由于未严格执行规程规定的启动条件、紧急停机规定等，盲目操作，硬撑硬顶也会造成大轴弯曲。

La1F3069　热态和冷态启动时的操作主要有哪些区别？

答：（1）热态启动时需严格控制上、下缸温差不得超过50℃，双层内缸上、下缸温不超过35℃。

（2）转子弯曲不超过规定值。

（3）主蒸汽温度应高于汽缸金属最高处温度50℃以上，并有50℃以上的过热度。

（4）热态启动时应加强疏水，防止冷汽、冷水进入汽缸。

（5）热态启动时要特别注意机组振动，及时处理，防止动静部分发生摩擦而造成转子弯曲。

（6）热态启动应根据汽缸温度，在启动工况图上查出相应的工况点。

（7）冲转前应先送轴封后抽真空。轴封供汽温度应尽量与金属温度相匹配。

（8）真空应适当保持高一些。

（9）冲转后应以较快的速度升速，并网，并带负荷到工况点。

La1F3070　甩负荷试验一般应符合哪些规定？

答：（1）试验时，汽轮机的蒸汽参数、真空值为额定值，频率不高于 50.5Hz，回热加热系统应正常投入。

（2）根据情况决定甩负荷的次数和等级，一般甩半负荷和额定负荷各一次。

（3）甩负荷后，调节系统动作尚未终止前，不应操作同步器降低转速，如转速升高到危急保安器动作转速，而危急保安器尚未动作，应手动危急保安器停机。

（4）将抽汽作为除氧器汽源或汽动给水泵汽源的机组，应注意甩负荷时备用给水泵能否自动投入。

（5）甩负荷过程中，对有关数据要有专人记录。

Lb4F3071　什么是功率因数？提高功率因数的意义是什么？提高功率因数的措施有哪些？

答：功率因数 $\cos\varphi$，是有功功率与视在功率的比值，即 $\cos\varphi = P/S$。

在一定额定电压和额定电流下，功率因数越高，有功功率所占的比重越大，反之越低。

提高功率因数的意义分两个方面：

在发电机的额定电压、额定电流一定时，发电机的容量即是它的视在功率。如果发电机在额定容量下运行，输出的有功功率的大小取决于负载的功率因数。功率因数越低，发电机输出的功率越低，其容量得不到充分利用。

功率因数低，在输电线路上引起较大的电压降和功率损耗。故当输电线输出功率 P 一定时，线路中电流与功率因数成反比，即 $I = P/U\cos\varphi$。

当 $\cos\varphi$ 越低时，电流 I 增大，在输电线阻抗上压降增大，使负载端电压过低。严重时，影响设备正常运行，用户无法用电。

此外，阻抗上消耗的功率与电流平方成正比，电流增大要引起线损增大。

提高功率因数的措施有：

合理地选择和使用电气设备，用户的同步电动机可以提高功率因数，甚至可以使功率因数为负值，即进相运行。而感应电动机的功率因数很低，尤其是空载和轻载运行时，所以应该避免感应电动机空载和轻载运行。

安装并联补偿电容器或静止补偿器等设备，使电路中总的无功功率减少。

Lb4F3072　说明发电机进相运行危害及运行注意事项。

答：通常情况下，机组进相运行时，定子端部漏磁较大，并由此引起的损耗比调相运行时还要大，故定子端部附近各金属部件温升会较高，引起端部线圈发热，深度进相对系统电压及稳定也会产生影响。

制造厂允许或经过专门试验确定能进相运行的发电机，如系统需要，在不影响电网稳定运行的前提下，可将功率因数提高到1或在允许的进相状态运行，但是，要严密监视发电机的运行工况，防止失步，尽早使发电机恢复正常运行。同时，还应注意高压厂用母线电压的监视，保证其安全。对水轮发电机而言，其纵轴和横轴同步电抗相等，电磁功率中有附加分量，因此相对汽轮机发电机而言，有较大的进相能力。当然，一般的机组最好不要进相运行。进相运行的最大危害就是发热。若运行中该进相是由设备原因引起，在发电机还没有出现振荡或失步的情况下，可适当降低有功，增加励磁，使发电机脱离进相状态，然后查明进相原因。

Lb4F3073　发电机应装设哪些类型的保护装置？有何作用？

答：依据发电机容量大小、类型、重要程度及特点，装设下列发电机保护，以便及时反映发电机的各种故障及不正常工作状态。

（1）纵差动保护。用于反映发电机线圈及其引出线的相间短路。

（2）横差动保护。用于反映发电机定子绕组的一相的一个分支匝间或二个分支间短路。

（3）过电流保护。用于切除发电机外部短路引起的过流，并作为发电机内部故障的后备保护。

（4）单相接地保护。反映定子绕组单相接地故障。在不装设单相接地保护时，应用绝缘监视装置发出接地故障信号。

（5）不对称过负荷保护。反映不对称负荷引起的过电流，一般在 5MW 以上的发电机应装设此保护，动作于信号。

（6）对称过负荷保护。反映对称过负荷引起的过电流，一般应装设于一相过负荷信号保护。

（7）无负荷过压保护。反映大型汽轮发电机突然甩负荷时，引起的定子绕组的过电压。

（8）励磁回路的接地保护，分转子一点接地保护和转子两点接地保护。反映励磁回路绝缘不好。

（9）失磁保护。反应发电机由于励磁故障造成发电机失磁，根据失磁严重程度，使发电机减负荷或切厂用电或跳发电机。

（10）发电机断水保护。装设在水冷发电机组上，反映发电机冷却水源消失。

以上 10 种保护是大型发电机必需的保护。

为了快速消除发电机故障，以上介绍的各类保护，除已标明作用于信号的外，其他保护均作用于发电机断路器跳闸，并且同时作用于自动灭磁断路器跳闸，断开发电机断路器。

Lb4F3074 氢冷发电机为什么可用二氧化碳作为置换的中间介质，而不能在充二氧化碳的情况下长期运行？

答： 因为氢气和空气混合易引起爆炸，而二氧化碳与氢气或空气混合时都不会发生爆炸，所以二氧化碳作为置换的中间介质。二氧化碳传热系数是空气的 1.132 倍，在置换过程中，冷却效能并不比空气差。此外，二氧化碳作为中间介质还有利于防火。

不能用二氧化碳作为冷却介质长期运行的原因是：二氧化碳

能与机壳内可能含水蒸气等化合，生成一种绿垢，附着在发电机绝缘物和构件上，这样，使冷却效果剧烈恶化，并使机件脏污。

Jd4F3075　何谓电气设备的倒闸操作，发电厂及电力系统倒闸操作的主要内容有哪些？

答：当电气设备由一种状态转换到另一种状态或改变系统的运行方式时，需要进行一系列操作，这种操作叫做电气设备的倒闸操作。倒闸操作主要有以下内容：

（1）电力变压器的停、送电操作。

（2）电力线路停、送电操作。

（3）发电机的启动、并列和解列操作。

（4）网络的合环与解环。

（5）母线接线方式的改变（即倒母线操作）。

（6）中性点接地方式的改变和消弧线圈的调整。

（7）继电保护和自动装置使用状态的改变。

（8）接地线的安装与拆除等。

Jd4f3076　使用绝缘电阻表测量绝缘电阻应注意哪些事项？

答：使用绝缘电阻表测量绝缘电阻应注意以下事项：

（1）测量高压设备绝缘电阻应有两人进行，必须在测量前切断电源，验明无电压且对地放电，确认检修设备无人工，测量线路绝缘应征得对方同意方可进行。

（2）在接线测量以前，检查绝缘电阻表在开路时指示"无穷大"，短路时指示为"零"。

（3）测量电容较大的设备时，如电容器、电缆、大型变压器等，要有一定的充电时间，绝缘电阻测量结束后，应将被测设备对地放电。

（4）被测对象的表面应保持清洁，不应有污物，以免漏电影响测量的准确性。

（5）绝缘电阻表的引线不得使用双股绞线，或把引线随便放在地上，以免引起引线绝缘不良引起错误，绝缘电阻表测试导线尽量避免相互缠绕，以免测试导线本身影响测试精度。

（6）屏蔽端子应与被测设备的金属屏蔽相连接。

（7）测量绝缘电阻时，绝缘电阻表及人员应与带电设备保持安全距离，同时，采取措施，防止绝缘电阻表的引线反弹至带电设备上，引起短路或人身触电。

Jd3F2077 厂用电系统的倒闸操作一般应遵循哪些规定？

答：（1）厂用电系统的倒闸操作和运行方式的改变，应由值长发令，并通知有关人员。

（2）除紧急操作和事故处理外，一切正常操作应按规定填写操作票，并严格执行操作监护及复诵制度。

（3）厂用电系统倒闸操作，一般应避免在高峰负荷或交接班时进行。操作当中不应进行交接班，只有当操作全部终结或告一段落时，方可进行交接班。

（4）新安装或进行过有可能变换相位作业的厂用电系统，在受电与并列切换前，应检查相序、相位的正确性。

（5）厂用电系统电源切换前，必须了解电源系统的连接方式。若环网运行，应并列切换，若开环运行及事故情况下对系统接线方式不清时，不得并列切换。

（6）倒闸操作应考虑环并回路与变压器有无过载的可能，运行系统是否可靠及事故处理是否方便等。

（7）厂用电系统送电操作时，应先合电源侧隔离开关、后合负荷侧隔离开关。停电操作与此相反。

Jd3F3078 试述防止电力生产重大事故25项反事故措施。

答：（1）防止人身伤亡事故。

（2）防止火灾事故。

（3）防止电气误操作事故。

（4）防止系统稳定破坏事故。

（5）防止机网协调及风电大面积脱网事故。

（6）防止锅炉事故。

（7）防止压力容器等承压设备爆破事故。

（8）防止汽轮机、燃气轮机事故。

（9）防止分散控制系统控制、保护失灵事故。

（10）防止发电机损坏事故。

（11）防止发电机励磁系统事故。

（12）防止大型变压器损坏和互感器事故。

（13）防止 GIS、断路器设备事故。

（14）防止接地网和过电压事故。

（15）防止输电线路事故。

（16）防止污闪事故。

（17）防止电力电缆损坏事故。

（18）防止继电保护事故。

（19）防止电力调度自动化系统、电力通信网及信息系统事故。

（20）防止串联电容器补偿装置和并联电容器装置事故。

（21）防止直流换流站设备损坏和单双极强迫停运事故。

（22）防止发电厂、变电站全停及重要客户停电事故。

（23）防止水轮发电机组（含抽水蓄能机组）事故。

（24）防止垮坝、水淹厂房及厂房坍塌事故。

（25）防止重大环境污染事故。

Jd3F3079 电力系统对频率指标是如何规定的？低频运行有何危害？

答：我国电力系统的额定频率为 50Hz，对 3000MW 以上的电力系统，其允许偏差为 ±0.2Hz，对 3000MW 及以下的电力系统，其允许偏差规定为 ±0.5Hz。

低频运行的主要危害有：

（1）系统长期低频运行时，汽轮机低压级叶片将会因振动加大而产生裂纹，甚至发生断裂事故。

（2）低频运行使厂用电动机的转速相应降低，因而使发电厂内的给水泵、循环水泵、送引风机、磨煤机等辅助设备的出力降低，严重时将影响发电厂出力，使频率进一步下降，引起恶性循环，可能造成发电厂全停的严重后果。

（3）使所有用户的交流电动机转速按比例下降，导致工农业产量和质量不同程度的降低，废品增加，严重时可能造成人身和设备损坏事故。

Jd3F3080 发电厂的厂用电源如何接线？有何优缺点？

答：厂用电源能否可靠运行，直接关系到发电机组的安全运行，而厂用电的可靠性，在很大程度上决定于电源的接线方式，目前，厂用电源接线方式有如下几种情况：

（1）电源的取得。多数发电机组都采用自带厂用电的方式。当发电机和变压器组成单元式连接时，在发电机出口的隔离开关与主变压器一次之间接有高压厂用电源，经厂用变压器供给高压厂用母线，每台机组都接有一组高压厂用电源，各机组厂用电源互不相干。

当发电机接于发电机电压母线时，厂用电源接在发电机的电压母线上，如图 F-1 所示。

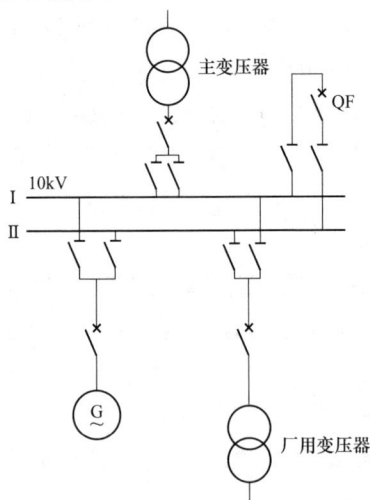

图 F-1 发电机母线上接厂用变压器

环形供电方式，这种接线方式专由一台发电机组供给发电机的高压厂用电源，这台发电机的出口电压为高压厂用电源电压，需经电抗器供给厂用母线，如图 F-2 所示。

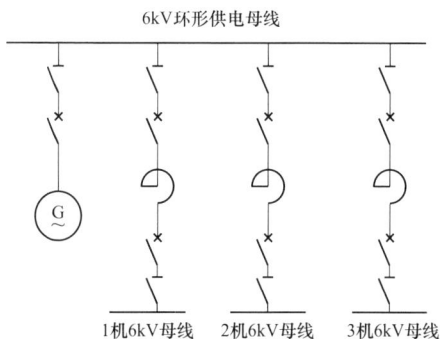

图 F-2　由环形供电厂用电接线

低压厂用电源一般从本机组高压厂用母线上取得，经低压厂用变压器供低压厂用母线。

（2）厂用电源的接线。厂用电源的接线，有单母线接线形式、单母线分段接线形式和经分裂式变压器进行分段接线。

单母线接线。一般低压厂用电源采用单母线接线，在这条母线上接有一组工作电源，一组备用电源，如图 F-3 所示，所有低压厂用负荷均接在母线上。这种接线简单、明显，但当母线发生故障时，则威胁机组的安全运行，如果母线需要检修，则需停全部负荷。

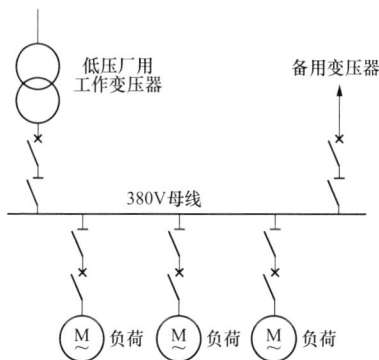

图 F-3　单母线接线

单母线经隔离开关分段接线。如图 F-4 所示。这种接线一般应用于 10 万 kW 以上的大型发电机组的低压厂用母线上，这种母线经隔离开关分为 A、B 两个半段。正常运行时，分段隔离开关为投入状态，负荷可分别装在两个半段母线上，工作电源运行，备用电源处于备用状态。这种接线比单母线的接线增加了工作的灵活性。当有半段母线需要检修时，另一半段的负荷可继续运行，如果用备用电源带负荷时，可以在断开分段隔离开关的情况下，两个半段分开运行，A 半段由工作电源供电，B 半段由备用电源供电。如果母线发生故障，可迅速拉开母线分段隔离开关，恢复没有故障的半段母线，缩短了排除故障的时间。

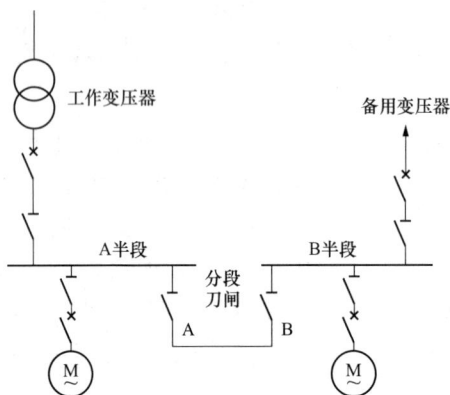

图 F-4　单母线经隔离开关分段

变压器引线出口经断路器分段供厂用母线，这种接线多数应用于高压厂用电源，如图 F-5 所示，母线为单母线，每个半段母线都有单独的工作电源和备用电源，负荷分别接在两个半段上。当母线上发生故障时，由分支过流保护动作，使故障段的工作断路器跳闸，而另一半段母线可正常运行。减少了发电机因厂用故障而停机的次数。当某半段母线需要检修，只停这半段母线就可以了，对另外半段母线的运行不发生任何影响。这种接线增强了工作的可靠性和灵活性，但因增加了断路器，造价增高，接线也相对复杂些。

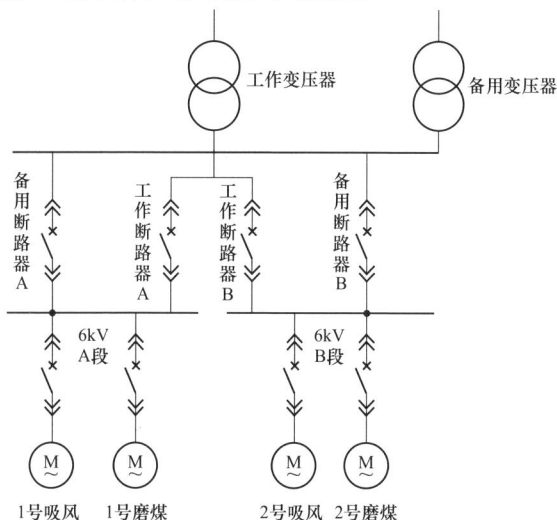

图 F-5　变压器引线出口经断路器分段的厂用接线

　　由分裂式变压器供电的单母线分段接线，如图 F-6 所示，这种接线同前一种接线基本相同。不同点是母线分段不是在变压器的出口，而是在变压器二次侧接有两个同等电压等级的线圈，直接引出二个电压等级相同的电源，供两个半段母线。

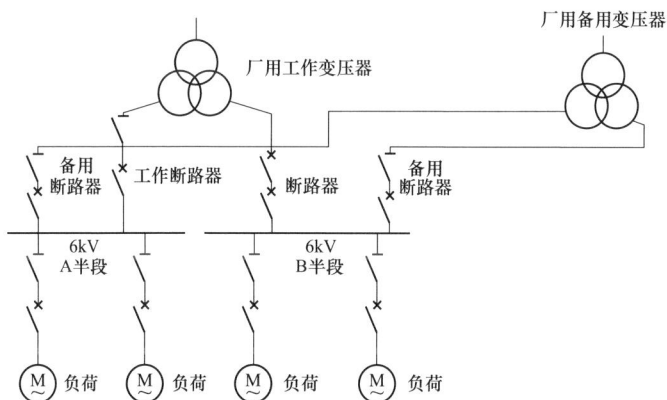

图 F-6　分裂式变压器供电的单母线分段接线

Jd3F4081 继电保护的操作电源有几种？各有何优缺点？

答：用来供给继电保护装置工作的电源有直流和交流两种。无论哪种操作电源，都必须保证在系统故障时，保护装置能可靠工作，工作电源的电压要不受系统事故和运行方式变化的影响。

直流电源取自直流发电机和蓄电池供电，其电压为 110V 或 220V，它与被保护的交流系统没有直接联系，是一个独立电源。蓄电池组储存足够的能量，即使在发电厂或变电所内完全停电的情况下，也能保证继电保护、自动装置的可靠工作。直流电源的缺点是：需要专门的蓄电池组和辅助设备，投资大、运行维护麻烦，直流系统复杂，发生接地故障后，难以寻找故障点，降低了操作回路的可靠性。

继电保护采用交流工作电源时有两种供电方式：一种是将交流电源整流成直流后，供给继电保护、自动装置用。另一种是全交流的工作电源，由电流、电压互感器供电。由于继电保护、自动装置采用交流电源，则应采用交流继电器进行工作。

交流电源与直流电源比较，有节省投资、简化运行维护工作量等优点。其缺点是可靠性差，特别在交流系统故障时，操作电源受到影响大，所以应用还不够广泛。

Jd3F4082 什么叫备用电源自动投入装置？其作用和要求是什么？

答：备用电源自动投入装置就是当工作电源因故障被断开后，能自动地而且迅速地将备用电源投入工作或将用户切换到备用电源上去，使用户不至于停电的一种装置，简称为 BZT 装置。

对 BZT 装置的基本要求有以下几点：

（1）装置的启动部分应能反应工作母线失去电压的状态。以图 F-7 为例，当 I c 或 II c 母线可能由于以下原因失去电压：工作的变压器 T1 或 T2 发生故障；I c 或 II c 母线上发生短路故障；I c 或 II c 母线上的出线发生短路故障，而故障没有被该出线断路器断开；QF1、QF4、QF2、QF5 因控制回路、保护回路或操作机构等方面的问题发生误跳闸；运行人员的误操作，将变压器 T1 或 T2 断开；电力系统内的事故，使 I c 或 II c 母线失去电压。在这些情况下，备用电源均应自动投入，以保证不间断供电。

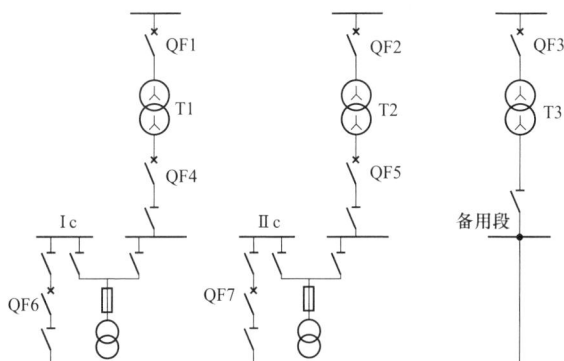

图 F-7　应用 BZT 装置的典型一次接线图

（2）工作电源断开后，备用电源才能投入。为防止把备用电源投入到故障元件上，以致扩大事故，扩大设备损坏程度，而且达不到 BZT 装置的预定效果，因此要求只有当工作电源断开后，备用电源方可投入，这一点是不容忽视的。

（3）BZT 装置只能动作一次，以免在母线上或引出线上发生持续性故障时，备用电源被多次投入到故障元件上，造成更严重的事故。

（4）BZT 装置应该保证停电时间最短，使电动机容易自启动。

（5）当电压互感器的熔断器熔断时 BZT 装置不应动作。

（6）当备用电源无电压时，BZT 装置不应动作。

为满足上述基本要求，BZT 应由电压启动和自动合闸两部分组成，其作用如下：

低电压启动部分，当母线因各种原因失去电压时，断开工作电源。

自动合闸部分，在工作电源的断路器断开后，将备用电源的断路器投入。

Jd3F4083 我国电力系统中中性点接地方式有几种？它们对继电保护的原则要求是什么？

答：我国电力系统中性点接地方式有三种：

（1）中性点直接接地方式。

（2）中性点经消弧线圈接地方式。

（3）中性点不接地方式。

110kV 及以上电网的中性点均采用第（1）种接地方式。在这种系统中，发生单相接地故障时接地短路电流很大，故称其为大接地电流系统。在大接地电流系统故障中发生单相接地故障的概率较高，可占总短路故障的 70%左右，因此要求其接地保护能灵敏、可靠、快速地切除接地短路故障，以免危及电气设备的安全。

3～35kV 电网的中性点采用第（2）或第（3）种接地方式。在这种系统中，发生单相接地故障时接地短路电流很小，故称其为小接地电流系统。在小接地电流系统中发生单相接地故障时，并不破坏系统线电压的对称性，系统还可继续运行 1～2h。同时，绝缘监察装置发出无选择性信号，可由值班人员采取措施加以消除。只有在特殊情况或电网比较复杂、接地电流比较大时，根据技术保安条件，才装设有选择性的接地保护，动作于信号或跳闸。所以，小接地电流系统的接地保护带有很大的特殊性。

Jd3F4084 低电压运行的危害有哪些？

答：低电压运行有以下危害：

（1）烧毁电动机。电压过低超过 10%，将使电动机电流增大，绕组温度升高，严重时使机械设备停止运转或无法启动，甚至烧毁电动机。

（2）灯发暗。如电压降低 5%，普通电灯的亮度下降 18%。电压下降 10%，亮度下降 35%。电压降低 20%，则日光灯无法启动。

（3）增大线损。在输送一定电能时，电压降低，电流相应增大，引起线损增大。

（4）降低电力系统的稳定性。由于电压降低，相应降低线路输送极限容量，因而降低了电力系统的稳定性，电压过低可能发生电压崩溃事故。

（5）发电机出力降低。如果电压降低超过 5%，则发电机出力也要相应降低。

（6）电压降低，还会降低送、变电设备能力。

Jd3F5085　变压器中性点的接地方式有几种？中性点套管头上平时是否有电压？

答：现代电力系统中变压器中性点的接地方式分为三种：中性点不接地；中性点经消弧线圈接地；中性点直接接地。

在中性点不接地系统中，当发生单相金属性接地时，三相系统的对称性不被破坏，在某些条件下，系统可以照常运行，但是其他两相对地电压升高到线电压水平。

当系统容量较大，线路较长时，接地电弧不能自行熄灭。为了避免电弧过电压的发生，可采用经消弧线圈接地的方式。在单相接地时，消弧线圈中的感性电流能够补偿单相接地的电容电流。既可保持中性点不接地方式的优点，又可避免产生接地电弧的过电压。

随着电力系统电压等级的增高和系统容量的扩大，设备绝缘费用占的比重越来越大，采用中性点直接接地方式，可以降低绝缘的投资。我国 110、220、330kV 及 500kV 系统中性点皆直接接地。380V 的低压系统，为方便抽取相电压，也直接接地。

关于变压器中性点套管上正常运行时有没有电压问题，这要具体情况具体分析。理论上讲，当电力系统正常运行时，如果三相对称，则无论中性点接地采用何种方式，中性点的电压均等于零。但是，实际上三相输电线对地电容不可能完全相等，如果不换位或换位不当，特别是在导线垂直排列的情况下，对于不接地系统和经消弧线圈接地系统，由于三相不对称，变压器的中性点在正常运行时会有对地电压。在消弧线圈接地系统，还和补偿程度有关。对于直接接地系统，中性点电位固定为地电位，对地电压应为零。

Jd3F5086　高压厂用母线电压互感器停、送电操作应注意什么？

答：高压厂用母线电压互感器停电时应注意下列事项：

（1）停用电压互感器时，应首先考虑该电压互感器所带继电保护及自动装置，为防止误动可将有关继电保护及自动装置或所用的直流电源停用。

（2）当电压互感器停用时，应将二次侧熔断器取下。然后将一次熔断器取下。

（3）小车式或抽匣式电压互感器停电时，还应将其小车或抽匣拉出，其二次插件同时拔出。

高压厂用母线电压互感器送电时应注意下列事项：

（1）应首先检查该电压互感器所带的继电保护及自动装置确在停用状态。

（2）将电压互感器的一次侧熔断器投入。

（3）小车式或抽匣式电压互感器推至工作位置。

（4）将电压互感器的二次侧熔断器投入。

（5）小车式或抽匣式电压互感器的二次插件投入。

（6）停用的继电保护及自动装置直流电源投入。

（7）电压互感器本身检修后，在送电前还应按规定测高、低压绕组的绝缘状况。

（8）电压互感器停电期间，可能使该电压互感器所带负荷的电能表转速变慢，但由于厂用电还都装有总负荷电能表，因此，电压互感器停电期间，各分负荷所少用的电量不必追计。

Jd1F2087　电压互感器和电流互感器在作用原理上有什么区别？电压互感器为什么禁止二次侧短路？电流互感器为什么禁止二次侧开路？

答：主要区别是正常运行时，工作状态很不相同，表现为：

（1）电流互感器二次可以短路，但不得开路。电压互感器二次可以开路，但不得短路。

（2）相对于二次侧的负载来说，电压互感器的一次内阻抗较小以至可以忽略，可以认为电压互感器是一个电压源。而电流互感器的一次却内阻很大，以致可以认为是一个内阻无穷大的电流源。

（3）电压互感器正常工作时的磁通密度接近饱和值，故障时磁通密度下降。电流互感器正常工作时磁通密度很低，而短路时由于一次侧短路电流变得很大，使磁通密度大大增加，有时甚至远远超过饱和值。

电压互感器是一个内阻极小的电压源，正常运行时负载阻抗很大，相当于开路状态，二次侧仅有很小的负载电流，当二次侧短路时，负载阻抗为零，将产生很大的短路电流，会将电压互感器烧坏。因此，禁止电压互感器二次侧短路。

电流互感器在正常运行时，二次电流产生的磁通势对一次电流产生的磁通势起去磁作用，励磁电流甚小，铁芯中的总磁通很小，二次绕组的感应电动势不超过几十伏。如果二次侧开路，二次电流的去磁作用消失，其一次电流完全变为励磁电流，引起铁芯内磁通剧增，铁芯处于高度饱和状态，加之二次绕组的匝数很多，根据电磁感应定律 $E = 4.44fN\Phi$，就会在二次绕组两端产生很高（甚至可达数千伏）的电压，不但可能损坏二次绕组的绝缘，而且将严重危及人身安全。再者，由于磁感应强度剧增，使铁芯损耗增大，严重发热，甚至烧坏绝缘。鉴于以上原因，电流互感器的二次回路中不能装设熔断器。二次回路一般不进行切换，若需要切换时，应有防止开路的可靠措施。

Je4F3088 启动电动机时应注意什么？

答：（1）如果接通电源断路器，电动机转子不动，应立即拉闸，查明原因并消除故障后，才可允许重新启动。

（2）接通电源断路器后，电动机发出异常响声，应立即拉闸，检查电动机的传动装置及熔断器等。

（3）接通电源断路器后，应监视电动机的启动时间和电流表的变化。如启动时间过长或电流表电流迟迟不返回，应立即拉闸，进行检查。

（4）在正常情况下，厂用电动机允许在冷态下启动两次，每次间隔时间不得少于 5min。在热态下启动一次。只有在处理事故时，才可以多启动一次。

（5）启动时发现电动机冒火或启动后振动过大，应立即拉闸，停机检查。

（6）如果启动后发现转向错误，应立即拉闸，停电，调换三相电源任意两相后再重新启动。

Je4F3089 论述变压器的冷却方式与油温规定的原因。

答：油浸变压器的通风冷却是为了提高油箱和散热器表面的冷却效率。装了风扇后与自然冷却相比，油箱散热率可提高 50%～60%。一般采用通风冷却的油浸电力变压器较自冷时可提高容量30%以上。因此，如果在开启风扇情况下变压器允许带额定负荷，则停了风扇的情况下变压器只能带额定负荷的 70%（即降低30%）。否则，因散热效率降低，会使变压器的温升超出允许值。

规程规定，油浸风冷变压器上层油温不超过 55℃时，可不开风扇在额定负荷下运行。这是考虑到，在断开风扇的情况下，若上层油温不超过 55℃，即使带额定负荷，由于额定负荷的温升是一定的，绕组的最热点温度不会超过 95℃，这是允许的。

强迫油循环水冷和风冷的变压器一般是不允许不开启冷却装置就带负荷运行的。即使是空载，也不允许不开启冷却装置运行。这样限制的原因是因为这类变压器油箱是平滑的，冷却面积小，甚至不能将空载损耗所产生的热量散出去。强迫油循环的变压器完全停止冷却系统运行是很危险的。不过，考虑到事故情况下不中断供电的重要性，也考虑到变压器的发热有个时间常数，并不是带上满负荷瞬时就使变压器达到危险的温升，故规程又规定当冷却系统故障冷却器全停时，在额定负荷下允许运行时间为 20min。运行后，如油面温度（上层油温）尚未达到 75℃，但切除冷却器后的最长运行时间不得超过 1h。

Je4F2090 查找直流接地的操作步骤和注意事项有哪些？

答：根据运行方式、操作情况、气候影响进行判断可能接地的处所，采取拉路寻找、分段处理的方法，以先信号和照明部分后操作部分，先室外部分后室内部分为原则。在切断各专用直流回路时，切断时间不得超过 3s，不论回路接地与否均应合上。当发现某一专用直流回路有接地时，应及时找出接地点，尽快消除。查找直流接地的注意事项如下：

（1）查找接地点禁止使用灯泡寻找的方法。

（2）用仪表进行测量工作时，必须使用高内阻电压表。

（3）当直流发生接地时，禁止在二次回路上工作。

（4）处理时不得造成直流短路和另一点接地。

（5）查找和处理必须由两人同时进行。

（6）拉路前应采取必要措施，以防止直流失电可能引起保护及自动装置的误动。

Je3F2091 试述准同期并列法。

答：满足同期条件的并列方法叫准同期并列法。用准同期法进行并列时，要先将发电机的转速升至额定转速，再加励磁升到额定电压。然后比较待并发电机和电网的电压和频率，在符合条件的情况下，即当同步器指向"同期点"时（说明两电压相位接近一致），合上该发电机与电网接通的断路器。准同期法又分自动准同期、半自动准同期和手动准同期三种。调频率、电压及合断路器全部由运行人员操作的，称为手动准同期；而由自动装置来完成时，便称为自动准同期；当上述三项中任一项由自动装置来完成，其余仍由手动来完成时，称为半自动准同期。

采用准同期法并列的优点是发电机无冲击电流，对电力系统也没有什么影响。但如果因某种原因造成非同期并列时，则冲击电流很大，甚至比机端三相短路电流还大 1 倍，这是准同期法并列的缺点。另外，当采用手动准同期并列时，并列操作的超前时间运行人员也不易掌握。

手动准同期并列操作程序：

（1）先将发电机转速升至额定值，然后合上励磁回路断路器给发电机加励磁，零起升压至额定值。

（2）投发电机同期装置，调整发电机转速和励磁，使其频率和电压与系统频率、电压相等。

（3）视同步表指针缓慢旋转，当其指针与"同期点"差较小角度时合上发电机主断路器（超前一个小角度合闸是考虑到断路器从操作机构动作到断路器触头接触要经过一段时间）。

（4）断开发电机同期断路器，适当接带无功负荷。将发电机励磁由手动倒为自动运行。

手动准同期并列时注意事项：

（1）发电机转速达额定值时，方可加励磁升压。

（2）发电机零起升压过程中，应注意监视发电机定子三相电流指示及核对发电机空载特性，以检查定子绕组、转子绕组有无故障及定子电压指示的正确性。

（3）发电机零起升压应用手动励磁。在合励磁回路断路器前，应检查手动励磁装置输出在最低位置。用备励供发电机励磁，升压前应将备励强励连接片停用。并列后方可启用，以防强励误动使发电机定子绕组承受过电压。

（4）当采用 ME-10 型同期装置时，并列过程中应注意同期装置投入时间尽可能短。并列后立即退出运行，以防时间过长损坏同期装置。并列时应保证同期闭锁装置在投入状态，以防造成非同期合闸。

（5）同步表指针旋转较快或同步表指针经过"同期点"有跳动现象时，严禁并列。

（6）如果同步表指针停在"同期点"不动，此时不准合闸。

这是因为断路器在合闸过程中，如果系统或待并发电机的频率突然变动，就可能使断路器正好合在非同期点上。

Je3F2092　试述非同期并列可能产生的后果。

答：凡不符合准同期条件进行并列，即将带励磁的发电机并入电网，叫做非同期并列。

非同期并列是发电厂的一种严重事故，由于某种原因造成非同期并列时，将可能产生很大的冲击电流和冲击转矩，会造成发电机及有关电气设备的损坏。严重时会将发电机线圈烧毁、端部变形，即使当时没有立即将设备损坏，也可能造成严重的隐患。就整个电力系统来讲，如果一台大型机组发生非同期并列，这台发电机与系统间将产生功率振荡，严重扰乱整个系统的正常运行，甚至造成电力系统稳定破坏。

为了防止非同期并列事故，应采取以下技术和组织措施：

（1）并列人员应熟悉主系统和二次系统。

（2）严格执行规章制度，并列操作应由有关部门批准的有并列权的值班人员进行，并由班长、值长监护，严格执行操作票制度。

（3）采取防止非同期并列的技术措施，如使用同期插锁、同期角度闭锁、自动准同期并列装置等。

（4）新安装或大修后发电机投入运行前，一定要检查发电机系统相序和进行核相。有关的电压互感器二次回路检修后也应核相。

Je3F3093　变压器在什么情况下必须立即停止运行？

答：若发现运行中无法消除且有威胁整体安全的可能性的异常现象时，应立即将变压器停运修理。发生下述情况之一时，应立即将变压器停运修理：

（1）变压器内部音响很大，很不正常，有爆裂声。

（2）在正常负荷和冷却条件下，变压器上层油温异常，并不断上升。

（3）油枕或防爆筒向外喷油、喷烟。

（4）严重漏油，致使油面低于油位计的指示限度。

（5）油色变化过甚，油内出现碳质。

（6）套管有严重的破损和放电现象。

（7）变压器范围内发生人身事故，必须停电时。

（8）变压器着火。

（9）套管接头和引线发红、熔化或熔断。

Je3F4094 电压互感器的一、二次侧装设熔断器是怎样考虑的？什么情况下可不装设熔断器，其选择原则是什么？

答：为防止高压系统受电压互感器本身或其引出线上故障的影响和对电压互感器自身的保护，所以在一次侧装设熔断器。

110kV 及以上的配电装置中，电压互感器高压侧不装设熔断器。电压互感器二次侧出口是否装熔断器有几个特殊情况：

（1）二次接线为开口三角的出线除供零序过电压保护用外，一般不装熔断器。

（2）中线上不装熔断器。

（3）接自动电压调整器的电压互感器二次侧一般不装熔断器。

（4）110kV 及以上的配电装置中的电压互感器二次侧装空气小开关而不用熔断器。

二次侧熔断器选择的原则是：熔体的熔断时间必须保证在二次回路发生短路时小于保护装置动作时间。熔体额定电流应大于最大负荷电流，且取可靠系数为 1.5。

Je3F4095 发电机启动升压过程中，为什么要监视转子电流和定子电流？

答：（1）监视转子电流和与之对应的定子电压，可以发现励磁回路有无短路。

（2）额定电压下的转子电流较额定空载励磁电流显著增大时，可以初步判定有匝间短路或定子铁芯有局部短路。

（3）电压回路断线或电压表卡涩时，防止发电机电压升高，威胁绝缘。

发电机启动升压过程中，监视定子电流是为了判断发电机及主变压器高压侧有无短路现象。

Je3F4096 6（10）kV 母线停电，大修工作开工前的现场安全措施如何布置？

答：（1）6（10）kV 母线工作和备用电源断路器停电并将断路器拉至检修位置，6（10）kV 母线所接带的下一级联络电源断路器、变压器负荷断路器、电动机负荷断路器停电并将断路器拉至检修位置，6（10）kV 母线 TV 和工作及备用进线电源分支 TV 停电并将 TV 小车拉至检修位置。

（2）停用 6kV（10）母线相关保护，停用 6（10）kV 母线快切装置。

（3）在 6（10）kV 母线所有可能带电的各端装设接地线或合上接地隔离开关，填写接地线和接地隔离开关登记本，挂接地线时严禁缠绕，接地端一定要压接牢固，接地线一定要合格。

（4）在已停电断路器的操作把手上、各侧隔离开关操作把手上，悬挂"禁止合闸，有人工作"的标示牌。在 6（10）kV 母线带电间隔（启动变来备用电源断路器静触头仍带电）悬挂"止步，高压危险"的标示牌，在 6（10）kV 母线合适位置悬挂"在此工作"的标示牌。

（5）装设安全围栏，与相邻带电设备隔离分开。

Je3F5097 机组正常运行时，若发生发电机失磁故障，应如何处理？

答：当发电机失去励磁时，如失磁保护动作跳闸，则应完成机组解列工作，查明失磁原因，经处理正常后机组重新并入电网，同时汇报调度。

（1）若失磁保护未动作，且危及系统及本厂厂用电的运行安全时，则应立即用发电机紧急解列断路器（或逆功率保护）及时将失磁的发电机解列，并应注意厂用电应自投成功，若自投不成功，则按有关厂用电事故处理原则进行处理。

（2）若失磁保护未动作，短时未危及系统及本厂厂用电的运行安全，应迅速降低失磁机组的有功出力，切换厂用电；尽量增加其他未失磁机组的励磁电流，提高系统电压、增加系统的稳定性。

（3）如失磁原因查明并且故障排除，则将机组重新恢复正常工况运行。如机组运行中故障不能排除，应申请停机处理。

（4）在上述处理的同时，应同时监视发电机电流、风温等参数的变化。

（5）发电机解列后，应查明原因，消除故障后才可以将发电机重新并列。

Je2F4098 变压器瓦斯保护的使用有哪些规定？

答：（1）变压器投入前重瓦斯保护应作用于跳闸，轻瓦斯保护应作用于信号。

（2）运行和备用中的变压器，重瓦斯保护应投入跳闸位置，轻瓦斯保护应投入信号位置，重瓦斯和差动保护不许同时停用。

（3）变压器运行中进行滤油、加油、更换硅胶及处理呼吸器时，应先将重瓦斯保护改投信号，此时变压器的其他保护（如差动保护、电流速断保护等）仍应投入跳闸位置。工作完毕，变压器空气排尽后，方可将重瓦斯保护重新投入跳闸。

（4）当变压器油位异常升高或油路系统有异常现象时，为查明其原因，需要打开各放气或放油塞子、阀门，检查吸湿器或进行其他工作时，必须先将重瓦斯保护改接信号，然后才能开始工作，工作结束后即可将重瓦斯保护重新投入跳闸。

（5）在地震预报期间，根据变压器的具体情况和气体继电器的类型来确定将重瓦斯保护投入跳闸或信号。地震引起重瓦斯动作停运的变压器，在投运前应对变压器及瓦斯保护进行检查试验，确定无异状后方可投入。

（6）变压器大量漏油致使油位迅速下降，禁止将重瓦斯保改接信号。

（7）变压器轻瓦斯信号动作，若因油中剩余空气逸出或强油循环系统吸入空气引起，而且信号动作间隔时间逐次缩短，将造成跳闸时，如无备用变压器，则应将瓦斯保护改接信号，同时应立即查明原因加以消除。但如有备用变压器时，则应换用备用变压器，而不准将运行中变压器的重瓦斯保护改接信号。

Je2F4099　如何处理单元机组厂用电中断事故？

答：单元机组厂用电是重要负荷，除由工作电源供电外，还应有备用电源。当工作电源故障时，备用电源应自投。若装置或断路器未动作，应手动强送（按规程规定执行）。若厂用母线出现永久故障或断路器拒动时，将发生厂用电中断事故。如果某一段厂用电中断，机、炉人员应立即启动备用设备，必要时投油助燃；对于失电的回转空气预热器，应立即手动盘车防止烧坏，应注意降低机组负荷，保持汽温、汽压稳定；注意油系统油压，及时启动备用油泵；防止失电水泵倒转，保证锅炉正常供水；注意循环冷却水中断，关闭可能进入凝汽器的热水、热汽或及时投入邻机循环水，防止凝汽器超压损坏；及时投入机组轴封备用汽源，防止机组轴封漏入冷空气导致汽机上下缸温差大损坏汽机本体设备。如果厂用电全部中断，机、炉设备不能维持运行，应按破坏真空故障停机处理。一旦厂用电恢复，应迅速启动辅机，重新点火启动，重新接带负荷。

Je2F5100　发电机失磁导致异步运行时的处理原则。

答：（1）对于不允许无励磁运行的发电机应立即从电网解列，以免损坏设备或造成系统事故。

（2）对于允许无励磁运行的发电机应按无励磁运行规定执行以下操作：

1）迅速降低有功功率到允许值，此时定子电流将在额定电流左右摆动。

2）手动断开灭磁断路器，退出自动电压调节装置和发电机强行励磁装置。

3）注意其他正常运行的发电机定子电流和无功功率值是否超出规定，必要时按发电机允许过负荷规定执行。

4）对励磁系统进行迅速而细致的检查，如属工作励磁机的问题，应迅速启动备用励磁机恢复励磁。

5）注意厂用电母线电压水平，必要时可倒至备用电源供电。

6）在规定无励磁运行的时间内，仍不能使机组恢复励磁，则应将发电机与系统解列。

Je2F5101 发电机—变压器组运行中，造成过励磁原因有哪些？

答：（1）发电机—变压器组与系统并列前，由于误操作，误加大励磁电流引起过励磁。

（2）发电机启动中，转子在低速预热时，误将电压升至额定值，则因发电机变压器低频运行而造成过励磁。

（3）切除发电机中，发电机解列减速，若灭磁断路器拒动，使发电机遭受低频引起过励磁。

（4）发电机—变压器组出口断路器跳开后，若自动励磁调节器退出或失灵，则电压与频率均会升高，但因频率升高慢而引起过励磁，即使正常甩负荷，由于电压上升快，频率上升慢（惯性不一样），也可能使变压器过励磁。

（5）系统正常运行时频率降低也会引起过励磁。

Je1F4102 母差保护作用如何？母差保护动作后应闭锁哪些保护？

答：母差保护作用能快速、有选择性地切除母线故障，将故障控制在最小范围内，从而提高系统运行的稳定性和供电的可靠性。

母差保护动作应闭锁下列保护：

（1）当母线不采用重合闸时，母差保护动作后应解除线路重合闸，以防线路重合闸动作，使线路重合于故障母线上。

（2）双母线接线的母差保护动作后，应闭锁平行双回线路，分别连接在两母线上的横联差动方向保护和电流平衡保护，以防将连接在另一正常母线上的线路误跳闸。

（3）母差保护动作后，应闭锁线路本侧高频保护，使其停止发信。从而在线路断路器和电流互感器之间故障时，加速线路对侧断路器跳闸切除故障。但对那些线路上支接有变压器负荷的除外。

Je1F5103 分析发电机失磁运行时主要参数的变化及原因。

答：（1）转子电流指示为零或接近于零。当发电机失去励磁后，转子电流迅速地依指数规律衰减，其减小的程度与失磁原因、剩磁大小有关。当励磁回路开路时，转子电流表指示为零。当励磁回路短路或经小电阻闭合时，转子回路有交流电流通过，直流电流表有指示，但指示值很小。

（2）定子电流增大并波动。失磁后的发电机进入异步运行状态时，既向电网送出有功功率，又从电网吸收无功功率，所以造成电流上升。波动的原因简单地说是由于转子回路中有差频脉动电流所引起的。

（3）有功功率降低并波动。异步运行发电机的有功功率的平均值比失磁前略有降低，这是因为机组失磁后，转子电流很快以指数曲线衰减到零，原来由转子电流所建立的转子磁场也很快消失，这样作为原动机力矩的电磁转矩也消失了，"释载"的转子在原动机的作用下很快升速。这时汽轮机的调速系统自动使汽门关小一些，以调整转速。所以在平衡点建立起来的时候，有功功率要下降一些。有功功率降低的程度和大小，与汽轮机的调整特性以及该发电机在某一些转差下所能产生的异步力矩的大小有关。

（4）机端电压显著下降，且随定子电流波动。由于定子电流增大，线路压降增大，导致机端电压下降，危及厂用负荷安全稳定运行。如在发电机带50%额定功率时，6.3kV母线电压平均值约为失磁前的78%，最低值达72%。

（5）无功功率指示负值，发电机进相运行。

（6）转子各部件温度升高。异步运行发电机的励磁绕组，阻尼绕组、转子铁芯等处产生滑差电流，从而在转子上引起损耗使温度升高，特别是在转子本体端部，温升更高，它们的大小与异步电磁转矩和滑差成正比，严重时将危及转子的安全运行。

Je1F5104 电力生产事故处理的一般原则是什么？事故处理的主要任务及对运行人员的要求是什么？

答：发生事故，运行人员处理的原则是尽早作出准确判断，如故障设备、故障范围、故障原因、操作步骤等，尽快进行处理，尽量缩小事故范围。

（1）事故处理的主要任务：

1）尽快限制事故发展，消除事故的根源并解除对人身和设备的危险。

2）用一切可能的方法保持设备继续运行，保证对用户的正常供电。必要时应设法在未直接受到事故损害的机组上增加负荷。

3）尽快对已停电的用户恢复送电。

4）调整电力系统的运行方式，使其恢复正常。

处理事故应注意，在恢复对用户供电的同时，要首先恢复站用电的正常状态，特别是对于直流操作和较大型的变电站，这一点十分重要。

（2）事故处理对运行人员的要求：

1）所有运行人员必须坚守岗位。

2）当交接班时发生事故，而交接班手续尚未完成时，应停止交接班，由交班人处理事故，接班人协助处理。

3）发生事故时，当值调度员是处理事故的指挥人，凡与处理事故无关的人员，严禁进入现场或在现场停留。

4）处理事故时，重要操作（应在现场规程中明确规定）必须有值班调度员命令方可执行。

5）以下各项操作，在任何情况下均可不等值班调度员的命令，由值班人员执行：①将直接对人员生命有威胁的设备停电。②将已损坏的设备隔离（电气隔离）。③运行中的设备有受损伤的威胁时，根据现场事故处理规程的规定加以隔离。④当母线电压消失时，将连接到该母线上的断路器拉开。

以上操作执行后，应加以记录并尽快报告值班调度员。

异常及事故是威胁电力系统正常运行的大敌，而且又是运行中不可避免的现象。因此，能正确处理异常及事故，是每个运行人员最重要的基本功。要学会事故的分析、判断与处理的一般方法与原则，不断提高判断事故和处理事故的能力，以满足现场工作的需要。

Je1F5105　叙述机组跳闸后，电气逆功率保护未动作的处理。并分析：此时为什么不能直接拉主变压器 220kV 断路器进行处理。

答：（1）锅炉 MFT 后，首先应检查"汽轮机跳闸"光字牌亮，汽轮机高、中压主汽门及调速汽门均已关闭，发电机有功表指示为零或反向，此时逆功率保护应动作出口跳闸。若逆功率保护拒动，汽轮发电机组仍将维持 3000r/min 左右的同步转速。发电机进入调相运行状态，考虑到汽轮机叶片与空气摩擦造成过热，规程规定逆功率运行不得超过 1min，此时应用 BTG 盘上的发电机紧急解列断路器（或手拉灭磁断路器启动保护出口），将发电机解列。

发电机解列后应注意厂用电应自投成功，否则按有关厂用电事故原则处理。发电机解列后应联系检修，查明保护拒动原因并消除故障后方可重新并网。

（2）逆功率保护未动不能直接拉主变压器 220kV 断路器的原因为：发电机由正常运行转为逆功率运行时，由于发电机有功功率由向系统输出转为输入，而励磁电流不变，故发电机电压将自动升高，即发电机无功负荷自动增加，增加后的无功电流在发电机和变压器电抗作用下仍保持发电机电压与系统电压的平衡。若此时拉开主变压器 220kV 断路器，会造成以下后果：由于 220kV 断路器拉开后并不启动发电机变压器组保护出口，厂用电系统不能进行自动切换，这时发电机出口仍带厂用电，随着发电机转速下降，厂用电的频率及电压与启动备用变压器低压侧相差较大，造成同期条件不满足，给切换厂用电带来困难，易失去厂用电而造成事故扩大。另外拉开主变压器 220kV 断路器瞬间，由于原来无功负荷较高，将造成厂用电电压瞬间过高，对厂用设备产生的冲击可能使设备绝缘损坏。

La4F2106　燃煤电厂对环境造成的污染主要有哪几个方面？

答：燃煤电厂对环境造成的污染主要有：

（1）粉尘排放造成的污染；

（2）硫化物、氮氧化物、二氧化碳、一氧化碳、粉尘等排放造成的污染；

（3）固体废弃物（粉煤灰、渣、石膏、污泥）造成的污染；

（4）废水排放造成的污染；

（5）生产过程中产生的噪声污染；

（6）电磁辐射污染；

（7）高温废水排放造成的热污染。

Lb4F3107　试述吸收塔入口烟气温度高的危害、原因、处理方法。

答：（1）危害：

1）烟气温度高，同等条件下在电除尘电场中的比电阻大，除尘效率相对较低，会使烟气中含灰量增加，浆液品质变差；

2）烟气温度高会损坏塔内设备；

3）二氧化硫因温度高而溶解度下降，脱硫效率降低；

4）吸收塔的水蒸发加快，净烟气湿度增大，吸收塔水耗增加，另外会产生烟囱落雨现象。

（2）原因：

1）锅炉燃烧调整不好，排烟温度高；

2）烟气量过大，内应力致使温度较高。

（3）汇报值长，及时调整锅炉燃烧方式或投入低层磨煤机，联系相关人员尽快查明原因；当温度持续较高时，可开启事故喷淋水降温，期间注意监视吸收塔液位，防止吸收塔发生溢流。

Lb4F3108 试述湿法烟气脱硫系统中钙硫比定义及其对脱硫系统的影响。

答：钙硫比（Ca/S）是指向烟气脱硫系统内加入 $CaCO_3$ 的摩尔数和烟气脱硫系统脱除的 SO_2 的摩尔数的比例。钙硫比是无量纲比值，表示吸收剂的利用程度。

在保持液气比不变的情况下，钙硫比减少，注入吸收塔内吸收剂的量减少，引起 pH 值下降，影响 SO_2 的吸收量，脱硫效率降低，pH 值过低还会加剧系统腐蚀；钙硫比增大，注入吸收塔内吸收剂的量相应增大，引起浆液 pH 值上升，可增大中和反应的速率，增加反应的表面积，使 SO_2 吸收量增加，提高脱硫效率。但随着 pH 值升高，吸收剂溶解度降低，其供给量的增加将导致浆液浓度的提高，会引起吸收剂的过饱和凝聚，最终使反应表面积减小、脱硫效率降低、石灰石利用率降低、石膏纯度降低、系统结垢加剧。

Lb4F3109 吸收塔浆液 pH 值对 SO_2 吸收的影响有哪些？

答：吸收塔正常运行的 pH 值控制范围在 5.2～5.8 之间。一方面，pH 值影响 SO_2 的吸收过程，pH 值越高，传质系数增加，SO_2 吸收速度就越快，但过高的 pH 值不利于石灰石的溶解，且系统设备容易结垢；pH 值降低，虽利于石灰石的溶解，但会降低 SO_2 的吸收速度，当 pH 值下降到 4 时，吸收塔浆液几乎不能吸收 SO_2。另一方面，pH 值还影响石灰石、$CaSO_4 \cdot 2H_2O$ 和 $CaSO_3 \cdot 1/2H_2O$ 的溶解度，随着 pH 值的升高，$CaSO_3$ 的溶解度明显下降，而 $CaSO_4$ 的溶解度则变化不大。因此，随着 SO_2 的吸收，吸收塔浆液 pH 降低，浆液中 $CaSO_3$ 的量增加，并在石灰石颗粒表面形成一层液膜，而液膜内部 $CaCO_3$ 的溶解又使 pH 值上升，溶解度的变化使液膜中的 $CaSO_3$ 析出，在石灰石颗粒表面沉积，形成一层外壳，使颗粒表面钝化，阻碍了 $CaCO_3$ 的继续溶解，抑制了吸收反应的进行。

因此，选择合适的 pH 值是保证系统良好运行的关键因素之一。

Lb4F3110　脱硫运行管理中，对石灰石品质有哪些监督项目？

答：（1）$CaCO_3$ 的质量分数。石灰石中 $CaCO_3$ 的质量分数高则品质好，能增加浆液吸收 SO_2 的反应速率，有利于提高脱硫效率和石灰石的利用率。脱硫装置使用的石灰石中 $CaCO_3$ 的质量分数应高于 90%。

（2）$MgCO_3$ 及杂质的质量分数。$MgCO_3$ 质量分数高会降低石灰石的活性，一般应控制在 3%以下。石灰石中 SiO_2 的含量过高将导致设备磨损、能耗增大，一般应低于 2%。石灰石中杂质对石灰石颗粒的溶解起阻碍作用，杂质质量分数越高，这种阻碍作用越强，最终还将造成石膏品质的下降。

（3）石灰石浆液粒径。石灰石的反应速率与石灰石粉颗粒比表面积成正比，颗粒的粒度越小，质量比表面积越大，溶解性能好，脱硫效果和石灰石的利用率高，同时降低石膏中石灰石的质量分数，有利于提高石膏品质。通常要求石灰石粉 90%可以通过 325 目筛（44μm）。

（4）石灰石的活性。石灰石的活性即溶解速率是影响脱硫效率的主要因素。在石灰石颗粒粒度和溶解条件相同的情况下，溶解速率大则石灰石活性高。

Jd4F4111　石灰石-石膏湿法脱硫系统正常运行时，如何改善和提高石膏品质？

答：（1）加强吸收塔入口参数监视，当烟尘浓度过高、入口硫分超设计值或锅炉较长时间燃油时，及时汇报相关人员进行调整。

（2）保证石灰石浆液品质。提高石灰石的纯度和石灰石浆液细度。

（3）保证工艺水的品质。控制水中的悬浮物、氯离子、氟离子、钙离子等的含量在设计范围内。

（4）保证 pH 值在最佳范围内。避免 pH 值大幅波动，保证塔

内浆液 $CaCO_3$ 含量在规定范围内。

（5）保证吸收塔浆液密度在最佳范围内。

（6）确保吸收塔浆液充分氧化。

（7）对石膏浆液旋流器定期进行清洗维护，定期化验底流密度，发现偏离正常时及时查明原因并作相应处理。

（8）定期对真空皮带脱水机、真空泵等设备进行清洗维护，保证设备的性能最佳。

（9）定期维护校验脱硫系统内的重要仪表如 pH 计、密度计等。

（10）适当加大废水排放量。

Jd4F4112 什么是风机喘振？风机喘振有哪些危害，运行中应如何预防风机喘振？

答：风机喘振是指风机在不稳定区域工作时所产生的压力和流量的脉动现象。

喘振的危害：当风机发生喘振时，风机的流量和压力周期性地反复变化，有时变化很大，出现零值甚至负值。风机流量和压力的正负剧烈波动，会造成气流猛烈撞击，使风机本身产生剧烈振动，同时风机工作的噪声加大。大容量、高压头风机若发生喘振，则可能导致设备的轴承损坏，造成事故，直接影响整个系统的安全运行。

预防风机发生喘振的措施有：

（1）保持风机在稳定的工作区域内运行。

（2）增加再循环，使一部分由风机排出的气体再循环回到风机入口，使风机流量不因过小而进入不稳定的工作区域。

（3）在管道上加装放气阀，当风机流量小于或接近喘振流量时，开启放气阀，排掉部分空气，降低管道压力，避免发生喘振。

（4）改变风机本身的流量，如改变转速、叶片安装角等，避免风机的工作点落入喘振区。

Jd4F4113 脱硝系统整套启动前，SCR 反应系统应做哪些检查？

答：（1）反应器系统的保温、油漆已经安装结束，妨碍运行的临时脚手架已经拆除。

（2）反应器及其前后烟道内部杂物已经清理干净，在确认内部无人后，关闭检查门和人孔。

（3）反应器的声波吹灰器试运行合格，压缩空气供应稳定，压力满足要求。

（4）反应器出口的烟气分析仪已经调试完成，可以正常工作。

（5）反应器系统的相关监测仪表已校验合格，投运正常，CRT参数显示准确。

Lb3F3114　吸收塔浆液中氯离子含量高对脱硫系统的影响有哪些？

答：（1）能引起金属的孔蚀、缝隙腐蚀、应力腐蚀及选择性腐蚀。

（2）抑制吸收塔内物理化学反应过程，改变吸收塔浆液的 pH 值，影响 SO_2 的吸收传质过程，降低 SO_2 的去除率。

（3）脱硫剂的消耗量随氯化物浓度的增高而增大，同时抑制吸收剂的溶解。

（4）氯化物会引起石膏脱水困难，引起石膏中剩余的脱硫剂量增大，导致成品石膏中含水量增大，影响石膏的综合利用。

（5）氯离子含量过高，会加重对设备及管道的腐蚀，造成浆液循环泵叶轮磨损加重，影响设备出力。

（6）氯化物含量较高时，吸收塔浆液中不参加反应的惰性物质增加，吸收浆液密度增大，浆液循环系统电耗增加。

Lb3F3115　脱硝系统氨逃逸量大时，对脱硫系统的影响有哪些？

答：（1）造成原烟气二氧化硫浓度下降，净烟气二氧化硫浓度波动。

（2）氨逃逸大时，会与烟气中的 SO_3、水蒸气反应生成亚硫酸氢铵、硫酸氢铵，与烟气中的粉煤灰混合后黏附在电除尘极板极线上，造成电除尘二次电流偏低，电场收尘效果差，造成大量细灰进入脱硫吸收塔。

（3）吸收塔浆液中氨离子含量过多时，造成浆液品质变差，影响 SO_2 吸收，脱硫系统出力下降。

（4）会造成石膏浆液黏度增大，部分石膏浆液黏在旋流器内壁上，造成石膏旋流效果变差，进一步影响石膏脱水。

（5）副产品石膏中含有氨离子，气味较大，改变石膏部分特性，影响石膏综合利用。

（6）氨逃逸过大会造成脱硫废水中含有氨离子，增加废水处理难度。

（7）净烟气含有部分氨离子进入 CEMS 取样管线后，生成硫酸氢氨结晶体，影响数据的测量。

Lb3F3116 设备等级检修后验收一般包括哪些内容？

答：（1）实行点检定修制的企业，按照检修作业指导书上的要求执行。

（2）工作结束后必须做到"工完、料净、场地清"。

（3）设备检修后的整体验收、启动应按照电力行业和国家安监机构相关规程执行。

（4）A、B 级检修完毕，热态运行 1 个月后，进行热态考核试验，以检验检修效果。

（5）检修完毕后，应对检修资料包括影像、图片、检修记录等进行归档。

（6）各专业人员应对检修情况进行总结、汇报。

Jd3F4117 石灰石-石膏湿法脱硫系统在运行中可以从哪些方面来防止结垢现象的发生。

答：（1）提高锅炉除尘器的效率和可靠性，使脱硫系统入口烟尘浓度在设计范围内。

（2）控制吸收塔浆液中石膏过饱和度，使其最大不超过 140%。

（3）选择合理的 pH 值区间运行，尤其避免 pH 值的急剧变化。

（4）保证吸收塔浆液的充分氧化。

（5）向吸收塔中加入增效剂，促进 SO_2 在浆液中的溶解吸收，提高石灰石的利用率。

（6）浆液管道停运后及时冲洗干净。

（7）确保搅拌设备正常运行，防止沉淀结垢。

Jd3F4118　发生二氧化硫出口浓度超标时如何处理？

答：（1）降低机组负荷，调整入炉煤硫分。

（2）根据运行工况，及时做出调整，控制吸收塔浆液 pH 值、密度、液位在正常范围。

（3）启动备用浆液循环泵，增加液气比。

（4）向吸收塔地坑投加催化剂（增效剂），提高浆液活性。

（5）加强废水排放，降低吸收塔内有害离子浓度，严重时置换吸收塔浆液，查明浆液品质变差原因，控制来源。

（6）加强石灰石品质监督，合理调整制浆系统，确保石灰石浆液合格。

（7）检查氧化风管通畅，及时清理入口滤网，提高氧化风机出力。

（8）校验、标定 CEMS 仪表，恢复正常运行。

（9）恢复浆液循环泵正常出力，对堵塞和脱落的浆液喷嘴进行疏通和粘接，保证浆液喷淋覆盖率足够，防止出现烟气走廊。

Jd3F4119　脱硫系统运行中如何预防吸收塔浆液起泡？

答：（1）严密监视吸收塔浆液运行情况，及时添加专用消泡剂。在吸收塔最初出现起泡溢流时，消泡剂加入量较大，在连续加入一段时间后，泡沫层逐渐变薄，减少加入量，直至稳定在一定加药量上。

（2）合理调整浆液循环泵运行，在满足排放的前提下，停运一台浆液循环泵以减小吸收塔内部浆液的扰动。

（3）适当降低吸收塔工作液位，减小浆液溢流量，防止浆液进入吸收塔入口烟道。

（4）降低吸收塔浆液密度，加大石膏排出量，保证新鲜浆液的不断补入。

（5）加大脱硫废水的排放，从而降低吸收塔浆液重金属离子、Cl^-、有机物、悬浮物及各种杂质的含量，改善吸收塔内浆液的品质。

（6）严格控制脱硫用工艺水的水质，加强过滤和预处理工作，降低 COD、BOD。

（7）严格控制石灰石原料，保证其中各项组分（如 MgO、SiO_2）含量符合要求。

（8）加强吸收塔浆液、废水、石灰石浆液、石灰石粉和石膏的化学分析工作，有效监控脱硫系统运行状况，发现浆液品质恶化趋势，及时采取处理手段。

（9）起泡加剧时，可暂将吸收塔浆液导入事故浆液箱，补充新鲜浆液进行置换。

（10）根据运行工况，适当降低氧化风量。

Lb2F4120　影响脱硫系统腐蚀的外在因素有哪些？

答：（1）介质温度。温度是影响烟气脱硫系统装置材料选择的重要因素。橡胶、树脂和 FRP 等有机衬材和构件有最高使用温度限制。由于内衬与基材膨胀系数的差异，在温度作用下会产生不同的线膨胀，温度越高负作用越大，严重时会导致内衬与基材脱落。温度还会使材料的物理化学性能下降，加速老化过程；温度变化产生的热应力会导致衬层内出现起泡、龟裂等。温度的升高还会加速合金的腐蚀。

（2）干/湿过渡区。由于高温、腐蚀性盐的浓缩和高浓度酸性沉积物成为极具腐蚀的区域。

（3）固体颗粒物的作用。烟气中带入的飞灰、浆液中的石英砂、石膏和碳酸钙对塔壁、梁柱、喷嘴、管道、阀门等设备造成磨损腐蚀。

（4）流速。介质流速提高，会加剧介质对材料表面的冲刷，破坏金属表面的钝化膜，促进了腐蚀反应的进行。

（5）结构设计。设备中不合理结构设计引起局部应力，造成腐蚀介质的停滞或局部过热现象，最终导致设备腐蚀。

Lb2F4121　吸收塔内增加多孔托盘的优点有哪些？

答：（1）均布气流。烟气由吸收塔入口进入，形成一个涡流区，烟气由下至上通过托盘后流速降低，并均匀通过吸收塔喷淋区。

（2）浆液分布均匀。多孔托盘上的水膜层使浆液分布均匀。

（3）强化脱硫、提高了吸收剂利用率。托盘上形成的一定高度的持液层，延长了浆液停留时间，从而有效降低液气比，提高吸收剂的利用率，降低浆液循环泵的流量和功耗，降低脱硫电耗。

（4）低吸收塔。可以减少液气比和喷淋层，降低吸收塔的高度。

（5）不结垢。激烈的浆液冲刷使托盘不易结垢。

（6）检修方便。托盘可以作为喷淋层和除雾器的检修平台。

（7）节能。较低的液气比和较低的吸收塔高度，使浆液循环泵功率大大减少，足以抵消因烟气阻力增加而增加的引风机功率，高效节能。

Lb2F4122　为什么低氮燃烧技术在低负荷时 NO_x 的排放不易控制？

答：一般而言，为了保证汽温，锅炉在低负荷运行时通常会适当提高燃烧时的过量空气系数。过量空气系数的提高使得燃烧中氧量偏高，分级燃烧效果降低，也就是没有有效发挥空气分级的特点以降低 NO_x 的排放，这是锅炉低负荷时 NO_x 不易控制的主要原因。另外，当机组在低负荷运行时，即使不参与燃烧配风的二次风门全关，风门挡板仍留有一定的流通空隙，以保证约 10% 左右的二次风通过，冷却该燃烧器喷嘴。但由于锅炉在低负荷运行时，总的运行风量较小，而燃烧器停运风门全关时流通空隙的结构，冷却风量占燃烧风量的比例在低负荷时明显增加，低负荷运行时主燃烧器区域的低氧量无法保证，分级燃烧效果降低，因此低负荷控制 NO_x 的效果不明显。

Lb2F5123 防止脱硫系统着火事故的重点要求是什么？

答：（1）脱硫防腐工程用的原材料应按生产厂家提供的储存、保管、运输特殊技术要求，入库储存分类存放，配备灭火器等消防设备，设置严禁动火标志，在其附近 5m 范围内严禁动火；存放地应采用防爆型电气装置，照明灯具应选用低压防爆型。

（2）脱硫原、净烟道、吸收塔、石灰石浆液箱、事故浆液箱、滤液箱、衬胶管、防腐管道（沟）、集水箱区域或系统等动火作业时，必须严格执行动火工作票制度，办理动火工作票。

（3）脱硫防腐施工、检修时，检查人员进入现场除按规定着装外，不得穿带有铁钉的鞋子，以防止产生静电，引起挥发性气体爆炸。

（4）脱硫防腐施工、检修作业区，现场应配备足量的灭火器；防腐施工面积在 $10m^2$ 以上时，防腐现场应接引消防水带，并保证消防水随时可用。

（5）脱硫防腐施工、检修作业区 5m 范围设置安全警示牌并布置警戒线，警示牌应挂在显著位置，由专人现场监督，未经允许不得进入作业场地。

（6）吸收塔和烟道内部防腐施工时，至少应留 2 个以上出入孔，并保持通道畅通；至少应设置 2 台防爆型排风机进行强制通风，作业人员应戴防毒面具。

（7）脱硫设备安装或检修时，应有完整的施工方案和消防方案，施工人员须接受过专业培训，了解材料的特性，掌握消防灭火技能；施工场所的电线、电动机、配电设备符合防爆要求。

（8）应避免安装和防腐施工同时进行，严格遵守"动火不防腐，防腐不动火"的原则。

Lb1F5124 SCR 脱硝催化剂活性降低的原因主要有哪些？

答：催化剂活性除了随运行时间增加而逐渐衰减退化外，还有物理因素和化学因素。

（1）温度。温度过高会造成不可逆转的破坏性烧结，温度过低易导致铵盐的沉积、黏附和堵塞。通常为了避免催化剂的中毒，对于低硫煤的烟气，催化剂的反应温度宜控制在 315～400℃，对于高硫煤，温度以 342～400℃ 为宜，温度低于下限，则催化剂活性下降，下降程度取决于低温持续的时间和发生的频率。短暂和偶尔的低温可以利用适当高温的气流使之恢复，持续和反复的低温将导致催化剂的永久破坏。

（2）飞灰。催化剂因表面堵塞而退化，主要是飞灰沉积和铵盐黏附。微小颗粒沉积在催化剂的小孔中，阻碍了 NO_x 和 NH_3 到达催化剂活性表面，引起催化剂钝化。所以，安装吹灰器定时吹扫积灰是非常必要的。

（3）碱金属。典型的 SCR 催化剂化学中毒，主要源自烟气中的碱金属、碱土金属的积聚。碱金属可直接同催化剂的活性组分作用，使之失去活性。催化剂失活的程度取决于碱金属在其表面的浓度。

（4）碱土金属。碱土金属使催化剂中毒钝化的主要原因是飞灰中游离 CaO 和催化剂表面吸附的 SO_3 反应生成 $CaSO_4$，引起催化剂表面结垢，从而阻断反应气体流动通道和向催化剂内部扩散。

（5）砷。As 中毒是由于烟气中 As_2O_3、As_2O_5 等引起的。砷氧化物会扩散进入催化剂的孔道中，造成堵塞。同时，还会对催化剂的酸性位产生影响。

（6）凝水。当催化剂表面有水蒸气凝结时，灰中的有毒物质和水作用，形成坚硬的物质，覆盖在催化剂的表面上，使其活性降低甚至丧失。

（7）磨蚀。磨损是因飞灰对催化剂的表面冲刷造成的，它是气流速度、飞灰特性、冲刷角度和催化剂特性的复变函数。

Lb1F5125 试述 SCR 脱硝催化剂层发生二次燃烧的现象、原因及处理措施。

答：（1）现象：空气预热器前后及尾部烟道负压大幅波动；空气预热器出口风温不正常升高，排烟温度不正常升高；在燃烧部位不严密处向外冒烟和火星。

（2）原因：锅炉启动初期煤粉未燃尽，在催化剂层沉积过多；吹灰器运行不正常，造成煤粉沉积；低负荷运行时间过长，造成大量可燃物堆积在催化剂上；机组启动初期或低负荷时，油煤混燃，造成催化剂上积聚油垢。

（3）处理措施：发现烟道内烟气温度不正常升高时，立即调整燃烧，对受热面蒸汽吹灰；在确认尾部烟道再燃烧时，排烟温度超过200℃应立即紧急停炉，立即停止送、引风机运行并关闭所有烟风挡板，严禁通风；空气预热器入口烟气温度、排烟温度、热风温度降低到80℃以下，各人孔和检查孔不再有烟气和火星冒出后停止蒸汽吹灰或消防水，打开人孔和检查孔检查确认再燃烧熄灭，开启烟道排水门排尽烟道内的积水，开启烟风挡板进行通风冷却；炉膛经过全面冷却，进入再燃烧处检查确认设备无损坏，受热面积聚的可燃物彻底清理干净后方可重新启动锅炉。

八、案例分析题

Je3H3001　某机械厂锅炉房有 6t 蒸汽锅炉 4 台，存在锅炉爆炸、高温灼烫等危险，检修时存在触电等危险。试分析控制危险、危害因素的防范措施。

答：控制危险、危害因素的防范措施主要有：

（1）改进生产工艺过程，实行机械化、自动化生产。

（2）设置安全装置，并保证准确有效，如保证安全阀、水位表、压力表、高、低水位报警器等仪表、安全装置正常有效。

（3）机械强度试验，定期对锅筒做耐压试验。

（4）电气安全对策，检查供电线路完好，无超负荷运行，进入炉膛内维修使用安全电压等。

（5）机器设备的维护保养和计划检修，定期维护、检修。

（6）工作地点的布置与整洁，保持锅炉房清洁、不乱堆放杂物。

（7）个人防护用品。配备个人防护用品，以防烫伤、高温伤害。

Je3H3002 2017 年 7 月 30 日，某电厂 6 号机组低氮燃烧器改造后，汽水蒸发段后移，低负荷运行时，分离器储水箱出现水位并达到 5m，干态转湿态判据不适应新工况触发干态转湿态切换逻辑，锅炉给水控制由干态转湿态，机组给水流量下降导致负荷迅速下降，四抽压力低于除氧器压力，造成除氧器冷汽返至四抽母管，导致小机进汽温度、流量大幅波动，A 汽泵转速低于 2600r/min，A 给水泵退出运行，B 汽泵轴向位移大跳闸，A/B 两台小机全停，锅炉 MFT，汽轮机跳闸，发电机解列。

本次事件发生与运行有关的因素有哪些？

答：运行人员培训不到位。未利用仿真机对运行人员开展干湿态切换逻辑培训及逻辑验证，运行人员对干态切换湿态逻辑不熟悉，现场处置能力欠缺，存在业务短板。

Je3H3003 2017 年 5 月 11 日，某电厂 5 号机组 5B 空气预热器减速机主电动机侧输入轴与永磁联轴器相连的胀套松动，主电动机空转，空气预热器转子停转，辅助电动机启动后辅助电动机侧减速机输入轴断裂。由于空气预热器停转，烟气未经换热进入尾部，造成脱硫原烟气温度（三个测点）大于 160℃延时 180s，触发锅炉 MFT。

本次事件发生与运行有关的因素有哪些？

答：运行人员缺少空气预热器停转应急处理相关技术培训。常规空气预热器停转现象为主、辅电动机电流到零，停转报警装置报警，实际事发时主、辅电动机正常运行，电流变化不大，空气预热器转子实际发生停转。运行人员对该类突发事件认识不足，故障判断不准确，应急处置能力需进行培训和提高。

Je3H4004 2013 年 9 月 10 日 18:27，某电厂 2 号机组 AGC 运行，机组从 484MW 升负荷，升负荷过程中给水流量未根据煤量和中间点温度及时调节，较长时间内锅炉真实水煤比失调导致中间点温度高，18:47:16，中间点温度升高到 466℃ 延时 15s 保护动作，锅炉 MFT，机组跳闸。

试分析事故原因及防范措施。

答： 原因分析：①给水流量未根据煤量和中间点温度及时调节，较长时间内锅炉真实水煤比失调导致中间点温度高保护动作，机组跳闸。②热工控制系统逻辑掌握及学习不足，煤—水比输出指令有限幅不清楚，导致煤水比自动无法投入。③风险评估不足，对于阴雨天气燃煤偏湿，磨煤机较正常情况出力降低的风险评估不足，磨煤机煤量增加至 60t/h，风量降低，降低煤量后，风量增加，磨煤机内部煤粉集中吹入炉膛，导致煤水比失调。

暴露问题：①运行人员操作基本技能不足，AGC 方式下在即将升负荷前没有提前启磨；煤水比失调时应解除 AGC 稳定或降负荷处理，运行人员操作技能有待提高。②热控自动控制品质不佳，协调控制注重负荷跟踪，对主汽压偏差控制不足，导致汽压偏差大，协调切除。③异常处理方法有待提高，AGC 方式下在即将升负荷前没有提前启磨，运行控制方式不正确。

防范措施：①组织运行人员开展一轮次关于燃水比调节逻辑的培训。②组织运行人员开展仿真机专项演练。③向调度提供机组特性，沟通启停磨煤机对机组升降负荷过程中的影响。④在协调逻辑中增加磨煤机运行台数与负荷对应关系的闭锁逻辑。⑤完善燃用湿煤的运行技术措施。

Je2H3005 某日 16:10，某厂维修班开始检修连接污油池的输油管线，16:20 钳工甲将带有底阀的输油管线放入污油池内，当时污油池内油的液面高度为 50cm，上面浮有 30cm 厚的污油，在连接 100cm 高的法兰时，由于法兰无法对正而连接不上，班长乙去车间喊电焊工丙，17:10 电焊工丙带着电焊机到达现场，由于是油池附近作业,电焊工丙在现场准备好后,去车间办理动火票,17:20,钳工甲见丙迟迟没有回来,快到下班时间,于是用电焊开始焊接,焊接 3min 左右,发生油气爆炸,爆炸将油池顶盖掀开,油池着火,钳工甲在油池附近死亡。

根据以上情形回答下列问题,按照《企业职工伤亡事故分类标准》(GB 6441—1986)该厂可能涉及的事故类型、类别?根据以上情形,爆炸的间接原因?

答:(1)可能涉及的事故类型、类别有:①其他爆炸。②火灾。③灼烫。④机械伤害。

(2)爆炸的间接原因有:①作业组织者安全管理不到位。②安全教育培训不够。③动火过程监护不到位。④安全意识不强。

Je2H4006 2002 年 5 月 15 日某电厂 1 号机组负荷 200MW,A、C 给水泵,A、D、E 磨煤机运行,风烟系统双侧运行,厂用标准方式,汽包水位保护投入。2002 年 5 月 15 日 6:15,负荷由 200MW 突降至 180MW,检查磨运行正常,煤量无变化,主、再热汽温、排烟温度迅速上升,最高至 183℃,炉膛压力突然升高至 241Pa,后剧烈波动,怀疑捞渣机缺水,立即令巡检就地检查。6:18:20,D 磨跳闸,首出"丧失火检",立即投 A、E 层油枪,降负荷。6:21:22,A 磨跳闸,首出"丧失火检",6:21:55,E 磨跳闸,首出"丧失火检",渐投全部油枪,负荷降至 35MW,切厂用由启备变带。为防止高缸反切断汽,手动将高旁开至 6%。值班员就地检查,捞渣机人孔门全开,水封彻底破坏,关闭人孔门后进行注水。复归各磨信号,准备启磨时,A 磨消防蒸汽门不能关闭,D 磨 2 号、3 号煤阀不能复归,E 磨提升磨辊到位信号不返回。7:11,启 B 磨,负荷至 48MW,7:15,B 磨跳闸,首出"丧失火检",降负荷,同时发现高排温度至 383℃(报警:390℃,跳机:420℃),关小高旁以增加高缸进汽量。7:31:17,主汽压力略有上升,1、2 号高调门迅速关小,负荷至 18MW,为防止反切缸时中缸断汽,值班员稍开高旁至 2%,同时,水位下降,运行人员迅速增加给水流量，由于功率调节过调，7:32:39，1、2 号高调门又迅速开大，负荷至 39MW，造成压力扰动，水位迅速升高，7:33:14，锅炉 MFT 动作，首出"汽包水位高"，联跳汽机，发电机解列。

答： 试分析事故原因及防范措施。

原因分析：①运行人员在事故处理过程中，经验不足，调整不及时致使汽包过高，达到保护动作值。②捞渣机人孔门设计不合理，锁紧装置不可靠，运行中振动造成锁紧销移动，人孔门打开，水封破坏，大量冷风从底部进入炉膛，造成燃烧工况扰动，火检不稳，磨煤机相继跳闸，致使燃烧工况恶化。

暴露问题：①捞渣机人孔门设计不合理，安装时未采取措施，设备部点检员、力源工程检修人员未及时提出并采取措施。②火检不稳，锅炉未灭火时，火检检不到火，造成运行的三台磨相继跳闸。③磨组缺陷较多，延误了事故处理的时间。④高旁逻辑设计未考虑中缸启动方式，DEH 也未留相应的接口，为防止高缸反切后汽机断汽保护动作跳闸，事故情况下靠运行人员手动调整高旁开度不可靠。⑤DEH 调节品质差，存在过调现象，低负荷时影响尤为严重。⑥DCS 操作无快增快减功能，不便于异常情况下的处理。⑦DCS 采样时间慢，运行值班员在此情况下的操作经验不足，调整不及时。⑧运行人员在操作中联系不畅、汇报不及时，对热工控制回路掌握的不熟练。

防范措施：①将捞渣机人孔门固定销空余部分用螺栓紧固。②组织研究火检调整方案，尽快消除火检不稳问题。③尽快督促完善 DEH 调节系统，未完善前在异常情况下当负荷低于30%额定负荷时，将功率调节切为手动调节方式。④通过本次事件暴露出的问题，要举一反三，加强点检、消缺工作，及时发现并消除安装中存在的问题。⑤运行操作中要加强联系、汇报制度，提高协调处理能力。⑥加强对运行人员培训，尤其要加强对热工控制系统的培训，逐步提高事故处理能力。

Je2H5007 某日 14:7,某发电厂与 1 号机组配套的锅炉发生了炉膛爆炸,造成死亡 23 人,重伤 8 人,轻伤 16 人;锅炉标高 21 米以下损坏情况自上而下趋于严重,冷灰斗向炉后侧塌倒呈开放性破口,侧墙与冷灰斗交界处撕裂水冷壁管 31 根,立柱不同程度扭曲,刚性梁拉裂;水冷壁管严重损坏,有 66 根开裂;炉右侧 21 米层以下刚性梁严重变形,三台碎渣机及喷射水泵等全部埋没在内。事故后,清除的灰渣堆容积为 934m³。停炉抢修 132 天。这次事故直接经济损失 780 万元。

该锅炉是由美国 ABB—CE 公司制造的亚临界一次再热强制循环汽包炉,额定主蒸汽压力 18.2MPa,主蒸汽温度 540℃,主蒸汽流量 2008t/h,锅炉于 1989 年制造,1991 年 10 月 30 日投入试生产。

事故前锅炉运行存在以下不正常情况:

3 月 5 日 20 时,为降低再热器管壁局部超温,四角布置的摆动式煤粉燃烧器由水平位置向下调至最大倾角位置,但再热器局部管壁温度仍经常出现大于 640℃(壁温报警值为 607℃)。

3 月 6 日,高温再热器管壁温度(第 36 点)仍超温,虽采取降低负荷至 400MW、加强吹灰和增大减温喷水量等措施,但吹灰的有效间隔时间越来越短,仍出现该管壁温度升至 640℃以上,最高达 662℃。

3 月 9 日,高温过热器管壁温度超过允许极限值(壁温报警温度为 594℃),经常超过 620℃,最高达 640℃。

3 月 10 日事故前 1h 内 1 号锅炉无较大操作。14:00,机组带 400MW 负荷稳定运行,主蒸汽压力 15.22MPa,主蒸汽温度 513℃,再热蒸汽温度 512℃,主蒸汽流量 1154.6t/h,炉膛压力维持在 -0.09kPa,再热器管壁温度(第 36 点)为 621℃,过热器管壁温度(第 35 点)为 609℃。磨煤机 A、C、D、E 磨运行,B 磨处于检修状态,F 磨备用。CSS(协调控制系统)调节项目除风量在"手动"调节状态外,其余均投"自动"。

锅炉在运行中于 3 月 10 日 14:07，锅炉集控室值班人员听到一声闷响，MFT（主燃料切断保护）跳闸，切断燃料供给，运行人员手动紧急停运炉水循环泵 B、C（此时 A 泵已自动跳闸）和停运两组送、引风机。事故发生时保护动作正确。

造成这起事故的直接原因是锅炉严重结渣。严重结渣造成的静载，加大了块焦渣下落的动载，致使冷灰斗局部失稳，导致侧墙与冷灰斗连接处的水冷壁管撕裂；裂口向炉内喷出的水、汽工质与落渣入水产生的水汽升温膨胀，使炉内压力大增，并使冷灰斗塌陷扩展；炉膛水冷壁的包角管先后断裂，喷出的工质容数量大增，炉膛压力陡升。在渣的静载、动载和工质迅速扩容的压力的共同作用下，造成锅炉 21m 以下严重破坏和现场人员重大伤亡。

锅炉严重结渣和再热器、过热器局部管壁温度超温与锅炉炉膛结构设计、受热面布置不完善以及运行指导失当有直接关系，它是造成这次事故的主要原因。此外，电厂运行管理及上级领导部门管理指导方面也存在一些严重问题。

根据以上情形回答下列问题。

1. 使用锅炉压力容器的单位，应对设备进行哪些专责管理？

答：应设置专门机构、责成专门的领导和技术人员管理设备。

2. 实施特种设备法定检验的单位须取得哪个单位的核准资格？

答：须取得国家质量监督检验检疫总局的。

3. 首次启动锅炉或长期不用的锅炉重新启动，其启动步骤是什么？

答：检查准备—上水—点火—烘炉—煮炉—升压—暖管与并汽。

4. 为防止锅炉结垢、腐蚀及产生汽水共腾，必须严格监督、控制锅炉哪些水质？

答：锅水水质和给水水质。

5. 锅炉压力容器在运行中发生事故，除紧急妥善处理外，应按规定及时、如实向上级哪些部门报告？

答：主管部门和当地特种设备安全监察部门。

6. 锅炉遇有情况应紧急停炉？

答：（1）锅炉水位低于水位表的下部可见边缘。

（2）不断加大向锅炉进水及采取其他措施，但水位仍继续下降。

（3）锅炉水位超过最高可见水位（满水），经放水仍不能见到水位。

（4）给水泵全部失效或给水系统发生故障，不能向锅炉进水。

（5）水位表或安全阀全部失效。

7. 该锅炉在操作、维修过程中存在的危险危害因素有哪些？

答： 锅炉爆炸、高温灼烫、机械伤害、触电。

Je1H2008 2017 年 3 月 15 日 14:19:03，某厂 3 号机组一次风压由 2kPa 升至 14.15kPa，炉膛压力由 −2233Pa 升至 3424Pa，触发炉膛压力高保护（大于 3000Pa），锅炉 MFT，机组跳闸。31 号一次风机动叶调节液压缸反馈轴承损坏，引起 31 号一次风机动叶在开关过程中失控（突开突关），导致 32 号一次风机喘振保护动作跳闸，炉膛压力剧烈变化，造成炉膛压力高保护动作触发锅炉 MFT，机组跳闸。

试分析本次事件发生与运行有关的因素有哪些？

答： 运行人员对于设备异常原因分析判断不准确，应急处置能力不足。31 号一次风机异常发生后，对于动叶波动原因分析判断不准确，未采取降低机组负荷停运 31 号一次风机的方式进行现场处置，造成 32 号一次风机喘振保护动作机组跳闸。暴露出运行人员培训不到位，操作不到位，技能不高、经验不足等问题。

Je1H4009 2010 年 6 月 12 日 23:56:10，某发电厂 4 号机组 41 号循环水泵消缺期间，42 号循环水泵电机零序保护动作跳闸，手动快降负荷，维持凝汽器真空。23:59:18 运行人员手动切除 CCS 方式至 TF 方式运行，停运 44 号磨煤机。23:59:31，锅炉给水流量指令 986t/h，实际给水流量 1010t/h，41 号汽泵入口流量 490t/h，42 号汽泵入口流量 500t/h，运行人员手动将锅炉主控指令从 56.8% 置为 50%（相当于负荷从 370MW 下降至 300MW 的给水流量下降幅度),因锅炉主控前馈作用,锅炉给水流量指令迅速下降。2010年6月13日00:00:00,锅炉给水流量指令804t/h,实际给水流量853t/h,41号汽泵入口流量428t/h,42号汽泵入口流量414t/h,41号汽泵再循环门从0%开启至35.8%,42号汽泵再循环门从0%开启至54.9%,总给水流量降低至650t/h,再循环门开启后给水泵入口流量上升,再循环门逐渐关闭。00:00:46,由于锅炉主控前馈56.8%至50%的惯性作用,以及汽泵再循环门开启后对锅炉给水流量的扰动,致使锅炉给水流量指令继续下降到727t/h,实际给水流量700t/h,42号汽泵入口流量359t/h,42号汽泵入口流量355t/h,41、42号再循环门快开,锅炉给水流量下降。00:00:49,给水流量降低至489t/h,延时15s后锅炉给水流量低MFT保护动作,机炉电大连锁动作,汽机跳闸,41、42号汽泵跳闸,发电机解列,此时,凝汽器载空为7.09kPa、5.51kPa。

试分析事故原因及防范措施。

答:原因分析:①41号循泵消缺期间,42号循泵电动机零序保护动作跳闸,为防止真空急剧下降,提前紧急减负荷处理过程中,运行人员对锅炉给水流量监视和控制不力,当给水流量从1010t/h下降直至达到保护定值489t/h触发MFT动作的过程中,在1min 33s时间内,未对给水流量进行有效干预。②运行人员在解除CCS方式后,手动操作指令过快。锅炉主控指令从56.8%直接置为50%,相当于瞬间将给水流量以对应370W至300MW负荷的幅度下降,对给水流量调节系统造成很大扰动。③在锅炉主控指令前馈作用下,实际给水流量迅速接近给水泵再循环门自动开启动作值,再循环门开启后对给水流量造成强扰动。在锅炉主控指令快速下降及再循环门开启双重扰动的作用下,给水流量发生较大幅度波动,调节发散,直至触发再循环门保护快开,给水流量急剧下降,达到MFT保护定值,机组跳闸。

暴露问题:①发电部培训工作不到位。发电部当值运行人员对热控主要调节系统性能、热控逻辑掌握深度不足。本次事件中,对于锅炉主控调整在给水自动调节中的前馈作用不清楚，在处置过程中，手动操作指令过快，导致给水系统扰动过大。②发电部事故处理预案的建立和执行不力。发电部针对超临界机组的低负荷工况事故处理预案准备不足，运行人事故处理预案掌握不牢，在低负荷工况下发生给水流量波动时，事故处理没有明确的操作指导，而是单凭值班员的主观意识进行调整处理。③发电部运行人员风险意识欠缺。发电部当值运行人员对于超临界机组在低负荷时的给水调节工况掌握不全面，经验不足。对机组低负荷时给水流量低联开给水泵再循环，总给水流量快速下降接近保护定值的风险评估不足，当出现再循环门联锁断路器的异常情况后，未意识到流量的大幅波动会低至给水流量低保护定值，继而触发保护动作。

防范措施：①评估低负荷时给水流量降低的风险，制定切实可行的事故处预案。②加强运行人员技术培训，提高对热控系统掌控能力，提高在出现异常时快速判断、应急处理能力。③加强人员的应急演练及反事故演习，重点围绕事故处理操作演练，提升运行人员实际操作水平。④针对超临界机组特点，及人员结构现状，制定切实可行的风险培训及管理制度，提升二期机组的安全运行水平。⑤开展优化锅炉给水自动调节专项评估，提高给水自动调节系统在异常状况下的抗干扰性能。

Je1H5010 某热力发电厂主要生产工艺单元有：储煤场、煤粉制备和输煤系统、燃烧系统、冷凝水系统、循环水系统、除渣及除尘、脱硫系统、汽水系统、配电与送电系统。

热力发电厂主要设备有：锅炉、汽轮机、发电机、磨煤机械装置、水处理装置、疏水装置，发电厂用燃煤由主煤场滚轴筛将煤送入燃煤锅炉。

脱硫系统包括制氢装置和氢气储罐，制氢装置为两套电离制氢设备和 6 个氢气储罐，两套电离制氢设备存有氢气数量分别为 50kg 和 30kg；6 个卧式氢气储罐体积为 20m^3、额定压力为 3.2MPa、额定温度为 20℃，作为生产过程整体装置，这些装置与储罐管道连接。（氢气密度：0℃，0.1MPa 状态下密度 0.09kg/m³）

锅炉点火主燃油使用柴油，厂区有 2 个 500m³ 的固定柴油储罐，距离制氢系统 500m。在同一院内有 2 个 20m³ 的汽油储罐，距离制氢系统 550m。（汽油的密度 750kg/m³，汽油、柴油储罐充装系数为 0.85）

氢气在生产场所临界量为 1t，汽油在贮存区临界量为 20t。

根据以上内容回答下列问题。

1．按《企业职工伤亡事故分类标准》分析存在的事故类型及所在的工艺单元。

2．存在的化学性危险、有害因素及对应的物质是什么？

3．指出该热力发电厂存在的危险源并计算其储量。

4．会发生爆炸的主要设备、装置是哪些？应采取哪些安全装置或设备？

答：1．按《企业职工伤亡事故分类标准》分析热力发电厂存在的事故类型及所在的工艺单元分别是：

（1）煤粉制备和输煤系统存在的事故类型是机械伤害等。

（2）燃烧系统存在的事故类型是高温、煤尘爆炸等。

（3）锅炉的事故类型主要是锅炉爆炸、灼烫等，在锅炉检修时，有机械伤害、触电等。

（4）制氢系统的事故类型是火灾、爆炸。

（5）柴油、汽油储罐的事故类型是火灾、爆炸、高处坠落。

（6）配电与送电系统的事故类型是火灾、爆炸、触电等。

2．存在的化学性危险、有害因素分别是：

（1）易燃、易爆物质，如储煤场、煤粉制备和输煤系统存在的煤炭和煤粉，制氢装置和氢气储罐里的氢气，储罐区里的柴油、汽油，锅炉和汽轮机里的高压蒸汽等。

（2）有毒物质，脱硫系统存在的二氧化硫等气体。

（3）腐蚀性物质，二氧化硫可以氧化生成三氧化硫，它们遇水可生成亚硫酸、硫酸等腐蚀性物质。

3．（1）汽油储罐（2 个 $20m^3$）是危险源，其储量是：

$$2 \times 20m^3 \times 750kg/m^3 \times 0.85 = 25500kg$$

汽油在贮存区临界量为 20t，这两个汽油储罐在一个单元内，已构成重大危险源。

（2）制氢设备（包括氢气罐）是危险源，其储量计算如下：

先把高压氢气储罐换算为标准状态下的氢气体积：

$20 \times 3.2/（273 + 20）=$ 标准状态下氢气的体积 $\times 0.1/273$

标准状态下氢气的体积 $= 20 \times 3.2/（273 + 20）/（0.1/273）=$ 596.3（m^3）

氢气在 0℃，0.1MPa 状态下密度 0.09kg/m^3，6 个氢气储罐的储量是：$6 \times 596.3 \times 0.09 = 322.0$（kg）。再加上两套电离制氢设备存有氢气数量分别为 50kg 和 30kg。则生产单元氢气储量是：$50 + 30 + 322.0 = 402.0$（kg）。

氢气在生产场所临界量为 1t，所以该单元氢气储量不构成重大危险源。

4．会发生爆炸的主要设备、装置是锅炉、制氢设备、氢气罐、柴油储罐、汽油储罐。应采取安全装置或设备主要有：安全阀、爆破片、防爆帽、防爆门、呼吸阀、阻火器、火灾探测器、可燃可爆气体检测报警仪、储罐的压力计、液位计及计算机安全监控系统。

Lb3H3011 某 600MW 机组，某日 02:57，1 号机组检修完毕后启动，由于锅炉给水旁路门盘根泄漏需停机处理，经请示中调后，值长下令紧急停机，打闸后，交流润滑油泵电动机正常联启，但电流 32.1A 偏低，03:01:13，汽轮机转速降至 2264.9r/min，油压降至 0.164MPa，直流润滑油泵电动机正常联启，但电流只有 15A，油压继续下降，03:01:18，转速降至 2255r/min，油压降至 0.09MPa，随后瓦温开始升高，振动增加。

同日 03:03，机组破坏真空，布置紧急排氢工作，03:09:28，汽轮机转速到零，转子惰走时间约 12min。

同日 04:06，发电机氢压至零。汽轮机关闭所有本体疏水和抽汽管道疏水，置于闷缸状态。

试分析事故原因，并给出整改措施。

答：原因分析：

（1）交、直流润滑油泵不打油是事件发生的直接原因。根据事后数据分析，事故发生当日 02:57，交流润滑油泵电压 388.5V，电流 31.5A，功率因数 0.78，经计算此时的交流润滑油泵电动机的输出功率为 16.5kW（交流润滑油泵电动机的额定输出功率为 45kW）。第三日 11:02，做交流润滑油泵充气状态试验时，交流润滑油泵电压 396.9V，电流 34.2A，功率因数 0.68，经计算得到此时的交流润滑油泵电动机的功率为 15.9kW。由此判断事件发生时交流润滑油泵内处于充满气（汽）状态，不打油。由于直流润滑油泵的电压无法追忆，故无法确认直流油泵的输出功率。

由于交、直流润滑油泵是离心式油泵，厂家设计及供货时均没有明确要求油泵放气（汽），图纸、资料也未包含放气（汽）设施的详细要求。在泵壳内有气（汽）的情况下，此类泵无法打油，造成当时汽轮机轴承无法得到可靠供油。

（2）汽轮机打闸前没有进行交、直流润滑油泵启动试验，这是发生本次事件的间接原因。由于锅炉给水旁路门盘根泄漏加剧，需停机处理，值长经请示中调后汽轮机紧急打闸停机，操作忙乱，在汽轮机打闸前没有开启交、直流润滑油泵进行试验，错过了提前发现交、直流润滑油泵异常的机会。

（3）运行人员在停机过程中未发现交流润滑油泵工作不正常，是本次事件的间接原因。运行人员在交流润滑油泵联启后，只监视到油泵已处于运行状态，没有分析油泵电流和润滑油压力情况，没有及时发现交流润滑油泵不打油的异常现象，直流油泵联启不打油后，已错过了及时重新挂闸、升速的时机，错过了查找交、直流润滑油泵不打油异常的机会。

整改措施：

（1）1 号机组交、直流润滑油泵加装放气（汽）装置，在泵壳体最高点打孔，增加放气（汽）管道，管道上加节流孔。

（2）事故放油管上取消一切临时接头。

（3）将滤油机接口移至主油箱远离各油泵的一端。

（4）在主油箱下部以及汽轮机冷油器入口管道上安装第三油源的接口，待论证后增加第三油源。

（5）利用大、小修机会对 2 号机组交、直流油泵加装放空气系统。

（6）要求厂方提供泵流量曲线，并分析泵的工作状态是否满足实际运行需要，抗扰动能力是否偏小。

（7）加强设备管理人员的技术培训，提高设备管理人员的专业技术素质，使设备管理人员能够掌控所管辖设备，能够发现并解决现场的设备问题。

（8）加强运行培训，提高运行人员的技术水平和技术素质。对非紧急情况下的停机操作进行详细培训，重点要求停机前应做好交、直流油泵的试验，确定电流、油压及油泵的振动、声音、温度正常。汽轮机打闸前，应提前启动交流润滑油泵，确认直流油泵处于良好备用状态。

（9）加强对事故预案的管理。根据《防止电力生产重大事件的二十五项重点要求》的相关条文，制定具体的事故预案，并对事故预案进行演练，提高运行人员异常情况下的事故处理能力。避免发生重大设备损坏。

Lb3H3012　某电厂 600MW 机组，某日 14:05，机组负荷 515MW，AGC 投入，主蒸汽压力 15.67MPa，主蒸汽温度 537℃，再热蒸汽压力 2.94MPa，再热蒸汽温度 530℃。A、B、C、D、E 5 台磨煤机运行。

14:06，准备做汽轮机危急保安器注油试验定期工作，14:11，按试验操作票执行到第 10 项（在操作员站上检查喷油电磁阀

"2YV"励磁变红；飞环飞出后，"2YV"失电变绿，喷油电磁
阀"1YV"励磁变红，复位完毕后"1YV"失电变绿，画面显示
"PASS"，喷油试验成功）时，机组长检查喷油试验电磁阀 2YV、
喷油试验复位电磁阀 1YV 状态已经返回（均为失电状态），挂闸
位置反馈断路器 ZS1 信号已发，于是手动按下试验复位按钮（复
位闭锁阀），4s 后汽轮机跳闸，首出 EH 油压低低（EH 油压由
10.5MPa 降至 7.4MPa，跳闸值为 7.8MPa），发电机解列，锅炉灭
火。检查 2 号 EH 油泵联启，立即手启交流油泵。14:35 锅炉吹扫
完成，MFT、OFT 复位，锅炉点火。

试分析事故原因，并给出整改措施。

答：原因分析：

（1）原设计的危急保安器注油试验操作只需按下"试验"键
后即可自动完成试验程序，无需运行人员干预。为防止试验过程
中出现反馈信号误发等导致机组停运，电厂专业人员对原逻辑进
行了优化，增加了对注油试验闭锁阀的操作，在试验前将闭锁阀
闭锁，并就地确认动作正常无误后，再进行下一步操作，试验结
束后闭锁阀自动复位，提高了试验可靠性。

（2）此次试验过程中，当喷油试验结束，各断路器反馈信号
一出现后即点击试验复位按钮，将闭锁阀复位，此时紧急遮断阀
实际未完全回复到位，导致调节保安系统安全油通过紧急遮断阀
排走，安全油压低造成高中压主汽门、调节门关闭，机组跳闸。

整改措施：

（1）试验复位按钮增加弹出窗口及确认按钮，防止运行人员
提前复位闭锁阀。

（2）在注油试验操作过程中，当试验结束，各位置反馈信号
到位后，至少延时 12s，再进行闭锁阀复位操作。

Lb3H3013 某电厂 220MW 直接空冷机组，某日，机组负荷
190MW，主蒸汽压力 13.0MPa，主蒸汽温度 538℃，锅炉 5 台磨
煤机运行正常，1 号真空泵和 2 号真空泵运行正常，低真空保护正

常投入运行，机组在协调方式下运行。

同日 16:40，由于风向变化，6 号机组真空值由-59kPa 开始缓慢下降，17:15：降到-47kPa 并开始突降，运行人员在机组协调方式下将负荷指令由 190MW 降到 185MW。17:20 机组真空快速下降至-43kPa，运行人员将燃料自动切为手动控制，降各台磨煤机的风量和给煤量。17:22 机组负荷降至 180MW 时，低真空保护动作（保护信号为三取二），机组跳闸。

试分析事故原因，并给出整改措施。

答：原因分析：

（1）空冷机组真空值受环境（风速、风向、气温）变化影响大，这是导致此次机组非停的诱因。

（2）运行人员监盘不认真，对参数变化的分析判断、处理不及时，这是此次事件发生的主要原因。当日 16:40，6 号机组真空已开始逐步下降，17:15 已降至-47kPa，但运行人员未采取任何调整措施控制真空，直至真空发生突降时才开始采取降负荷措施，延误了故障处理时间。

整改措施：

（1）运行人员应监视天气、风向、风速的变化情况，发现不利风向时及时调整机组参数。完善真空变化的处理预案，并进行相关培训演练。

（2）完善低真空报警回路，增加低真空第二报警值。

（3）机组正常运行时，保证一台真空泵备用正常，确保机组真空降低时自动投入运行。

Lb2H3014 某厂 600MW 机组，某日 08:30，机组负荷 574MW，两台汽动给水泵运行，A 汽动给水泵流量 972t/h，综合阀位 78%，B 汽动给水泵流量 876t/h，综合阀位 80%，A 给水泵汽轮机轴位移 0.23/0.22mm，B 给水泵汽轮机轴位移 0.22/0.22mm，A、B 给水泵汽轮机轴位移保护投入；电动给水泵投备用，电动给水泵液力耦合器勺管自动跟踪状态开度 70%，再循环调节阀 100%且为手动方式。08:37，监盘发现 A 给水泵汽轮机轴位移较正常值增大，立即降负荷，负荷指令由 574MW 降至 567MW。此时 A 给水泵汽轮机轴位移测点 1 显示由 0.23mm 升至 0.26mm，A 给水泵汽轮机轴位移测点 2 显示由 0.22mm 升至 0.25mm，08:38，A 给水泵汽轮机轴位移大保护动作，A 汽动给水泵跳闸，机组 RB 动作，电动给水泵联启。运行人员在 POC2 操作站立即翻看除氧给水画面，检查电动给水泵联启正常，电动给水泵转速调节控制器（勺管）开度 70%，电动给水泵再循环调节阀在手动位开度 100%。为了增加电动给水泵流量，确保 RB 动作成功，输入关电动给水泵再循环调节阀提令时误输入关电动给水泵勺管指令，后发现电动给水泵转速调节控制器（勺管）一直在回关动作，立即开大电动给水泵转速调节控制器（勺管）以加大给水量。但由于 B 汽动给水泵投自动，08:39，B 给水泵汽轮机流量达 1106t/h，轴位移大保护动作跳闸，跳闸后 B 给水泵汽轮机轴位移最大 0.37mm。08:40，省煤器入口流量低保护动作，锅炉 MFT，机组跳闸。

答：原因分析：

（1）运行人员技术水平及处理异常情况的经验不足，异常发生后，操作忙乱，是导致此次事件的主要原因。

（2）给水泵汽轮机轴位移指示数值较以前偏差较大，各级专业人员没有及时进行核准，只对保护定值提出质疑，没有为运行人员提供所需要的技术支持。

（3）汽动给水泵小修过程中，没有严格按照检修不符合项的管理规定执行，给水泵汽轮机轴系推、拉间隙变化后，没有告知相关人员，没有履行保护定值变更手续，造成给水泵汽轮机保护定值更改不及时，专业管理存在漏洞。

整改措施：

（1）运行人员必须严格执行运行规程，按照规程规定操作，杜绝误操作事件的发生。

（2）加强检修管理，规范过程控制，确保检修质量，涉及保护定值的变更时必须履行必要的手续。加强专业学习,清楚保护定值的制订依据及保护动作过程。

(3)加强专业人员之间、专业人员与厂家之间的沟通,检修后的设备如果结构或参数发生了变化,相关专业人员必须履行联合会签的手续和领导审批手续。

(4)经过与制造厂沟通,轴位移保护定值进行了修改,重新整定零位,避免因给水泵汽轮机轴系推、拉间隙的变化影响保护定值的频繁修订。

Lb2H3015 某电厂 600MW 超临界燃煤发电机组,某日机组启动过程中,升负荷至 140MW,协调方式为汽轮机跟随方式,A 汽动给水泵与电动给水泵并列运行,均为手动控制,机组运行稳定。

机组准备继续升负荷,运行人员逐渐增加 A 汽动给水泵出力,同时降低电动给水泵勺管准备退出电动给水泵。同日 19:00,A 汽动给水泵给水流量逐渐提升至约 700t/h,电动给水泵流量降至约 180t/h,电动给水泵再循环全开,电动给水泵出口电动门保持全开。

19:00:48,电动给水泵勺管由 37% 减至 35% 时,入口流量突然由 180t/h 降至 100t/h,几秒后降至 0t/h,随后电动给水泵转速由 2993r/min 陡降至 1158r/min 后又上升至 2636r/min,电动给水泵电动机电流由 225A 上升至 300A。此时 A 汽动给水泵给水流量约 700t/h 并未发生变化,但锅炉省煤器入口给水流量却突降约 200t/h。运行人员发现给水流量下降后立即提升 A 汽动给水泵转速以增加流量,A 汽动给水泵入口流量增至约 900t/h,但省煤器入口流量并未增加。

19:02:35,除氧器水箱水位高报警,事故放水阀联开。

19:03:10,增加 A 汽动给水泵流量过程中,省煤器入口流量连续下降,立即增加电动给水泵勺管至 58%,但电动给水泵转速却出现同步下降,锅炉省煤器入口流量未见增加。

19:03:24,储水箱水位低导致炉水循环泵跳闸,锅炉省煤器入口流量降至 0t/h。

19:03:58，省煤器入口流量低导致 MFT 保护动作，联跳汽轮机，发电机解列。锅炉 MFT 保护动作后，A 汽动给水泵连锁跳闸，此时电动给水泵入口流量瞬间由 0t/h 飞升至超过 800t/h，电动机电流 660A。

19:04:12，发现电动给水泵耦合器冒烟，就地捅事故按钮停电动给水泵。电动给水泵停运后就地检查发现主泵倒转，转速 1300r/min，远方关电动给水泵出口电动门，电动给水泵停转，电泵耦合器工作油温最高值达 225℃，耦合器 7 号瓦温度最高值达 146℃。

试分析事故原因，并给出整改措施。

答：原因分析：

（1）电动给水泵与汽动给水泵倒换过程中，电动给水泵出口逆止门未正常关闭，这是造成锅炉省煤器入口流量低，引起锅炉 MFT 保护动作，机组停运的直接原因。

通过对事故过程中给水流量和除氧器水位的变化，以及电动给水泵出现反转情况的分析，判断为降低电动给水泵勺管后，其出口逆止门不严，引起压力较高的汽动给水泵出口给水通过给水母管倒灌入电动给水泵，经电动给水泵再循环管及电动给水泵体回至除氧器，导致给水压力降低。由于此时汽轮机定压运行，因而锅炉过热器压力未降低，省煤器入口给水管道逆止门由于前后出现压差而关闭，造成给水中断。

（2）事后试开启电动给水泵出口门，发现电动给水泵倒转，解体出口逆止门，发现逆止门门体及阀座上有明显划痕，由此确认事故时电动给水泵出口逆止门由于水中杂物引起卡涩，造成未能关闭。

（3）电动给水泵驱动是通过液力耦合，主泵发生倒转而此时电动给水泵电动机正常方向转动，造成液力耦合器内的泵轮与涡轮以相反的方向转动，巨大的转速差引起工作油剧烈摩擦发热，致使工作油温迅速升高，事故处理时加大勺管更加剧了这个作用。由于 B7 轴承位置靠近耦合器泵轮端，工作油温升高造成耦合器易熔塞熔化（易熔塞熔化油温原设计为 160℃），高温工作油喷至 B7 轴承体上，造成轴承温度升高。

（4）电动给水泵发生倒转时，倒转信号未发出，造成运行人员不能及时判断事故原因，延误了事故的处理。

整改措施：

（1）尽快处理好电动给水泵反转信号，保证异常时信号能正确动作。

（2）完善电动给水泵保护逻辑：增加电动给水泵保护跳闸及外部跳闸时连锁关闭电动给水泵出口电动门逻辑；增加电动给水泵耦合器工作油温大于 130℃时联跳电动给水泵保护（因原来该温度测点只有一个，在试运期间此保护未投入），以提高保护的可靠性。

（3）进行电动给水泵退出运行操作时，降低电动给水泵勺管的操作一定要缓慢，同时增加汽动给水泵流量，使给水流量保持稳定，严密监视电动给水泵各运行参数。当电动给水泵出口压力低于汽动给水泵出口压力后，若出现电动给水泵入口流量快速下降，且小于当时压力下出口门关闭对应的再循环流量时，应立即停止降勺管，观察给水流量变化情况。若给水流量同时出现小幅下降时，先关闭电动给水泵出口电动门，再停电动给水泵。

（4）若出现降低电动给水泵勺管后，电动给水泵入口流量突降至 0t/h、给水流量降至 0t/h 或大幅下降时，应立即关闭电动给水泵出口电动门。增加汽动给水泵流量，降低机组负荷，维持机组运行。

（5）根据电动给水泵流量、电流及液力耦合器工作油温变化情况，判断为电动给水泵出口逆止门故障造成电动给水泵倒转后，应立即关闭电动给水泵出口门并停止电动给水泵运行。严禁采用增大勺管开度，试图恢复电动给水泵流量的处理方法，避免由于油温过高造成液力耦合器烧毁，同时防止机组跳闸时联跳汽动给水泵，电动给水泵再次打水而出现过负荷，进入非工作区运行造成设备的进一步损坏。

Lb2H3016　某 600MW 机组，凝结水泵采用变频器"一拖二"方式，即两台凝结水泵共用一台变频器。机组正常运行时，一台凝结水泵变频运行，另一台凝结水泵工频备用。

某日 5:40，5 号机组负荷 380MW，AGC 投入，A 凝结水泵变额运行，B 凝结水泵工频备用，凝结水流量 1063t/h，除氧器水位 792mm，凝汽器水位 1352mm，除氧器上水调节阀开度 48.8%，凝结水再循环调节阀开度 0%。

5:45:23，除氧器上水调门开始逐渐关小；5:45:34，除氧器上水调门关至 15%，凝结水流量 235t/h；5:45:42，凝结水泵再循环调整门开启；5:45:50，凝结水泵再循环调整门开至 43%，凝结水流量 152t/h，A 凝结水泵流量低跳闸，B 凝结水泵未联启。

5:46，工频方式手动启动 B 凝结水泵，B 凝结水泵启动后，发现出口压力低，怀疑凝结水管道泄漏，派人就地检查，并手动降负荷。5:57，启动锅炉上水泵向除氧器补水，降负荷至 120MW，就地检查为凝结水杂项母管至低压缸喷水管路裂开。6:17 隔离凝结水杂项母管后，恢复机组负荷。

试分析事故原因，并给出整改措施。

答： 原因分析：

（1）在重要调整操作上直接输入指令，将除氧器上水调门从 49% 直接关至 0%，是导致此次事故发生的主要原因。

（2）热工逻辑存在一定问题，导致凝结水泵再循环调节阀联开后，A 凝结水泵没有躲过低流量跳闸，是此次事故发生的次要原因。

（3）凝结水母管在未充水的情况下直接启动备用凝结水泵，母管压力从 0 迅速升至 4MPa，管道内产生水锤，是凝结水杂项母管裂开的主要原因。

整改措施：

（1）针对此次事件组织学习《DCS 系统防误操作规定》相关内容，避免 DCS 误操作。

（2）优化凝结水泵流量低保护逻辑，防止运行中凝结水泵跳闸。

（3）加强运行人员培训，提高运行人员操作、调整水平及事故处理能力。

Lb1H4017　某电厂 200MW 机组。某日 11:49，乙给水泵消缺后启动。当时由司机备员负责监盘，副司机负责现场检查。12:05，乙给水泵 900r/min 暖机结束后继续升速，12:07 当转速升至 1508r/min 时，乙给水泵汽轮机 1 号轴振 X 向 0.075mm 报警，12:08 转速 1734r/min 时，乙给水泵汽轮机 1 号轴振 X 向达 0.125mm 打闸值，司机备员在紧急停止乙给水泵时误按主机 AST 停机按钮，造成机组掉闸。

答：原因分析：

（1）运行人员误按主机 AST 停机按钮，这是造成此次停机事件的主要原因。在汽动给水泵启动过程中，没有进行危险点分析和事故预想，发现振动异常，没有做好汽动给水泵打闸的思想准备，这是发生此次误操作的一个原因。

（2）DCS 改造培训中，强调操作前必须确认操作对象，然而此次操作却仍出现没有看清按钮名称的错误，不认真核对，这是造成误操作事故发生的根源。

（3）此次启动汽动给水泵盘上只有备员一人操作，没有人监护，班长对汽动给水泵启动过程失去控制和监护，这是造成此次误操作的一个原因。

（4）重大操作前没有起到协调管理的作用，操作过程中班长就在盘前，却没有起到监督、把关、提示作用。

（5）专业监督不到位。专业人员虽然跟班监督，但关键时刻没有起到把关作用。

整改措施：

（1）加强运行人员培训，提高运行人员处理异常的能力。

（2）重要操作时，各级人员到位，思想到位，真正起到监督、把关作用。

（3）广泛深入地开展反违章活动，并将反违章工作落到实处，提高安全运行水平。

Lb1H4018　某电厂 600MW 机组。某日 15:25，运行的 C、D 空气压缩机跳闸，全部空气压缩机不能启动，压缩空气母管压力下降到 0.47MPa，报"控制气源压力低"光字，空气压缩机房 MCC 段电源失去。15:47，空气压缩机房 MCC 段电源恢复，启动 B、C、D 空气压缩机，压力正常后，停 C 空气压缩机（负荷 480MW，协调投入）。空气压缩机跳闸期间所有气动执行机构失灵。

同日 15:50，发现凝结水钠含量增长迅速，几分钟后已达 69mg/L。将机组负荷由 480MW 降至 300MW，并准备进行凝汽器半面隔离，准备查漏。

同日 16:00，机组负荷降至 300MW，两台真空泵运行，停运一台循环水泵。对凝汽器外圈进行查漏，开启外圈水室放水、放空气门及供水、回水管道放水门。16:20，化学汇报，2～3min 内，主蒸汽中钠含量迅速升高，从 0.8μg/L 升至 16mg/L，SiO_2 为 16.6μg/L，凝汽器检漏装置 8 路电导率为 38μS/cm。

同日 16:30，机组负荷降至 200MW，化学汇报水质，凝结水硬度为 915μmol/L，氯离子为 550mg/L，给水 SiO_2 为 15.5μg/L，pH 值为 7.1。

同日 16:40，主蒸汽 SiO_2 含量为 571μg/L，给水 SiO_2 含量为 733μg/L。

同日 17:16，凝结水水质严重超标，汽轮机跳闸，发电机解列。试分析事故原因，并给出整改措施。

答：原因分析：

（1）空气压缩机跳闸原因。空气压缩机房 MCC 电源有两路，一路取自除灰渣 380V A 段 10C 柜，另一路取自除灰渣 380V B 段 10C 柜。除灰渣 380V A 段 10C 柜空气压缩机房 MCC 电源 1 自动断路器一直处于检修位，未投入运行；当除灰 380V PC&MCC B 段脱硫工地施工电源电缆被砸断接地后，除灰 380V PC&MCC B 段进线断路器零序保护动作，由于设计院只对进线断路器设计了零序保护，保护上下级之间无法实现配合，导致零序保护无选择动作，除灰渣 380V B 段母线停电。由于空气压缩机控制电源失去时，造成运行中的 C、D 空气压缩机全部跳闸。

（2）凝结水水质恶化原因。空气压缩机全部跳闸后，压缩空气压力降至 0.49MPa 时，因高排通风阀设计为气闭式，高排通风阀自行打开，高排后温度由 77℃上升至 214℃，20min 后，当压缩空气上升到 0.55MPa 时，高排通风阀自动关闭。机组运行中高排通风阀开启，大量蒸汽进入疏水扩容器，造成对钛管冲刷，导致钛管胀口及钛管与隔板结合处发生开裂，海水进入凝汽器汽侧，造成凝结水水质快速恶化。

（3）其他原因。机组停机后，检查凝汽器时发现钛管质量及钛管胀口的安装质量也存在一定的问题。

整改措施：

（1）空气压缩机控制电源由除灰渣段改为保安段引接，分别从两台机组保安段各引接一路电源。

（2）对 380V 配电室内接的临时电源进行统计整理，如需在 380V 配电室内接临时电源，必须经过相关人员批准。

（3）空气压缩机控制电源的 MCC 段进线电源改成两路电源可以互相自投，保证在一段电源中断后迅速投入备用电源。

（4）在空气压缩机控制电源增加 UPS，保证控制电源连续供电，增加控制电源的可靠性。

（5）空气压缩机控制回路不合理，联系厂家更改设计，以保证在控制电源失去的情况下，不会立刻跳闸。

（6）更改高排通风阀的控制方式，由原来的气闭式改为气开式，即失气关闭。改造高排通风阀的气路，使其在压缩空气压力降到一定值时，阀门自动关闭。

Lb1H4019　某电厂 600MW 机组。某日，机组负荷 354MW，1 号 EH 油泵运行，2 号 EH 油泵备用。10:01，机组突然跳闸，ETS 首出信号为"抗燃油压低保护跳闸"。

机组跳闸后，对现场进行检查，发现抗燃油供油母管到 EH 油压低试验装置信号管断裂（位于 6.9m 运转层），EH 油外泄，现场抗燃油管道大幅振动，立即停止抗燃油泵的运行。

现场进一步查看抗燃油系统，发现左侧抗燃油管道支架及管卡由于管道振动的影响，导致大部分掉落和固定滑道开裂，油管断裂部位为压力油母管异径三通与信号管连接焊口外侧熔合线。

在断裂表管焊接完毕、管卡安装完成，系统恢复后的试运过程中，发现 EH 油系统管道仍大幅振动。关闭左侧高压主汽门、中压主汽门、中压调门及左侧的两个高压调门的供油截止阀后，管道不再振动，然后逐个打开上述阀门，每开一个阀门，观察油管振动情况，当打开 IV1 供油截止阀时，管道剧烈振动，判断为 IV1 伺服阀故障，更换 IV1 伺服阀后管道不再振动，系统恢复正常。

试分析事故原因，并给出整改措施。

答：原因分析：

（1）由于左侧中压调门 IV1 伺服阀内部部件异常，内漏增加，使用性能大幅下降，使油系统振动并对管道造成冲击，管卡振掉，导致抗燃油油压低保护信号管断裂，保护动作，机组跳闸。

（2）点检人员对设备状况掌握不够，根据以往 EH 油泵电流缓慢上升的情况，已经发现了何服阀的使用性能下降，并更换了 IV2（右侧中压调速汽门）和 CV4（4 号高压调速汽门）伺服阀。针对伺服阀性能下降，制定了对 2 台机组伺服阀进行更换的计划。但由于对伺服阀缺乏检验手段，无法判断伺服阀的劣化程度，对其使用性能的下降规律缺乏实际经验，因此不能够有效地防患于未然。

（3）精密点检和运行监视不仔细、不深入。经查询工程师站历史趋势，当日 01:50 以后，EH 油泵电流开始发生短时异常波动变化，1 号 EH 油泵电流从 41.7A 升到了 51A，IV1（左侧中压调速汽门）阀位反馈从 99.323%降至 99.006%，其他主蒸汽门及调节门阀位反馈没有变化。06:03，1 号 EH 油泵电流从 42A 两次变化到 51A 左右，IV1 阀位反馈从 99.475%降至 99.097%，其他主蒸汽门及调节门阀位反馈没有变化。09:03，1 号 EH 油泵电流从 42A 升到 52A，历时 20min，IV1 阀位反馈从 99.47%降至 99.005%，其他主蒸汽门及调节门阀位反馈没有变化。09:57，1 号 EH 油泵电流从 41.5A 上升到 53A 左右直到机组跳闸，IV1 阀位反馈从 99.015%降至 98.771%，其他主蒸汽门及调节门阀位反馈没有变化。点检人员和运行人员对以上变化未能及时发现，未能及时进行分析处理。

整改措施：

（1）将主蒸汽阀、调节阀伺服阀全部更换为新型伺服阀。

（2）故障伺服阀返厂进行详细检测，查找异常的原因，尽早得出结论，保证抗燃油系统的安全。

（3）加强对抗燃油油质的监测，确保油质各项指标符合标准。

（4）利用检修机会对 EH 油管道所有焊口进行金属检验。

（5）加强对 EH 油系统伺服阀性能劣化后引起的其他参数变化（如：EH 油泵电流的缓慢或突然升高、EH 油管道温度的异常升高、抗燃油管道的振动等）的分析和监测，发现指标和参数异常时，要立即分析查找原因并予以解决。

（6）定期对抗燃油管卡及管道进行检查，发现损坏应立即处理。

Lb4H3020 某电厂 600MW 亚临界机组。某日 05:24，机组小修后冷态启动。冲转前，高压缸调节级内壁金属温度 138℃（盘车暖机后）。冲转参数：主蒸汽压力 6.01MPa，主蒸汽温度 403℃，再热蒸汽压力 0.8MPa，再热蒸汽温度 320℃。经过 400r/min 摩擦检查、2450r/min 暖机 1h，3000r/min 暖机 25min 之后，主蒸汽温度升至 458℃，再热蒸汽温度升至 423℃。07:27，机组并列带初负荷 20MW。07:36，机组轴振 1X、1Y 开始上涨。07:45，因 1Y 振动大（0.254mm），保护动作机组跳闸。跳闸时机组参数：主蒸汽温度 458℃，主蒸汽压力 6.24MPa；再热蒸汽压力 0.14MPa，再热蒸汽温度 423℃，高压缸排汽金属温度 275℃。检查汽轮机胀差、缸胀、缸温差等参数正常，汽缸疏水无问题。停机总惰走时间 34min（正常惰走时间应为 42min）后投入盘车，盘车电流 40A（正常电流为 30A），晃动值 5～10A，大轴晃动度 80μm，检查 1 瓦轴封处有轻微摩擦声。约 2h 后，大轴晃动度恢复至 30μm。16 时 12 分，核对转子弯曲度矢量变化小于原始值的 0.02mm，检查系统正常，重新冲转。17:29，机组第二次并列，升速及并列带负荷过程中机组振动正常，机组逐渐带负荷，运行正常。

试分析事故原因，并给出整改措施。

答：原因分析：

冲转参数过高是导致此次停机事件的主要原因。冷态启动的典型参数是：主蒸汽压力 6.0MPa，主蒸汽温度 340℃；再热蒸汽压力小于 1.0MPa，再热蒸汽温度 260℃。而此次冷态启动参数的主蒸汽温度、再热蒸汽温度均比要求高 60℃。且在冲转、并网、带初负荷过程中，主、再热蒸汽温度未稳定，持续升高，在冲转到定速期间，主蒸汽温度升高 55℃，再热蒸汽温度升高 103℃。这样即使在 2450r/min 暖机 1h，在 3000r/min 暖机 25min。汽轮机暖机仍然不充分，动静部分发生轻微摩擦，造成汽轮机振动大。

整改措施：

（1）运行人员严格按照启动参考曲线选择冲转参数。尤其是冷态启动时，应特别注意主、再热蒸汽温度不应过高。

（2）严格按照机组的启动参考曲线确定汽轮机在中速和高速的暖机时间，冲转、升速、暖机过程中，尽量保持汽温稳定，若汽温升高，一定要延长暖机时间，严密监视汽缸温升率和胀差变化，确保高、中压缸和转子暖机充分。

Je2H4021　8 月 10 日，某电厂燃料部检修分部申请办理工作票进行 6PA 皮带机皮带更换工作。事件发生前，燃料 6kV 输煤 A 段母线带负荷运行情况：2PA 皮带机处于运行状态，6PA 皮带机处于停运状态，2PA 皮带机开关（6A5 上）和 6PA 皮带机开关（6A6 上）位于 6kV 输煤 A 段中部的相邻位置。12:24，燃料运行当班班长邹某某打印标准操作票"6PA 皮带机电动机开关（6A6 上）停电"，准备将 6PA 皮带机开关（6A6 上）停电。12:55 左右，邹某某单独一人到 6kV 输煤配电室进行 6PA 皮带机开关（6A6 上）停电操作。12:59，邹某某走错间隔，操作 2PA 皮带机开关（6A5 上）过程中，双手及脸部被电弧灼伤。公司立即启动应急预案，将伤者送往医院进行治疗。

问：本次运行人员灼伤事故发生的原因是什么？暴露哪些问题？防范措施有哪些？

答：原因分析：

经调查分析，原因为邹某某在无人监护的情况下，走错间隔，误操作 2PA 皮带机开关（6A5 上），而开关机械"五防"闭锁装置没有起到作用，造成带负荷拉（合）隔离开关导致其被电弧灼伤。

（1）"两票"制度执行不严格。电气倒闸操作必须履行监护制度，操作前应核对设备的名称、编号、位置和设备状态，但本次事件中操作人员严重违反相关要求，走错间隔，单人进行操作，失去监护。

（2）开关机械防误操作闭锁装置失效，2PA 皮带机开关（6A5 上）在合闸状态下，可以从工作位置拉出。

防范措施：

（1）各单位要严格落实全员安全生产责任，全面落实集团公司、股份公司关于安全生产的相关要求，结合正在开展的安全生产领域专项整治工作，强化安全生产规章制度的执行，加大违章行为的查处力度，提高员工遵章守纪的规矩意识。

（2）各单位要举一反三，按照防止误操作事故规定，立即对照检查整改。重点检查以下几点要求：

1）倒闸操作时应严格执行监护制度，当其中一人因故离开操作现场时，应停止操作，禁止单人倒闸操作。禁止监护人、操作人同时分别操作。禁止监护人放弃监护职责代替操作人执行操作。

2）拉开或合上隔离开关的操作项目前必须有检查相应断路器确在断开位置的检查性操作项目，并由监护人和操作人共同认真检查确认。当断路器在合闸位置时，严禁拉开或合上隔离开关。

3）电压等级为 3～10kV 的小车式断路器停送电操作，不能当作"单一操作"，应严格履行操作票制度。在拉出断路器和推入断路器之前，必须先核对设备的名称、编号、位置，检查断路器确在分闸位置，推入断路器之前应检查断路器内没有异物留下，检查内容和核对设备的项目应填入操作票中。

4）强化岗位培训，使运行检修人员等熟练掌握防误装置及操作技能。

5）应制定和完善防误装置的运行规程及检修规程，加强防误闭锁装置的运行、维护管理，确保防误闭锁装置正常运行。要建立防误装置技术资料、台账，制定防误装置的设备管理制度和检修规程，指定防误装置管理专责人。

6）高压电气设备应装设防止误操作的闭锁装置。新建、扩建的高压电气设备，其防误操作闭锁装置必须做到同时设计、同时施工、同时投入使用。禁止将未安装防误操作闭锁装置或验收不合格的新设备投入运行。投运年限较长的高压电气设备，也应依据最新相关电气规范装设防止误操作的闭锁装置，未安装防误操作闭锁装置或不满足最新规范要求的断路器设备，应尽快启动技术改造，完善防误操作功能。在改造完成前，单位要组织制定临时防误操作组织措施和技术措施，杜绝误操作事件发生。

Je2H4022 某年 12 月 13 日 06:09，某厂 1 号机组正常运行中"发电机定子接地保护动作"光字出，主断路器跳闸，发电机解列，联跳汽轮机、锅炉。厂用 6kV 快切装置切换成功。全面检查发电机-变压器组一次回路无异常，发电机绝缘合格。经检查 3TV A 相一次熔断器熔断，TV 本体无异常，更换保险后，机组恢复启动。

问：本次事故发生的原因是什么？暴露哪些问题？防范措施有哪些？

答：本次事故发生的原因是 1 号机组 3TV A 相一次熔断器熔断，保护出口未闭锁，造成机组解列。发电机 TV 一次熔断器熔断性能不良，发生了熔断；定子接地保护设计不合理。

暴露问题：

（1）保护设计存在不合理；

（2）保护闭锁逻辑存在缺陷，TV 断线不能正确判断并闭锁。

（3）TV 一次熔断器存在质量问题，未能及时发现。

防范措施：

（1）将发电机定子接地保护装置中基波零序电压从发电机中性点取。

（2）改进 TV 断线判据，增加报警、闭锁逻辑。

（3）购置正规厂家，经有关权威检验机构认证的熔断器。

（4）更换发电机出口 TV 一次熔断器前，测试 TV 一次保险三相阻值相近。

（5）加强对发电机出口 TV 熔断器座的维护检查。

Je2H4023　8 月 19 日，某厂维修电气专业厂用班人员根据工作安排检查 2 号空压机一启动就跳闸缺陷。16:50 和 19:40，运行人员先后两次应电气检修人员要求，在空压机房就地试启动 2 号空压机，但不成功。电修人员怀疑断路器二次回路插头接触不良，由 A 值电气操作员将 2 号空压机断路器小车拉至"检修"位置，交厂用班人员继续检查。

20:35，电修人员认为缺陷已消除，电话通知当班值长毛某，要求再次试启动 2 号空压机运行，电气操作员助理冯某去执行该项任务。冯某到 2 号机 3kV 2A 工作母线段后将 2 号空压机断路器小车从"检修"位置送入"隔离"位置（即"试验"位置），在此位置做过断路器分合闸试验，然后将断路器小车推入"工作"位置，第一次推入不成功，便将操作杆恢复至原位置，然后进行第二次推送，也不成功，再退回至原位置。

20:42，当冯某双手用力进行第三次推送操作杆过程中，断路器发生三相短路，浓烟滚滚，强烈的弧光射出，将在场的冯某、周某、蔡某等三人烧伤。

事故后对现场检查：2号空压机断路器在合闸状态；合闸闭锁杆被撞弯；断路器机械脱扣装置变形；断路器母线侧触头完全烧熔。

问：本次事故发生的原因是什么？暴露哪些问题？防范措施有哪些？

答：本次事故发生的原因是冯某将断路器由"隔离"位置（即"试验"位置）送往"工作"位置时，没有检查断路器确在分闸位置，致使小车断路器在断路器合闸状态下带负荷碰合插头，三相弧光短路，是造成事故的原因。

暴露问题：

（1）没有执行操作票制度，严重违反《电业安全工作规程》的有关规定。

（2）操作监护执行不到位。

（3）设备管理不到位，断路器的机械五防存在严重缺陷。

（4）断路器送电操作中，没有认真检查断路器的实际状态。

（5）运行值班人员对所管辖的断路器设备基本构造不熟悉。送电操作中当出现两次小车推送不到位时，明显与往常送电操作不一样，未能觉察到是机械闭锁发挥作用。没有立即停止操作，找出原因弄清问题后，再继续操作。

（6）断路器的分合闸指示灯灯泡烧坏后，没有及时更换，使断路器状态得不到有效监视。

防范措施：

（1）严格执行操作票和操作监护制度。

（2）加强培训，操作人员应熟悉断路器的结构、原理，防止野蛮操作。

（3）完善断路器、隔离开关等设备的防误闭锁装置。

Je2H4024 2月19日，1号机在停运状态，运行人员持票将主变压器热备转检修，由于操作票中没有退出主变压器非电量保护屏上的"主变压器冷却器全停"连接片的操作项，"主变压器冷却器全停"连接片未退出。500kV 母线 5011、5012 断路器在合闸状态。10 时 10 分，运行人员将主变压器冷却器电源全部断开，主变压器冷却风扇全停保护动作报警，500kV 断路器 5011、5012 跳闸。

问：本次事故发生的原因是什么？暴露哪些问题？防范措施有哪些？

答：本次事故发生的原因是主变压器冷却器全停保护动作，导致 5011、5012 断路器跳闸。主变压器转检修工作后，主变压器保护柜连接片未退出，导致主变压器冷却器全停保护动作跳 5011、5012 断路器。

暴露问题：

（1）运行管理不到位，主变热备转检修的标准操作票不完善。

（2）运行人员技术水平不高，对电气保护逻辑不清楚。

防范措施：

（1）修改完善典型操作票。

（2）强化运行人员的业务培训，提高运行人员技术水平和对异常及事故的应对能力。

Je2H4025 9月12日，机组负荷 487MW，做柴油发电机远方空载启动试验。13:30，值长下令做柴油发电机远方空载启动试验。试验操作人由于没有现成的操作票，用临时修改的操作票，在控制室按下"柴油发电机紧急启动按钮"。13:33 保安 A、B 段工作电源断路器跳闸，保安 A、B 段失压。小机油压降低，13:33:16，

"给水泵全停"保护动作，锅炉 MFT，机组停运。

问：本次事故发生的原因是什么？暴露哪些问题？防范措施有哪些？

答：本次事故发生的原因是在远方启动柴油发电机时，用"柴油发电机的紧急启动按钮"来启动柴油发电机，致使保安 A、B 段跳闸，机组停运。

暴露问题：

（1）违反安规要求，未严格执行操作票制度。

（2）发电部专业技术人员和运行值班员，在技术上存在盲区，需要进行总结和研究，制定整改措施。

（3）集控运行规程中存在遗漏。

防范措施：

（1）严格执行操作票管理制度。

（2）发电部专业技术人员和运行值班员需要尽快提高技能水平。

（3）对集控运行规程进行及时的补充和修订。

Je2H4026　11 月 6～8 日，1 号机组直流系统发生负极接地，检修人员多次对直流接地故障进行查找，均未查找到真正的接地点。11 月 8 日 20:00，采用拉路法继续查找直流电源接地故障。20:21:20，拉开汽机保安段直流控制电源，约 5s 后合上，20:21:26，1 号机汽机保安段工作电源断路器 B 跳闸，工作电源断路器 A 未联启，汽机保安段失电造成 A、B 小机交流润滑油泵跳闸，联启直流油泵正常，但直流油泵出口压力不够，造成 A、B 小机润滑油压低至 0.025MPa 相继跳机（动作值为 0.08MPa），联启电动给水泵，但由于电动给水泵辅助油泵未启动（电源取自汽机保安段），20:21:28 电动给水泵跳闸，20:21:39 1 号机组 MFT 动作熄火，首出为"机组负荷大于 30%，且给水泵均停"。

问：本次事故发生的原因是什么？暴露哪些问题？防范措施有哪些？

答：本次事故发生的原因是安全措施不到位，运行、维护人员在进行缺陷处理时，危险点分析识别不到位，没有采取相应的预防措施，在断开保安段直流控制电流后汽机保安段正常电源断路器跳闸，"备自投"未动作，造成汽机保安段失电，引起机组跳闸。

暴露问题：

（1）现场工作前，危险点分析、控制措施不到位。

（2）保安电源负荷分配不合理。本厂汽机、锅炉保安段只有一段，未进行分段，汽机、锅炉的重要负荷均集中在同一段上，一旦母线失电，就会造成汽机、锅炉重要负荷全部失电。

防范措施：

（1）检修消缺维护工作中加强危险点分析，完善安全措施，做好工作人员交底。

（2）汽机保安段电源断路器"备自投"动作不成功，完善保护逻辑。

Je2H4027 5 月 11 日 17:16，220kV 变电站 1 号主变压器高压侧 201 断路器检修工作结束，运行操作人进行"1 号主变压器高压侧 2201 断路器由冷备用状态转为运行状态，220kV 旁路 2030 断路器由运行状态转热备用状态"操作。由于操作票顺序存在错误（先投差动保护出口连接片，再合 2201 断路器、切 2030 断路器）。17:22，当投入主变压器差动功能连接片及出口连接片后，差动保护动作跳开中压侧 101、低压侧 501 断路器，110kV 母线失压。受影响的 110kV B 站、C 站、D 站 110kV 备自投成功，但 110kV E 站、F 站、G 站失压。17:27，合上 E 站大平乙线断路器由 220kV H 站恢复对 E 站、F 站、G 站及 A 站 110kV 母线供电。18:17，恢复正常运行状态。

问：本次事故发生的原因是什么？暴露哪些问题？防范措施有哪些？

答：本次事故发生的原因是运行人员执行操作票顺序存在错误造成差动保护误动导致 110kV 母线失压事故。

暴露问题：

（1）现场技术培训工作力度不够，运行人员技术素质低，对基本的、典型的操作规程和顺序不掌握、不熟悉、不理解，以至操作票填写、审核错误。

（2）在投入保护连接片前，未测量连接片两端电压。

防范措施：

（1）加强现场技术培训，组织运行人员认真学习有关规程、制度，理解操作票中每项操作的原因、目的和顺序，加强填写操作票的训练，提高运行人员操作技能水平。

（2）组织运行人员学习安规两票有关内容并落实考核。

（3）加大"两票"管理的工作力度，严格执行"两票"制度。

Je2H5028　2016 年 2 月 5 日 23:53:44，某厂 5 号机 DCS 发"5 号炉 A 引风机跳闸"信号，联跳 A 一次风机、A 送风机。

23:54:37，5 号机 DCS 发"5 号炉 B 引风机跳闸"信号，锅炉 MFT。之后 5 号发电机逆功率持续时间约 20s，最低下降至 -0.28MW，折算到二次值为 -0.47W，小于逆功率保护动作值 -4W。

23:55:31，运行人员手动进行 6kV 5A 段厂用电切换，切换方式为并联自动方式，6kV 5A 段备用电源进线 65A01 断路器正常合闸，工作电源进线 65A11 断路器未按程序进行分闸，运行人员手动拉开 65A11 断路器。23:57:39 6kV 5B 段厂用电快切动作正常。厂用电切换后，运行人员就地无法复位 5A/5B 引风机综保装置"低电压保护"信号，将综保装置断电重启后"低电压保护"信号消失，装置恢复正常运行。

电气二次值班人员接到运行人员电话通知，赶到现场调取 5A/5B 引风机综保装置故障报告：综保装置发"低电压保护"动作信号，检查保护定值发现 5A/5B 引风机断路器电动机综保欠压保护均投入，5A 引风机断路器电动机综保综保装置低电压整定值为 100V、9s。5B 引风机断路器电动机综保综保装置低电压整定值为 100V、30s。继电保护定值单中 5A/5B 引风机低电压保护整定均为"退出"。检查 6kV 5A 段厂用电切换装置内部动作记录，显示"备用拒合"。

2 月 6 日 0:31，锅炉点火。

0:48，炉侧主汽温度下降至 442.3℃时开始回升，开启机前疏水。

1:06，机侧主汽温度下降至 456.4℃时开始回升，汇报值长同意加负荷至 15MW。

1:38，机组负荷 60MW。

2:00，汇报领导同意，将 5 号炉 5A/5B 引风机电动机保护装置欠压保护退出。

3:10，5 号机厂用电由 3 号启动变供电切至 5 号高压厂用变压器供电。

3:26，机组负荷 145MW，投入 5 号炉脱硝运行。

4:40，机组负荷 220MW，将 5 号机小机汽源由辅汽倒至四抽带。

6:20，机组负荷 240MW，将 5 号机调门控制方式由单阀切至顺序阀运行。

6:33，投入机组协调、AGC、RB 运行。

问：本次 5 号炉发生 MFT 的原因是什么？暴露出哪些问题？

答：5 号炉 5A/5B 引风机低电压保护误投入，在 5 号机组进相运行时，5 号机 6kV 5A/5B 段母线电压降低，5 号炉 5A/5B 引风机欠压保护动作跳闸，触发 5 号炉 MFT 动作。5 号炉 5A/5B 引风机低电压保护误投入，是 5 号炉 MFT 动作的主要原因。

暴露问题：

（1）在 507-02A 检修中，5 号炉 5A/5B 引风机断路器二次设备进行了 A 级检修，设备管理部电气专业人员在检修 5 号炉 5A/5B 引风机电动机综保装置时，未认真核对综保定值。

（2）设备管理部未落实事故防范措施，暴露出设备管理部电气专业对事故防范措施不够重视。

Je2H5029　2016 年 11 月 3 日 6:53，监盘发现：4 号炉 MFT、汽轮机、发电机跳闸，检查 DEH 首出为"发电机保护"，主值向某立即派副值顾某某至继保室检查，发现 4 号发电机—变压器组保护（A）B 柜为"4 号机发电机零功率切机保护"动作、4 号发电机—变压器组保护 C 柜为"灭磁回路联跳"动作，联系电气二次人员检查，汇报值长王某某。

副值王某检查锅炉灭火、汽轮机主汽门、调门关闭、转速下降，发电机—变压器组出口 2504 断路器、灭磁 MK 断路器已分闸，厂用电切换至 02 号启动变运行，主机交流油泵联启正常，关闭汽轮机疏水。令副值孙某启动电动给水泵调节汽包水位。

07:05，4 号汽轮机转速 1200r/min，3 台顶轴油泵联启成功，出口压力 6.59MPa。4 瓦温度开始上涨，由 80.88℃上涨最高涨至 98.8℃开始下降。

07:08，汽轮机转速 922r/min，7 瓦轴振开始上涨，X 方向由 23.27mm 上涨，最高到 172.71mm，Y 方向由 38mm 上涨，最高到 330.6mm。

07:10，电气二次姚某检查后交代：4 号机发电机零功率切机保护动作，需联系厂家处理。

07:11，停运 4 号炉送风机、引风机，锅炉闷炉、汽轮机闷缸。

07:20，值长令：4 号机开始恢复，启动送风机、引风机，电除尘退出一电场，振打改连续。

07:43，值长王某某令：4 号炉点火。

07:53，启动 A 磨煤机运行。

07:54，因 A 磨煤机内存煤较多，瞬间吹入炉膛造成爆燃，汽包水位快速上升，最高至 312mm，汽包水位高保护动作，锅炉 MFT。值长令：重新吹扫点火。

07:55，汽轮机转速到零，投入盘车连续运行。

08:30，热控退出 4 号机组低真空保护、将 4 号炉汽包水位保护改为 +350mm，–350mmMFT、退出 4 号炉风量小于 30%MFT

保护、退出 4 号机组负荷 20%以下联关主再热蒸汽减温水电动门联锁。

09:36，值长令：汽机冲转。

电气专业就地检查 4 号机励磁调节器就地控制屏发"F06"信号（励磁变超温跳闸），手操器上发"Trafo overtemp trip"信号（励磁变超温跳闸），励磁内部故障继电器 K01 动作。

检查励磁变压器超温报警及跳闸二次接线：励磁变压器本体温控器报警接线正常，跳闸接线已拆除。检查励磁调节器 AVR 柜端子排上励磁变压器超温报警及励磁变压器超温跳闸接线紧固，线套管线号清晰。就地检查励磁变压器温控器温度显示正常，无报警信号。

拆除励磁变压器超温跳闸接线 X11：54（6125），就地控制屏及手操器上信号未自动消失（需手动复位）。拆除励磁变压器超温报警、超温跳闸接线，手操器上复归励磁系统故障信号，重新将 X11：54（6125）二次线接入端子排，励磁调节器未再发"励磁变压器超温跳闸"信号。拆除 X11：54（6125）二次线并将其包好，放入线槽。汇报值长 4 号机组励磁系统已处理恢复正常。

10:00，汇报省调同意，4 号机组并网。

问：本次 4 号机组运行中跳闸的原因是什么？暴露出哪些问题？

答：4 号机励磁变压器超温保护（跳闸）动作出口，灭磁断路器跳闸联跳发电机主断路器，4 号发电机零功率切机保护动作，是 4 号机组运行中跳闸停机的直接原因。

（1）4 号机励磁变压器 155℃跳闸保护于 2013 年 4 月份经公司批准取消，在本次跳机后发现"4 号机励磁调节器内部励磁变压器超温跳闸逻辑处于运行状态，4 号励磁调节器柜内励磁变压器超温跳闸二次线处于紧固接线状态"，人为埋下了安全隐患，是造成 4 号机励磁变压器超温保护失效（误动）的重要原因。

（2）4 号机励磁变压器超温跳闸 X11：54（6125）二次线绝缘

低（0MΩ），受到强信号干扰，是 4 号机励磁变压器超温保护失效（误动）的客观原因。

暴露问题：

（1）设备管理部电气专业未严格执行技术管理制度，机组检修文件包内端子排接线核对无签字记录，无法查验"4 号机励磁调节器内部励磁变压器超温跳闸逻辑处于运行状态，4 号励磁调节器柜内励磁变压器超温跳闸二次线处于紧固接线状态"是否是后续检修作业时误接入。

（2）设备管理部电气专业管理不到位，未认真落实继电保护技术监督管理制度，对异动项目图纸未及时进行修订，对现场作业缺乏检查和指导。

（3）设备管理部电气专业基础管理工作薄弱，未查到 3、4、5、6 号机组励磁变压器 155℃跳闸保护取消相应工单，且台账记录不全。

（4）发电部在点火前未按要求将汽包水位保护改为±350mm锅炉 MFT，造成点火后因汽包水位超过＋250mm，锅炉 MFT动作。

Je2H5030 6 月 4 日 8:00，某电厂两台 300MW 机组并网运行，1 号机负荷 150MW，2 号机组负荷 250MW。1 号机组因轴承振动不正常，6kV 厂用电工作段仍由启动/备用变压器供电。9:17 2 号机突然跳闸，发出抗燃油（EH）油压低、EH 油泵 C 泵跳闸、发电机失磁、汽轮机和发电机跳闸等信号。汽轮机值班员立即抢合主机、小汽机直流事故油泵和发电机密封直流油泵，均启动正常。

电气值班员发现 2 号发电机—变压器组 2202 断路器跳闸，2号厂用高压变压器 622a 断路器跳闸，622b 断路器红绿灯不亮，6kVⅡa、6kVⅡb 两段自投不成功。9:18 抢合 062a 断路器成功，汽机司机投入交流润滑油泵，停下直流润滑油泵。电气值班员到现场检查，负荷断路器已分闸，但没有检查发现 622b 断路器在合闸位置。然后抢合上 062b 断路器时，向 2 号发电机送电，引起启动/备用变压器差动保护误动使 2208、620a、620b 三侧断路器跳，

1 号机组失去厂用电跳闸，全厂停电。2 号机交流润滑油泵失压，直流润滑油泵没有及时投入而使部分轴瓦断油。值班员先后切开 061a、061b、062a、062b、060a、060b 断路器，于 9:21 合 2208 断路器成功。9:24 合 620a 断路器成功，恢复Ⅱa 段厂用电，但合 620b 断路器不成功。经检查处理，9:50 合 620b 断路器，10:17 就地操作合 062b 断路器成功，至此厂用电全部恢复正常。11:45 2 号机挂闸，转速迅速升至 120r/min，即远方打闸无效，就地打闸停机。11:48 汽机再次挂闸，转速自动升至 800r/min，轴向位移 1.9mm，远方打闸不成功，就地打闸停机。12:10 第三次挂闸，轴向位移从 0.7mm 升至 1.7mm，轴向位移保护动作停机。事故后检查发现 2 号机组轴承损坏，其中 1、2、5、6 号下瓦和推力瓦损坏严重，需要更换。

问：本次事故发生的原因是什么？暴露哪些问题？防范措施有哪些？

答：本次事故发生的原因是 C 抗燃油泵跳闸，因蓄能器漏氢退出运行，造成抗燃油压迅速降低，该保护动作跳 2 号机。事故扩大为全厂停电的原因：2 号机 6kV 厂用电 B 段 622b 断路器跳闸线圈烧坏，红绿灯不亮，值班人员没有到现场检查，没有发现该断路器未跳开，当抢合 062b 断路器时，启/备变压器差动保护误动跳三侧断路器，全厂失去厂用电。当时，1 号机厂用电由启/备变压器供电，1 号机组被迫停机。启/备变压器高低侧 TA 特性不匹配，已发生差动保护误动多次，未及时采取有效措施消除，亦是扩大为全厂停电事故重要原因。2 号汽轮发电机组烧瓦原因：计算机打印资料表明，9:18:40 直流事故油泵停，而此后因抢合 062b 断路器造成全厂停电，交流油泵停运，润滑油中断烧瓦。

暴露问题：

（1）运行人员事故处理能力不强。

（2）安全基础管理不到位，运行规程未明确规定，断路器红绿灯不亮时如何检查处理。

（3）设备管理不善，抗燃油蓄能器、启/备变压器差动保护误动、6kV 母线进线电源断路器拒动和事故油泵自投等存在的问题，未及时处理，致使一般事故扩大为全厂停电和损坏主设备重大事故。

（4）机组重要保护投退制度执行不到位，重要保护退出运行未经有关部门批准和限期恢复。

防范措施：

（1）加强人员培训，提高运行人员操作技术水平、判断和处理事故能力。

（2）严格执行规章制度。修改完善运行规程，建立保护装置投退管理制度，落实责任制，重要保护和联锁装置退出运行时必须经总工程师或厂领导批准，并限期恢复。

（3）加强设备缺陷和隐患管理。坚持定期轮换试验制度，设备缺陷和安全隐患要及时处理。

Je3H3031　某厂脱硫系统吸收塔 2A 浆液循环泵运行中出口膨胀节突然脱开，试分析事故现象及处理过程。

答：（1）事故现象：

1）吸收塔液位迅速下降。

2）2A 浆液循环泵电流先突然增加后降低，其余浆液循环泵电流下降。

3）吸收塔出口 SO_2 浓度持续上升，出现超排现象。

4）吸收塔出口烟温有上升趋势。

（2）处理方法：

1）迅速停运 2A 浆液循环泵，并及时关闭入口门。

2）开启除雾器冲洗水或者通过其他方式向吸收塔快速补水，恢复正常液位。

3）启动备用浆液循环泵、加大供浆量、投加增效剂，确保 SO_2 达标排放；若短时间不能恢复，汇报值长降低机组负荷。

4）故障处理过程中，严密监视吸收塔出口烟气温度。

5）通知检修人员，及时处理 2A 浆液循环泵。

Je3H4032 某厂 600MW 机组石灰石-石膏湿法烟气脱硫系统 2、3 月份主要生产指标见表 H-1。试从节能降耗、优化运行等方面对 2、3 月份生产指标进行分析比较，并提出 4 月份应采取的降低能耗措施。

表 H-1　　某电厂脱硫系统 2～3 月生产指标

月份	机组负荷率（%）	入炉煤收到基硫分（%）	脱硫耗电率（%）	脱硫水耗率（g/kWh）	脱硫剂耗率（g/kWh）
2	80	1.3	1.2	150	13
3	79	1.2	1.3	153	14

答： 从表中可以看出，在机组负荷率、入炉煤收到基硫分变化不大的情况下，3 月份较 2 月份脱硫能耗均有所增加，说明 3 月份脱硫系统在运行调整中存在不足。需加强运行调整，做好优化运行节能工作，主要从以下几方面做起：

（1）合理掺配煤，保证入炉煤硫份不超过脱硫系统的处理能力，为保证脱硫效率奠定基础；

（2）当值期间加强对烟气量的监视，防止因空气预热器漏风而增大了脱硫的烟气处理量；

（3）依据负荷、入炉煤硫分，在满足脱硫效率和安全运行的情况下，减少浆液循环泵的运行台数或者优化浆液循环泵的运行方式，达到节能目的；

（4）加强除雾器的冲洗，降低烟气阻力，减少压力损失，达到节能的目的；

（5）合理调整浆液密度在合格的范围内，并尽量维持低值，以减少浆液循环泵、搅拌器等设备的电流；

（6）根据机组负荷、硫分，调整氧化风机出力，及时清理入口滤网，降低氧化风机的能耗；

（7）合理控制进厂石灰石的粒径或石灰石粉的细度，监督石灰石或石灰石粉的品质；

（8）提高制浆系统的出力，尽量缩短制浆系统的运行时间，加强磨机钢球配比的监督，保证磨制、配置浆液合格；

（9）合理调整石膏旋流器的运行个数和真空皮带机的供浆量，提高脱水系统的出力，尽量缩短脱水系统的运行时间，保证脱水系统满负荷运行；

（10）加强检查，及时调整，发现潜在问题，能间断运行的设备应间断运行，及时优化脱硫运行方式，达到节能的目的。

Je2H4033 某电厂一台 600MW 机组烟气脱硫系统采用石灰石—石膏湿法工艺，运行中烟气参数无大幅变化，在石灰石浆液品质正常的情况下，加大供浆量时吸收塔浆液 pH 值持续下降，脱硫效率无法保证，同时石膏含水量偏高，取样化验发现吸收塔浆液中存在亚硫酸钙、酸不溶物含量偏高等问题，试问该脱硫系统可能出现了什么异常，并分析异常的原因和处理措施。

答： 从题中描述的现象可以判断该异常可能为吸收塔浆液中毒。

（1）吸收塔浆液中毒原因。

1）原烟气中 HF 浓度偏高。原烟气中浓度较高的 HF 被吸收塔浆液吸收后电离出 F^-，F^-随着吸收塔浆液的浓缩会逐渐增大，并与石灰石及原烟气粉尘中的 Al^{3+} 形成氟铝络合物，这种络合物会包裹石灰石表面，"封闭"石灰石，阻止新加入石灰石的溶解，导致浆液中毒；

2）浆液中飞灰富集。除尘效率不佳引起进入烟气脱硫系统中的烟尘偏高，烟尘中的 Al^{3+} 与吸收塔浆液中的 F^- 形成络合物，包裹在石灰石包面，"封闭"石灰石，造成浆液中毒。

3）锅炉燃油导致油污进入吸收塔。燃油中的油烟、碳核、沥青等物质在吸收塔内富集超过一定程度后会导致石灰石闭塞以及石膏结晶受阻，影响正常吸收反应的进行，从而导致吸收剂失效，浆液中毒。

4）吸收塔内离子浓度富集。正常情况下吸收塔内离子应控制在一定浓度，如 Ca^{2+} 及 SO_4^{2-} 浓度过高会导致大量的晶核形成，如果这些晶核在石灰石表面析出则会严重影响石灰石的反应速度；同时离子浓度富集会形成"同离子效用"，抑制石灰石颗粒的溶解及吸收反应的传质过程，导致浆液中毒。

（2）吸收塔浆液中毒处理措施。

1）浆液置换。将中毒的浆液导出至事故浆液箱，再加入工艺水及新鲜的石灰石浆液，降低塔内烟尘及其他离子浓度，从而改善塔内化学反应过程。

2）加入强碱。当氟铝络合物"封闭"石灰石时，可加入强碱将吸收塔 pH 调整到 8，氟铝络合物便会溶解，"封闭"的石灰石会重新恢复活性；一般使用熟石灰作为添加碱，若使用其他强碱可能会生成可溶性物质导致塔内离子富集，影响系统内化学反应过程。

3）降低吸收塔 pH 值，减少烟气量。当吸收塔内 SO_3^{2-} 浓度过高，会形成 $CaSO_3$ 絮状沉淀"封闭"石灰石。由于 $CaSO_3$ 溶解度随着 pH 值的下降而快速升高，降低 pH 值可以加速 $CaSO_3$ 的溶解及氧化，同时在降低 pH 值的过程中减少进入脱硫系统的烟气量，达到改善浆液品质的目的。

4）加强废水排放。通过加大废水排放量以降低吸收塔内富集的重金属、F^-、Mg^{2+} 等离子浓度，减少"同离子效应"。

Je2H4034 某厂 $2 \times 350MW$ 机组，脱硫系统超低改造工程已完成，该厂吸收塔内除雾器形式为"一级管式+三级屋脊式除雾器"，连续运行 185 天后，发现烟囱有飘"石膏雨"现象，试说明该除雾器的除雾特点，并分析产生"石膏雨"原因。

答："一级管式+三级屋脊式"除雾器特点：这种组合形式的除雾器去除雾滴能力较强，可以达到脱硫吸收塔出口雾滴含量 $\leqslant 20mg/Nm^3$，较适用于烟气粉尘浓度高及石膏浆液多的脱硫工况。管式除雾器布置在屋脊除雾器下面，能够均布烟气流场，去除尘颗粒及粒径大于 400～500μm 的液滴效果显著可阻止大部分粉尘与石膏浆液直接进入屋脊除雾器，粉尘与石膏浆液粘在管式除雾器上更易冲洗干净。三级屋脊式除雾器是原有两级屋脊式除雾器的升级版本，通过对叶型的优化、流速的优化等，达到高效去除细颗粒雾滴的目的。屋脊式除雾器不易出现二次带水现象，烟气流速极限可达到 7.5m/s。

“石膏雨”的原因主要有：

（1）屋脊除雾器堵塞。除雾器局部堵塞，使烟气可流通面积减少，通过除雾器的烟气流速增加，造成净烟气水滴夹带量超标，部分石膏浆液被携带到净烟气中。

（2）除雾器设计烟气流速不合理。吸收塔中除雾器横截面积大，除雾器设计流速低，通过除雾器的烟气流速降低，使除雾器失效，烟气携带部分的液滴进入烟囱；吸收塔中除雾器横截面积小，除雾器设计流速高，通过除雾器的烟气流速增加，使除雾器失效。

（3）部分除雾器模块损坏掉落，烟气逃逸，产生“石膏雨”。

（4）吸收塔喷淋层双向喷嘴形式设置不合理。双向喷嘴设置位置不合理，造成烟气携带浆液量增加。

Je1H4035　某火电动机组 2016 年 12 月 1 日完成超低排放改造，2017 年某月该厂烟尘排放浓度达到 10.09mg/Nm^3，二氧化硫排放浓度达到 25mg/Nm^3，氮氧化物排放浓度达到 40mg/Nm^3，试分析该厂是否享受超低电价加价政策？

答：（1）超低排放技术改造实施后，大气污染物排放浓度应达到燃气轮机组排放限值，即在基准氧含量 6%条件下，烟尘、二氧化硫、氮氧化物排放浓度应分别不高于 10、35、50mg/Nm^3。故该电厂烟尘排放浓度没有达到超低排放标准；二氧化硫和氮氧化物排放浓度达到超低排放标准。

（2）根据《国家发展改革委　国家环境保护部　国家能源局关于实行燃煤电厂超低排放电价支持政策有关问题的通知》（发改

价格〔2015〕2835 号）中明确了电价支持标准，其中，烟尘、二氧化硫、氮氧化物排放中有一项不符合超低排放标准的，即视为该时段不符合超低排放标准。燃煤电厂弄虚作假篡改超低排放数据的，自篡改数据的季度起三个季度内不得享受加价政策。

　　综上所述，该电厂烟尘排放浓度没有达到超低排放标准，不能享受超低电价加价政策。

第二部分

技 能 操 作 试 题

一、正常操作题

行业：电力行业　　　　工种：发电集控值班员　　　　等级：中级工

编号	Ce4O3001	考核时限	30min	题型	ZC	题分	100 分
试题正文	锅炉风机油站启动			初始工况		风机启动前	
考核要求	1. 结合生产现场实际，在仿真机上单独进行操作考核。 2. 严格执行仿真机运行规程						
操作要点	1. 确保设备完好、检修后冲洗结束油质合格。 2. 附属设备信号全部投入。 3. 确保建立正常油循环						

考核项目	考核内容	标准分	扣分依据	实际得分
观察判断能力	1. 检查油站检修工作结束，安全措施已拆除	5	未检查不得分	
	2. 风机油站系统设备完好，热控信号完善	5	未检查不得分	
操作能力	3. 测量油站油泵绝缘合格，油站控制柜（双路）电源送电正常，双路电源切换试验合格	15	未测绝缘减 4 分，送电未正确执行减 6 分，双路电源试验未进行减 5 分	
	4. 检查开、闭冷水系统运行正常	5	未检查不得分	
	5. 检查油站冷却水进出口门开启，冷却水压力温度正常、回水畅通	10	少检查一项减 2 分	

续表

考核项目	考核内容	标准分	扣分依据	实际得分
操作能力	6. 检查油箱油位正常，确认油质合格，电加热装置送电并且投入自动，油温正常	10	少检查一项减2分	
	7. 检查油站控制柜信号正常，将控制柜切至远方操作	5	未检查减2分，未正确操作减3分	
	8. 启动一台油泵。检查油泵电动机振动、温度、声音、油泵出口油压、系统供油压力、滤网前后压差、供油流量正常	15	未正确执行减5分，少检查一项减2分	
	9. 检查油系统无泄漏，油温正常，各轴承回油正常，执行机构能正常动作，油箱油位正常	10	少检查一项减2分	
	10. 做油站油泵联锁试验合格后，投入油站备用联锁	5	未正确执行不得分	
总结汇报能力	1. 操作描述全面	15	3	
	2. 参数控制平稳		3	
	3. 操作思路清晰		6	
	4. 语言表达流畅		3	
重大操作失误扣分	1. 在操作处理过程中，误操作一次扣5分			
	2. 因操作不当造成设备跳闸一次扣10分			
	3. 因操作失误，有可能造成设备损坏的一次扣15分			
	4. 若过热蒸汽温度或再热蒸汽温度在10min内骤降超过50℃，若按紧急停机处理操作，按操作得分计算，最高不超过60分；不按紧急停机操作扣30分且最高得分50分			
	5. 若操作处置不当发生MFT，则以上操作最高得分50分			
合计得分				

行业：电力行业　　　　　工种：发电集控值班员　　　　　等级：中级工

编号	Ce4O3002	考核时限	30min	题型	ZC	题分	100分
试题正文	密封风机启动			初始工况		一次风机启动后	

考核要求	1. 结合生产现场实际，在仿真机上单独进行操作考核。 2. 严格执行仿真机运行规程						
操作要点	1. 确保密封风机保护投入正确。 2. 启动第一台一次风机时同步启动密封风机						

考核项目	考核内容	标准分	扣分依据	实际得分
观察判断能力	1. 检查确认至少有一台一次风机运行	5	未检查不得分	
	2. 检查密封风机检修工作结束，安全措施已拆除，设备完好	6	未检查不得分	
操作能力	3. 将密封风机电动机测绝缘合格后送电	10	未正确执行不得分	
	4. 检查密封风机轴承箱油位正常、油质良好	5	少检查一项减4分	
	5. 检查密封风机电动机冷却水、轴承冷却水可靠投入	5	少检查一项减4分	
	6. 检查密封风机热工保护投入正确，出入口挡板、入口调节挡板送电，热控信号完善	10	少检查一项减2分	
	7. 检查密封风机入口挡板开启，出口挡板关闭	5	少检查一项减4分	
	8. 将密封风机入口调节挡板关至零位	5	未正确执行不得分	
	9. 启动密封风机，检查密封风机出口挡板联开，检查风机电流、轴承温度正常	15	启动未正确执行减6分，少检查一项减2分	
	10. 就地检查密封风机声音、轴承振动、温度正常，系统无泄漏	8	少检查一项减2分	

续表

考核项目	考核内容	标准分	扣分依据		实际得分
操作能力	11. 缓慢开启密封风机入口调节挡板，维持密封风压正常	6	操作不当不得分		
	12. 另一台密封风机试转合格投入备用	5	未正确备用不得分		
总结汇报能力	1. 操作描述全面	15	3		
	2. 参数控制平稳		3		
	3. 操作思路清晰		6		
	4. 语言表达流畅		3		
重大操作失误扣分	1. 在操作处理过程中，误操作一次扣 5 分				
	2. 因操作不当造成设备跳闸一次扣 10 分				
	3. 因操作失误，有可能造成设备损坏的一次扣 15 分				
	4. 若过热蒸汽温度或再热蒸汽温度在 10min 内骤降超过 50℃，若按紧急停机处理操作，按操作得分计算，最高不超过 60 分；不按紧急停机操作扣 30 分且最高得分 50 分				
	5. 若操作处置不当发生 MFT，则以上操作最高得分 50 分				
合计得分					

行业：电力行业　　　　工种：发电集控值班员　　　　等级：中级工

编号	Ce4O4003	考核时限	30min	题型	ZC	题分	100 分
试题正文	引风机启动			初始工况		锅炉冷态	
考核要求	1. 结合生产现场实际，在仿真机上单独进行操作考核。 2. 严格执行仿真机运行规程						
操作要点	1. 确保引风机保护投入正确，确认炉膛压力保护投入。 2. 确保润滑油和冷却风投入正确。 3. 启动后及时调整炉膛负压稳定。 4. 启动过程中确保风机联络挡板位置正确						

考核项目	考核内容	标准分	扣分依据	实际得分
观察判断能力	1．检查锅炉内部及本体所有检修结束，锅炉具备通风条件	5	未正确执行不得分	
	2．检查炉底水封已建立，所有人孔门关闭。风烟系统设备完好	5	未正确执行不得分	
操作能力	3．检查引风机油站油箱油位正常在3/4以上，油温大于30℃，油站冷却水具备投入条件，油站双路电源可靠投入	5	少检查一项减2分	
	4．检查油系统满足启动条件，启动一台油泵，检查油站供油压力正常，电动机润滑油流量正常，电动机轴承油位正常，回油正常，油质合格无乳化现象，冷油器无泄漏的情况，投入润滑油冷却器。确认引风机油站油泵联锁试验合格，将另一台油泵投入备用	15	启动操作错误减4分，少检查一项减2分，未投联锁减2分	
	5．引风机轴冷风机测绝缘合格后送电，就地检查具备启动条件。启动一台轴冷风机检查正常，就地检查轴冷风机运行正常，将另一台联锁投入	10	未测绝缘减2分，未送电减2分，启动操作错误减2分，未检查减2分，未投联锁减2分	
	6．检查引风机热工保护投入正确，对应风烟系统挡板送电，热控信号完善	5	保护未全部投入减4分，未送电减2分	
	7．将引风机电动机测绝缘合格后送电	5	未正确执行不得分	
	8．开启同侧送风机动叶、出口挡板，空气预热器二次风出口挡板、烟气侧入口挡板	5	少操作一项减2分	

续表

考核项目	考核内容	标准分	扣分依据	实际得分
操作能力	9. 关闭引风机入口挡板、静叶，开启出口挡板	4	少操作一项减2分	
	10. 联系脱硫值班员注意增压风机运行调节情况	3	未联系不得分	
	11. 检查引风机满足启动条件，启动引风机，检查入口挡板联开，检查风机电流、轴承温度、振动正常。监视并调整引风机静叶满足炉膛负压要求，汇报值长	15	未正确启动减4分，少检查一项减2分，未及时调整负压减4分	
	12. 就地检查引风机声音、轴承振动、温度正常，风烟系统无泄漏	8	少检查一项减2分	
总结汇报能力	1. 操作描述全面	15	3	
	2. 参数控制平稳		3	
	3. 操作思路清晰		6	
	4. 语言表达流畅		3	
重大操作失误扣分	1. 在操作处理过程中，误操作一次扣5分			
	2. 因操作不当造成设备跳闸一次扣10分			
	3. 因操作失误，有可能造成设备损坏的一次扣15分			
	4. 若过热蒸汽温度或再热蒸汽温度在10min内骤降超过50℃，若按紧急停机处理操作，按操作得分计算，最高不超过60分；不按紧急停机操作扣30分且最高得50分			
	5. 若操作处置不当发生MFT，则以上操作最高得分50分			
合计得分				

行业：电力行业　　　　工种：发电集控值班员　　　　等级：中级工

编号	Ce4O4004	考核时限	30min	题型	ZC	题分	100分

试题正文	送风机启动	初始工况	引风机启动后

考核要求	1. 结合生产现场实际，在仿真机上单独进行操作考核。 2. 严格执行仿真机运行规程

操作要点	1. 确保送风机保护投入正确，确认炉膛压力保护投入。 2. 确保润滑油系统投入正确。 3. 启动后及时调整引风机静叶，维持炉膛负压稳定。 4. 启动过程中确保风机联络挡板位置正确

考核项目	考核内容	标准分	扣分依据	实际得分
观察判断能力	1. 确认至少一台引风机运行	5	未正确执行不得分	
	2. 检查送风机检修工作结束，安全措施已拆除，设备完好	5	未正确执行不得分	
操作能力	3. 检查送风机液压润滑油站油箱油位正常在3/4以上，油温大于30℃，油质合格，油站冷却水具备投入条件，油站双路电源可靠投入	5	少检查一项减2分	
	4. 检查油系统满足启动条件，启动一台油泵，检查供油压力正常，液压润滑油站出口油压不低于2.5MPa，回油流量正常，检查叶片液压调节装置动作灵活，送风机各处轴承油位正常，油流正常，确认风机液压润滑油站油泵联锁试验合格，将另一台油泵投入备用	15	启动未正确执行减2分，少检查一项减2分，未投联锁减3分	
	5. 将送风机电动机测绝缘合格后送电	5	未正确执行不得分	
	6. 检查引风机热工保护投入正确，对应风烟系统挡板送电，风烟系统热控信号完善	6	保护未投减2分，未送电减2分，热控信号不好减2分	

续表

考核项目	考核内容	标准分	扣分依据	实际得分
操作能力	7. 确认至少一台引风机运行，确认空气预热器出口二次风挡板开启，确认送风机出口挡板关闭、动叶关闭	6	少确认一项减2分	
	8. 将炉膛负压调整至-150～-200Pa并稳定	5	调整不当不得分	
	9. 检查送风机满足启动条件，启动送风机，检查出口挡板联开，检查风机电流、轴承温度、振动正常。监视并调整引风机静叶满足炉膛负压要求，汇报值长	15	操作错误减3分，少检查一项减2分，负压异常减4分	
	10. 就地检查送风机声音、轴承振动、温度正常，风烟系统无泄漏	8	少检查一项减2分	
	11. 根据需要缓慢开启送风机动叶，注意炉膛负压，二次风箱差压正常	5	操作不当不得分	
	12. 检查锅炉风烟系统风量、风压、温度、空气预热器差压等参数正常	5	少检查一项减1分	
总结汇报能力	1. 操作描述全面	15	3	
	2. 参数控制平稳		3	
	3. 操作思路清晰		6	
	4. 语言表达流畅		3	
重大操作失误扣分	1. 在操作处理过程中，误操作一次扣5分			
	2. 因操作不当造成设备跳闸一次扣10分			
	3. 因操作失误，有可能造成设备损坏的一次扣15分			
	4. 若过热蒸汽温度或再热蒸汽温度在10min内骤降超过50℃，若按紧急停机处理操作，按操作得分计算，最高不超过60分；不按紧急停机操作扣30分且最高得50分			
	5. 若操作处置不当发生MFT，则以上操作最高得分50分			
合计得分				

行业：电力行业　　　　工种：发电集控值班员　　　　等级：高级工

编号	Ce4O5005	考核时限	30min	题型	ZC	题分	100分
试题正文	脱硝系统投运			初始工况		负荷≥50%MCR	

| 考核要求 | 1. 结合生产现场实际，在仿真机上单独进行操作考核。
2. 严格执行仿真机运行规程 | | | | | | |
| 操作要点 | 1. 以SCR系统烟气温度作为系统投入的依据
2. 控制合理的脱硝效率和氨气逃逸率 | | | | | | |

考核项目	考核内容	标准分	扣分依据	实际得分
观察判断能力	1. 检查锅炉正常运行，排烟温度达到300℃以上	5	未检查不得分	
	2. 检查脱硝系统无检修工作，脱硝设备完好，热控信号完善	5	少检查一项减2分	
操作能力	3. 脱硝系统稀释风机电动机测绝缘合格后送电、电动、气动门送电源气源	10	少操作一项减2分	
	4. 关闭稀释风机出口门，启动稀释风机，检查风机出口门联开，运行正常，另一台风机投入联锁备用	10	少操作一项减3分	
	5. 检查SCR压缩空气压力正常，投入SCR超声波吹灰程控系统	10	未检查减4分，未投入吹灰减10分	
	6. 检查加热蒸汽开启压力正常，检查供氨系统压力正常，开启左、右两侧空气混合器电磁阀前手动门、调节门后手动门	10	未检查减2分，少操作一项减2分	
	7. 当SCR入口烟气温度达到允许值时，手动开启左、右两侧空气混合器电磁阀	10	少操作一项减5分	
	8. 打开两侧空气混合器调节阀，打开混合器至SCR喷射器入口门(24个)，向脱硝系统供氨，并按照脱硝效率投入自动	10	少操作一项减1分	

续表

考核项目	考核内容	标准分	扣分依据	实际得分
操作能力	9. 检查脱硝系统各参数正常,调整SCR 系统出口氨气逃逸率在允许范围之内	10	参数异常每项减 1 分,逃逸率异常减 5 分	
	10. 锅炉脱销系统投入正常,汇报值长	5	未汇报不得分	
总结汇报能力	1. 操作描述全面	15	3	
	2. 参数控制平稳		3	
	3. 操作思路清晰		6	
	4. 语言表达流畅		3	
重大操作失误扣分	1. 在操作处理过程中,误操作一次扣 5 分			
	2. 因操作不当造成设备跳闸一次扣 10 分			
	3. 因操作失误,有可能造成设备损坏的一次扣 15 分			
	4. 若过热蒸汽温度或再热蒸汽温度在 10min 内骤降超过 50℃,若按紧急停机处理操作,按操作得分计算,最高不超过 60 分;不按紧急停机操作扣 30 分且最高得 50 分			
	5. 若操作处置不当发生 MFT,则以上操作最高得分 50 分			
合计得分				

行业:电力行业　　　　工种:发电集控值班员　　　　等级:中级工

编号	Ce4O5006	考核时限	30min	题型	ZC	题分	100 分
试题正文	空气预热器系统启动			初始工况		锅炉上水后	
考核要求	1. 结合生产现场实际,在仿真机上单独进行操作考核。 2. 严格执行仿真机运行规程						
操作要点	1. 确保空气预热器附属系统全部投入。 2. 确保空气预热器运行正常无卡涩						

续表

考核项目	考核内容	标准分	扣分依据	实际得分
观察判断能力	1. 检查锅炉上水完成	5	未检查不得分	
	2. 检查空气预热器及附属设备检修工作结束，安全措施已拆除	5	少检查一项减1分	
操作能力	3. 检查空气预热器及附属设备完好，所有人孔、检查孔关闭严密	5	少检查一项减1分	
	4. 检查空气预热器热控信号完善，各气动、电动阀门送气、送电。停转报警及火灾监控系统投入	5	少检查一项减1分	
	5. 查空气预热器驱动减速箱的油位正常，油质良好。上轴承、下轴承油箱油质良好，油位正常，冷却水投入	5	少检查一项减1分	
	6. 检查空气预热器吹灰蒸汽、消防水系统满足投入条件	5	少检查一项减2分	
	7. 测量空气预热器主、辅电动机的绝缘合格后，将主、辅电动机送电。测量导向、下轴承冷却油泵绝缘合格送电，投入程控自动	5	少执行一项减2分	
	8. 检查空气预热器入口烟气挡板、一、二次风出口挡板全部关闭。检查空气预热器密封扇形板提至最高位	5	少检查一项减2分	
	9. 将盘车空气马达压缩空气气源投入，检查系统各阀门位置正确	5	气源系统投入不正确不得分	
	10. 投入空气预热器气动盘车马达，就地检查空气预热器转子无摩擦、撞击声	5	未正确执行减3分，未检查减2分	
	11. 启动空气预热器辅电动机运行	5	未正确操作不得分	

续表

考核项目	考核内容	标准分	扣分依据	实际得分
操作能力	12. 检查空气预热器辅电动机电流、声音、温度、振动正常，减速箱声音、振动、温度油位正常，检查空气预热器运行正常、无摩擦	10	少检查一项减1分	
	13. 启动空气预热器主电动机，检查主电动机电流、声音、温度、振动正常，减速箱声音、振动、温度油位正常。检查空气预热器运行正常、无摩擦	10	未正确执行减2分，少检查一项减1分	
	14. 确认主电动机工作正常，停运辅电动机	5	未确认减3分，未正确执行减2分	
	15. 检查空气预热器烟气侧入口挡板及一、二次风出口挡板自动开启，检查空气预热器密封扇形板间隙调节投入自动	5	少检查一项减1分	
总结汇报能力	1. 操作描述全面	15	3	
	2. 参数控制平稳		3	
	3. 操作思路清晰		6	
	4. 语言表达流畅		3	
重大操作失误扣分	1. 在操作处理过程中，误操作一次扣5分			
	2. 因操作不当造成设备跳闸一次扣10分			
	3. 因操作失误，有可能造成设备损坏的一次扣15分			
	4. 若过热蒸汽温度或再热蒸汽温度在10min内骤降超过50℃，若按紧急停机处理操作，按操作得分计算，最高不超过60分；不按紧急停机操作扣30分且最高得50分			
	5. 若操作处置不当发生MFT，则以上操作最高分50分			
合计得分				

行业：电力行业　　　　工种：发电集控值班员　　　　等级：高级工

编号	Ce3O3007	考核时限	30min	题型	ZC	题分	100分
试题正文	一次风机启动			初始工况		锅炉点火后	
考核要求	1. 结合生产现场实际，在仿真机上单独进行操作考核。 2. 严格执行仿真机运行规程						
操作要点	1. 确保一次风机保护投入正确，确保润滑液压油系统投入正确。 2. 确保启动前锅炉吹扫完成，锅炉 MFT 已复位。 3. 启动后缓慢调节一次风机动叶开度，防止发生喘振。 4. 启动后及时调整引风机静叶，维持炉膛负压稳定。 5. 启动过程中确保风机联络挡板位置正确						

考核项目	考核内容	标准分	扣分依据	实际得分
观察判断能力	1. 确认至少一台引风机和送风机运行，锅炉已点火起压	5	未确认不得分	
	2. 检查一次风机检修工作结束，安全措施已拆除，设备完好	5	未检查不得分	
操作能力	3. 检查一次风机液压润滑油站、电动机润滑油站油箱油位正常在 3/4 以上，油温大于 30℃，油质合格，油站冷却水具备投入条件，油站双路电源可靠投入	5	少检查一项减 2 分	
	4. 检查一次风机液压润滑油系统满足启动条件，启动一台油泵，检查供油压力正常，液压润滑油站出口油压不低于 2.5MPa，回油流量正常，检查叶片液压调节装置动作灵活，一次风机各处轴承油位正常，油流正常，确认风机液压润滑油站油泵联锁试验合格，将另一台油泵投入备用	10	启动未正确执行减 2 分，少检查一项减 1 分，未投联锁减 3 分	
	5. 检查一次风机电动机润滑油系统满足启动条件，启动一台油泵，检查供油压力正常，回油流量正常，一次风机电动机轴承油位正常，油流正常，确认油泵联锁试验合格，将另一台油泵投入备用	10	启动未正确执行减 2 分，少检查一项减 1 分，未投联锁减 2 分	

考核项目	考核内容	标准分	扣分依据	实际得分
操作能力	6. 将一次风机电动机测绝缘合格后送电	5	未正确执行不得分	
	7. 检查一次风机热工保护投入正确，对应风烟系统挡板送电，风烟系统热控信号完善	6	保护未投减 2 分，未送电减 2 分，热控信号不好减 2 分	
	8. 开启一次风侧空气预热器出口热一次风挡板、一次风机出口冷一次风挡板，检查制粉系统一次风门导通	5	少操作一项减 2 分	
	9. 检查一次风机出口挡板、一次风机动叶关闭	5	少检查一项减 2 分	
	10. 检查锅炉 MFT 复位，一次风机满足启动条件，启动一次风机，检查一次风机出口挡板联开、出口冷一次风挡板联开。检查风机电流、轴承温度、振动正常。监视一次风压变化情况，调整引风机静叶满足炉膛负压要求，汇报值长	10	启动操作错误减 3 分，少检查一项减 2 分，负压异常减 4 分	
	11. 就地检查送风机声音、轴承振动、温度正常，风烟系统无泄漏	8	少检查一项减 2 分	
	12. 启动密封风机后，根据需要缓慢调整一次风机动叶开度，满足制粉系统要求	5	调整不当不得分	
	13. 检查锅炉风烟系统风量、风压、温度、空气预热器差压等参数正常	6	少检查一项减 1 分	
总结汇报能力	1. 操作描述全面	15	3	
	2. 参数控制平稳		3	
	3. 操作思路清晰		6	
	4. 语言表达流畅		3	

续表

考核项目	考核内容	标准分	扣分依据	实际得分
重大操作失误扣分	1. 在操作处理过程中,误操作一次扣5分			
	2. 因操作不当造成设备跳闸一次扣10分			
	3. 因操作失误,有可能造成设备损坏的一次扣15分			
	4. 若过热蒸汽温度或再热蒸汽温度在10min内骤降超过50℃,若按紧急停机处理操作,按操作得分计算,最高不超过60分;不按紧急停机操作扣30分且最高得50分			
	5. 若操作处置不当发生MFT,则以上操作最高得分50分			
合计得分				

行业:电力行业　　　　工种:发电集控值班员　　　　等级:高级工

编号	Ce3O3008	考核时限	30min	题型	ZC	题分	100分
试题正文	锅炉本体吹灰系统投运			初始工况		负荷≥50%MCR	
考核要求	1. 结合生产现场实际,在仿真机上单独进行操作考核。 2. 严格执行仿真机运行规程						
操作要点	1. 控制合理的汽源压力,暖管、疏水要充分。 2. 按照烟气流程顺序进行吹灰。 3. 吹灰期间加强锅炉燃烧调整和汽温调整						

考核项目	考核内容	标准分	扣分依据	实际得分
观察判断能力	1. 检查机组负荷应≥50%MCR	5	未检查不得分	
	2. 检查锅炉本体吹灰系统检修工作结束,安全措施拆除	5	未检查不得分	
操作能力	3. 检查锅炉本体吹灰系统设备完好,热控信号完善,程控调试完毕	5	少检查一项减2分	
	4. 锅炉本体吹灰系统各电动门送电,气动门送气源	5	少操作一项减1分	

考核项目	考核内容	标准分	扣分依据	实际得分
操作能力	5．机组带负荷稳定后，检查主汽压力，温度正常，燃烧稳定，负荷≥50%MCR以上开始投入锅炉本体吹灰系统	10	未正确执行不得分	
	6．缓慢开启锅炉本体吹灰系统汽源手动门，打开吹灰汽源电动门，吹灰系统暖管	10	未正确执行不得分	
	7．暖管充分后全开吹灰汽源供汽门	5	未正确执行不得分	
	8．按照空气预热器—炉膛—水平烟道—尾部烟道—空气预热器的吹灰顺序，在吹灰系统程控内进行设置	10	顺序不正确减5分,设置不正确减5分	
	9．投入吹灰程控系统。设定吹灰压力，吹灰次数	5	未正确执行不得分	
	10．检查各前、后、左、右墙吹灰疏水门开启	5	少检查一项减1分	
	11．检查吹灰汽源调门开启，系统压力正常	5	少检查一项减1分	
	12．疏水温度大于300℃或疏水时间充分后，检查锅炉本体吹灰器投入正常	5	未检查不得分	
	13．检查吹灰程控系统按顺序运行正常，检查捞渣机的工作情况，密切监视锅炉四管泄漏报警	10	少检查一项减5分	
总结汇报能力	1．操作描述全面	15	3	
	2．参数控制平稳		3	
	3．操作思路清晰		6	
	4．语言表达流畅		3	

考核项目	考核内容	标准分	扣分依据	实际得分
重大操作失误扣分	1. 在操作处理过程中，误操作一次扣 5 分			
	2. 因操作不当造成设备跳闸一次扣 10 分			
	3. 因操作失误，有可能造成设备损坏的一次扣 15 分			
	4. 若过热蒸汽温度或再热蒸汽温度在 10min 内骤降超过 50℃，若按紧急停机处理操作，按操作得分计算，最高不超过 60 分；不按紧急停机操作扣 30 分且最高得 50 分			
	5. 若操作处置不当发生 MFT，则以上操作最高得分 50 分			
合计得分				

行业：电力行业 工种：发电集控值班员 等级：高级工

编号	Ce3O4009	考核时限	30min	题型	ZC	题分	100 分
试题正文	锅炉吹扫			初始工况		锅炉点火前	
考核要求	1. 结合生产现场实际，在仿真机上单独进行操作考核。 2. 严格执行仿真机运行规程						
操作要点	1. 吹扫条件必须满足要求。 2. 任何原因导致吹扫中止时，必须查明原因，满足吹扫条件后重新启动锅炉吹扫						

考核项目	考核内容	标准分	扣分依据	实际得分
观察判断能力	1. 锅炉风烟系统启动后	5	未检查不得分	
操作能力	2. 确认以下吹扫条件满足要求： （1）任一台空气预热器运行。 （2）任一台引风机运行。 （3）任一台送风机运行。 （4）两台一次风机均停。	52	少确认一项减 4 分	

续表

考核项目	考核内容	标准分	扣分依据	实际得分
操作能力	（5）油泄漏试验成功或［进油速关阀（主油阀）、回油阀和回油旁路阀关闭］。 （6）所有油枪油阀角阀关闭。 （7）所有等离子点火装置退出（断弧）。 （8）所有磨煤机均停。 （9）所有火检无火。 （10）锅炉无跳闸指令。 （11）锅炉总风量大于30%且小于40%。 （12）火检冷却风压正常。 （13）锅炉给水流量不小于387t/h	52	少确认一项减4分	
	3．检查所有二次风门在自动状态	8	少检查一项减1分	
	4．投入吹扫子组顺控，启动吹扫程序，吹扫进行 300s 后，检查"吹扫完成"信号发出，吹扫结束	12	未正确执行减8分，未检查减4分	
	5．检查 MFT 动作复位正常，汇报值长锅炉吹扫完成	8	未检查减6分，未汇报减2分	
总结汇报能力	1．操作描述全面	15	3	
	2．参数控制平稳		3	
	3．操作思路清晰		6	
	4．语言表达流畅		3	
重大操作失误扣分	1．在操作处理过程中，误操作一次扣5分			
	2．因操作不当造成设备跳闸一次扣10分			
	3．因操作失误，有可能造成设备损坏的一次扣15分			
	4．若过热蒸汽温度或再热蒸汽温度在10min 内骤降超过50℃，若按紧急停机处理操作，按操作得分计算，最高不超过60分；不按紧急停机操作扣30分且最高得50分			
	5．若操作处置不当发生 MFT，则以上操作最高得分50分			
合计得分				

行业：电力行业 工种：发电集控值班员 等级：高级工

编号	Ce3O4010	考核时限	30min	题型	ZC	题分	100 分
试题正文	锅炉一台制粉系统由运行转检修			初始工况		满负荷；CCS 方式	
考核要求	1. 结合生产现场实际，在仿真机上单独进行操作考核。 2. 严格执行仿真机运行规程						
操作要点	1. 先启动备用制粉系统，然后停运待检制粉系统，保证机组负荷稳定。 2. 如制粉系统大修，应尽量将原煤仓拉空，防止自燃。 3. 检修设备停电后方可做机务部分检修措施						

考核项目	考核内容	标准分	扣分依据	实际得分
观察判断能力	1. 检查机组运行参数稳定，汇报值长准备制粉系统倒换	5	未检查汇报不得分	
	2. 启动备用制粉系统，调整备用磨煤机出力与其他运行磨出力平衡，投入自动	5	未正确操作不得分	
操作能力	3. 解除待停制粉系统燃料自动，逐步降低待停制粉系统出力至最小值，控制磨煤机出口温度不超过上限	10	少操作一项减2分	
	4. 当给煤机给煤量达到最小值（20t/h），磨煤机出口温度控制在低限运行，关闭给煤机上闸板，监视给煤机、磨煤机运行正常	10	未达到温度要求减 2 分，少监视一项减2分	
	5. 给煤机发出断煤信号后，打开磨煤机消防蒸汽	8	少操作一项减4分	
	6. 核对设备编号，停止给煤机运行、提升磨辊，停止磨煤机运行	8	少操作一项减4分	
	7. 检查机组运行参数稳定	5	未检查不得分	
	8. 消防蒸汽投入 5min 后切除，制粉系统通风 10min 后关闭冷风挡板，关闭磨煤机出入口挡板，关闭给煤机下闸板	10	少操作一项减2分	

续表

考核项目	考核内容	标准分	扣分依据	实际得分
操作能力	9. 做制粉系统检修措施： （1）将磨煤机、给煤机停电挂牌； （2）确认给煤机上、下闸板关闭并停电挂牌； （3）确认磨煤机冷、热风挡板关闭并停电挂牌； （4）确认磨煤机出入口挡板、消防蒸汽门关闭并停电挂牌； （5）将磨煤机、给煤机密封风门关闭并停电挂牌； （6）磨煤机油站具备停运条件，停止油泵运行并停电挂牌	20	少操作一项减2分，操作顺序违反操作原则减10分	
	10. 全部检修措施执行完毕，联系检修人员办理开工手续	4	未联系不得分	
总结汇报能力	1. 操作描述全面	15	3	
	2. 参数控制平稳		3	
	3. 操作思路清晰		6	
	4. 语言表达流畅		3	
重大操作失误扣分	1. 在操作处理过程中，误操作一次扣5分			
	2. 因操作不当造成设备跳闸一次扣10分			
	3. 因操作失误，有可能造成设备损坏的一次扣15分			
	4. 若过热蒸汽温度或再热蒸汽温度在10min内骤降超过50℃，若按紧急停机处理操作，按操作得分计算，最高不超过60分；不按紧急停机操作扣30分且最高得50分			
	5. 若操作处置不当发生MFT，则以上操作最高得分50分			
合计得分				

行业：电力行业   工种：发电集控值班员   等级：高级工

编号	Ce3O5011	考核时限	30min	题型	ZC	题分	100分
试题正文	单侧引风机运行转检修			初始工况		满负荷；CCS方式	

考核要求	1. 结合生产现场实际，在仿真机上单独进行操作考核。 2. 严格执行仿真机运行规程
操作要点	1. 进行风机负荷倒换操作在机组负荷降至规定值且机组运行稳定情况下进行。 2. 降低待停引风机出力时，保证炉膛负压不致较大的波动，运行引风机能够保证正常情况下负荷波动的调整裕量且不过负荷。 3. 根据炉膛燃烧情况进行投油（等离子）稳燃。 4. 待检修设备停电后方可做机务部分检修措施

考核项目	考核内容	标准分	扣分依据	实际得分
观察判断能力	1. 汇报值长降低机组负荷至50%额定负荷	5	未汇报减2分，负荷不符合要求不得分	
操作能力	2. 降负荷过程中控制主、再热汽温度在正常范围	5	参数超限不得分	
	3. 检查燃油系统（等离子）正常，油枪（等离子）具备投入条件	5	未检查不得分	
	4. 检查机组运行工况稳定	5	未检查不得分	
	5. 将待停引风机静叶由"自动"切"手动"，逐渐将待停风机的静叶关至零位，监视另一台引风机出力自动增加且不过负荷，注意炉膛压力的变化	10	炉膛负压达到报警值一次减5分，未正确操作不得分	
	6. 检查运行侧引风机工作正常，停止待停引风机运行，检查引风机出口挡板联锁关闭	10	少检查一项减3分，未正确操作减4分	
	7. 引风机停运后检查炉膛负压正常，监视停运风机轴承温度的变化，惰走情况正常，就地检查确认风机停转	10	少检查一项减2分	

考核项目	考核内容	标准分	扣分依据	实际得分
操作能力	8．轴承温度低于 40℃停止油站运行	5	未正确执行不得分	
	9．加强运行引风机监视、检查	5	未正确执行不得分	
	10．做引风机检修隔绝措施： （1）检查引风机确已停止，引风机停电并挂牌。 （2）确认引风机出、入口挡板、静叶关闭，停电挂牌。 （3）停止引风电动机电加热器并停电挂牌。 （4）停止轴冷风机并停电挂牌。 （5）确认油泵停运，停电挂牌。 （6）解列冷油器，出入口水门关闭挂牌。 （7）采取必要制动措施	20	少操作一项减 3 分，操作顺序违反操作原则减 10 分	
	11．全部检修措施执行完毕，联系检修人员办理开工手续	5	未联系不得分	
总结汇报能力	1．操作描述全面	15	3	
	2．参数控制平稳		3	
	3．操作思路清晰		6	
	4．语言表达流畅		3	
重大操作失误扣分	1．在操作处理过程中，误操作一次扣 5 分			
	2．因操作不当造成设备跳闸一次扣 10 分			
	3．因操作失误，有可能造成设备损坏的一次扣 15 分			
	4．若过热蒸汽温度或再热蒸汽温度在 10min 内骤降超过 50℃，若按紧急停机处理操作，按操作得分计算，最高不超过 60 分；不按紧急停机操作扣 30 分且最高得 50 分			
	5．若操作处置不当发生 MFT，则以上操作最高得分 50 分			
合计得分				

行业：电力行业　　　工种：发电集控值班员　　　等级：技师

编号	Ce2O3012	考核时限	30min	题型	ZC	题分	100 分
试题正文	锅炉风烟系统启动			初始工况		锅炉点火前	

考核要求	1. 结合生产现场实际，在仿真机上单独进行操作考核。 2. 严格执行仿真机运行规程				
操作要点	1. 确保炉膛负压稳定不超限。 2. 参数调节满足炉膛吹扫条件				

考核项目	考核内容	标准分	扣分依据	实际得分
观察判断能力	1. 检查空气预热器已启动	3	未检查不得分	
	2. 检查锅炉风烟系统检修工作结束，安全措施已拆除	3	未检查不得分	
操作能力	3. 检查锅炉风烟系统设备完好，热控信号完善、联锁校验合格，保护已投入	5	少检查一项减1分	
	4. 确认风烟系统各挡板送电，远方传动正常	3	未确认不得分	
	5. 测量空气预热器、引风机、送风机电动机绝缘合格，电动机送电	5	少操作一项减1分	
	6. 将锅炉燃烧器各二次风挡板开启至25%	3	未正确执行不得分	
	7. 启动两台空气预热器，检查就地运转正常无摩擦，电流正常，空气预热器各侧进出口挡板联开正常	5	未正确执行减2分，少检查一项减1分	
	8. 确认引、送风机油站油泵电动机绝缘合格，联锁试验合格，启动引风机、送风机油站，检查供油压力正常，联锁投入，油冷却器投入正常	5	少操作一项减1分	
	9. 启动两侧引风机的轴冷风机（每台风机两台）一运行一备用，检查运行正常，投入备用风机联锁	3	少操作一项减1分	

续表

考核项目	考核内容	标准分	扣分依据	实际得分
操作能力	10. 打开 1～2 台送风机动叶及出口挡板，关闭引风机入口挡板，打开出口挡板及引风机联络挡板，静叶关闭，检查引风机具备启动条件	3	少操作一项减1 分，引风机不具备启动条件减2分	
	11. 启动稀释风机运行，投入联锁，联系脱硫值班员启动增压风机运行	3	少操作一项减1 分，未联系启动增压风机减 3 分	
	12. 启动一台引风机，检查电流正常，入口挡板联开，调节炉膛负压在-100～-200Pa 之间	5	少检查一项减1 分，负压异常减2分	
	13. 检查引风机各部温度正常，就地检查风机轴承振动、声音正常	3	少检查一项减1 分	
	14. 确认同侧送风机出口挡板及动叶关闭，联络挡板打开，检查送风机具备启动条件	3	少操作一项减1 分，引风机不具备启动条件减2分	
	15. 启动同侧送风机，监视电流正常，出口挡板联开，注意炉膛负压	5	少检查一项减1 分，负压异常减2分	
	16. 检查送风机各部温度正常，就地风机轴承振动、声音正常	3	少检查一项减1 分	
	17. 缓慢调节引风机静叶开度，控制炉膛负压在-100～-200Pa 之间。通知脱硫值班员及时调节增压风机入口压力	5	负压控制不当不得分	
	18. 按上述步骤启动对侧引、送风机运行	12	参照 12～17条评分	
	19. 缓慢调节两侧引、送风机动静叶开度，保持两侧风机电流平衡，维持炉膛负压在-100～-200Pa 之间，根据需要增加锅炉总风量至满足炉膛吹扫条件，投入引风机自动调节	8	负压调节不当减 5 分，风量不满足减 5 分	

续表

考核项目	考核内容	标准分	扣分依据	实际得分
总结汇报能力	1. 操作描述全面	15	3	
	2. 参数控制平稳		3	
	3. 操作思路清晰		6	
	4. 语言表达流畅		3	
重大操作失误扣分	1. 在操作处理过程中，误操作一次扣 5 分			
	2. 因操作不当造成设备跳闸一次扣 10 分			
	3. 因操作失误，有可能造成设备损坏的一次扣 15 分			
	4. 若过热蒸汽温度或再热蒸汽温度在 10min 内骤降超过 50℃，若按紧急停机处理操作，按操作得分计算，最高不超过 60 分；不按紧急停机操作扣 30 分且最高得分 50 分			
	5. 若操作处置不当发生 MFT，则以上操作最高得分 50 分			
合计得分				

行业：电力行业　　　工种：发电集控值班员　　　等级：技师

编号	Ce2O4013	考核时限	30min	题型	ZC	题分	100 分
试题正文	单侧一次风机运行转检修			初始工况		满负荷；CCS 方式	
考核要求	1. 结合生产现场实际，在仿真机上单独进行操作考核。 2. 严格执行仿真机运行规程						
操作要点	1. 进行风机负荷倒换操作在机组负荷降至规定值且机组运行稳定情况下进行。 2. 降低待停送风机出力时，保证一次风压不致较大的波动，运行一次风机出力能够保证一次风压正常且不过负荷。 3. 根据炉膛燃烧情况进行投油（等离子）稳燃。 4. 待检修设备停电后方可做机务部分检修措施						

续表

考核项目	考核内容	标准分	扣分依据	实际得分
观察判断能力	1. 汇报值长降低机组负荷至 40%~50%额定负荷，保留 3 套（或 2 套）制粉系统运行	5	未汇报减 2 分，负荷不符合要求不得分	
	2. 降负荷过程中控制主、再热汽温度在正常范围	5	参数超限不得分	
	3. 检查燃油系统（等离子）正常，油枪（等离子）具备投入条件	5	未检查不得分	
	4. 检查机组运行工况稳定	5	未检查不得分	
操作能力	5. 调整制粉系统的一次风量，检查备用磨煤机、给煤机的一次风门与密封风门已关闭，尽量减少一次风系统的用风量	10	少检查一项减 1 分	
	6. 将待停一次风机动叶切至手动，缓慢关闭，同时观察另一侧一次风机动叶自动开大，密切监视一次风母管压力、一次风机振动，防止发生喘振	10	未正确执行减 4 分，少监视一项减 2 分	
	7. 待停一次风机动叶关到零后，关闭待停一次风机出口挡板，停止一次风机运行	5	未正确执行不得分	
	8. 检查运行一次风机正常，一次风母管压力、磨煤机运行参数正常，监视停运风机轴承温度的变化，惰走情况正常，就地确认风机停转	10	少检查一项减 2 分	
	9. 风机轴承温度低于 40℃停止油泵运行	5	未正确执行不得分	
	10. 做一次风机检修隔绝措施： （1）检查一次风机确已停止，一次风机停电并挂牌； （2）确认一次风机出口挡板、动叶关闭，停电挂牌；	20	少操作一项减 2 分，操作顺序违反操作原则减 10 分	

续表

考核项目	考核内容	标准分	扣分依据	实际得分
操作能力	（3）停止一次风机电动机电加热器并停电挂牌； （4）确认油泵停运，停电挂牌； （5）解列冷油器，出入口水门关闭挂牌； （6）采取必要制动措施	20	少操作一项减2分，操作顺序违反操作原则减10分	
	11. 全部检修措施执行完毕，联系检修人员办理开工手续	5	未联系不得分	
总结汇报能力	1. 操作描述全面	15	3	
	2. 参数控制平稳		3	
	3. 操作思路清晰		6	
	4. 语言表达流畅		3	
重大操作失误扣分	1. 在操作处理过程中，误操作一次扣5分			
	2. 因操作不当造成设备跳闸一次扣10分			
	3. 因操作失误，有可能造成设备损坏的一次扣15分			
	4. 若过热蒸汽温度或再热蒸汽温度在10min内骤降超过50℃，若按紧急停机处理操作，按操作得分计算，最高不超过60分；不按紧急停机操作扣30分且最高得50分			
	5. 若操作处置不当发生MFT，则以上操作最高得分50分			
合计得分				

行业：电力行业　　　　工种：发电集控值班员　　　　等级：技师

编号	Ce2O4014	考核时限	30min	题型	ZC	题分	100分
试题正文	锅炉一台空气预热器由运行转检修			初始工况		满负荷；CCS方式	
考核要求	1. 结合生产现场实际，在仿真机上单独进行操作考核。 2. 严格执行仿真机运行规程						

操作要点	1．进行空气预热器停运操作在机组负荷降至规定值且机组运行稳定情况下进行。 2．根据炉膛燃烧情况进行投油（等离子）稳燃。 3．注意停运空气预热器出口排烟温度变化，及时提升扇形板。 4．待检修设备停电后方可做机务部分检修措施			
考核项目	考核内容	标准分	扣分依据	实际得分
观察判断能力	1．机组降负荷前对两台空气预热器进行一次全面吹灰	5	未正确执行不得分	
	2．汇报值长降低机组负荷至 50%额定负荷	5	未汇报减 2 分，负荷没降到不得分	
操作能力	3．降负荷过程中控制主、再热汽温度在正常范围	5	参数超限不得分	
	4．检查燃油系统（等离子）正常，油枪（等离子）具备投入条件	5	未检查不得分	
	5．检查机组运行工况稳定	5	未检查不得分	
	6．缓慢关闭待停空气预热器出入口一次风、二次风、烟气挡板，监视空气预热器烟温	10	少检查一项减 2 分	
	7．解除待停空气预热器主、辅电动机及盘车马达之间联锁，检查空气预热器热端密封装置自动提升至上限位置，停止主电动机运行	10	未正确操作减 10 分，未检查减 5 分	
	8．空气预热器停止后，确认上轴承温度低于 50℃，下轴承温度低于 45℃，将轴承润滑油泵联锁切除，停止油站冷却水	10	未正确执行不得分	
	9．空气预热器停运后继续加强空气预热器进、出口烟风温度、着火报警监测装置的监视	5	少监视一项减 2 分	

续表

考核项目	考核内容	标准分	扣分依据	实际得分
操作能力	10. 做空气预热器检修措施： （1）将空气预热器主电动机、辅助电动机停电并挂牌； （2）盘车马达供气门关闭挂牌； （3）确认空气预热器出入口烟风挡板关闭并停电挂牌； （4）关闭空气预热器消防水、冲洗水、蒸汽吹灰门并停电挂牌； （5）油站油泵电动机停电挂牌，关闭油站冷却水门并挂牌	20	少操作一项减2分，操作顺序违反操作原则减10分	
	11. 全部检修措施执行完毕，联系检修人员办理开工手续	5	未联系不得分	
总结汇报能力	1. 操作描述全面	15	3	
	2. 参数控制平稳		3	
	3. 操作思路清晰		6	
	4. 语言表达流畅		3	
重大操作失误扣分	1. 在操作处理过程中，误操作一次扣5分			
	2. 因操作不当造成设备跳闸一次扣10分			
	3. 因操作失误，有可能造成设备损坏的一次扣15分			
	4. 若过热蒸汽温度或再热蒸汽温度在10min内骤降超过50℃，若按紧急停机处理操作，按操作得分计算，最高不超过60分；不按紧急停机操作扣30分且最高得分50分			
	5. 若操作处置不当发生MFT，则以上操作最高得分50分			
合计得分				

行业：电力行业　　　　工种：发电集控值班员　　　　等级：技师

编号	Ce2O4015	考核时限	30min	题型	ZC	题分	100分
试题正文	锅炉点火			初始工况		风烟系统启动后	

考核要求	1. 结合生产现场实际，在仿真机上单独进行操作考核。 2. 严格执行仿真机运行规程
操作要点	1. 启动顺序正确，合理控制启动参数。 2. 点火过程稳定，不发生爆燃及负压波动

考核项目	考核内容	标准分	扣分依据	实际得分
观察判断能力	1. 锅炉所有检修工作已结束，安全措施已拆除	3	未检查确认不得分	
	2. 锅炉满足启动条件	3	未检查确认不得分	
操作能力	3. 核查锅炉MFT保护投入正确	3	少核查一项减0.3分	
	4. 启动两台空气预热器	5	未正确执行不得分	
	5. 启动脱硝稀释风机运行，一台运行，一台备用	5	未正确启动减2分，未投备用减1分	
	6. 联系脱硫值班员启动脱硫增压风机（脱硫旁路挡板开启可不启动增压风机）	3	未正确执行不得分	
	7. 启动一台火检风机运行，另一台投入备用	3	未正确执行减2分，未投备用减1分	
	8. 启动单侧引、送风机运行，调整负压正常	5	未正确执行不得分，总风量不满足减5分	

考核项目	考核内容	标准分	扣分依据	实际得分
操作能力	9. 启动另一侧引、送风机运行，调整负压、总风量满足吹扫条件，投入引风机自动	5	总风量不满足不得分	
	10. 投入炉膛的烟温探针，确认炉膛火焰监视电视投入	3	未确认不得分	
	11. 确认锅炉冷态冲洗结束水质合格	3	未确认不得分	
	12. 接值长令：锅炉点火	3	未得到许可减2分，未正确执行不得分	
	13. 维持锅炉最低给水流量至启动流量	3	给水流量不满足不得分	
	14. 进行锅炉燃油泄漏试验合格	3	吹扫异常不得分	
	15. 进行锅炉吹扫，确认MFT复位	3	参数不满足每项减1分	
	16. 启动两台一次风机、启动一台密封风机，调整一次风压6.5kPa，密封风压10kPa左右，调整总风量750~800t/h，调整二次风门开度，维持炉膛风箱差压350~450Pa	5	未正确执行不得分，未投备用减1分	
	17. 将火检冷却风切换至一次风机带，确认火检冷却风压正常，停运火检冷却风机，投入火检冷却风机联锁	3	少检查一项减1分	
	18. 检查等离子点火系统送电正常，冷却水系统投入正常，载体风系统投入正常	3	少操作一项减1分，未投等离子模式不得分	
	19. 投入1号磨煤机暖风器系统，开启出口门，选择等离子模式，等离子拉弧，检查等离子系统运行正常	3	未正确执行不得分	

续表

考核项目	考核内容	标准分	扣分依据		实际得分
操作能力	20．打开1号磨煤机出入口门通风、暖磨、控制出口温度65℃以上	3	出口温度异常减3分		
	21．联系除灰值班员投入电除尘	3	未正确执行不得分		
	22．启动1号制粉系统，检查锅炉4角燃烧器点火正常。调整给煤机煤量，监视等离子火检电视燃烧稳定，炉膛负压稳定	5	控制参数异常每项减2分		
	23．投入空气预热器连续吹灰	3	未投入吹灰不得分		
	24．通知化学锅炉已点火，开启锅炉加药门、汽水取样一次门。通知脱硫、除灰锅炉点火成功	4	未通知减2分，未开启相关阀门减2分		
总结汇报能力	1．操作描述全面	15	3		
	2．参数控制平稳		3		
	3．操作思路清晰		6		
	4．语言表达流畅		3		
重大操作失误扣分	1．在操作处理过程中，误操作一次扣5分				
	2．因操作不当造成设备跳闸一次扣10分				
	3．因操作失误，有可能造成设备损坏的一次扣15分				
	4．若过热蒸汽温度或再热蒸汽温度在10min内骤降超过50℃，若按紧急停机处理操作，按操作得分计算，最高不超过60分；不按紧急停机操作扣30分且最高得50分				
	5．若操作处置不当发生MFT，则以上操作最高得分50分				
合计得分					

行业：电力行业　　　　工种：发电集控值班员　　　等级：高级工

编号	Ce3O3016	考核时限	30min	题型	ZC	题分	100分

试题正文	旁路系统的投运	初始工况	锅炉点火后

考核要求	1. 结合生产现场实际，在仿真机上单独进行操作考核。 2. 严格执行仿真机运行规程

操作要点	1. 开启低旁三级减温水电动门。 2. 开启低旁减温水且开度大于5%后开启低压旁路压力阀。 3. 投入低压旁路后，开启高压旁路压力阀

考核项目	考核内容	标准分	扣分依据	实际得分
操作能力	1. 检查确认旁路控制系统送电，各操作器指示正常	8		
	2. 检查确认高压旁路前、后及低压旁路前疏水门开启	8		
	3. 检查确认给水系统、凝结水系统运行正常	8		
	4. 确认凝汽器真空已建立，真空达到规程规定值	8		
	5. 将高压旁路、低压旁路压力阀及减温水调节阀切"手动"方式	10		
	6. 锅炉点火后，当主汽压力缓慢增大至0.2MPa，开启低旁三级减温水电动门	10		
	7. 开启低旁减温水且开度大于5%后，适当开启低压旁路压力阀，根据需要控制再热器压力，注意低压旁路开启后管道应无振动	10		
	8. 投入低压旁路后，手动开启高压旁路压力阀5%，开启高压旁路减温水电动门	10		

考核项目	考核内容	标准分	扣分依据		实际得分
操作能力	9. 当高压旁路压力阀反馈指示大于2%时，方可根据高压旁路压力阀后温度，调整高压旁路减温水调节阀门的开度	10			
	10. 开启高、低压旁路过程中应缓慢操作，保持参数稳定	3			
总结汇报能力	1. 操作描述全面	15	3		
	2. 参数控制平稳		3		
	3. 操作思路清晰		6		
	4. 语言表达流畅		3		
重大操作失误扣分	1. 在操作处理过程中，误操作一次扣5分				
	2. 因操作不当造成设备跳闸一次扣10分				
	3. 因操作失误，有可能造成设备损坏的一次扣15分				
	4. 若过热蒸汽温度或再热蒸汽温度在10min内骤降超过50℃，若按紧急停机处理操作，按操作得分计算，最高不超过60分；不按紧急停机操作扣30分且最高得50分				
	5. 若操作处置不当发生MFT，则以上操作最高得分50分				

行业：电力行业　　　　　　**工种：发电集控值班员**　　　　**等级：高级工**

编号	Ce3O2017	考核时限	30min	题型	ZC	题分	100分
试题正文	凝结泵切换（1号泵倒换2号泵运行）			初始工况		额定工况	
考核要求	1. 结合生产现场实际，在仿真机上单独进行操作考核。 2. 严格执行仿真机运行规程						
操作要点	1. 解除2号凝结泵"联锁"。 2. 启动2号凝结泵。 3. 停运1号凝结泵						

续表

考核项目	考核内容	标准分	扣分依据	实际得分
操作能力	1. 确认 2 号凝结泵处于"备用"状态	10		
	2. 解除 2 号凝结泵"联锁"，启动 2 号凝结泵	12		
	3. 确认 2 号凝结泵运行正常	10		
	4. 关闭 1 号凝结泵进、出口门，停运 1 号凝结泵	12		
	5. 确认凝结水母管压力正常	10		
	6. 将 1 号凝结泵联锁投入"自动"	11		
	7. 检查确认切换后凝结水系统运行正常	10		
	8. 全面检查机组参数稳定	10		
总结汇报能力	1. 操作描述全面	15	3	
	2. 参数控制平稳		3	
	3. 操作思路清晰		6	
	4. 语言表达流畅		3	
重大操作失误扣分	1. 在操作处理过程中，误操作一次扣 5 分			
	2. 因操作不当造成设备跳闸一次扣 10 分			
	3. 因操作失误，有可能造成设备损坏的一次扣 15 分			
	4. 若过热蒸汽温度或再热蒸汽温度在 10min 内骤降超过 50℃，若按紧急停机处理操作，按操作得分计算，最高不超过 60 分；不按紧急停机操作扣 30 分且最高得 50 分			
	5. 若操作处置不当发生 MFT，则以上操作最高得分 50 分			

行业：电力行业　　　工种：发电集控值班员　　　等级：中级工

编号	Ce4O2018	考核时限	30min	题型	ZC	题分	100分
试题正文	投入定子冷却水系统			初始工况		冷态启动过程（氢置换正常后）	
考核要求	1. 结合生产现场实际，在仿真机上单独进行操作考核。 2. 严格执行仿真机运行规程						
操作要点	1. 将定子冷却水箱补水至正常水位。 2. 打开A定子冷却水泵进、出口门。 3. 启动A定子冷却水泵						

考核项目	考核内容	标准分	扣分依据	实际得分
操作能力	1. 确认定子冷却水系统检修工作结束，工作票已收回	10		
	2. 确认发电机内部氢气压力已达到规定压力	12		
	3. 关闭定子冷却水系统放水门	10		
	4. 将定子冷却水箱补水至正常水位	12		
	5. 打开A定子冷却水泵进、出口门	10		
	6. 打开定子冷却水系统再循环门	11		
	7. 启动A定子冷却水泵，调整定子冷却水压至正常，低于氢压一定值，冷却水流量正常	10		
	8. 全面检查机组参数正常	10		
总结汇报能力	1. 操作描述全面	15	3	
	2. 参数控制平稳		3	
	3. 操作思路清晰		6	
	4. 语言表达流畅		3	

续表

考核项目	考核内容	标准分	扣分依据	实际得分
重大操作失误扣分	1. 在操作处理过程中，误操作一次扣 5 分			
	2. 因操作不当造成设备跳闸一次扣 10 分			
	3. 因操作失误，有可能造成设备损坏的一次扣 15 分			
	4. 若过热汽温度或再热蒸汽温度在 10min 内骤降超过 50℃，若按紧急停机处理操作，按操作得分计算，最高不超过 60 分；不按紧急停机操作扣 30 分且最高得 50 分			
	5. 若操作处置不当发生 MFT，则以上操作最高得分 50 分			

行业：电力行业　　　工种：发电集控值班员　　　等级：高级工

编号	Ce3O2019	考核时限	30min	题型	ZC	题分	100 分
试题正文	汽轮机冲转至 3000r/min			初始工况		冲转前状态	
考核要求	1. 结合生产现场实际，在仿真机上单独进行操作考核。 2. 严格执行仿真机运行规程						
操作要点	1. 选择冲转方式。 2. 挂闸。 3. 升速至 3000r/min						

考核项目	考核内容	标准分	扣分依据	实际得分
操作能力	1. 确认汽轮机各保护已投入运行	8		
	2. 确认汽轮机已满足冲转条件	8		
	3. 确认汽轮机盘车已连续运行 2~4h	8		
	4. 选择冲转方式	8		
	5. 挂闸（汽轮机置位），建立安全油压	8		
	6. 检查确认相应阀门的开启状态是否正确	4		
	7. 按照要求进行摩擦检查	8		

413

续表

考核项目	考核内容	标准分	扣分依据		实际得分
操作能力	8．冲转过程中检查机组振动、胀差、串轴、瓦温、回油温度等参数正常	4			
	9．按规程规定严格控制好汽轮机的升速率	8			
	10．进行中速暖机	8			
	11．定速 3000r/min	8			
	12．升速过程中就地检查汽轮机测温、测振，听声音	5			
总结汇报能力	1．操作描述全面	15	3		
	2．参数控制平稳		3		
	3．操作思路清晰		6		
	4．语言表达流畅		3		
重大操作失误扣分	1．在操作处理过程中，误操作一次扣5分				
	2．因操作不当造成设备跳闸一次扣10分				
	3．因操作失误，有可能造成设备损坏的一次扣15分				
	4．若过热蒸汽温度或再热蒸汽温度在10min内骤降超过50℃，若按紧急停机处理操作，按操作得分计算，最高不超过60分；不按紧急停机操作扣30分且最高得50分				
	5．若操作处置不当发生MFT，则以上操作最高得分50分				

行业：电力行业　　　　工种：发电集控值班员　　　　等级：高级工

编号	Ce3O2020	考核时限	30min	题型	ZC	题分	100 分
试题正文	正常停运高压加热器系统			初始工况		额定工况	
考核要求	1．结合生产现场实际，在仿真机上单独进行操作考核。 2．严格执行仿真机运行规程						

续表

操作要点	1. 高压加热器疏水切至凝汽器。 2. 先停汽侧,后停水侧。 3. 给水切旁路			
考核项目	考核内容	标准分	扣分依据	实际得分
操作能力	1. 利用协调方式降负荷至额定负荷的90%	10		
	2. 将高压加热器疏水切至凝汽器	12		
	3 先停汽侧,后停水侧	10		
	4. 依次逐渐关小各高压加热器的抽汽电动门,检查高压加热器抽汽管道疏水门应联开,否则手动开启	10		
	5. 高压加热器停运过程中要保持各高压加热器疏水水位在正常范围	12		
	6. 开启高压加热器给水旁路电动门,关闭高压加热器进、出口电动门,给水切旁路	10		
	7. 关闭高压加热器进、出口电动门过程中必须严密监视给水流量及压力正常	11		
	8. 全面检查机组参数稳定	10		
总结汇报能力	1. 操作描述全面		3	
	2. 参数控制平稳	15	3	
	3. 操作思路清晰		6	
	4. 语言表达流畅		3	
重大操作失误扣分	1. 在操作处理过程中,误操作一次扣5分			
	2. 因操作不当造成设备跳闸一次扣10分			
	3. 因操作失误,有可能造成设备损坏的一次扣15分			

考核项目	考核内容	标准分	扣分依据	实际得分
重大操作失误扣分	4. 若过热蒸汽温度或再热蒸汽温度在 10min 内骤降超过 50℃，若按紧急停机处理操作，按操作得分计算，最高不超过 60 分；不按紧急停机操作扣 30 分且最高得分 50 分			
	5. 若操作处置不当发生 MFT，则以上操作最高得分 50 分			

行业：电力行业　　　　工种：发电集控值班员　　　　等级：高级工

编号	Ce3O2021	考核时限	30min	题型	ZC	题分	100 分
试题正文	启动电动给水泵系统			初始工况		锅炉上水前	
考核要求	1. 结合生产现场实际，在仿真机上单独进行操作考核。 2. 严格执行仿真机运行规程						
操作要点	1. 确认电动给水泵再循环门全开。 2. 确认除氧器水位正常。 3. 启动电动给水泵						

考核项目	考核内容	标准分	扣分依据	实际得分
操作能力	1. 检查确认电动给水泵再循环门全开	8		
	2. 确认除氧器水位正常	8		
	3. 确认电动给水泵系统放水门关闭	9		
	4. 投入电动给水泵冷却水系统	10		
	5. 投入电动给水泵润滑油系统，确认油压正常	10		
	6. 确认电动给水泵出口门关闭，开启电动给水泵入口门	10		
	7. 确认电动给水泵勺管在最低位、保护投入	10		

考核项目	考核内容	标准分	扣分依据		实际得分
操作能力	8. 启动电动给水泵，检查电动给水泵电流等参数运行正常	10			
	9. 停止电动给水泵辅助润滑油泵，检查润滑油压正常	10			
总结汇报能力	1. 操作描述全面	15	3		
	2. 参数控制平稳		3		
	3. 操作思路清晰		6		
	4. 语言表达流畅		3		
重大操作失误扣分	1. 在操作处理过程中，误操作一次扣 5 分				
	2. 因操作不当造成设备跳闸一次扣 10 分				
	3. 因操作失误，有可能造成设备损坏的一次扣 15 分				
	4. 若过热蒸汽温度或再热蒸汽温度在 10min 内骤降超过 50℃，若按紧急停机处理操作，按操作得分计算，最高不超过 60 分；不按紧急停机操作扣 30 分且最高得 50 分				
	5. 若操作处置不当发生 MFT，则以上操作最高得分 50 分				

行业：电力行业　　　　工种：发电集控值班员　　　　等级：中级工

编号	Ce4O2022	考核时限	30min	题型	ZC	题分	100 分
试题正文	机组热态启动送轴封系统			初始工况		盘车投运后	
考核要求	1. 结合生产现场实际，在仿真机上单独进行操作考核。 2. 严格执行仿真机运行规程						
操作要点	1. 启动一台轴封冷却风机。 2. 确认主机盘车已正常投运。 3. 投轴封供汽						

续表

考核项目	考核内容	标准分	扣分依据		实际得分
操作能力	1．确认循环水系统已正常投运	8			
	2．确认工业水系统已正常投运	8			
	3．确认闭式水系统已正常投运	8			
	4．确认凝结水系统已正常投运	8			
	5．确认主机润滑油系统、密封油系统、顶轴油系统已正常投运	8			
	6．启动一台轴封冷却风机	10			
	7．确认主机盘车已正常投运	8			
	8．依次打开高、低压轴封供汽手动门	10			
	9．轴封供汽管道必须充分疏水	8			
	10．投入轴封供汽，轴封供汽温度、压力按规程规定执行。确保轴封供汽温度与轴封段转子金属温度相匹配	9			
总结汇报能力	1．操作描述全面	15	3		
	2．参数控制平稳		3		
	3．操作思路清晰		6		
	4．语言表达流畅		3		
重大操作失误扣分	1．在操作处理过程中，误操作一次扣 5 分				
	2．因操作不当造成设备跳闸一次扣 10 分				
	3．因操作失误，有可能造成设备损坏的一次扣 15 分				
	4．若过热蒸汽温度或再热蒸汽温度在 10min 内骤降超过 50℃，若按紧急停机处理操作，按操作得分计算，最高不超过 60 分；不按紧急停机操作扣 30 分且最高得 50 分				
	5．若操作处置不当发生 MFT，则以上操作最高得分 50 分				

行业：电力行业　　　工种：发电集控值班员　　　等级：中级工

编号	Ce4O2023	考核时限	30min	题型	ZC	题分	100分
试题正文	机组热态启动投入真空系统			初始工况		主机盘车投运后	

考核要求	1. 结合生产现场实际，在仿真机上单独进行操作考核。 2. 严格执行仿真机运行规程
操作要点	1. 关闭凝汽器真空破坏门。 2. 开启凝汽器抽空气门。 3. 启动真空泵

考核项目	考核内容	标准分	扣分依据		实际得分
操作能力	1. 确认主机盘车运行正常，主机轴封系统已投运正常	14			
	2. 开启凝汽器抽空气门	14			
	3. 关闭凝汽器真空破坏门	14			
	4. 投入真空泵冷却水	14			
	5. 根据需要依次启动真空泵	14			
	6. 确认凝汽器真空上升至规定值	15			
总结汇报能力	1. 操作描述全面	15	3		
	2. 参数控制平稳		3		
	3. 操作思路清晰		6		
	4. 语言表达流畅		3		
重大操作失误扣分	1. 在操作处理过程中，误操作一次扣5分				
	2. 因操作不当造成设备跳闸一次扣10分				
	3. 因操作失误，有可能造成设备损坏的一次扣15分				
	4. 若过热蒸汽温度或再热蒸汽温度在10min内骤降超过50℃，若按紧急停机处理操作，按操作得分计算，最高不超过60分；不按紧急停机操作扣30分且最高得50分				
	5. 若操作处置不当发生MFT，则以上操作最高分50分				

行业：电力行业　　　　工种：发电集控值班员　　　等级：中级工

编号	Ce4O2024	考核时限	30min	题型	ZC	题分	100分
试题正文	低压加热器正常投入运行				初始工况	汽轮机冲转后	

考核要求	1. 结合生产现场实际，在仿真机上单独进行操作考核。 2. 严格执行仿真机运行规程
操作要点	1. 关闭低压加热器凝结水管道放水门。 2. 开启低压加热器进、出口水门。 3. 开启低压加热器各抽汽电动门、抽汽逆止门

考核项目	考核内容	标准分	扣分依据		实际得分
操作能力	1. 关闭低压加热器凝结水管道放水门	12			
	2. 低压加热器投入前确认低压加热器保护已投入	10			
	3. 低压加热器水侧注满水后开启低压加热器进、出口水门	12			
	4. 低压加热器进、出口水门开启后，关闭低压加热器凝结水旁路门	12			
	5. 低压加热器汽侧投运前抽汽管道疏水应充分	12			
	6. 开启低压加热器各抽汽电动门、抽汽逆止门，并检查开启正常。低压加热器投运后关闭抽汽管道疏水门	15			
	7. 投运过程中低压加热器水位保持在正常范围内	12			
总结汇报能力	1. 操作描述全面	15	3		
	2. 参数控制平稳		3		
	3. 操作思路清晰		6		
	4. 语言表达流畅		3		

考核项目	考核内容	标准分	扣分依据	实际得分
重大操作失误扣分	1. 在操作处理过程中,误操作一次扣5分			
	2. 因操作不当造成设备跳闸一次扣10分			
	3. 因操作失误,有可能造成设备损坏的一次扣15分			
	4. 若过热蒸汽温度或再热蒸汽温度在10min内骤降超过50℃,若按紧急停机处理操作,按操作得分计算,最高不超过60分;不按紧急停机操作扣30分且最高得50分			
	5. 若操作处置不当发生MFT,则以上操作最高得分50分			

行业:电力行业　　　　工种:发电集控值班员　　　　等级:中级工

编号	Ce4O2025	考核时限	30min	题型	ZC	题分	100分
试题正文	凝结水系统的正常投入			初始工况		冷态工况	
考核要求	1. 结合生产现场实际,在仿真机上单独进行操作考核。 2. 严格执行仿真机运行规程						
操作处理要点	1. 选择凝结水泵的运行方式。 2. 凝汽器补水正常。 3. 启动1台凝结水泵						

考核项目	考核内容	标准分	扣分依据	实际得分
操作能力	1. 确认凝结水系统检修工作结束,工作票已终结	12		
	2. 将凝结器水位补水至正常	12		
	3. 将凝结水系统放水门关闭,放空气门开启	12		
	4. 开启凝结水泵入口门、空气门、密封水门、电动机及轴承冷却水门	12		

续表

考核项目	考核内容	标准分	扣分依据		实际得分
操作能力	5. 凝结水泵启动前确认凝结水泵再循环门开启	12			
	6. 选择工频或变频方式，启动一台凝结水泵	13			
	7. 凝结水泵启动后检查凝结水泵运转正常，电流正常	12			
总结汇报能力	1. 操作描述全面	15	3		
	2. 参数控制平稳		3		
	3. 操作思路清晰		6		
	4. 语言表达流畅		3		
重大操作失误扣分	1. 在操作处理过程中，误操作一次扣 5 分				
	2. 因操作不当造成设备跳闸一次扣 10 分				
	3. 因操作失误，有可能造成设备损坏的一次扣 15 分				
	4. 若过热蒸汽温度或再热蒸汽温度在 10min 内骤降超过 50℃，若按紧急停机处理操作，按操作得分计算，最高不超过 60 分；不按紧急停机操作扣 30 分且最高得 50 分				
	5. 若操作处置不当发生 MFT，则以上操作最高得分 50 分				

行业：电力行业　　　　工种：发电集控值班员　　　　等级：中级工

编号	Ce4O2026	考核时限	30min	题型	ZC	题分	100 分
试题正文	A 汽动给水泵小汽轮机冲转			初始工况		汽动给水泵冲转前	
考核要求	1. 结合生产现场实际，在仿真机上单独进行操作考核。 2. 严格执行仿真机运行规程						
操作要点	1. 确认 A 汽动给水泵再循环门开启。 2. 确认除氧器水位正常。 3. A 汽动给水泵小汽轮机冲转						

续表

考核项目	考核内容	标准分	扣分依据	实际得分
操作能力	1. 检查确认 A 汽动给水泵再循环门开启	12		
	2. 检查确认 A 汽动给水泵组保护已投入	12		
	3. 确认除氧器水位正常	12		
	4. A 汽动给水泵小汽轮机供汽管道暖管充分	12		
	5. A 汽动给水泵小汽轮机升速率控制在 100～150r/min	12		
	6. A 汽动给水泵小汽轮机冲转过程中检查小机振动、瓦温等参数正常	13		
	7. A 汽动给水泵小汽轮机升速至规程规定暖机转速	12		
总结汇报能力	1. 操作描述全面	15	3	
	2. 参数控制平稳		3	
	3. 操作思路清晰		6	
	4. 语言表达流畅		3	
重大操作失误扣分	1. 在操作处理过程中，误操作一次扣 5 分			
	2. 因操作不当造成设备跳闸一次扣 10 分			
	3. 因操作失误，有可能造成设备损坏的一次扣 15 分			
	4. 若过热蒸汽温度或再热蒸汽温度在 10min 内骤降超过 50℃，若按紧急停机处理操作，按操作得分计算，最高不超过 60 分；不按紧急停机操作扣 30 分且最高得 50 分			
	5. 若操作处置不当发生 MFT，则以上操作最高得分 50 分			

行业：电力行业　　　　工种：发电集控值班员　　　　等级：中级工

编号	Ce4O2027	考核时限	30min	题型	ZC	题分	100 分
试题正文	除氧器补水、投蒸汽加热			初始工况		除氧器上水前	
考核要求	1. 结合生产现场实际，在仿真机上单独进行操作考核。 2. 严格执行仿真机运行规程						
操作要点	1. 确认水质合格。 2. 启动锅炉补水泵（或启动凝结水泵）。 3. 投入辅汽加热						

考核项目	考核内容	标准分	扣分依据		实际得分
操作能力	1. 除氧器补水前确认水质合格	14			
	2. 启动锅炉补水泵（或启动凝结水泵），除氧器开始补水	14			
	3. 除氧器补水至正常水位，启动除氧器再循环泵	14			
	4. 除氧器供汽管道应充分暖管	14			
	5. 打开辅汽至除氧器供汽阀对除氧器水箱进行加热	15			
	6. 加热除氧器水温到规定值	14			
总结汇报能力	1. 操作描述全面	15	3		
	2. 参数控制平稳		3		
	3. 操作思路清晰		6		
	4. 语言表达流畅		3		
重大操作失误扣分	1. 在操作处理过程中，误操作一次扣 5 分				
	2. 因操作不当造成设备跳闸一次扣 10 分				
	3. 因操作失误，有可能造成设备损坏的一次扣 15 分				
	4. 若过热蒸汽温度或再热蒸汽温度在 10min 内骤降超过 50℃，若按紧急停机处理操作，按操作得分计算，最高不超过 60 分；不按紧急停机操作扣 30 分且最高得 50 分				
	5. 若操作处置不当发生 MFT，则以上操作最高得分 50 分				

行业：电力行业　　　　工种：发电集控值班员　　　　等级：中级工

编号	Ce4O2028	考核时限	30min	题型	ZC	题分	100 分
试题正文	汽轮机盘车投入			初始工况		主机润滑油系统投运后	

考核要求	1. 结合生产现场实际，在仿真机上单独进行操作考核。 2. 严格执行仿真机运行规程

操作要点	1. 确认主机润滑油系统运行正常。 2. 确认主机顶轴油系统运行正常。 3. 启动盘车马达

考核项目	考核内容	标准分	扣分依据		实际得分
操作能力	1. 检查确认主机润滑油压低保护已投入	12			
	2. 检查确认主机润滑油系统运行正常	12			
	3. 确认密封油系统运行正常	12			
	4. 确认主机顶轴油系统运行正常	12			
	5. 启动盘车马达	12			
	6. 盘车投运后检查盘车运行正常，电流正常，就地倾听声音无异常	12			
	7. 盘车投运后检查大轴挠度、偏心度合格	13			
总结汇报能力	1. 操作描述全面	15	3		
	2. 参数控制平稳		3		
	3. 操作思路清晰		6		
	4. 语言表达流畅		3		
重大操作失误扣分	1. 在操作处理过程中，误操作一次扣 5 分				
	2. 因操作不当造成设备跳闸一次扣 10 分				
	3. 因操作失误，有可能造成设备损坏的一次扣 15 分				

续表

考核项目	考核内容	标准分	扣分依据	实际得分
重大操作失误扣分	4．若过热蒸汽温度或再热蒸汽温度在10min内骤降超过50℃，若按紧急停机处理操作，按操作得分计算，最高不超过60分；不按紧急停机操作扣30分且最高得分50分			
	5．若操作处置不当发生MFT，则以上操作最高得分50分			

行业：电力行业　　　　工种：发电集控值班员　　　　等级：中级工

编号	Ce4O2029	考核时限	30min	题型	ZC	题分	100分
试题正文	机组投入协调运行方式			初始工况		机组负荷50%额定负荷	
考核要求	1．结合生产现场实际，在仿真机上单独进行操作考核。 2．严格执行仿真机运行规程						
操作要点	1．确认DEH在"遥控方式"。 2．确认锅炉燃料量、给水、风量、炉膛压力子系统在"自动方式"。 3．投入协调方式						

考核项目	考核内容	标准分	扣分依据	实际得分
操作能力	1．确认机组稳定运行在50%额定负荷工况	12		
	2．检查确认DEH在"遥控方式"	12		
	3．投入汽轮机"主控"为"自动方式"	12		
	4．检查锅炉燃料量、给水、风量、炉膛压力子系统在"自动方式"	12		
	5．投入锅炉"主控"为"自动方式"	12		
	6．确认机组协调已投入	13		
	7．检查机组运行正常	12		

续表

考核项目	考核内容	标准分	扣分依据	实际得分
总结汇报能力	1. 操作描述全面	15	3	
	2. 参数控制平稳		3	
	3. 操作思路清晰		6	
	4. 语言表达流畅		3	
重大操作失误扣分	1. 在操作处理过程中，误操作一次扣5分			
	2. 因操作不当造成设备跳闸一次扣10分			
	3. 因操作失误，有可能造成设备损坏的一次扣15分			
	4. 若过热蒸汽温度或再热蒸汽温度在10min内骤降超过50℃，若按紧急停机处理操作，按操作得分计算，最高不超过60分；不按紧急停机操作扣30分且最高得50分			
	5. 若操作处置不当发生MFT，则以上操作最高得分50分			

行业：电力行业　　　　工种：发电集控值班员　　　　等级：中级工

编号	Ce4O2030	考核时限	30min	题型	ZC	题分	100分
试题正文	高压加热器正常投入运行			初始工况		汽轮机冲转后	
考核要求	1. 结合生产现场实际，在仿真机上单独进行操作考核。 2. 严格执行仿真机运行规程						
操作要点	1. 开启高压加热器水侧注水门。 2. 开启高压加热器进、出口水门。 3. 依次开启高压加热器各抽汽电动门、抽汽逆止门						

考核项目	考核内容	标准分	扣分依据	实际得分
操作能力	1. 高压加热器投入前确认高压加热器水位高保护已投入	8		
	2. 关闭高压加热器给水管道放水门	8		

考核项目	考核内容	标准分	扣分依据		实际得分
操作能力	3．开启高压加热器水侧注水门，水侧满水后，开启高压加热器进、出口水门（或检查高加联成阀顶起正常）	10			
	4．高压加热器进、出口水门开启后，关闭高压加热器给水旁路门	10			
	5．高压加热器汽侧投运前抽汽管道疏水应充分	9			
	6．依次开启高压加热器各抽汽电动门、抽汽逆止门，并检查开启正常	10			
	7．高压加热器投运过程中高压加热器汽侧压力差及给水温升，按规程规定执行	10			
	8．高加投运后关闭抽汽管道疏水，并将疏水倒至除氧器	10			
	9．高压加热器投运过程中高压加热器水位保持在正常范围内	10			
总结汇报能力	1．操作描述全面	15	3		
	2．参数控制平稳		3		
	3．操作思路清晰		6		
	4．语言表达流畅		3		
重大操作失误扣分	1．在操作处理过程中，误操作一次扣5分				
	2．因操作不当造成设备跳闸一次扣10分				
	3．因操作失误，有可能造成设备损坏的一次扣15分				
	4．若过热蒸汽温度或再热蒸汽温度在10min内骤降超过50℃，若按紧急停机处理操作，按操作得分计算，最高不超过60分；不按紧急停机操作扣30分且最高得50分				
	5．若操作处置不当发生MFT，则以上操作最高得分50分				

行业：电力行业 工种：发电集控值班员 等级：中级工

编号	Ce4O2031	考核时限	10min	题型	ZC	题分	100分
试题正文	用 CO_2 作中间介质发电机充氢气操作			初始工况		满负荷；CCS方式	

考核要求	1. 结合生产现场实际，在仿真机上单独进行操作考核。 2. 严格执行仿真机运行规程

操作要点	1. 在气体置换过程中，发电机必须用二氧化碳作为中间介质，严禁空气、氢气直接接触进行置换。 2. 发电机内充满氢气时，必须有密封油密封，维持氢油差压正常。 3. 充氢设备 10m 内严禁明火。 4. 在发电机内充氢运行时，机组润滑油系统及空侧油排烟风机必须投入运行

考核项目	考核内容	标准分	扣分依据	实际得分
操作能力	1. 检查有关表计和报警装置经校验、试验合格，发电机风压试验合格	3	未检查不得分	
	2. 检查机房内动火工作已结束，发电机及氢系统附近禁止明火	3	未检查不得分	
	3. 检查压缩空气至供氢管路阀门关闭	3	未检查不得分	
	4. 检查密封油系统可靠运行，油氢压差维持在 $0.084 \pm 0.01MPa$，密封油排烟风机和润滑油排烟风机运行正常	3	氢油压差不合格不得分，任一风机未运行不得分	
	5. 打开发电机排气总门和发电机排氢门，打开 CO_2 至发电机供气门，投入 CO_2 加热装置，用 CO_2 置换空气	6	每项各 2 分	
	6. CO_2 置换空气结束后，关闭 CO_2 至发电机供气门，关闭发电机排氢门，退出 CO_2 加热装置	6	未正确执行不得分	
	7. 检查机内 CO_2 纯度达 96%以上，四角已排放。发电机内压力 $0.015\sim0.02MPa$	3	未正确执行不得分	

考核项目	考核内容	标准分	扣分依据	实际得分
操作能力	8．联系制氢站，发电机准备充氢	3	未正确执行不得分	
	9．开启氢气纯度监测仪底部取样门，关闭上部取样门，开启氢站来气门，检查供氢母管压力 0.8MPa 左右	8	每项各 2 分	
	10．开启充氢调节阀前截门，调节阀后截门、发电机充氢总门，调整充氢调节阀或旁路阀，使阀后压力为 0.12MPa	6	每项各 2 分	
	11．开启发电机排 CO_2 门，调节使机内气压保持 0.015～0.02MPa，注意发电机密封油压正常	3	未正确执行不得分	
	12．联系化学化验，确认发电机机内氢气纯度达 95%以上	2	未正确执行不得分	
	13．开启各检漏计底部排污门、发电机局部过热监视器排放门、纯度风扇进、出口排放门、氢气干燥器排放门、管道排污门排污 3～5min	8	每项各 2 分	
	14．当机内氢纯度达 96%及以上时，关闭发电机排 CO_2 门及发电机排气总门	6	未正确执行不得分	
	15．稳定 30min，氢纯度仍达 96%以上，经连续三次取样合格后发电机提高氢压	3	未正确执行不得分	
	16.控制充氢速度、发电机密封油压，在氢压达到 0.2MPa 时开启密封油氢侧至空侧排油门	3	未正确执行不得分	
	17．逐渐提高机内氢压至 0.45MPa	3	未正确执行不得分	

考核项目	考核内容	标准分	扣分依据	实际得分
操作能力	18. 关闭充氢压力调节阀前截门，调节阀后截门、充氢压力调节阀旁路门、关闭发电机充氢总门、关闭制氢站来氢总门，充氢结束后，检查密封油系统运行正常	7	每项各 1 分	
	19. 根据情况投入发电机氢冷器，调节氢温正常	3	未正确执行不得分	
	20. 按照操作原则总结操作要点、注意事项、风险评估、记录完整	3	操作要点、注意事项、风险评估各 1 分，记录完整 2 分	
总结汇报能力	1. 操作描述全面	15	3	
	2. 参数控制平稳		3	
	3. 操作思路清晰		6	
	4. 语言表达流畅		3	
重大操作失误扣分	1. 在操作处理过程中，误操作一次扣 5 分			
	2. 因操作不当造成设备跳闸一次扣 10 分			
	3. 因操作失误，有可能造成设备损坏的一次扣 15 分			
	4. 若操作处置不当发生 MFT，则以上操作最高得分 50 分			

行业：电力行业　　　工种：发电集控值班员　　　等级：中级工

编号	Ce4O2032	考核时限	10min	题型	ZC	题分	100 分
试题正文	柴油发电机（空载怠速）启动试验			初始工况		满负荷；CCS 方式	
考核要求	1. 结合生产现场实际，在仿真机上单独进行操作考核。 2. 严格执行仿真机运行规程						

续表

操作要点	1. 启动前检查柴油发电机良好备用。 2. 做好相关的安全措施，防止保安段失电。 3. 试验完毕柴油发电机投入热备用			
考核项目	考核内容	标准分	扣分依据	实际得分
操作能力	1. 检查柴油发电机润滑油温、油位正常	8	少检查一项减4分	
	2. 检查柴油发电机冷却水温、水位正常	8	少检查一项减4分	
	3. 检查柴油发电机油箱油位正常	8	未检查不得分	
	4. 检查柴油发电机无报警信号，柴油发电机处于热备用状态	8	少检查一项减4分	
	5. 将柴油发电机控制方式小开关切至"手动"位置，启动柴油发电机	10	未正确执行不得分	
	6. 检查柴油发电机电压、频率合格后出口断路器自动合，检查保安段电压显示正常	10	少检查一项减4分	
	7. 保持柴油发电机空载运行5min，并记录一次相关参数：负载、频率、转速、电压、电流、冷却水温、机油压力、温度、蓄电池电压、油箱油位	10	少记录一项减1分	
	8. 记录完参数后，手动停止柴油发电机运行	8	未正确执行不得分	
	9. 将柴油发电机控制方式小开关切到"自动"位置，检查柴油发电机处于热备用状态	10	未正确执行不得分	
	10. 按照操作原则总结操作要点、注意事项、风险评估、记录完整	5	操作要点1分，注意事项1分，风险评估1分，记录2分	

续表

考核项目	考核内容	标准分	扣分依据	实际得分
总结汇报能力	1. 操作描述全面	15	3	
	2. 参数控制平稳		3	
	3. 操作思路清晰		6	
	4. 语言表达流畅		3	
重大操作失误扣分	1. 在操作处理过程中，误操作一次扣5分			
	2. 因操作不当造成设备跳闸一次扣10分			
	3. 因操作失误，有可能造成设备损坏的一次扣15分			
	4. 若操作处置不当发生MFT，则以上操作最高得分50分			

行业：电力行业　　　　工种：发电集控值班员　　　　等级：中级工

编号	Ce4O2033	考核时限	10min	题型	ZC	题分	100分
试题正文	主变压器（启动备用变压器、高压厂用变压器）冷却装置电源切换试验		初始工况			满负荷；CCS方式	
考核要求	1. 结合生产现场实际，在仿真机上单独进行操作考核。 2. 严格执行仿真机运行规程						
操作要点	1. 电源切换试验前、后检查两路电源正常，变压器运行参数正常，冷却装置工作正常； 2. 试验完成后检查变压器冷却器全停信号自动复归						

考核项目	考核内容	标准分	扣分依据	实际得分
操作能力	1. 检查主变压器（启动备用变压器、高压厂用变压器）绕组温度、油温、油位、冷却器运行状态正常、电源转换断路器在"电源Ⅰ"位置	15	少检查一项减3分	
	2. 检查主变压器（启动备用变压器、高压厂用变压器）冷却器"电源Ⅱ"正常备用	5	未检查不得分	

考核项目	考核内容	标准分	扣分依据	实际得分
操作能力	3．断开冷却装置"电源Ⅰ"断路器	5	未正确执行不得分	
	4．检查冷却装置"电源Ⅱ"自投成功，各冷却装置工作正常，DCS报警信号发出	15	少检查一项减5分	
	5．将电源转换断路器置于冷却装置"电源Ⅱ"	15	未正确执行不得分	
	6．合上冷却装置"电源Ⅰ"断路器，复归冷却装置柜内报警信号，检查DCS报警信号自动复归	10	未正确执行减5分，未检查减5分	
	7．检查主变压器（启动备用变压器、高压厂用变压器）绕组温度、油温、油位、冷却器运行状态、冷却器电源模式正确	15	少检查一项减3分	
	8．按照操作原则总结操作要点、注意事项、风险评估、记录完整	5	操作要点1分，注意事项1分，风险评估1分，记录2分	
总结汇报能力	1．操作描述全面	15	3	
	2．参数控制平稳		3	
	3．操作思路清晰		6	
	4．语言表达流畅		3	
重大操作失误扣分	1．在操作处理过程中，误操作一次扣5分			
	2．因操作不当造成设备跳闸一次扣10分			
	3．因操作失误，有可能造成设备损坏的一次扣15分			
	4．若操作处置不当发生MFT，则以上操作最高得分50分			

行业：电力行业　　　　工种：发电集控值班员　　　　等级：高级工

编号	Ce3O4034	考核时限	10min	题型	ZC	题分	100 分
试题正文	10（6）kV 高压电动机送电			初始工况		满负荷；CCS 方式	
考核要求	1. 结合生产现场实际，在仿真机上单独进行操作考核。 2. 严格执行仿真机运行规程						
操作要点	1. 核对开关间隔及双重编码正确，防止误入带电间隔。 2. 操作过程中与带电部分保持足够的安全距离，做好防止触电的安全措施。 3. 电动机送电之前要测绝缘合格。 4. 开关送电完毕检查保护投入正确，与 DCS 核对信号正确。 5. 现场操作过程严格执行操作票制度，确保一人操作一人监护						

考核项目	考核内容	标准分	扣分依据	实际得分
操作能力	1. 核对开关间隔及双重编码正确	5	未正确执行不得分	
	2. 检查开关动静触头完好无损坏；检查开关电动机侧接线完整牢固；检查开关间隔内无杂物，具备送电条件；检查就地电动机接线完好；检查高压电动机所属工作票已终结，无检修工作	10	少检查一项减2分	
	3. 拉开开关柜内接地刀闸，检查分闸良好	5	未正确执行不得分，未检查减2分	
	4. 将小车开关拉出开关仓外，验明开关负荷侧三相确无电压	10	未验电不得分	
	5. 用 2500V 绝缘电阻表测量电动机（含电缆）绝缘合格（绝缘电阻值不小于 1MΩ/kV）	6	未测绝缘不得分，未判断绝缘合格减3分	
	6. 检查开关柜面板上综合保护投入正确	4	未检查不得分	
	7. 合上开关柜内的保护、控制直流电源开关	4	未正确执行不得分	

续表

考核项目	考核内容	标准分	扣分依据	实际得分
操作能力	8. 检查开关柜上"远方/就地"开关在"就地"位	4	未检查不得分	
	9. 检查电动机开关确在"分闸"位	4	未检查不得分	
	10. 将小车开关由"检修"位推至"试验"位	4	未正确执行不得分	
	11. 装上小车开关的二次插头,锁好柜门	4	未装上二次插头减2分,未锁柜门减2分	
	12. 用开关专用摇把将小车开关由"试验"位摇入至"工作"位	4	未正确执行不得分	
	13. 将开关柜上"远方/就地"开关手切至"远方"位	4	未正确操作不得分	
	14. 与DCS核对开关状态信号正确,汇报值长,填写开关接地刀闸登记,填写电动机绝缘值登记	12	未核对减3分,未汇报减3分,未填写接地刀闸登记减3分,未记录绝缘值减3分	
	15. 按照操作原则总结操作要点、注意事项、风险评估、记录完整	5	操作要点、注意事项、风险评估各1分,记录完整2分	
总结汇报能力	1. 操作描述全面	15	3	
	2. 参数控制平稳		3	
	3. 操作思路清晰		6	
	4. 语言表达流畅		3	
重大操作失误扣分	1. 在操作处理过程中,误操作一次扣5分			
	2. 因操作不当造成设备跳闸一次扣10分			
	3. 因操作失误,有可能造成设备损坏的一次扣15分			
	4. 若操作处置不当发生MFT,则以上操作最高得分50分			

行业：电力行业　　　　工种：发电集控值班员　　　　等级：高级工

编号	Ce3O4035	考核时限	10min	题型	ZC	题分	100分
试题正文	10（6）kV 高压电动机停电转检修			初始工况		满负荷；CCS方式	
考核要求	1. 结合生产现场实际，在仿真机上单独进行操作考核。 2. 严格执行仿真机运行规程						
操作要点	1. 操作开关前确认设备已停运且负荷电流为零。 2. 操作开关时核对名称与编号，刀闸拉至检修位验明负荷侧无电压后再合上接地刀闸						

考核项目	考核内容	标准分	扣分依据	实际得分
操作能力	1. 检查 DCS 中电动机开关在"分闸"位置、电流指示为零	10	少检查一项减5分	
	2. 就地核对电动机已停运，电动机开关名称及编号正确，检查开关机械及电气指示器在"分闸"位，电能表停转	10	少检查一项减5分	
	3. 将电动机"远方/就地"开关切至"就地"位	5	未正确执行不得分	
	4. 断开电动机开关柜内合闸储能小开关	5	未正确执行不得分	
	5. 检查开关确在"分闸"位	5	未检查不得分	
	6. 用开关专用摇把将小车开关由"工作"位摇出至"试验"位	5	未正确执行不得分	
	7. 取下开关二次插头	5	未正确执行不得分	
	8. 将小车开关由"试验"位拉出至"检修"位	5	未正确执行不得分	
	9. 断开电动机开关柜内的保护、控制及交流小开关	5	未正确执行不得分	

续表

考核项目	考核内容	标准分	扣分依据	实际得分
操作能力	10. 验明电动机开关负荷侧无电压	5	未验电不得分	
	11. 合上电动机开关柜内接地刀闸	5	未正确执行不得分	
	12. 检查电动机开关柜内接地刀闸合闸良好	5	未检查不得分	
	13. 全部检修措施执行完毕，按工作票要求悬挂标志牌、围设遮拦，联系检修人员办理开工手续	5	安措未正确执行减3分，未联系减2分	
	14. 填写接地刀闸登记	5	未正确执行不得分	
	15. 按照操作原则总结操作要点、注意事项、风险评估、记录完整	5	操作要点1分，注意事项1分，风险评估1分，记录2分	
总结汇报能力	1. 操作描述全面	15	3	
	2. 参数控制平稳		3	
	3. 操作思路清晰		6	
	4. 语言表达流畅		3	
重大操作失误扣分	1. 在操作处理过程中，误操作一次扣5分			
	2. 因操作不当造成设备跳闸一次扣10分			
	3. 因操作失误，有可能造成设备损坏的一次扣15分			
	4. 若操作处置不当发生MFT，则以上操作最高得分50分			

行业：电力行业　　　工种：发电集控值班员　　　等级：高级工

编号	Ce3O4036	考核时限	10min	题型	ZC	题分	100 分
试题正文	380V（MCC 段）电动机送电			初始工况		满负荷；CCS 方式	
考核要求	1. 结合生产现场实际，在仿真机上单独进行操作考核。 2. 严格执行仿真机运行规程						
操作要点	1. 核对开关间隔及双重编码正确，防止误入带电间隔。 2. 操作过程中与带电部分保持足够的安全距离，做好防止触电的安全措施。 3. 电动机送电之前测绝缘合格。 4. 断路器送电完毕检查保护投入正确，与 DCS 核对信号正确。 5. 现场操作过程严格执行操作票制度，确保一人操作一人监护						

考核项目	考核内容	标准分	扣分依据	实际得分
操作能力	1. 核对开关间隔及双重编码正确	5	未正确执行不得分	
	2. 检查断路器触头完好无损坏；检查断路器电动机侧接线完整牢固；检查开关间隔内无杂物，具备送电条件；检查就地电动机接线完好；检查电动机所属工作票已终结，无检修工作	10	少检查一项减 2 分	
	3. 检查开关柜上"远方/就地"切换开关在"断开"位置	5	未正确执行不得分	
	4. 验明断路器负荷侧三相无电压	10	未正确执行不得分	
	5. 用 500V 绝缘电阻表测量断路器负荷侧电动机绝缘电阻合格（绝缘电阻值不小于 0.5MΩ）	10	未测绝缘不得分，未判断绝缘合格减 5 分	
	6. 装上断路器的控制保险	5	未正确执行不得分	

续表

考核项目	考核内容	标准分	扣分依据	实际得分
操作能力	7. 检查断路器确在"分闸"状态	5	未检查不得分	
	8. 将断路器由"隔离"位切至"工作"位置	5	未正确执行不得分	
	9. 检查电源断路器保护投入正确	5	未检查不得分	
	10. 将开关柜上"远方/就地"切换开关切至"远方"位置	5	未正确执行不得分	
	11. 与 DCS 核对断路器状态信号正确,汇报值长,填写电动机绝缘值登记	15	未核对减5分,未汇报减 5 分,未记录绝缘值减5 分	
	12. 按照操作原则总结操作要点、注意事项、风险评估、记录完整	5	操作要点、注意事项、风险评估各 1 分,记录完整2 分	
总结汇报能力	1. 操作描述全面	15	3	
	2. 参数控制平稳		3	
	3. 操作思路清晰		6	
	4. 语言表达流畅		3	
重大操作失误扣分	1. 在操作处理过程中,误操作一次扣 5 分			
	2. 因操作不当造成设备跳闸一次扣 10 分			
	3. 因操作失误,有可能造成设备损坏的一次扣 15 分			
	4. 若操作处置不当发生 MFT,则以上操作最高分 50 分			

行业：电力行业　　　工种：发电集控值班员　　　等级：高级工

编号	Ce3O4037	考核时限	30min	题型		ZC	题分		100分
试题正文	380V（MCC段）电动机停电				初始工况			满负荷；CCS方式	
考核要求	1. 结合生产现场实际，在仿真机上单独进行操作考核。 2. 严格执行仿真机运行规程								
操作要点	1. 核对开关间隔及双重编码正确，防止误入带电间隔。 2. 操作过程中与带电部分保持足够的安全距离，做好防止触电的安全措施。 3. 现场操作过程严格执行操作票制度，确保一人操作一人监护								
考核项目	考核内容				标准分		扣分依据		实际得分
操作能力	1. 核对开关间隔及双重编码正确				10		未正确执行不得分		
	2. 检查待停电的380V电动机已停运				10		未检查不得分		
	3. 检查断路器确在"工作"位置，具备停电条件				10		未正确执行不得分		
	4. 检查断路器确在"分闸"状态				10		未正确执行不得分		
	5. 将"远方/就地"切换开关由"远方"切至"断开"位置				10		未正确执行不得分		
	6. 将断路器由"工作"位切至"隔离"位置				10		未正确执行不得分		
	7. 取下断路器的控制保险				10		未正确执行不得分		
	8. 与DCS核对断路器状态信号正确，汇报值长				10		未核对开关状态减5分，未汇报减5分		

续表

考核项目	考核内容	标准分	扣分依据	实际得分
操作能力	9. 按照操作原则总结操作要点、注意事项、风险评估、记录完整	5	操作要点、注意事项、风险评估各 1 分，记录完整 2 分	
总结汇报能力	1. 操作描述全面	15	3	
	2. 参数控制平稳		3	
	3. 操作思路清晰		6	
	4. 语言表达流畅		3	
重大操作失误扣分	1. 在操作处理过程中，误操作一次扣 5 分			
	2. 因操作不当造成设备跳闸一次扣 10 分			
	3. 因操作失误，有可能造成设备损坏的一次扣 15 分			
	4. 若操作处置不当发生 MFT，则以上操作最高得分 50 分			

行业：电力行业　　　　工种：发电集控值班员　　　　等级：高级工

编号	Ce3O4038	考核时限	10min	题型	ZC	题分	100 分
试题正文	380V（PC 段）电动机送电			初始工况		满负荷；CCS 方式	
考核要求	1. 结合生产现场实际，在仿真机上单独进行操作考核。 2. 严格执行仿真机运行规程						
操作要点	1. 核对开关间隔及双重编码正确，防止误入带电间隔。 2. 操作过程中与带电部分保持足够的安全距离，做好防止触电的安全措施。 3. 电动机送电之前测绝缘合格。 4. 断路器送电完毕检查保护投入正确，与 DCS 核对信号正确。 5. 现场操作过程严格执行操作票制度，确保一人操作一人监护						

考核项目	考核内容	标准分	扣分依据	实际得分
操作能力	1．核对开关间隔及双重编码正确	5	未正确执行不得分	
	2．检查断路器触头完好无损坏；检查断路器电动机侧接线完整牢固；检查开关间隔内无杂物，具备送电条件；检查就地电动机接线完好；检查电动机所属工作票已终结，无检修工作	10	少检查一项减2分	
	3．检查开关柜上"远方/就地"切换开关在"断开"位置	5	未检查不得分	
	4．检查断路器确在"隔离"位置	5	未检查不得分	
	5．验明断路器负荷侧三相无电压	10	未正确执行不得分	
	6．用500V绝缘电阻表测量断路器负荷侧电动机绝缘电阻合格（绝缘电阻值不小于0.5MΩ）	10	未测绝缘不得分，未判断绝缘合格减5分	
	7．装上断路器的控制保险	5	未正确执行不得分	
	8．检查断路器确在"分闸"状态	5	未检查不得分	
	9．将断路器由"试验"位摇至"工作"位置	5	未正确执行不得分	
	10．装上断路器的储能保险，检查断路器储能正常	5	未正确执行不得分	
	11．检查断路器保护投入正确	5	未正确执行不得分	
	12．将开关柜上"远方/就地"切换开关切至"远方"位置	5	未正确执行不得分	

续表

考核 项目	考核内容	标准 分	扣分依据	实际 得分
操作 能力	13. 与 DCS 核对断路器状态信号正确，汇报值长，填写电动机绝缘值登记	5	未核对断路器状态减 2 分，未汇报减 2 分，未记录绝缘值减 1 分	
	14. 按照操作原则总结操作要点、注意事项、风险评估、记录完整	5	操作要点、注意事项、风险评估各 1 分，记录完整 2 分	
总结 汇报 能力	1. 操作描述全面	15	3	
	2. 参数控制平稳		3	
	3. 操作思路清晰		6	
	4. 语言表达流畅		3	
重大 操作 失误 扣分	1. 在操作处理过程中，误操作一次扣 5 分			
	2. 因操作不当造成设备跳闸一次扣 10 分			
	3. 因操作失误，有可能造成设备损坏的一次扣 15 分			
	4. 若操作处置不当发生 MFT，则以上操作最高得分 50 分			

行业：电力行业　　　　工种：发电集控值班员　　　　等级：高级工

编号	Ce3O4039	考核 时限	30min	题型	ZC	题分	100 分
试题 正文	380V（PC 段）电动机停电			初始工况		满负荷； CCS 方式	
考核 要求	1. 结合生产现场实际，在仿真机上单独进行操作考核。 2. 严格执行仿真机运行规程						
操作 要点	1. 核对开关间隔及双重编码正确，防止误入带电间隔。 2. 操作过程中与带电部分保持足够的安全距离，做好防止触电的安全措施。 3. 现场操作过程严格执行操作票制度，确保一人操作一人监护						

续表

考核项目	考核内容	标准分	扣分依据	实际得分
操作能力	1. 核对开关间隔及双重编码正确	10	未正确执行不得分	
	2. 检查待停电的 380V 电动机已停运	10	未检查不得分	
	3. 检查断路器确在"工作"位置，具备停电条件	10	未正确执行不得分	
	4. 检查断路器确在"分闸"状态	10	未正确执行不得分	
	5. 将"远方/就地"切换开关由"远方"切至"断开"位置	10	未正确执行不得分	
	6. 取下断路器的储能保险	5	未正确执行不得分	
	7. 将断路器由"工作"位摇至"试验"位置	5	未正确执行不得分	
	8. 取下断路器的控制保险	5	未正确执行不得分	
	9. 将断路器由"试验"位摇至"检修"位置	5	未正确执行不得分	
	10. 与 DCS 核对断路器状态信号正确，汇报值长	10	未核对断路器状态减 5 分，未汇报减 5 分，	
	11. 按照操作原则总结操作要点、注意事项、风险评估、记录完整	5	操作要点、注意事项、风险评估各 1 分，记录完整 2 分	
总结汇报能力	1. 操作描述全面	15	3	
	2. 参数控制平稳		3	
	3. 操作思路清晰		6	
	4. 语言表达流畅		3	

续表

考核项目	考核内容	标准分	扣分依据	实际得分
重大操作失误扣分	1. 在操作处理过程中，误操作一次扣5分			
	2. 因操作不当造成设备跳闸一次扣10分			
	3. 因操作失误，有可能造成设备损坏的一次扣15分			
	4. 若操作处置不当发生MFT，则以上操作最高得分50分			

行业：电力行业　　　工种：发电集控值班员　　　等级：技师

编号	Ce2O4040	考核时限	30min	题型	ZC	题分	100分
试题正文	发电机—变压器组由热备用转检修		初始工况			满负荷；CCS方式	
考核要求	1. 结合生产现场实际，在仿真机上单独进行操作考核。 2. 严格执行仿真机运行规程						
操作要点	1. 操作前确认发电机—变压器组高压侧断路器A、B、C三相均在分闸位置。 2. 隔离发电机—变压器组，拉开高压侧出口隔离开关，并检查确认已拉开，断开高压侧出口隔离开关的控制电源开关。 3. 根据规程停用或投入相应的保护装置及对应的连接片。 4. 确认发电机—变压器组高低压侧无电压后，做安全措施（合接地刀闸、挂地线）						

考核项目	考核内容	标准分	扣分依据	实际得分
操作能力	1. 检查发电机—变压器组高压侧断路器三相在分闸位置	5	未检查不得分	
	2. 拉开发电机—变压器组高压侧出口隔离开关，检查三相确已断开，断开隔离开关控制电源	6	少操作一项减2分	

续表

考核项目	考核内容	标准分	扣分依据	实际得分
操作能力	3. 检查 10kV 厂用段工作进线断路器在分闸位置，将各段进线断路器拉至检修位，断开二次开关，取下二次插头	6	少操作一项减2分	
	4. 断开 10kV 厂用段工作进线 TV 二次开关，将各段进线 TV 拉至检修位	6	少操作一项减2分	
	5. 断开发电机—变压器组启励电源、励磁系统电源，灭磁开关电源、接地保护装置电源、封母微正压装置、封母电加热装置电源	6	少操作一项减1分	
	6. 拉开发电机中性点变压器一次侧隔离开关	5	未正确执行不得分	
	7. 取下发电机出口 TV 二次熔断器，将发电机出口三相 TV 小车拉至"检修"位	4	少操作一项减2分	
	8. 退出主变压器出口 TV 二次熔断器	2	未正确执行不得分	
	9. 断开主变压器、高压厂用变压器冷却风扇双路电源	4	少操作一项减2分	
	10. 验明发电机出口避雷器母线侧三相确无电压，在避雷器母线侧装设地线一组	5	未验电挂地线不得分	
	11. 验明发电机中性点接地变高压侧确无电压，在中性点接地变高压侧装设地线一组	5	未验电挂地线不得分	

续表

考核项目	考核内容	标准分	扣分依据	实际得分
操作能力	12. 验明高压厂用变压器 10kV 工作进线断路器高压厂用变压器侧确无电压，在高压厂用变压器 10kV 工作进线分支 TV 处各装设一组地线	6	未验电挂地线不得分	
	13. 验明励磁变压器低压侧三相确无电压，在励磁变压器低压侧装设地线一组	5	未验电挂地线不得分	
	14. 按要求投入退出发电机—变压器组相关保护	5	未正确执行不得分	
	15. 验明发电机—变压器组出线三相确无电压，合上发电机—变压器组出口接地刀闸	5	未验电不得分	
	16. 填写接地线/接地刀闸登记；填写保护投退登记；全部检修措施执行完毕，联系检修人员办理开工手续	5	未填写地线登记减 2 分，未填写保护投退登记减 2 分，未联系减 1 分	
	17. 按照操作原则总结操作要点、注意事项、风险评估、记录完整	5	操作要点、注意事项、风险评估各 1 分，记录完整 2 分	
总结汇报能力	1. 操作描述全面	15	3	
	2. 参数控制平稳		3	
	3. 操作思路清晰		6	
	4. 语言表达流畅		3	
重大操作失误扣分	1. 在操作处理过程中，误操作一次扣 5 分			
	2. 因操作不当造成设备跳闸一次扣 10 分			
	3. 因操作失误，有可能造成设备损坏的一次扣 15 分			

行业：电力行业　　　　工种：发电集控值班员　　　等级：技师

编号	Ce2O4041	考核时限	30min	题型	ZC	题分	100 分
试题正文	10（6）kV 母线运行转检修				初始工况		满负荷；CCS 方式

考核要求	1. 结合生产现场实际，在仿真机上单独进行操作考核。 2. 严格执行仿真机运行规程
操作要点	1. 逐一断开 10（6）kV 母线上的负荷，并将负荷开关拉至检修位； 2. 停用进线及母线 TV，按规定验电后安装接地小车或装设接地线

考核项目	考核内容	标准分	扣分依据	实际得分
操作能力	1. 检查 10（6）kV 厂用段所有负荷开关均已断开，将所有负荷开关均已拉至"检修"位	6	未检查减 3 分，少操作一项减 1 分	
	2. 检查 10（6）kV 厂用段工作进线断路器在"分闸"位	3	未检查不得分	
	3. 检查 10（6）kV 厂用段母线电流为零，退出快切装置	6	未检查减 3 分，未退出快切减 3 分	
	4. 断开 10（6）kV 厂用段备用进线断路器，检查母线电压为零，将备用进线断路器由"工作"位拉至"检修"位	6	未检查减 3 分，少操作一项减 2 分	
	5. 断开 10（6）kV 厂用段备用进线断路器二次小开关，断开 10（6）kV 厂用段备用进线分支 TV 二次小开关	6	少操作一项减 3 分	
	6. 将 10（6）kV 厂用段备用进线分支 TV 拉至"检修"位	3	未正确执行不得分	
	7. 将 10（6）kV 厂用段工作进线断路器由"工作"位拉至"检修"位	3	未正确执行不得分	
	8. 断开 10（6）kV 厂用段工作进线断路器二次小开关，断开 10（6）kV 厂用段工作进线分支 TV 二次小开关	6	少操作一项减 3 分	

续表

考核项目	考核内容	标准分	扣分依据	实际得分
操作能力	9. 将 10（6）kV 厂用段工作进线分支 TV 拉至"检修"位	3	未正确执行不得分	
	10. 将 10（6）kV 厂用段母线避雷器拉至"检修"位	3	未正确执行不得分	
	11. 断开 10（6）kV 厂用段直流小母线进线断路器，交流小母线电源断路器	3	少操作一项减3分	
	12. 验明 10（6）kV 厂用段母线三相确无电压	3	未正确执行不得分	
	13. 将 10（6）kV 厂用段母线 TV 小车拉出仓位，在 10（6）kV 厂用段母线 TV 间隔装设接地小车，检查接地小车确已装好	5	未正确执行不得分	
	14. 验明 10（6）kV 厂用段工作进线断路器母线侧三相确无电压	3	未正确执行不得分	
	15. 在 10（6）kV 厂用段工作进线断路器母线侧装设三相接地线一组，并记录地线编号	3	未正确执行不得分	
	16. 验明 10（6）kV 厂用段备用进线断路器母线侧三相确无电压	3	未正确执行不得分	
	17. 在 10（6）kV 厂用段备用进线断路器母线侧装设三相接地线一组，并记录地线编号	3	未正确执行不得分	
	18. 验明 10（6）kV 厂用段所带干式变压器高压侧断路器负荷侧无电压	3	少操作一项减2分	
	19. 合上 10（6）kV 厂用段所带干式变压器高压侧开关柜内接地刀闸，检查接地刀闸确已合好	3	少操作一项减2分	

考核项目	考核内容	标准分	扣分依据	实际得分
操作能力	20. 填写接地线/接地刀闸登记；全部检修措施执行完毕，按工作票要求悬挂标志牌、围设遮拦，联系检修人员办理开工手续	6	未填写接地登记减2分，未正确执行安措减2分，未联系减2分	
	21. 按照操作原则总结操作要点、注意事项、风险评估、记录完整	5	操作要点、注意事项、风险评估各1分，记录完整2分	
总结汇报能力	1. 操作描述全面	15	3	
	2. 参数控制平稳		3	
	3. 操作思路清晰		6	
	4. 语言表达流畅		3	
重大操作失误扣分	1. 在操作处理过程中，误操作一次扣5分			
	2. 因操作不当造成设备跳闸一次扣10分			
	3. 因操作失误，有可能造成设备损坏的一次扣15分			
	4. 若操作处置不当发生MFT，则以上操作最高得分50分			

行业：电力行业　　　工种：发电集控值班员　　　等级：技师

编号	Ce2O4042	考核时限	30min	题型	ZC	题分	100分
试题正文	380V PC段母线及进线变压器由运行转检修			初始工况		满负荷；CCS方式	
考核要求	1. 结合生产现场实际，在仿真机上单独进行操作考核。 2. 严格执行仿真机运行规程						
操作要点	逐一断开母线上的负荷，并将负荷开关拉至检修位						

续表

考核项目	考核内容	标准分	扣分依据	实际得分
操作能力	1. 检查 380V PC 段所有负荷开关均已断开，将所有负荷开关拉至检修位	5	未正确执行不得分	
	2. 检查 380V PC 段母联断路器在"分闸"位，将母联断路器由"工作"位拉至"检修"位，取下母联断路器二次熔断器	5	未正确执行不得分	
	3. 断开 380V PC 段工作进线断路器，检查断路器"分闸"良好，检查 380V PC 段母线电压为零	5	未正确操作减3分，未检查减2分	
	4. 断开 380V PC 段母线进线变压器高压侧断路器，检查变压器高压侧断路器确已"分闸"	5	未正确操作减3分，未检查减2分	
	5. 断开 380V PC 段直流小母线、交流小母线电源开关	5	未正确执行不得分	
	6. 取下 380V PC 段母线 TV 二次熔断器，断开 380V PC 段母线 TV 一次断路器	5	未正确执行不得分，操作顺序不对不得分	
	7. 将 380VPC 段工作进线断路器拉至检修位，断开工作进线断路器控制及储能小开关	5	未正确执行不得分	
	8. 将变压器高压侧断路器拉到检修位，断开高压侧断路器控制及储能小断路器	5	未正确执行不得分	
	9. 验明变压器高压侧断路器负荷侧三相确无电压	5	未验电不得分	
	10. 合上干式变压器高压侧断路器接地刀闸，检查接地刀闸已合好	5	未正确操作减3分，未检查减2分	
	11. 验明变压器低压侧三相确无电压	5	未验电不得分	

续表

考核项目	考核内容	标准分	扣分依据	实际得分
操作能力	12．在变压器低压侧挂接地线一组，检查所挂地线确已挂好	5	未正确操作减3分，未检查减2分	
	13．验明380V PC段母线三相确无电压	5	未验电不得分	
	14．在380V PC段母线处挂地线一组，检查所封地线一组确已封好	5	未正确操作减3分，未检查减2分	
	15．通知检修人员做好MCC电源开关间隔防触电措施	4	未联系不得分	
	16．填写接地线/接地刀闸登记；全部检修措施执行完毕，按工作票要求悬挂标志牌、围设遮栏，联系检修人员办理开工手续	6	未填写接地登记减2分，未正确执行安措减2分，未联系减2分	
	17．按照操作原则总结操作要点、注意事项、风险评估、记录完整	5	操作要点、注意事项、风险评估各1分，记录完整2分	
总结汇报能力	1．操作描述全面	15	3	
	2．参数控制平稳		3	
	3．操作思路清晰		6	
	4．语言表达流畅		3	
重大操作失误扣分	1．在操作处理过程中，误操作一次扣5分			
	2．因操作不当造成设备跳闸一次扣10分			
	3．因操作失误，有可能造成设备损坏的一次扣15分			
	4．若操作处置不当发生MFT，则以上操作最高得分50分			

行业：电力行业　　　　工种：发电集控值班员　　　等级：技师

编号	Ce2O5043	考核时限	30min	题型	ZC	题分	100 分
试题正文	厂用电切换（由备用切至工作）			初始工况		满负荷；CCS 方式	
考核要求	1. 结合生产现场实际，在仿真机上单独进行操作考核。 2. 严格执行仿真机运行规程						
操作要点	1. 确保快切装置工作正常。 2. 切换前将工作电源电压与备用电源电压差降至最低。 3. 厂用电切换过程中不启停高压设备						

考核项目	考核内容	标准分	扣分依据	实际得分
操作能力	1. 检查机组厂用电由备用电源接带，机组负荷大于 180MW 稳定运行，厂用电具备倒至工作电源条件	4	未检查不得分	
	2. 检查高压厂用Ⅰ段工作进线 TV 在工作位，无异常报警	4	未检查不得分	
	3. 将高压厂用Ⅰ段工作进线断路器送至工作位	4	未正确操作不得分	
	4. 检查高压厂用Ⅰ段工作进线断路器保护投入正确	4	未检查不得分	
	5. 检查高压厂用Ⅱ段工作进线 TV 在工作位，无异常报警	4	未检查不得分	
	6. 将高压厂用Ⅱ段工作进线断路器送至工作位	4	未正确操作不得分	
	7. 检查高压厂用Ⅱ段工作进线断路器保护投入正确	4	未检查不得分	
	8. 检查高压厂用Ⅲ段工作进线 TV 在工作位，无异常报警	4	未检查不得分	
	9. 将高压厂用Ⅲ段工作进线断路器送至工作位	4	未正确操作不得分	

续表

考核项目	考核内容	标准分	扣分依据	实际得分
操作能力	10. 检查高压厂用Ⅲ段工作进线断路器保护投入正确	4	未检查不得分	
	11. 检查高压厂用段快切装置工作正常，各连接片投入正确，无闭锁条件	4	未检查不得分	
	12. 检查快切方式选择"并联"方式，调整高压厂用Ⅰ段工作侧与备用侧电源电压差小于 0.4kV，启动厂用Ⅰ段快切，检查厂用Ⅰ段工作进线断路器合闸，备用进线断路器分闸，母线电压正常，工作进线断路器电流正常，复归厂用Ⅰ段快切装置信号	8	未检查电压差减 1 分，未正确执行减 3 分，少检查一项减 1 分，未复归减 2 分	
	13. 检查快切方式选择"并联"方式，调整高压厂用Ⅱ段工作侧与备用侧电源电压差小于 0.4kV，启动厂用Ⅱ段快切，检查厂用Ⅱ段工作进线断路器合闸，备用进线断路器分闸，母线电压正常，工作进线断路器电流正常，复归高压厂用Ⅱ段快切装置信号	8	未检查电压差减 1 分，未正确执行减 3 分，少检查一项减 1 分，未复归减 2 分	
	14. 检查快切方式选择"并联"方式，调整高压厂用Ⅲ段工作侧与备用侧电源电压差小于 0.4kV，启动厂用Ⅲ段快切，检查厂用Ⅲ段工作进线断路器合闸，备用进线断路器分闸，母线电压正常，工作进线断路器电流正常，复归高压厂用Ⅲ段快切装置信号	8	未检查电压差减 1 分，未正确执行减 3 分，少检查一项减 1 分，未复归减 2 分	
	15. 全面检查厂用电系统，检查各工作段电压电流正常，各辅机电流正常，检查高压厂用变压器冷却器工作正常，绕组温度、油面温度正常	6	少检查一项减 1 分	
	16. 根据需要调整启备变有载调压分接头，保持备用电源电压正常	3	未正确执行不得分	

考核项目	考核内容	标准分	扣分依据	实际得分
操作能力	17. 汇报值长，厂用电由备用电源切换至工作电源完成	3	未汇报不得分	
	18. 按照操作原则总结操作要点、注意事项、风险评估、记录完整	5	操作要点、注意事项、风险评估各1分，记录完整2分	
总结汇报能力	1. 操作描述全面	15	3	
	2. 参数控制平稳		3	
	3. 操作思路清晰		6	
	4. 语言表达流畅		3	
重大操作失误扣分	1. 在操作处理过程中，误操作一次扣5分			
	2. 因操作不当造成设备跳闸一次扣10分			
	3. 因操作失误，有可能造成设备损坏的一次扣15分			
	4. 若操作处置不当发生MFT，则以上操作最高得分50分			

行业：电力行业　　　工种：发电集控值班员　　　等级：技师

编号	Ce2O5044	考核时限	30min	题型	ZC	题分	100分
试题正文	厂用电切换（由工作切至备用）			初始工况		满负荷；CCS方式	
考核要求	1. 结合生产现场实际，在仿真机上单独进行操作考核。 2. 严格执行仿真机运行规程						
操作要点	1. 确保快切装置工作正常。 2. 切换前将工作电源电压与备用电源电压差降至最低。 3. 厂用电切换过程中不启停高压设备						

考核项目	考核内容	标准分	扣分依据	实际得分
操作能力	1. 检查机组厂用电由工作电源接带，机组负荷大于 180MW 稳定运行，厂用电具备倒至备用电源条件	4	未检查不得分	
	2. 检查高压厂用 I 段备用进线 TV 在工作位，无异常报警	4	未检查不得分	
	3. 检查高压厂用 I 段备用进线断路器在工作位	4	未检查不得分	
	4. 检查高压厂用 I 段备用进线断路器保护投入正确	4	未检查不得分	
	5. 检查高压厂用 II 段备用进线 TV 在工作位，无异常报警	4	未检查不得分	
	6. 检查高压厂用 II 段备用进线断路器在工作位	4	未检查不得分	
	7. 检查高压厂用 II 段备用进线断路器保护投入正确	4	未检查不得分	
	8. 检查高压厂用 III 段备用进线 TV 在工作位，无异常报警	4	未检查不得分	
	9. 将高压厂用 III 段备用进线断路器在工作位	4	未检查不得分	
	10. 检查高压厂用 III 段备用进线断路器保护投入正确	4	未检查不得分	
	11. 检查高压厂用段快切装置工作正常，各连接片投入正确，无闭锁条件	4	未检查不得分	
	12. 检查快切方式（并联）选择正确，调整高压厂用 I 段工作侧与备用侧电源电压差小于 0.4kV，启动厂用 I 段快切，检查厂用 I 段备用进线断路器合闸，工作进线断路器分闸，母线电压正常，备用进线断路器电流正常，复归厂用 I 段快切装置信号	8	未检查电压差减 1 分，未正确执行减 3 分，少检查一项减 1 分，未复归减 2 分	

考核项目	考核内容	标准分	扣分依据	实际得分
操作能力	13．检查快切方式（并联）选择正确，调整高压厂用Ⅱ段工作侧与备用侧电源电压差小于 0.4kV，启动厂用Ⅱ段快切，检查厂用Ⅱ段备用进线断路器合闸，工作进线断路器分闸，母线电压正常，备用进线断路器电流正常，复归高压厂用Ⅱ段快切装置信号	8	未检查电压差减 1 分，未正确执行减 3 分，少检查一项减 1 分，未复归减 2 分	
	14．检查快切方式（并联）选择正确，调整高压厂用Ⅲ段工作侧与备用侧电源电压差小于 0.4kV，启动厂用Ⅲ段快切，检查厂用Ⅲ段备用进线断路器合闸，工作进线断路器分闸，母线电压正常，备用进线断路器电流正常，复归高压厂用Ⅲ段快切装置信号	8	未检查电压差减 1 分，未正确执行减 3 分，少检查一项减 1 分，未复归减 2 分	
	15．全面检查厂用电系统，检查各工作段电压电流正常，各辅机电流正常，检查高压厂用变压器冷却器工作正常，绕组温度、油面温度正常	6	少检查一项减 1 分	
	16．根据需要调整启备变有载调压分接头，保持备用电源电压正常	3	未正确执行不得分	
	17．汇报值长，厂用电由工作电源切换至备用电源完成	3	未汇报不得分	
	18．按照操作原则总结操作要点、注意事项、风险评估、记录完整	5	操作要点、注意事项、风险评估各 1 分，记录完整 2 分	
总结汇报能力	1．操作描述全面	15	3	
	2．参数控制平稳		3	
	3．操作思路清晰		6	
	4．语言表达流畅		3	

续表

考核项目	考核内容	标准分	扣分依据	实际得分
重大操作失误扣分	1. 在操作处理过程中，误操作一次扣 5 分			
	2. 因操作不当造成设备跳闸一次扣 10 分			
	3. 因操作失误，有可能造成设备损坏的一次扣 15 分			
	4. 若操作处置不当发生 MFT，则以上操作最高得分 50 分			

行业：电力行业　　　　工种：发电集控值班员　　　　等级：高级技师

编号	Ce1O5045	考核时限	30min	题型	ZC	题分	100 分
试题正文	发电机并网			初始工况		满负荷；CCS 方式	
考核要求	1. 结合生产现场实际，在仿真机上单独进行操作考核。 2. 严格执行仿真机运行规程						
操作要点	1. 现场电气操作必须两人操作，一人监护，一人操作。 2. 并网前确认锅炉、汽轮机、发电机及其辅助系统参数满足并网要求。 3. 并网前机组各项试验合格满足并网要求。 4. 发电机—变压器组保护必须可靠投入。 5. 发电机并网后各项参数必须满足机组运行要求						

考核项目	考核内容	标准分	扣分依据	实际得分
操作能力	1. 检查发电机—变压器组所有检修工作结束，临时措施拆除，所封地线拆除	4	未正确执行不得分	
	2. 检查发电机—变压器组各处绝缘合格，检查主变压器中性点接地刀闸满足电网要求，检查发电机—变压器组高压侧出口隔离开关在"分闸"位	4	未检查不得分	
	3. 检查发电机—变压器组保护连接片投入正确	4	未检查不得分	

考核项目	考核内容	标准分	扣分依据	实际得分
操作能力	4. 检查发电机出口第一、二、三组 TV A、B、C 相一次熔断器完好，将发电机出口第一、二、三组 TV A、B、C 相小车送至工作位	4	少检查一项减 2 分，少操作一项减 2 分	
	5. 装上发电机、主变压器出口 TV 二次熔断器	2	少一项减 1 分	
	6. 将发电机出口避雷器小车推入"工作"位	2	未正确执行不得分	
	7. 合上发电机中性点变压器一次侧隔离开关，检查合闸良好	2	未正确执行不得分	
	8. 投入发电机封闭母线微正压装置、封闭母线加热装置、绝缘检测装置、发电机放电检测装置	4	少操作一项减 1 分	
	9. 投入主变压器冷却装置、高压厂用变压器冷却装置、高公变冷却装置、励磁变冷却装置电源	4	少送一路电源减 1 分	
	10. 检查发电机励磁系统具备投运启动条件，励磁系统各隔离开关均已合好，励磁系统起励电源、励磁控制电源、辅助电源、灭磁开关控制电源、励磁风扇电源均已合好	4	少检查一项减 0.5 分	
	11. 将 10（6）kV Ⅰ、Ⅱ、Ⅲ段工作进线分支 TV 送至"工作"位，装上二次熔断器，将断路器送至热备用状态	4	未正确执行不得分	
	12. 确认锅炉、汽轮机、发电机及其辅助系统参数满足并网要求	2	未正确执行不得分	
	13. 确认汽机转速稳定在 3000r/min，DEH 系统运行正常	2	未正确执行不得分	
	14. 确认机组各项试验合格，具备并网条件	2	未正确执行不得分	

续表

考核项目	考核内容	标准分	扣分依据	实际得分
操作能力	15. 检查确认主变压器冷却装置、高压厂用变压器冷却装置、高公变冷却装置两路电源可靠投入，冷却器运行方式正确，冷却装置双路电源切换试验正常，互为备用	4	少检查一项减1分	
	16. 合上发电机—变压器组高压侧出口隔离开关，检查合闸良好	2	未正确执行不得分	
	17. 检查发电机励磁系统画面无报警信号，检查发电机保护画面无报警信号	2	未检查不得分	
	18. 合上发电机灭磁开关，检查发电机灭磁开关在合闸位置，发电机励磁调节器在"自动"控制方式	2	少检查操作一项减1分	
	19. 按下"励磁投入"按钮，检查发电机定子电压升至接近额定，发电机定子电流，发电机转子电压、电流正常，发电机转子无接地报警信号	4	少检查操作一项减1分	
	20. 手动调整发电机出口电压稍高于系统电压，发电机转速不低于3000r/min	2	少满足一项条件减2分	
	21. 投入同期装置电源，检查无"同期装置报警"信号，"允许同期"信号发出，在同期选择模块中选择并网开关并投入，按下同期装置"投入"按钮，查"同期回路失电"报警消失，投入DEH "ATUO SYNCH"	4	少检查操作一项减1分	
	22. 投入同期装置"启动"按钮，监视同期装置运行正常，检查发电机—变压器组出口断路器三相合闸，发电机—变压器组并网成功，发电机自动带5%负荷，就地检查发电机—变压器组断路器、主变压器、厂用变压器运行无异常，复位同期装置按钮，调整无功功率至50Mvar以上，汇报值长，发电机已并网	4	未正确执行不得分	

续表

考核项目	考核内容	标准分	扣分依据	实际得分
操作能力	23. 检查发电机定子电流三相平衡，转子电压电流正常，检查主变压器、高压厂用变压器、高公变冷却器运行正常，变压器绕组温度油面温度正常	4	少检查一项减1分	
	24. 检查汽轮发电机组振动、声音、胀差、绝对膨胀、轴向位移及各轴承金属温度正常，润滑油压、各轴承回油温度	4	少检查一项减0.5分	
	25. 将发电机同期装置停电	2	未正确执行不得分	
	26. 按照要求接带机组负荷，完成机炉侧相应操作	2	参数不稳定不得分	
	27. 按照操作原则总结操作要点、注意事项、风险评估、记录完整	5	操作要点、注意事项、风险评估各1分，记录完整2分	
总结汇报能力	1. 操作描述全面	15	3	
	2. 参数控制平稳		3	
	3. 操作思路清晰		6	
	4. 语言表达流畅		3	
重大操作失误扣分	1. 在操作处理过程中，误操作一次扣5分			
	2. 因操作不当造成设备跳闸一次扣10分			
	3. 因操作失误，有可能造成设备损坏的一次扣15分			
	4. 若过热蒸汽温度或再热蒸汽温度在10min内骤降超过50℃，若按紧急停机处理操作，按操作得分计算，最高不超过60分；不按紧急停机操作扣30分且最高得50分			
	5. 若操作处置不当发生MFT，则以上操作最高得分50分			

二、单专业事故处理题

行业：电力行业　　　　　工种：发电集控值班员　　　　　等级：中级工

编号	Ce4O3001	考核时限	30min	题型	SG	题分	100 分
试题正文	过热减温调门卡涩			初始工况		满负荷；CCS 方式	
考核要求	1. 结合生产现场实际，在仿真机上单独进行操作考核。 2. 严格执行仿真机运行规程						
故障现象	1. 过热器减温水调门反馈不变，过热减温水调整门自动解除，报警信号发出。 2. 减温器后蒸汽温度上升或下降。 3. 调门指令、反馈偏差大。 4. 过热器减温水流量不变						
操作处理要点	1. 采取措施，调节汽温、过热器金属壁温不超限。 2. 温度超限时，严格执行紧停。 3. 就地操作、做检修措施，应及时联系和汇报						

考核项目	考核内容	标准分	扣分依据	实际得分
观察判断能力	1. 减温器后蒸汽温度上升或下降	5	未发现不得分	
	2. 过热器减温水调门指令、反馈偏差大，流量不变	5	未发现不得分	
	3. 根据各级减温水流量、调节机构开度、各段汽温变化等判断过热减温调门卡涩	10	未正确判断不得分	
操作处理能力	4. 解除自动，调整调节机构无效	5	未正确执行不得分	
	5. 调整减温水量，控制汽温变化幅度，稳定汽温	5	未正确执行不得分	
	6. 采用必要措施。进行燃烧调整，调整汽温正常	10	未正确执行不得分	

续表

考核项目	考核内容	标准分	扣分依据	实际得分
操作处理能力	7. 注意对各段受热面壁温的监视,严禁超温运行	5	未正确执行不得分	
	8. 必要时通知巡检就地检查并手动调整电动门	5	未正确执行不得分	
	9. 做好安全措施,联系检修缩短时间处理,提示检修高温高压设备附近长时间工作前做好安全防护措施	10	未正确执行不得分	
	10. 若汽温至停机值、汽温在10min内下降50℃,执行紧停	5	未正确执行不得分	
	11. 调整过程中注意监视、控制主再热汽温、炉膛负压、氧量等参数正常	10	参数异常一项减2分	
	12. 检修处理好后,核对指令、设定值,正确投入过热汽减温水	10	未正确执行不得分	
总结汇报能力	1. 现象描述全面	15	3	
	2. 故障判断准确		3	
	3. 处理思路清晰		6	
	4. 语言表达流畅		3	
重大操作失误扣分	1. 在操作处理过程中,误操作一次扣5分			
	2. 因操作不当造成设备跳闸一次扣10分			
	3. 因操作失误,有可能造成设备损坏的一次扣15分			
	4. 若过热蒸汽温度或再热蒸汽温度在10min内骤降超过50℃,若按紧急停机处理操作,按操作得分计算,最高不超过60分;不按紧急停机操作扣30分且最高得50分			
	5. 若操作处置不当发生MFT,则以上操作最高得分50分			
合计得分				

行业：电力行业　　　　工种：发电集控值班员　　　　等级：中级工

编号	Ce4O3002	考核时限	30min	题型		SG	题分	100分
试题正文	密封风机跳闸				初始工况		满负荷；CCS方式	
考核要求	1. 结合生产现场实际，在仿真机上单独进行操作考核。 2. 严格执行仿真机运行规程							
故障现象	1. 密封风机跳闸，报警发出，电流回零。 2. 备用密封风机联启，跳闸密封风机出口挡板自动关闭							
操作处理要点	1. 确保跳闸密封风机出口门关闭，密封风压正常。 2. 就地做好安全措施，联系检修处理，及时联系和汇报							

考核项目	考核内容	标准分	扣分依据	实际得分
观察判断能力	1. 及时发现密封风机跳闸，汇报值长	10	未及时发现减8分，未汇报减2分	
	2. 检查备用密封风机联动	10	未检查不得分	
	3. 监视跳闸密封风机出口挡板自动关闭	10	未检查不得分	
操作处理能力	4. 备用密封风机未联动手动启动，启动不成功，在跳闸密封风机无电流异常情况下强启一次	15	未正确执行不得分	
	5. 调整运行密封风机风压正常，电流不超限	10	未调整减5分，电流超限减5分	
	6. 就地检查密封风机及断路器，分析跳闸原因，判断事故原因，通知检修处理，做好相应安全措施	15	未正确判断事故原因减5分，未联系检修减3分，未做措施扣7分	
	7. 检修处理好后，启动密封风机并切换，避免风压波动	10	未正确操作减5分，未调整减5分	
	8. 两台密封风机全停MFT动作，按锅炉MFT处理	5	未正确执行不得分	

续表

考核项目	考核内容	标准分	扣分依据	实际得分
总结汇报能力	1. 现象描述全面	15	3	
	2. 故障判断准确		3	
	3. 处理思路清晰		6	
	4. 语言表达流畅		3	
重大操作失误扣分	1. 在操作处理过程中,误操作一次扣5分			
	2. 因操作不当造成设备跳闸一次扣10分			
	3. 因操作失误,有可能造成设备损坏的一次扣15分			
	4. 若过热蒸汽温度或再热蒸汽温度在10min内骤降超过50℃,若按紧急停机处理操作,按操作得分计算,最高不超过60分;不按紧急停机操作扣30分且最高得50分			
	5. 若操作处置不当发生MFT,则以上操作最高得分50分			
合计得分				

行业:电力行业　　　　工种:发电集控值班员　　　　等级:中级工

编号	Ce4O3003	考核时限	30min	题型	SG	题分	100分
试题正文	磨煤机热风门卡涩			初始工况		满负荷;CCS方式	
考核要求	1. 结合生产现场实际,在仿真机上单独进行操作考核。 2. 严格执行仿真机运行规程						
故障现象	1. 磨煤机出口温度明显升高或降低,磨煤机冷阀(风)门开度明显增大或减小。 2. 风煤比例失调,磨煤机功率上升或下降。 3. 磨煤机出入口差压增大或减小						
操作处理要点	1. 控制水煤比(汽包水位),保证机组参数正常。 2. 如检修不能处理,影响机组正常出力调整,尽快启动备用制粉系统停止故障制粉系统运行						

续表

考核项目	考核内容	标准分	扣分依据	实际得分
观察判断能力	1. 磨煤机出口温度明显升高或降低，磨煤机冷阀（风）门开度明显增大或减小	10	少发现一项减5分	
	2. 风煤比例失调，磨煤机出入口差压增大或减小	10	少发现一项减5分	
	3. 根据现象正确判断磨煤机热风门卡涩，立即汇报值长	10	未正确判断减5分，未汇报减5分	
操作处理能力	4. 立即解除该制粉系统给煤机、热风门自动，保持热风门开度，调整给煤机转速，使之与风量相匹配，检查其他运行磨煤机出力，并进行相应调整	10	少操作一项减2分	
	5. 通知巡检进行磨煤机运行情况及石子煤斗的监视，及时进行石子煤排放	5	未正确执行不得分	
	6. 根据磨煤机出口温度，及时投入消防蒸汽	5	未正确执行不得分	
	7. 通知热工、机务检修人员进行处理	5	未正确执行不得分	
	8. 检修处理过程中提醒检修人员不要大幅进行热风门断路器操作，并派巡检进行监视，做好联系调整工作	10	未正确执行不得分	
	9. 检修处理好后传动正常、投入自动监视调整情况	5	未正确执行不得分	
	10. 热风门调整正常检查风煤比合适，调整给煤机出力与其他运行给煤机出力均衡，投入给煤机自动	10	未正确执行不得分	
	11. 磨煤机风煤比例失调严重达到紧停条件应执行紧停	5	达到条件未紧停不得分	

续表

考核项目	考核内容	标准分	扣分依据		实际得分
总结汇报能力	1. 现象描述全面	15	3		
	2. 故障判断准确		3		
	3. 处理思路清晰		6		
	4. 语言表达流畅		3		
重大操作失误扣分	1. 在操作处理过程中，误操作一次扣 5 分				
	2. 因操作不当造成设备跳闸一次扣 10 分				
	3. 因操作失误，有可能造成设备损坏的一次扣 15 分				
	4. 若过热蒸汽温度或再热蒸汽温度在 10min 内骤降超过 50℃，若按紧急停机处理操作，按操作得分计算，最高不超过 60 分；不按紧急停机操作扣 30 分且最高得 50 分				
	5. 若操作处置不当发生 MFT，则以上操作最高得分 50 分				
合计得分					

行业：电力行业　　　工种：发电集控值班员　　　等级：中级工

编号	Ce4O3004	考核时限	30min	题型	SG	题分	100 分
试题正文		给煤机跳闸			初始工况		满负荷；CCS 方式
考核要求	1. 结合生产现场实际，在仿真机上单独进行操作考核。 2. 严格执行仿真机运行规程						
故障现象	1. 给煤机跳闸，报警发出，电流回零，给煤量回零。 2. 对应磨煤机电流下降，磨煤机出口温度上升。 3. 总给煤量波动，机组负荷下降，锅炉汽温、汽压下降，炉膛负压波动，炉膛出口氧量上升。 4. 磨煤机振动可能增大						

续表

操作处理要点	1. 严格控制水煤比、汽温、各管壁温度正常。 2. 低负荷运行，出现制粉系统故障，必须采取稳燃措施。 3. 投油后对加强尾部受热面吹灰，防止发生二次燃烧。 4. 严格执行控制磨煤机出口温度，防止制粉系统爆炸。 5. 就地操作、做检修措施，应及时联系和汇报			
考核项目	考核内容	标准分	扣分依据	实际得分
观察判断能力	1. 给煤机跳闸，报警发出，电流回零，给煤量回零	5	未发现不得分	
	2. 对应磨煤机电流下降，磨煤机出口温度上升	5	未发现不得分	
	3. 总给煤量波动，机组负荷下降，锅炉汽温、汽压下降，炉膛负压波动，炉膛出口氧量上升	5	少发现一项减1分	
	4. 及时发现故障，就地检查，汇报值长	5	1min 未发现减2分，未汇报减3分	
操作处理能力	5. 根据燃烧情况投油（等离子）稳燃，煤油混燃通知电除尘、脱硫值班员	10	未正确执行减5分，未联系减5分	
	6. 调整对应磨煤机出口温度不超限，投入磨煤机消防蒸汽	10	未调整减5分，未正确执行减5分	
	7. 立即启用备用制粉系统，稳定负荷，停运故障制粉系统	10	未正确执行不得分	
	8. 调整中间点温度（汽包水位）、汽温正常	10	少调整一项减5分，超限各减5分	
	9. 调整其他运行磨煤机各项参数正常，严禁超出力运行	10	未正确执行不得分	
	10. 燃烧稳定后，停止油枪（等离子），加强尾部受热面吹灰	10	未正确执行减4分，未执行尾部烟道吹灰减6分	

考核项目	考核内容	标准分	扣分依据	实际得分
操作处理能力	11. 分析跳闸原因，通知检修处理，做好安全措施	5	未分析联系减2分，安全措施不正确减3分	
总结汇报能力	1. 现象描述全面	15	3	
	2. 故障判断准确		3	
	3. 处理思路清晰		6	
	4. 语言表达流畅		3	
重大操作失误扣分	1. 在操作处理过程中，误操作一次扣5分			
	2. 因操作不当造成设备跳闸一次扣10分			
	3. 因操作失误，有可能造成设备损坏的一次扣15分			
	4. 若过热蒸汽温度或再热蒸汽温度在10min内骤降超过50℃，若按紧急停机处理操作，按操作得分计算，最高不超过60分；不按紧急停机操作扣30分且最高得50分			
	5. 若操作处置不当发生MFT，则以上操作最高得分50分			
合计得分				

行业：电力行业　　　　工种：发电集控值班员　　　　等级：中级工

编号	Ce4O4005	考核时限	30min	题型	SG	题分	100分
试题正文	磨煤机堵塞			初始工况		满负荷；CCS方式	
考核要求	1. 结合生产现场实际，在仿真机上单独进行操作考核。 2. 严格执行仿真机运行规程						
故障现象	1. 故障磨煤机一次风量低，出口压力下降；进、出口压差增大。 2. 故障磨煤机电流上升，出口温度下降。 3. 机组总煤量升高，可能锅炉汽温、汽压下降，炉膛负压波动，炉膛出口氧量上升。 4. 堵塞严重时，磨煤机振动增大						

续表

操作处理要点	1. 严格控制水煤比（汽包水位）、汽温、各管壁温度正常。 2. 出现制粉系统燃烧方式不合理或燃烧不稳现象及时采取稳燃措施。 3. 严格控制磨煤机出口温度。保证一次风量，防止磨煤机满煤。 4. 就地做好安全措施，联系检修处理，及时联系和汇报			
考核项目	考核内容	标准分	扣分依据	实际得分
观察判断能力	1. 故障磨煤机一次风量低，出口压力下降；进、出口压差增大	5	未发现不得分	
	2. 故障磨煤机电流上升，出口温度下降	5	未发现不得分	
	3. 机组总煤量升高，可能锅炉汽温、汽压下降，炉膛负压波动，炉膛出口氧量上升	5	少发现一项减1分	
	4. 及时发现磨煤机堵煤，核对实际煤量与显示是否相符，汇报值长	10	2min未发现减5分，未进行核对减3分，未汇报减2分	
操作处理能力	5. 解除相应给煤机自动，手动降低煤量，严重时停止给煤机运行	10	未正确执行不得分	
	6. 增加一次风量，维持磨煤机出口温度稳定，加强磨煤机石子煤排放	10	磨煤机出口温度异常减6分，未石子煤排放减4分	
	7. 及时调整汽温、中间点温度（汽包水位）、一次风压正常	10	少调整一项减5分	
	8. 调整其他运行磨煤机各项参数正常，严禁超出力运行，根据情况，适当降低机组负荷	10	未正确执行不得分	
	9. 如处理无效，切换制粉系统运行	10	未正确停运故障磨减5分，未正确启动备用磨减5分	

续表

考核项目	考核内容	标准分	扣分依据	实际得分
操作处理能力	10. 就地检查，分析堵塞原因，联系检修处理，做好安全措施	10	未检查分析减3分；未联系减2分，未做安全措施减10分	
总结汇报能力	1. 现象描述全面	15	3	
	2. 故障判断准确		3	
	3. 处理思路清晰		6	
	4. 语言表达流畅		3	
重大操作失误扣分	1. 在操作处理过程中，误操作一次扣5分			
	2. 因操作不当造成设备跳闸一次扣10分			
	3. 因操作失误，有可能造成设备损坏的一次扣15分			
	4. 若过热蒸汽温度或再热蒸汽温度在10min内骤降超过50℃，若按紧急停机处理操作，按操作得分计算，最高不超过60分；不按紧急停机操作扣30分且最高得50分			
	5. 若操作处置不当发生MFT，则以上操作最高得分50分			
	合计得分			

行业：电力行业　　　　工种：发电集控值班员　　　　等级：中级工

编号	Ce4O4006	考核时限	30min	题型	SG	题分	100分
试题正文	磨煤机着火			初始工况		满负荷；CCS方式	
考核要求	1. 结合生产现场实际，在仿真机上单独进行操作考核。 2. 严格执行仿真机运行规程						
故障现象	1. 磨煤机出口温度异常上升。 2. 磨煤机冷风自动开大，热风关小。 3. 就地磨煤机油漆变色或粉管保温层脱落，严重时粉管烧红。膨胀节或管道烧坏时将造成煤粉外漏或喷出明火。 4. 磨煤机进出口差压、磨煤机一次风量剧烈变化；如果发生爆燃，炉膛负压急剧升高，可能造成锅炉灭火						

续表

操作处理要点	1. 投入磨煤机消防蒸汽,调整冷热风门控制磨煤机出入口温度。 2. 若磨出口温度上升较快则紧停磨,闷磨处理。 3. 关注其他磨煤机不超出力,否则适当降低机组负荷。 4. 若磨煤机着火,火势较大,必须迅速通知消防人员进行灭火			
考核项目	考核内容	标准分	扣分依据	实际得分
观察判断能力	1. 磨煤机出口温度异常上升	5	未发现不得分	
	2. 磨煤机冷风自动开大,热风关小	5	未发现不得分	
	3. 根据磨煤机出口温度变化,冷热风门开度、就地磨煤机运行情况等判断磨煤机着火故障,立即汇报值长	10	2min 内未判断出减 7 分,未汇报减 3 分	
操作处理能力	4. 及时投入磨煤机消防蒸汽,迅速关小热一次风进口调节门,开大冷一次风进口调节门降低磨煤机入口温度	10	未正确执行每项减 2 分	
	5. 解除给煤机自动,稳定给煤量并令巡检就地加强石子煤排放	5	未正确执行不得分	
	6. 若磨煤机出口温度逐渐恢复正常,则适当增加给煤量,恢复磨正常运行	5	未正确执行不得分	
	7. 若磨煤机出口温度控制无效仍快速上升超过 100℃则紧急停止磨煤机运行,隔绝各挡板,投入磨煤机消防蒸汽	10	未正确调整减 5 分,未执行紧停不得分,未正确采取措施不得分	
	8. 注意其他磨煤机运行情况,不超出力运行,否则适当减低机组负荷	5	少监视一项减 1 分,造成磨煤机堵煤不得分	
	9. 启动备用制粉系统,恢复机组负荷	5	未正确执行不得分	
	10. 布置安全措施,联系检修处理故障磨煤机	5	未正确布置安全措施不得分,未联系减 2 分	
	11. 加强对中间点温度(汽包水位),螺旋管壁温的监视	10	少检查一项减 3 分	

考核项目	考核内容	标准分	扣分依据		实际得分
操作处理能力	12．调整过程中注意监视、控制各主要参数正常，汽温、负压、氧量控制依规程规定执行	5	各参数越限一次减2分		
	13．检修处理好后，恢复原故障制粉系统备用	5	未正确执行不得分		
总结汇报能力	1．现象描述全面	15	3		
	2．故障判断准确		3		
	3．处理思路清晰		6		
	4．语言表达流畅		3		
重大操作失误扣分	1．在操作处理过程中，误操作一次扣5分				
	2．因操作不当造成设备跳闸一次扣10分				
	3．因操作失误，有可能造成设备损坏的一次扣15分				
	4．若过热蒸汽温度或再热蒸汽温度在10min内骤降超过50℃，若按紧急停机处理操作，按操作得分计算，最高不超过60分；不按紧急停机操作扣30分且最高得50分				
	5．若操作处置不当发生MFT，则以上操作最高得分50分				
合计得分					

行业：电力行业　　　工种：发电集控值班员　　　等级：高级工

编号	Ce3O3007	考核时限	30min	题型	SG	题分	100分
试题正文	给煤机皮带打滑			初始工况		满负荷；CCS方式	
考核要求	1．结合生产现场实际，在仿真机上单独进行操作考核。2．严格执行仿真机运行规程						

续表

故障现象	1. 故障给煤机给煤量不变。 2. 磨煤机电流下降，磨煤机磨碗差压下降，磨煤机出口温度不正常升高。 3. 炉膛燃烧不稳，机组负荷下降，负压波动较大，汽温、汽压下降。 4. 磨煤机电流摆动，磨煤机就地有金属摩擦声和出现剧烈振动。 5. 就地给煤机电动机转，皮带不转。
操作处理要点	1. 控制水煤比例，保证机组参数正常。 2. 尽快停止故障制粉系统运行，启动备用制粉系统。 3. 出现燃烧不稳及时投油稳燃。 4. 及时投入制粉系统消防蒸汽，防止制粉系统爆炸

考核项目	考核内容	标准分	扣分依据	实际得分
观察判断能力	1. 故障给煤机给煤量不变	5	未发现执行不得分	
	2. 磨煤机电流下降或摆动	5	未发现执行不得分	
	3. 炉膛燃烧不稳，机组负荷下降，负压波动较大，汽温、汽压下降	5	未发现执行不得分	
	4. 通过设备参数与巡检就地检查汇报情况判断给煤机皮带打滑	10	2min内未正确判断不得分	
操作处理能力	5. 通知巡检检查给煤机运行情况	10	未正确执行不得分	
	6. 确定给煤机皮带打滑应立即汇报值长，申请降负荷，解除相应制粉系统自动，停止故障制粉系统	15	未汇报减5分，未降负荷减5分，未及时停运减5分	
	7. 启动备用制粉系统，恢复机组负荷	10	未正确执行不得分	
	8. 监视并调整主再热汽温、汽压、炉膛负压、氧量等参数正常	15	少监视调整一项减2分	
	9. 通知检修处理，运行布置隔离措施，尽快恢复备用	10	未联系减5分，未做安全措施减5分	

续表

考核项目	考核内容	标准分	扣分依据		实际得分
总结汇报能力	1. 现象描述全面	15	3		
	2. 故障判断准确		3		
	3. 处理思路清晰		6		
	4. 语言表达流畅		3		
重大操作失误扣分	1. 在操作处理过程中，误操作一次扣5分				
	2. 因操作不当造成设备跳闸一次扣10分				
	3. 因操作失误，有可能造成设备损坏的一次扣15分				
	4. 若过热蒸汽温度或再热蒸汽温度在10min内骤降超过50℃，若按紧急停机处理操作，按操作得分计算，最高不超过60分；不按紧急停机操作扣30分且最高得50分				
	5. 若操作处置不当发生MFT，则以上操作最高得分50分				
合计得分					

行业：电力行业　　　　工种：发电集控值班员　　　　等级：高级工

编号	Ce3O3008	考核时限	30min	题型	SG	题分	100分
试题正文		磨煤机跳闸			初始工况		满负荷；CCS方式
考核要求	1. 结合生产现场实际，在仿真机上单独进行操作考核。 2. 严格执行仿真机运行规程						
故障现象	1. 磨煤机跳闸，报警发出，电流回零。 2. 联跳对应给煤机，给煤量回零。 3. 跳闸磨煤机出口挡板，冷热风调节挡板快关，热风隔绝门、入口隔绝门联关。 4. 总给煤量波动，煤水比（汽包水位）波动，机组可能负荷下降，锅炉汽温、汽压下降，炉膛负压波动，炉膛出口氧量上升						

续表

操作处理要点	1. 严格控制水煤比、汽温、各管壁温度正常。 2. 低负荷运行，出现制粉系统故障，必须采取稳燃措施。 3. 投油后对加强尾部受热面吹灰，防止尾部烟道发生二次燃烧。 4. 严格执行控制跳闸磨煤机出口温度，防止制粉系统爆炸。 5. 就地操作、做检修措施，应及时联系和汇报			
考核项目	考核内容	标准分	扣分依据	实际得分
观察判断能力	1. 磨煤机跳闸，报警发出，电流回零	5	未发现不得分	
	2. 联跳对应给煤机，给煤量回零	5	未发现不得分	
	3. 总给煤量波动，煤水比（汽包水位）波动，机组可能负荷下降，锅炉汽温、汽压下降，炉膛负压波动，炉膛出口氧量上升	5	少发现一项减1分	
	4. 及时发现磨煤机跳闸，就地检查，汇报值长	5	1min未发现减3分，未汇报减2分	
操作处理能力	5. 根据燃烧情况投油（等离子）稳燃，煤油混燃通知电除尘、脱硫值班员	10	未正确执行减5分，未联系减5分	
	6. 调整对应磨煤机出口温度不超限，投入磨煤机消防蒸汽	10	未正确执行减5分，未调整减5分	
	7. 立即启动备用磨煤机，稳定负荷	10	未正确执行不得分	
	8. 调整中间点温度（汽包水位）、汽温正常	10	少调整一项减5分	
	9. 调整其他运行磨煤机各项参数正常，严禁超出力运行	10	参数异常每项减2分	
	10. 燃烧稳定后,停止油枪(等离子),加强尾部受热面吹灰	10	未正确执行减4分，未执行尾部烟道吹灰减6分	

续表

考核项目	考核内容	标准分	扣分依据	实际得分
操作处理能力	11. 分析跳闸原因，通知检修处理，做好安全措施	5	未检查联系减2分，安全措施不正确减3分	
总结汇报能力	1. 现象描述全面	15	3	
	2. 故障判断准确		3	
	3. 处理思路清晰		6	
	4. 语言表达流畅		3	
重大操作失误扣分	1. 在操作处理过程中，误操作一次扣5分			
	2. 因操作不当造成设备跳闸一次扣10分			
	3. 因操作失误，有可能造成设备损坏的一次扣15分			
	4. 若过热蒸汽温度或再热蒸汽温度在10min内骤降超过50℃，若按紧急停机处理操作，按操作得分计算，最高不超过60分；不按紧急停机操作扣30分且最高得50分			
	5. 若操作处置不当发生MFT，则以上操作最高得分50分			
合计得分				

行业：电力行业　　工种：发电集控值班员　　等级：高级工

编号	Ce3O3009	考核时限	30min	题型	SG	题分	100分
试题正文	主蒸汽温度异常			初始工况		满负荷；CCS方式	
考核要求	1. 结合生产现场实际，在仿真机上单独进行操作考核。 2. 严格执行仿真机运行规程						
故障现象	1. DCS中主汽温度高或低报警。 2. 一、二级减温水调节门异常关小或开大						

操作处理要点	1. 严格控制水煤比（汽包水位），调整燃烧，控制中间点温度、各汽温、受热面管壁温度正常。 2. 蒸汽温度达汽轮机故障停机条件时应申请停机。 3. 蒸汽温度如果 10min 降低 50℃，应立即打闸停机。 4. 就地操作、做检修措施，应及时联系和汇报			
考核项目	考核内容	标准分	扣分依据	实际得分
观察判断能力	1. DCS 中主汽温度高或低报警	5	未发现不得分	
	2. 一、二级减温水调节门异常关小或开大	5	未发现不得分	
	3. 检查核对相关表计，确认并汇报主蒸汽温度异常	10	未检查核对减5分，未汇报减5分	
操作处理能力	4. 立即将汽温自动切至手动，调整减温水量或燃烧器摆角（烟气挡板）	10	未切手动减5分，未调整减5分	
	5. 调整燃烧，改变火焰中心位置，控制合理风量和氧量	5	未调整燃烧不得分	
	6. 控制水煤比（汽包水位）正常	10	水煤比失调不得分	
	7. 加强炉膛和过热器吹灰	5	未正确执行不得分	
	8. 根据煤种调整燃烧工况，保持适当煤粉细度，保持制粉系统稳定运行	5	未正确执行不得分	
	9. 堵塞锅炉漏风，保持锅炉底部水封槽水位正常	5	未正确执行不得分	
	10. 经采取措施无效时，增加或降低锅炉负荷运行	10	未正确执行不得分	
	11. 主汽温度达到保护动作值保护动作按锅炉 MFT 处理，保护未动作手动 MFT	10	未正确执行不得分	
	12. 主汽温达汽轮机故障停机条件时紧停停机。主蒸汽温度如果 10min 降低 50℃，应立即打闸停机	5	未执行紧停不得分	

续表

考核项目	考核内容	标准分	扣分依据		实际得分
总结汇报能力	1. 现象描述全面	15	3		
	2. 故障判断准确		3		
	3. 处理思路清晰		6		
	4. 语言表达流畅		3		
重大操作失误扣分	1. 在操作处理过程中，误操作一次扣5分				
	2. 因操作不当造成设备跳闸一次扣10分				
	3. 因操作失误，有可能造成设备损坏的一次扣15分				
	4. 若过热蒸汽温度或再热蒸汽温度在10min内骤降超过50℃，若按紧急停机处理操作，按操作得分计算，最高不超过60分；不按紧急停机操作扣30分且最高得50分				
	5. 若操作处置不当发生MFT，则以上操作最高得分50分				
合计得分					

行业：电力行业　　　工种：发电集控值班员　　　等级：高级工

编号	Ce3O4010	考核时限	30min	题型	SG	题分	100分
试题正文	单侧送风机跳闸			初始工况		满负荷；CCS方式	
考核要求	1. 结合生产现场实际，在仿真机上单独进行操作考核。 2. 严格执行仿真机运行规程						
故障现象	1. 对应侧引风机联跳，报警发出，电流回零，跳闸送、引风机出口挡板自动关闭。 2. RB首出为"送风机跳闸"。 3. RB动作联跳对应制粉系统，机组负荷下降，CCS切至TF方式。 4. 跳闸磨煤机出口挡板，冷热风调节挡板快关，热风隔绝门、入口隔绝门联关。 5. 总给煤量下降，锅炉汽温、汽压下降，炉膛负压波动，中间点温度下降（汽包水位波动）						

操作处理要点	1. 严格控制水煤比（汽包水位）、汽温、各管壁温度正常。 2. 出现燃烧不稳及时采取稳燃措施，严禁盲目投油。 3. 投油后对加强尾部受热面吹灰，防止尾部烟道发生二次燃烧。 4. 严格控制跳闸磨煤机出口温度，防止制粉系统爆炸。 5. 调整燃烧，维持负压稳定，避免低氧燃烧。 6. 严密监视运行送风机、引风机运行正常，防止风机超出力运行。 7. 就地操作、做检修措施，应及时联系和汇报			
考核项目	考核内容	标准分	扣分依据	实际得分
观察判断能力	1. 及时发现送风机跳闸，汇报值长	10	未及时发现减6分，未汇报减4分	
	2. 对应侧引风机联跳，报警发出，电流回零，跳闸送、引风机出口挡板自动关闭	5	未及时发现不得分	
	3. RB 首出为"送风机跳闸"，动作联跳对应制粉系统,机组负荷下降,CCS 切至 TF 方式	5	未及时发现不得分	
操作处理能力	4. 监视运行送、引风机电流不超限，风量、炉膛负压正常	5	未正确执行不得分	
	5. 根据燃烧情况投油（等离子）稳燃，煤油混燃通知电除尘、脱硫值班员	5	未正确执行减3分，未联系减2分	
	6. 监视 RB 动作情况，检查相关制粉系统联动情况，RB 动作不正确时，及时手动干预，及时投入跳闸磨煤机消防蒸汽	5	未正确执行不得分	
	7. 监视 CCS 切至 TF 方式，注意汽机高压调门关闭情况，汽压按照曲线跟踪，及时调整风量、汽温、中间点温度（汽包水位）、炉膛负压、一次风压正常	10	少监视一项减2分，少调整一项减2分	

续表

考核项目	考核内容	标准分	扣分依据	实际得分
操作处理能力	8. 减负荷至 50%，根据风量带负荷调整其他运行磨煤机各项参数正常，严禁超出力运行	10	未正确执行不得分	
	9. 就地检查风机及断路器（变频器），分析跳闸原因，通知检修处理，做好安全措施	10	未检查分析减 4 分，未联系检修减 3 分，未做措施扣 3 分	
	10. 检修结束后，启动引、送风机，确认 RB 复归，恢复机组负荷	10	未正确执行不得分	
	11. 燃烧稳定后，停止油枪（等离子）加强尾部受热面吹灰	5	未正确执行减 2 分，未执行尾部烟道吹灰减 3 分	
	12. 如锅炉 MFT，按 MFT 处理	5	未正确执行不得分	
总结汇报能力	1. 现象描述全面	15	3	
	2. 故障判断准确		3	
	3. 处理思路清晰		6	
	4. 语言表达流畅		3	
重大操作失误扣分	1. 在操作处理过程中，误操作一次扣 5 分			
	2. 因操作不当造成设备跳闸一次扣 10 分			
	3. 因操作失误，有可能造成设备损坏的一次扣 15 分			
	4. 若过热蒸汽温度或再热蒸汽温度在 10min 内骤降超过 50℃，若按紧急停机处理操作，按操作得分计算，最高不超过 60 分；不按紧急停机操作扣 30 分且最高得 50 分			
	5. 若操作处置不当发生 MFT，则以上操作最高得分 50 分			
合计得分				

行业：电力行业　　　　工种：发电集控值班员　　　　等级：高级工

编号	Ce3O5011	考核时限	30min	题型	SG	题分	100分
试题正文	引风机跳闸 RB 拒动			初始工况		满负荷；CCS 方式	
考核要求	1. 结合生产现场实际，在仿真机上单独进行操作考核。 2. 严格执行仿真机运行规程						
故障现象	1. 引风机跳闸，送风机联跳，报警发出，电流回零。 2. RB 拒动。 3. 锅炉出口氧量下降。 4. 总给煤量不变或增加，锅炉汽温、汽压下降，炉膛负压波动。 5. 火焰电视显示火焰脉动增大，亮度变暗						
操作处理要点	1. 严格控制水煤比（汽包水位）、汽温、各管壁温度正常。 2. 快速降低机组负荷，避免低氧燃烧，防止锅炉爆燃。 3. 严格控制磨煤机出口温度，防止制粉系统爆炸。 4. 防止运行送、引风机过负荷。 5. 就地做好安全措施，联系检修处理，及时联系和汇报						

考核项目	考核内容	标准分	扣分依据	实际得分
观察判断能力	1. 及时发现引、送风机跳闸，磨煤机未联跳	5	未及时发现不得分	
	2. 判断 RB 拒动，汇报值长	5	未正确判断减3分，未汇报减2分	
操作处理能力	3. 及时检查跳闸送风机出口挡板、引风机出、入口挡板自动关闭。检查运行送、引风机电流不超限，总风量符合要求	5	未及时检查不得分	
	4. 按 RB 动作顺序，手动间隔停止两台磨煤机，将总煤量降至 50%额定负荷煤量，稳定燃烧，检查磨煤机各风门联锁关闭，及时投入紧停磨煤机消防蒸汽	8	未正确停磨减6分，未投消防蒸汽减2分	

考核项目	考核内容	标准分	扣分依据	实际得分
操作处理能力	5. 检查 CCS 切至 TF 方式，及时调整汽温、中间点温度（汽包水位）、炉膛负压、两侧烟温、辅汽压力正常	8	未检查减 2 分，参数超限一项减 2 分	
	6. 如燃烧不稳，及时投油（等离子）稳燃，如投油通知电除尘、脱硫值班员	5	燃烧不稳未稳燃减 2 分，未联系减 1 分	
	7. 降负荷过程，及时调整汽泵，注意检查汽泵高调门开启，防止汽泵给水自动解除，保证给水量	5	未正确执行不得分	
	8. 根据送风量、氧量带负荷。调整其他运行磨煤机各项参数正常，严禁超出力运行	8	风量负荷不匹配减 4 分，磨煤机参数超限减 4 分	
	9. 处理过程中加强运行引、送风机的检查监视	5	未检查不得分	
	10. 就地检查引风机及断路器（变频器处），分析跳闸原因，通知检修处理，做好相应安全措施	8	未联系不得分	
	11. 联系热控查清 RB 拒动原因	5	未联系不得分	
	12. 检修结束后，启动引、送风机，并入引、送风机运行，操作过程中避免炉膛负压大幅波动或风机抢风，启动制粉系统恢复负荷	8	启动操作错误减 4 分，未恢复负荷减 4 分	
	13. 燃烧稳定后，停止油枪、等离子等助燃手段，进行油枪吹扫、查漏，加强尾部受热面吹灰	5	少操作一项减 1 分	
	14. 如锅炉 MFT，按 MFT 处理	5	未正确执行不得分	

续表

考核项目	考核内容	标准分	扣分依据		实际得分
总结汇报能力	1. 现象描述全面	15	3		
	2. 故障判断准确		3		
	3. 处理思路清晰		6		
	4. 语言表达流畅		3		
重大操作失误扣分	1. 在操作处理过程中，误操作一次扣5分				
	2. 因操作不当造成设备跳闸一次扣10分				
	3. 因操作失误，有可能造成设备损坏的一次扣15分				
	4. 若过热蒸汽温度或再热蒸汽温度在10min内骤降超过50℃，若按紧急停机处理操作，按操作得分计算，最高不超过60分；不按紧急停机操作扣30分且最高得50分				
	5. 若操作处置不当发生MFT，则以上操作最高得分50分				
合计得分					

行业：电力行业　　　工种：发电集控值班员　　　等级：技师

编号	Ce3O4012	考核时限	30min	题型	SG	题分	100分
试题正文	引风机喘振			初始工况		满负荷；CCS方式	
考核要求	1. 结合生产现场实际，在仿真机上单独进行操作考核。 2. 严格执行仿真机运行规程						
故障现象	1. 引风机喘振报警。 2. 两侧引风机静叶、电流明显出现偏差，喘振侧风机电流及出口风压偏低。 3. 喘振侧引风机就地声音异常。 4. 增压风机入口压力波动。 5. 炉膛负压波动						

485

续表

操作处理要点	1. 将机组切至 TF 方式,适当降低机组负荷,保证引风机不超出力,必要时停运 1～2 台磨煤机。 2. 采取各种手段保证锅炉稳定燃烧并关注锅炉氧量、负压正常。 3. 注意控制水煤比及汽水分离器出口过热度正常。 4. 调节汽温、受热面壁温不超限。 5. 就地操作、检查情况应及时联系和汇报			
考核项目	考核内容	标准分	扣分依据	实际得分
观察判断能力	1. 引风机喘振报警,炉膛负压波动	5	未发现不得分	
	2. 两侧引风机静叶、电流明显出现偏差,喘振侧风机电流及出口风压偏低	5	未发现不得分	
	3. 根据引风机喘振报警、电流及风压变化情况综合判断引风机发生喘振,汇报值长	10	1min 内未判断出减 5 分,未汇报减 5 分	
操作处理能力	4. 解除两台引、送风机自动,适当关小非喘振侧引风机静叶,适当关小故障引风机静叶,注意故障引风机的风压和电流变化,防止故障风机出力快速增加造成炉膛负压大幅波动,保证引风机不超出力	15	未正确执行不得分	
	5. 机组切至 TF 方式,适当降低机组负荷,必要时停运 1～2 台磨煤机	5	未正确执行不得分	
	6. 燃烧不稳时,投油(等离子)稳燃,通知电除尘、脱硫值班员	10	未正确执行不得分,未联系减 5 分	
	7. 调整水煤比(汽包水位)正常,监视给水泵运行情况,严密关注水冷壁中间点温度及过热度变化情况	10	中间点温度达报警值不得分	
	8. 调整主、再热汽温正常,注意监视受热面壁温,汽温壁温不超限	10	超限每次减 2 分	
	9. 调整过程中注意监视机组各参数变化情况	5	超限每次减 1 分	

续表

考核项目	考核内容	标准分	扣分依据		实际得分
操作处理能力	10. 待两侧风机出力正常后,投入引风机静叶自动,投入机组协调,启动制粉系统,恢复机组负荷	10	未正确执行不得分		
总结汇报能力	1. 现象描述全面	15	3		
	2. 故障判断准确		3		
	3. 处理思路清晰		6		
	4. 语言表达流畅		3		
重大操作失误扣分	1. 在操作处理过程中,误操作一次扣 5 分				
	2. 因操作不当造成设备跳闸一次扣 10 分				
	3. 因操作失误,有可能造成设备损坏的一次扣 15 分				
	4. 若过热蒸汽温度或再热蒸汽温度在 10min 内骤降超过 50℃,若按紧急停机处理操作,按操作得分计算,最高不超过 60 分;不按紧急停机操作扣 30 分且最高得 50 分				
	5. 若操作处置不当发生 MFT,则以上操作最高得分 50 分				
合计得分					

行业:电力行业　　工种:发电集控值班员　　等级:技师

编号	Ce3O5013	考核时限	30min	题型	SG	题分	100 分
试题正文		省煤器泄漏			初始工况		满负荷;CCS 方式
考核要求	1. 结合生产现场实际,在仿真机上单独进行操作考核。 2. 严格执行仿真机运行规程						
故障现象	1. 四管泄漏检测装置报警,就地检查可能听到省煤器部位有泄漏声,如果泄漏严重省煤器灰斗不严密处冒汽、冒水。 2. 省煤器后两侧烟温差大,预热器出口侧风温差大,两侧排烟温度差大。						

故障现象	3. 省煤器、空气预热器、电除尘器灰斗、仓泵、输灰管道可能堵灰，空气预热器可能积灰，电除尘可能工作不正常。 4. 给水流量不正常地大于蒸汽流量，机组负荷降低。 5. 引风机静叶开大			
操作处理要点	1. 省煤器泄漏不严重，给水流量能够满足机组负荷需要，各水冷壁金属温度不超温，注意监视各受热面沿程温度，及时汇报并密切关注泄漏情况的发展。 2. 在省煤器人孔、灰斗处增设围栏并悬挂标示牌，防止汽水喷出伤人。 3. 若泄漏严重，爆破点后工质温度急剧升高无法维持正常运行时，应立即停炉。 4. 注意监视除灰系统和空气预热器的工作情况，加强巡视检查，如除灰系统或空气预热器堵灰严重，电除尘器无法正常工作应申请停炉处理。 5. 停炉后，应保留送、引风机运行，待不再有汽水喷出后再停止送、引风机运行			
考核项目	考核内容	标准分	扣分依据	实际得分
观察判断能力	1. 四管泄漏检测装置报警，省煤器后两侧烟温差大	5	未及时发现不得分	
	2. 给水流量不正常地大于蒸汽流量，机组负荷降低	5	未及时发现不得分	
	3. 判断省煤器泄漏，汇报值长	10	2min 内未判断减 5 分，未汇报减 5 分	
操作处理能力	4. 通知巡检及检修确认泄漏部位，提醒就地人员注意人身安全、设备安全	10	未正确执行不得分	
	5. 加强给水调整，维持正常水煤比（汽包水位）	10	未调整不得分	
	6. 省煤器泄漏不严重，给水流量能够满足机组负荷需要，各水冷壁金属温度不超温，注意监视各受热面沿程温度，密切关注泄漏情况的发展	10	参数超限每项减 2 分	

考核项目	考核内容	标准分	扣分依据	实际得分
操作处理能力	7. 降低机组负荷，降低主汽压力，申请停炉	10	未正确执行不得分	
	8. 若泄漏严重，爆破点后工质温度急剧升高无法维持正常运行时，应立即手动停炉	5	未执行紧停不得分	
	9. 注意监视除灰系统和空气预热器的工作情况，加强巡视检查，如除灰系统或空气预热器堵灰严重，电除尘器无法正常工作应申请停炉	10	未正确执行不得分	
	10. 停炉后，应保留引风机运行，待不再有汽水喷出后再停止风机运行	5	未正确执行不得分	
	11. 汽包炉严禁开启省煤器再循环门；停炉后经上水能维持汽包水位，应继续上水，否则停止上水	5	未正确执行不得分	
总结汇报能力	1. 现象描述全面	15	3	
	2. 故障判断准确		3	
	3. 处理思路清晰		6	
	4. 语言表达流畅		3	
重大操作失误扣分	1. 在操作处理过程中，误操作一次扣5分			
	2. 因操作不当造成设备跳闸一次扣10分			
	3. 因操作失误，有可能造成设备损坏的一次扣15分			
	4. 若过热汽温度或再热蒸汽温度在10min内骤降超过50℃，若按紧急停机处理操作，按操作得分计算，最高不超过60分；不按紧急停机操作扣30分且最高得50分			
	5. 若操作处置不当发生MFT，则以上操作最高得分50分			
合计得分				

行业：电力行业　　　　工种：发电集控值班员　　　　等级：技师

编号	Ce3O5014	考核时限	30min	题型	SG	题分	100 分
试题正文	单侧一次风机跳闸			初始工况		满负荷；CCS 方式	

考核要求	1. 结合生产现场实际，在仿真机上单独进行操作考核。 2. 严格执行仿真机运行规程
故障现象	1. 跳闸一次风机报警发出，电流回零、出口挡板自动关闭。 2. RB 首出为"一次风机跳闸"。 3. RB 动作联跳对应粉系统，CCS 切至 TF 方式，机组负荷下降。 4. 跳闸磨煤机出口挡板，冷热风调节挡板快关，热风隔绝门、入口隔绝门联关。 5. 总给煤量下降，锅炉汽温、汽压下降，炉膛负压波动，炉膛出口氧量上升，中间点温度下降（汽包水位波动）。 6. 可能造成锅炉 MFT
操作处理要点	1. 严格控制水煤比（汽包水位）、汽温、各管壁温度正常。 2. 出现燃烧不稳及时采取稳燃措施，当炉膛已经灭火或已局部灭火并濒临全部灭火时，严禁投油助燃；当锅炉灭火后，要立即停止燃料供给，严禁用爆燃法恢复燃烧。 3. 投油后对加强尾部受热面吹灰，防止尾部烟道发生二次燃烧。 4. 保证一次风压、风量，防止一次风管堵粉、磨煤机堵塞，严格控制跳闸磨煤机出口温度，防止制粉系统着火爆炸。 5. 恢复时启动一次风机时防止发生一次风抢风现象。 6. 就地操作、做检修措施，应及时联系和汇报

考核项目	考核内容	标准分	扣分依据	实际得分
观察判断能力	1. 及时发现一次风机跳闸，确认跳闸一次风机出口挡板自动关闭。监视运行一次风机电流不超限，一次风母管风压正常，汇报值长	10	未及时发现减5分，未检查减3分，未汇报减2分	
	2. RB 首出为"一次风机跳闸"，动作联跳对应制粉系统	5	未及时发现不得分	
操作处理能力	3. 根据燃烧情况投油（等离子）稳燃，煤油混燃通知电除尘、脱硫值班员	10	未正确执行减5分，未联系减5分	

考核项目	考核内容	标准分	扣分依据	实际得分
操作处理能力	4. 监视 RB 动作情况，检查相关制粉系统联动情况，RB 动作不正确时，及时手动干预，及时投入跳闸磨煤机消防蒸汽	10	少执行一项减2分	
	5. 监视 CCS 切至 TF 方式，注意汽机高压调门关闭情况，汽压按照曲线跟踪，及时调整一次风压、汽温、中间点温度（汽包水位）、炉膛负压正常	10	少监视一项减2分，少调整一项减3分	
	6. 减负荷至 50%，根据一次风压带负荷。调整其他运行磨煤机各项参数正常，严禁超出力运行	10	未正确执行不得分	
	7. 判断事故原因，通知检修处理，做好安全措施	10	未正确判断事故原因减4分，未联系检修减3分，未做措施扣3分	
	8. 就地检查风机及断路器（变频器），分析跳闸原因，检修结束后，启动跳闸一次风机，防止发生一次风抢风现象，确认 RB 复归，恢复机组负荷	10	未检查分析减3分，未正确执行减7分	
	9. 燃烧稳定后，停止油枪（等离子），加强尾部受热面吹灰	5	未正确执行不得分	
	10. 如锅炉 MFT，按 MFT 处理	5	未正确执行不得分	
总结汇报能力	1. 现象描述全面	15	3	
	2. 故障判断准确		3	
	3. 处理思路清晰		6	
	4. 语言表达流畅		3	

续表

考核项目	考核内容	标准分	扣分依据	实际得分
重大操作失误扣分	1. 在操作处理过程中，误操作一次扣 5 分			
	2. 因操作不当造成设备跳闸一次扣 10 分			
	3. 因操作失误，有可能造成设备损坏的一次扣 15 分			
	4. 若过热蒸汽温度或再热蒸汽温度在 10min 内骤降超过 50℃，若按紧急停机处理操作，按操作得分计算，最高不超过 60 分；不按紧急停机操作扣 30 分且最高得 50 分			
	5. 若操作处置不当发生 MFT，则以上操作最高得分 50 分			
合计得分				

行业：电力行业　　　　工种：发电集控值班员　　　　等级：技师

编号	Ce3O5015	考核时限	30min	题型	SG	题分	100 分
试题正文	单侧空气预热器跳闸			初始工况		满负荷；CCS 方式	
考核要求	1. 结合生产现场实际，在仿真机上单独进行操作考核。 2. 严格执行仿真机运行规程						
故障现象	1. 跳闸空气预热器（停转）报警发出，电流回零，空气预热器烟、风侧挡板全关。 2. 对应侧引、送风机联跳，报警发出，电流回零，跳闸引、送风机出口挡板自动关闭。 3. RB 首出为"空气预热器跳闸"。 4. RB 动作联跳对应制粉系统，机组负荷下降，CCS 切至 TF 方式。 5. 跳闸磨煤机出口挡板，冷热风调节挡板快关，热风隔绝门、入口隔绝门联关。 6. 总给煤量下降，锅炉汽温、汽压下降，炉膛负压波动，中间点温度下降（汽包水位波动）						
操作处理要点	1. 严格控制空气预热器入口烟温，防止发生空气预热器损坏及二次燃烧事故。 2. 严格控制水煤比、汽温、各管壁温度正常。 3. 调整燃烧，维持负压稳定，避免低氧燃烧。 4. 严格执行控制跳闸磨煤机出口温度，防止制粉系统爆炸。						

操作处理要点	5. 严密监视运行侧送风机、引风机电流，防止超出力运行。 6. 保证一次风压、风量，防止一次风管堵粉、磨煤机堵塞，防止一次风机抢风。 7. 空气预热器停转后无法启动，就地手动盘车，手动盘车前采取必要措施（切断电源、气源）。 8. 就地做好安全措施，联系检修处理，及时联系和汇报			
考核项目	考核内容	标准分	扣分依据	实际得分
观察判断能力	1. 跳闸空气预热器（停转）报警发出，电流回零，空气预热器烟、风侧挡板全关	5	未及时发现不得分	
	2. 对应侧引、送风机联跳，报警发出，电流回零，跳闸引、送风机出口挡板自动关闭	5	未及时发现不得分	
	3. 及时发现空气预热器跳闸，汇报值长	5	未及时发现减3分，未汇报减2分	
操作处理能力	4. 确认跳闸空气预热器烟风侧挡板自动关闭并手动摇严，送、引风机出口挡板自动关闭，监视运行空气预热器、送引风机电流不超限，风量、炉膛负压正常	10	未正确执行不得分	
	5. 根据燃烧情况投油（等离子）稳燃，煤油混燃通知电除尘、脱硫值班员	5	未正确执行不得分	
	6. 监视 RB 动作情况，检查相关制粉系统联动情况，RB 动作不正确时，及时手动干预，及时投入跳闸磨煤机消防蒸汽	5	少监视一项减1分，未投消防蒸汽减2分	
	7. 监视 CCS 切至 TF 方式，注意汽机高压调门关闭情况，汽压按照曲线跟踪，及时调整风量、汽温、中间点温度（汽包水位）、炉膛负压、一次风压正常	10	少监视一项减2分，少调整一项减3分	
	8. 严格控制跳闸空气预热器入口烟温，防止发生空气预热器损坏及二次燃烧事故	5	未正确执行不得分	

续表

考核项目	考核内容	标准分	扣分依据	实际得分
操作处理能力	9. 减负荷至 50%, 根据风量带负荷。调整其他运行磨煤机各项参数正常, 严禁超出力运行	5	未正确执行不得分	
	10. 就地检查空气预热器及断路器 (变频器), 分析跳闸原因, 通知检修处理, 同时提升扇形挡板进行就地手动盘车, 做好安全措施	10	未检查判断减 5 分, 未联系检修减 3 分, 未做措施扣 2 分	
	11. 检修结束后, 启动空气预热器、引、送风机, 确认 RB 复归, 恢复机组负荷	10	未正确执行不得分	
	12. 燃烧稳定后, 停止油枪(等离子), 加强尾部受热面吹灰	5	未正确执行减 2 分, 未执行吹灰减 3 分	
	13. 如锅炉 MFT, 按 MFT 处理	5	未正确执行不得分	
总结汇报能力	1. 现象描述全面	15	3	
	2. 故障判断准确		3	
	3. 处理思路清晰		6	
	4. 语言表达流畅		3	
重大操作失误扣分	1. 在操作处理过程中, 误操作一次扣 5 分			
	2. 因操作不当造成设备跳闸一次扣 10 分			
	3. 因操作失误, 有可能造成设备损坏的一次扣 15 分			
	4. 若过热蒸汽温度或再热蒸汽温度在 10min 内骤降超过 50℃, 若按紧急停机处理操作, 按操作得分计算, 最高不超过 60 分; 不按紧急停机操作扣 30 分且最高得 50 分			
	5. 若操作处置不当发生 MFT, 则以上操作最高分 50 分			
合计得分				

行业：电力行业　　　　工种：发电集控值班员　　　　等级：中级工

编号	Ce4O3016	考核时限	30min	题型		SG	题分		100 分
试题正文	凝结水再循环调门卡			初始工况			满负荷；CCS 方式		
考核要求	1. 结合生产现场实际，在仿真机上单独进行操作考核。 2. 严格执行仿真机运行规程								
故障现象	1. 凝结水流量较大。 2. 凝结水再循环阀开启								
操作处理要点	1. 将凝结水再循环阀切至手动。 2. 通知巡检就地核对凝结水再循环阀开度。 3. 通知巡检，就地关闭凝结水循环阀前后隔离阀。 4. 通知检修开票处理								

考核项目	考核内容	标准分	扣分依据	实际得分
观察判断能力	1. 检查发现凝结水流量较大	8		
	2. 进一步检查发现凝结水再循环阀开启，且有流量显示	8		
	3. 判断凝结水再循环阀故障开启并卡涩	8	判断 8 分	
	4. 检查发现凝结水流量较大	8		
操作处理能力	5. 立即将凝结水再循环阀撤至手动，手动关闭无效。恢复指令与反馈一致	10	每项各 5 分	
	6. 通知巡检就地核对凝结水循环阀开度	8	未执行不得分	
	7. 通知巡检，就地关闭凝结水循环阀前后隔离阀，确认凝结水再循环流量至 0	10		
	8. 汇报值长，通知检修开票处理	8	汇报 4 分，通知 4 分	

续表

考核项目	考核内容	标准分	扣分依据	实际得分
操作处理能力	9. 检查汽机本体参数瓦温、轴温、振动、轴移等正常，真空正常	6		
	10. 检查凝结水系统运行正常，除氧器水位正常，热井水位正常	6		
	11. 全面检查锅炉、汽机、电气侧主要参数在正常范围内	5		
总结汇报能力	1. 现象描述全面	15	3	
	2. 故障判断准确		3	
	3. 处理思路清晰		6	
	4. 语言表达流畅		3	
重大操作失误扣分	1. 在操作处理过程中，误操作一次扣 5 分			
	2. 因操作不当造成设备跳闸一次扣 10 分			
	3. 因操作失误，有可能造成设备损坏的一次扣 15 分			
	4. 若过热蒸汽温度或再热蒸汽温度在 10min 内骤降超过 50℃，若按紧急停机处理操作，按操作得分计算，最高不超过 60 分；不按紧急停机操作扣 30 分且最高得 50 分			
	5. 若操作处置不当发生 MFT，则以上操作最高得分 50 分			

行业：电力行业　　工种：发电集控值班员　　等级：中级工

编号	Ce4O2017	考核时限	30min	题型	SG	题分	100 分
试题正文	凝汽器底部放水阀误开			初始工况		满负荷；CCS 方式	
考核要求	1. 结合生产现场实际，在仿真机上单独进行操作考核。 2. 严格执行仿真机运行规程						
故障现象	1. 真空下降，机组负荷下降。 2. 凝结水流量突然增大						

操作处理要点	1. 根据真空下降情况，适当减负荷。 2. 联系巡检，就地检查真空相关管道及阀门。 3. 通知检修开票处理。 4. 关闭凝汽器底部放水阀			
考核项目	考核内容	标准分	扣分依据	实际得分
观察判断能力	1. 发现机组真空下降，低压缸排汽温度上升，机组负荷下降，煤量增加	8		
	2. 检查确认真空泵 A/B 运行正常，投运备用真空泵 C，严密监视真空值	8		
操作处理能力	3. 根据真空下降情况，适当减负荷。监视主、再热汽温正常	6	每项各 3 分	
	4. 联系巡检，就地检查真空相关管道及阀门	6	未联系不得分	
	5. 检查循环水系统，轴封系统，高低压旁路系统，疏水系统运行正常	4	每项各 1 分	
	6. 就地发现，凝汽器底部放水阀开启，手动关闭，无效	8		
	7. 判断凝汽器底部放水阀开启	6		
	8. 汇报值长，联系检修处理	6	汇报 3 分，联系 3 分	
	9. 检查确认小机 A/B 排汽压力、温度正常	4		
	10. 询问检修该阀处理情况	6		
	11. 关闭凝汽器底部放水阀，确认真空好转。停运真空泵 C，置热备	6		
	12. 通知化学化验热井水质	5		

续表

考核项目	考核内容	标准分	扣分依据		实际得分
操作处理能力	13. 逐步恢复机组负荷至额定值	6	＞580MW得满分,每少于10MW扣1分		
	14. 全面检查机、炉、电侧主要运行参数	6	每项各2分		
总结汇报能力	1. 现象描述全面	15	3		
	2. 故障判断准确		3		
	3. 处理思路清晰		6		
	4. 语言表达流畅		3		
重大操作失误扣分	1. 在操作处理过程中,误操作一次扣5分				
	2. 因操作不当造成设备跳闸一次扣10分				
	3. 因操作失误,有可能造成设备损坏的一次扣15分				
	4. 若过热蒸汽温度或再热蒸汽温度在10min内骤降超过50℃,若按紧急停机处理操作,按操作得分计算,最高不超过60分;不按紧急停机操作扣30分且最高得50分				
	5. 若操作处置不当发生MFT,则以上操作最高得分50分				

行业：电力行业　　　　工种：发电集控值班员　　　等级：技师

编号	Ce2O5018	考核时限	30min	题型	SG	题分	100 分
试题正文	2 号高压加热器管道泄漏+2 号高压加热器事故疏水阀全关卡涩			初始工况		满负荷;CCS 方式	
考核要求	1. 结合生产现场实际,在仿真机上单独进行操作考核。 2. 严格执行仿真机运行规程						

续表

故障现象	1．机组负荷下降。 2．主汽压下降，给水流量下降。 3．发现"2号高压加热器液位高"报警			
操作处理要点	1．立即手动开大2号高压加热器事故疏水阀。 2．联系巡检，就地核对2号高压加热器水位。 3．申请减负荷，准备手动解列高压加热器。 4．通知检修开票处理			

考核项目	考核内容	标准分	扣分依据	实际得分
观察判断能力	1．发现机组负荷下降，主汽压下降，给水流量下降。发现"2号高压加热器液位高"报警	4	每项1分	
	2．进一步检查，发现两台汽泵转速上升，进口流量上升，两台汽泵流量之和不正常大于省煤器进口流量	3	每项1分	
	3．检查发现2号高压加热器水位上升，正常疏水阀自动开大；检查3号高压加热器水位同步上升，正常疏水阀开大	4	每项1分	
	4．立即手动开大2号高压加热器事故疏水阀；发现指令反馈不一致，上下操作无效	4	每项2分	
操作处理能力	5．联系巡检，就地核对2号高压加热器水位；2号高压加热器正常及事故疏水阀实际开度	4	每项1分	
	6．进一步检查，发现2号高压加热器出水温度下降，疏水温度上升；判断为2号高压加热器管道泄漏	4	判断2分	
	7．汇报值长，申请减负荷	4	每项2分	
	8．准备手动解列高加，通知检修立即到场	2	未通知不得分	

考核项目	考核内容	标准分	扣分依据	实际得分
操作处理能力	9. 减负荷至 500MW, 控制给水流量及凝结水流量不超限	4	每项 1 分	
	10. 监视并调整给水偏置, 控制中间点温度及过热度, 配合过热器一、二级减温水, 控制主汽温度正常	2		
	11. 监视并调整尾部烟道调节挡板, 配合再热器减温水, 控制再热汽温正常	2		
	12. 撤出高压加热器汽侧运行, 撤出过程中严密监视主机本体参数(高低压差账、轴向位移、各轴承振动及轴承温度)正常, 监视各抽汽口金属温度	2	每项 0.5 分	
	13. 控制主机负荷不超限, 控制主再热压力不超限	2	解列时, 超负荷, 本项不得分	
	14. 若高压加热器保护动作自动解列	0	扣 10 分	
	15. 按照抽汽压力从高到低依次撤出, 点动关闭一抽电动隔离阀, 一抽逆止阀, 确认一抽管道疏水阀自动开启	4		
	16. 点动关闭二抽电动隔离阀, 二抽逆止阀, 确认二抽管道疏水阀自动开启	4		
	17. 点动关闭三抽电动隔离阀, 三抽逆止阀, 确认三抽管道疏水阀自动开启	4		
	18. 关闭高压加热器 1/2/3 连续排汽阀, 3 号高压加热器正常疏水至除氧器手动隔离阀。关注除氧器水位变化情况, 控制凝结水流量不超限	4		
	19. 确认汽侧已隔离, 将高压加热器切至旁路运行后; 关闭高压加热器出口电动隔离阀; 监视机组负荷及给水流量、压力变化情况	4		

续表

考核项目	考核内容	标准分	扣分依据	实际得分
操作处理能力	20．检查两台汽泵转速、进口流量下降，且流量之和与省煤器进口流量一致，确认隔离正确	2		
	21．因高压加热器隔离，给水温度下降，调整给水，关注过热度，控制主、再汽壁温度正常	2		
	22．开启各高压加热器事故疏水阀，把水放尽	4		
	23．检查主机真空正常，排汽温度正常	2		
	24．就地确认高压加热器注水一、二次阀关闭，关闭2号正常疏水阀前隔离阀，关闭2号高压加热器抽汽逆止阀后疏水门，挂"禁止操作"警告牌	3		
	25．令巡检切断各抽汽电动阀、高压加热器进出口电动阀电源，挂"禁止合闸"警告牌	3		
	26．开启2号高压加热器汽、水侧放水、放气阀，放水泄压后，通知检修开票处理2号高压加热器管道泄漏缺陷	2		
	27．汇报值长，高压加热器已隔离，机组参数稳定，申请恢复机组负荷	2		
	28．逐步恢复机组负荷	3		
	29．全面检查锅炉、汽机、电气侧主要参数在正常范围内	1		
总结汇报能力	1．现象描述全面	15	3	
	2．故障判断准确		3	
	3．处理思路清晰		6	
	4．语言表达流畅		3	

续表

考核项目	考核内容	标准分	扣分依据	实际得分
重大操作失误扣分	1. 在操作处理过程中，误操作一次扣 5 分			
	2. 因操作不当造成设备跳闸一次扣 10 分			
	3. 因操作失误，有可能造成设备损坏的一次扣 15 分			
	4. 若过热蒸汽温度或再热蒸汽温度在 10min 内骤降超过 50℃，若按紧急停机处理操作，按操作得分计算，最高不超过 60 分；不按紧急停机操作扣 30 分且最高得 50 分			
	5. 若操作处置不当发生 MFT，则以上操作最高得分 50 分			

行业：电力行业　　　工种：发电集控值班员　　　等级：高级工

编号	Ce3O4019	考核时限	30min	题型	SG	题分	100 分
试题正文	凝结水泵 A 性能下降			初始工况		满负荷；CCS 方式	
考核要求	1. 结合生产现场实际，在仿真机上单独进行操作考核。 2. 严格执行仿真机运行规程						
故障现象	1. 凝结水流量异常下降。 2. 除氧器水位下降。 3. 热井水位上升						
操作处理要点	1. 立即抢投凝节水泵 B。 2. 就地确认凝节水泵 A 6kV 断路器在分闸状态。 3. 切断凝节水泵 A 进、出口阀电源及变频器电源。 4. 通知检修开票处理						

考核项目	考核内容	标准分	扣分依据	实际得分
观察判断能力	1. 全面检查各主要画面参数，发现凝结水流量异常下降，除氧器水位下降，热井水位上升	4	每项 1 分	

考核项目	考核内容	标准分	扣分依据	实际得分
观察判断能力	2．进一步检查发现，凝节水泵 A 电流下降，出口压力下降，变频器频率上升。凝结水再循环阀自动开启，除氧器水位调节阀关闭	6	每项 1 分	
	3．立即抢投凝节水泵 B，确认电流正常，轴承温度及电动机线圈温度正常，出口阀自动开启。凝结水压力流量上升，除氧器水位回升	6	抢投 3 分，确认每项 1 分	
	4．检查两台凝节水泵并列运行，凝节水泵 A 电流明显低于凝节水泵 B；判断为凝节水泵 A 性能下降故障	6	检查 3，判断 3	
操作处理能力	5．联系巡检，就地检查凝节水泵 A：本体有无异常，有无异声、异味及过热现象，检查变频器运行是否正常，同时检查凝节水泵 B 运行情况	6	未执行不得分	
	6．汇报值长，申请停运凝节水泵 A	6	未执行不得分	
	7．确认凝节水泵 B 运行正常，停运凝节水泵变频器；确认变频器电流和凝节水泵 A 电流到 0，断开凝节水泵 A 高压侧断路器；确认出口阀自动关闭；通知巡检；检查就地无倒转；手动关闭进口阀	4	每项 1 分	
	8．检查凝结水各用户运行情况：真空正常，排汽温度正常；检查轴封减温水自动调节正常，轴封压力温度正常；检查疏扩器温度正常；检查前置泵密封水压力正常	4	每项 1 分	
	9．检查低加运行正常，水位正常；通知化学关注精处理装置运行情况	4	每项 1 分	
	10．检查主机本体高低压胀差正常，轴向位移正常，各轴振瓦振正常，各轴承金属温度正常	6	未执行不得分	

考核项目	考核内容	标准分	扣分依据	实际得分
操作处理能力	11. 检查各监视段抽汽压力、温度正常，各抽汽管道壁温正常，调节级压力正常	4	未执行不得分	
	12. 检查两台引风机自动调节正常，电流正常，炉膛压力正常；两台送风机自动调节正常，电流正常，总风量及炉膛氧量正常；两台一次风机自动调节正常，电流正常，一次风母管压力正常	6	每台风机检查各 1 分	
	13. 检查锅炉水冷壁、过热器、再热器各受热面金属壁温正常未超限	6	未执行不得分	
	14. 就地确认凝节水泵 A 6kV 断路器在分闸状态；将断路器改冷备，断开变频器上下隔离开关；验明无电后测绝缘；并记录，挂"禁止合闸"警告牌	5	未执行不得分	
	15. 关闭凝节水泵 A 机械密封水隔离阀，关闭抽真空隔离阀，挂"禁止操作"警告牌，切断进出口阀电源及变频器电源，挂"禁止合闸"警告牌	6	未执行不得分	
	16. 汇报值长，凝节水泵 A 已改检修，安措已做，通知检修办票处理	6	未执行不得分	
总结汇报能力	1. 现象描述全面	15	3	
	2. 故障判断准确		3	
	3. 处理思路清晰		6	
	4. 语言表达流畅		3	
重大操作失误扣分	1. 在操作处理过程中，误操作一次扣 5 分			
	2. 因操作不当造成设备跳闸一次扣 10 分			
	3. 因操作失误，有可能造成设备损坏的一次扣 15 分			
	4. 若过热蒸汽温度或再热蒸汽温度在 10min 内骤降超过 50℃，若按紧急停机处理操作，按操作得分计算，最高不超过 60 分；不按紧急停机操作扣 30 分且最高得分 50 分			
	5. 若操作处置不当发生 MFT，则以上操作最高得分 50 分			

行业：电力行业　　　　工种：发电集控值班员　　　　等级：高级工

编号	Ce3O4020	考核时限	30min	题型		SG	题分	100 分
试题正文	闭式水冷却器 A 泄漏			初始工况			满负荷；CCS 方式	
考核要求	1. 结合生产现场实际，在仿真机上单独进行操作考核。 2. 严格执行仿真机运行规程							
故障现象	1. 发现闭式水膨胀水箱水位下降。 2. 补水阀自动开启。 3. 闭式水母管压力下降							
操作处理要点	1. 切换闭式水冷却器 B 运行。 2. 隔离闭式水冷却器 A。 3. 联系检修处理							

考核项目	考核内容	标准分	扣分依据	实际得分
观察判断能力	1. 检查发现运行闭式水泵出口压力及母管压力下降	4	每项 2 分	
	2. 检查发现闭式膨胀水箱水位下降，补水阀自动开启	4	每项 2 分	
	3. 联系巡检，就地核对闭式水箱水位，检查闭式水系统有无泄漏，阀门有无误开	6	每项 2 分	
	4. 初步判断为闭式水冷器 A 泄漏	6		
操作处理能力	5. 汇报值长，申请切换闭式水冷器 B 运行	6	汇报分	
	6. 对闭式水冷器 B 注水放气	6	未执行不得分	
	7. 开启开式水侧进出口电动阀	6		
	8. 开启闭式水侧进出口电动阀	6		
	9. 严密关注开式水、闭式水母管压力、温度变化	6		

续表

考核项目	考核内容	标准分	扣分依据	实际得分
操作处理能力	10．关闭闭式水冷器 A 的闭式水侧进、出口阀	6	每项 3 分	
	11．关闭闭式水冷器 A 的开式水侧进、出口阀	6		
	12．汇报值长，闭式水冷器 A 已转检修，安措已做，通知检修办票处理	6		
	13．全面检查锅炉水冷壁、过热器、再热器壁温正常	4	未执行不得分	
	14．全面检查汽机本体参数瓦温、轴温、振动、轴移等正常；真空正常	5	未执行不得分	
	15．全面检查除氧器水位、热井水位、高、低加水位正常	4	未执行不得分	
	16．全面检查机、炉、电各相关主要参数正常	4		
总结汇报能力	1．现象描述全面	15	3	
	2．故障判断准确		3	
	3．处理思路清晰		6	
	4．语言表达流畅		3	
重大操作失误扣分	1．在操作处理过程中，误操作一次扣 5 分			
	2．因操作不当造成设备跳闸一次扣 10 分			
	3．因操作失误，有可能造成设备损坏的一次扣 15 分			
	4．若过热蒸汽温度或再热蒸汽温度在 10min 内骤降超过 50℃，若按紧急停机处理操作，按操作得分计算，最高不超过 60 分；不按紧急停机操作扣 30 分且最高得 50 分			
	5．若操作处置不当发生 MFT，则以上操作最高得分 50 分			

行业：电力行业　　　　工种：发电集控值班员　　　　等级：技师

编号	Ce2O5021	考核时限	30min	题型	SG	题分	100 分
试题正文	汽动给水泵 A 入口侧轴承磨损			初始工况		满负荷；CCS 方式	

考核要求	1. 结合生产现场实际，在仿真机上单独进行操作考核。 2. 严格执行仿真机运行规程
故障现象	1. 发现汽动给水泵 A 1 号、2 号轴承振动异常上升。 2. 发现汽动给水泵 A 入口侧轴承金属温度快速上升。 3. 发现"汽动给水泵 A 轴承振动大"报警
操作处理要点	1. 申请快速减负荷。 2. 联系巡检，就地对汽动给水泵 A 入口侧轴承进行听声测温测振，检查轴承润滑油供回油情况。 3. 令巡检切断相关电动阀电源，挂"禁止合闸"警告牌。 4. 通知检修开票处理

考核项目	考核内容	标准分	扣分依据	实际得分
观察判断能力	1. 全面检查机组参数，发现"汽动给水泵 A 轴承振动大"报警	2	每项 1 分	
	2. 检查发现汽动给水泵 A 1 号、2 号轴承振动异常上升，轴向位移正常，检查汽动给水泵 A 入口侧轴承金属温度快速上升，检查出口侧轴承金属温度正常	2		
	3. 检查汽动给水泵 A 润滑油压、油温正常，立即抢投备用主油泵 B 加强润滑	2	抢投 1 分，检查 1 分	
	4. 检查汽动给水泵 A 转速/流量正常，出力未超限	2		
操作处理能力	5. 汇报值长，汽动给水泵 A 入口侧轴承温度、振动快速上升，申请快速减负荷，通知检修到场	4	申请、通知各 2 分	
	6. 联系巡检，至就地对汽动给水泵 A 入口侧轴承进行听声测温测振，检查轴承润滑油供回油情况	2	未执行不得分	

考核项目	考核内容	标准分	扣分依据	实际得分
操作处理能力	7．将汽动给水泵 A 切至手动，降低汽动给水泵 A 转速；确认转速/流量下降	2	每项 2 分	
	8．检查汽动给水泵 B 自动调节正常，转速/流量上升未超限，汽动给水泵 B 本体轴承温度、振动、轴向位移等参数正常	2	每项 1 分	
	9．严密监视汽动给水泵 A 轴承温度振动变化情况；做好汽动给水泵 A 跳闸的事故预想	2	每项 1 分	
	10．检查动给水 A 进/出口压力正常，汽动给水泵 A 密封水温度正常	2	未执行不得分	
	11．检查汽动给水泵小汽轮机 A 中/低压汽源压力、温度正常；汽动给水泵小汽轮机 A 轴封压力、温度正常；真空正常，排汽温度正常；汽动给水泵小汽轮机 A 调门开度正常，无晃动	2	未执行不得分	
	12．经降负荷，转移出力后，汽动给水泵 A 入口侧轴承温度仍明显高于正常值，且就地检查有异声；判断为汽动给水泵 A 入口侧轴承磨损故障	2	检查、判断 1 分	
	13．汇报值长，申请紧急停运汽动给水泵 A	2	未执行不得分	
	14．手动跳闸汽动给水泵小汽轮机 A；确认汽动给水泵小汽轮机 A 中/低压主汽门调门关闭，转速下降，待转速到 30r/min 后确认盘车自投（口述）	2	未执行不得分	
	15．严密监视汽动给水泵 A 惰走期间入口侧轴承温度、振动变化情况，记录惰走时间（口述）	2	未执行不得分	

续表

考核项目	考核内容	标准分	扣分依据	实际得分
操作处理能力	16. 检查汽动给水泵 A 出口电动阀及中间抽头电动阀自动关闭，再循环阀自动全开；确认汽动给水泵 B 运行正常，轴承温度、振动、轴向位移等参数正常	2		
	17. 确认汽动给水泵小汽轮机 A 相关疏水阀自动开启；关闭汽动给水泵小汽轮机 A 中/低压进汽电动隔离阀	2		
	18. 关闭汽动给水泵小汽轮机 A 本体各疏水阀及排汽蝶阀，加速停机	2		
	19. 待真空到零后，隔离轴封	2		
	20. 检查主汽轮机真空正常，排汽温度正常	2		
	21. 检查热井水位正常，凝节水泵 A 运行正常，凝结水流量正常，除氧器水位正常	2		
	22. 检查主汽轮机轴封母管压力、温度正常	2		
	23. 检查高压加热器水位正常，低压加热器水位正常	2		
	24. 检查发电机氢温正常，主汽轮机油温、汽动给水泵小汽轮机油温正常	2		
	25. 检查主汽轮机本体高低压胀差正常，轴向位移正常，各轴振瓦振正常，各轴承金属温度正常	2		
	26. 检查水冷壁，过热器，再热器各受热面金属壁温正常	2		
	27. 检查发现脱硝已撤出运行，汇报值长，联系当地环保部门；通知灰硫加强关注电除尘、脱硫系统运行，控制环保参数不超限	4		

续表

考核项目	考核内容	标准分	扣分依据	实际得分
操作处理能力	28．停运汽动给水泵 A 前置泵，关闭前置泵进口阀	3		
	29．将前置泵电源断路器改为冷备	3		
	30．关闭抗燃油至汽动给水泵小汽轮机 A 供油手动阀	2		
	31．关闭辅汽至汽动给水泵小汽轮机 A 手动隔离阀	3		
	32．确认真空已到零；关闭汽动给水泵小汽轮机 A 轴封供回汽隔离阀	3		
	33．转速到零后，关闭汽动给水泵 A 密封水隔离阀；关闭汽动给水泵 A 再循环阀前手动隔离阀	3		
	34．令巡检切断相关电动阀电源，挂"禁止合闸"警告牌；在相应手动阀上，挂"禁止操作"警告牌	3		
	35．待条件满足后，停运盘车及油系统并切断电源（口述）	2		
	36．确认汽动给水泵组 A 已隔离；汇报值长，通知检修办票处理	3		
	37．全面检查锅炉、汽机、电气侧主要参数在正常范围内	2		
总结汇报能力	1．现象描述全面	15	3	
	2．故障判断准确		3	
	3．处理思路清晰		6	
	4．语言表达流畅		3	

续表

考核项目	考核内容	标准分	扣分依据	实际得分
重大操作失误扣分	1. 在操作处理过程中，误操作一次扣 5 分			
	2. 因操作不当造成设备跳闸一次扣 10 分			
	3. 因操作失误，有可能造成设备损坏的一次扣 15 分			
	4. 若过热蒸汽温度或再热蒸汽温度在 10min 内骤降超过 50℃，若按紧急停机处理操作，按操作得分计算，最高不超过 60 分；不按紧急停机操作扣 30 分且最高得 50 分			
	5. 若操作处置不当发生 MFT，则以上操作最高得分 50 分			

行业：电力行业　　　　工种：发电集控值班员　　　　等级：中级工

编号	Ce4O2022	考核时限	30min	题型	SG	题分	100 分
试题正文	B 汽动给水泵小汽轮机润滑油 A 滤油器堵			初始工况		满负荷；CCS 方式	
考核要求	1. 结合生产现场实际，在仿真机上单独进行操作考核。2. 严格执行仿真机运行规程						
故障现象	1. 发现 B 汽动给水泵小汽轮机润滑油压力下降。2. 发现 B 汽动给水泵小汽轮机 A 主油泵电流下降。3. 发现 B 汽动给水泵小汽轮机轴承回油温度上升						
操作处理要点	1. 判断为 B 汽动给水泵小汽轮机润滑油 A 滤油器堵。2. 迅速启动 B 汽动给水泵小汽轮机 B 主油泵。3. 将 A 滤油器切换至 B 滤油器运行。4. 通知检修开票处理						

考核项目	考核内容	标准分	扣分依据	实际得分
观察判断能力	1. 检查发现 B 小机润滑油压力下降，B 小机 A 主油泵电流下降	6		
	2. 发现 B 小机轴承回油温度上升	6		
	3. 发现 B 小机润滑油箱油位正常	6		
	4. 根据以上现象判断为 B 小机润滑油 A 滤油器堵	7	判断错误不得分	

续表

考核项目	考核内容	标准分	扣分依据		实际得分
操作处理能力	5. 汇报值长,准备启动 B 小机 B 主油泵	6	未执行不得分		
	6. 迅速到就地开启 B 小机润滑油 B 滤油器注油门和放空气门,注油完毕后关闭注油门和放空气门(可口述)	6			
	7. 迅速启动 B 小机 B 主油泵,检查 B 小机 B 主油泵启动后电流正常,两台油泵电流无偏差	6			
	8. 将 A 滤油器切换至 B 滤油器运行	6			
	9. 检查 B 小机润滑油压力恢复正常,回油温度下降	6			
	10. 停运 B 小机 B 主油泵,投入连锁备用	8	未执行不得分		
	11. 在 B 小机润滑油滤油器切换阀上挂"禁止操作"警示牌	8	未执行不得分		
	12. 确认设备已隔离;汇报值长。联系检修清理 B 小机 A 滤油器	8			
	13. 全面检查锅炉、汽机、电气侧主要参数在正常范围内	6			
总结汇报能力	1. 现象描述全面	15	3		
	2. 故障判断准确		3		
	3. 处理思路清晰		6		
	4. 语言表达流畅		3		
重大操作失误扣分	1. 在操作处理过程中,误操作一次扣 5 分				
	2. 因操作不当造成设备跳闸一次扣 10 分				
	3. 因操作失误,有可能造成设备损坏的一次扣 15 分				

续表

考核项目	考核内容	标准分	扣分依据	实际得分
重大操作失误扣分	4. 若过热蒸汽温度或再热蒸汽温度在 10min 内骤降超过 50℃，若按紧急停机处理操作，按操作得分计算，最高不超过 60 分；不按紧急停机操作扣 30 分且最高得分 50 分			
	5. 若操作处置不当发生 MFT，则以上操作最高得分 50 分			

行业：电力行业　　　　**工种：发电集控值班员**　　　　**等级：技师**

编号	Ce2O5023	考核时限	30min	题型	SG	题分	100 分
试题正文	汽动给水泵 A 性能下降			初始工况		满负荷；CCS 方式	
考核要求	1. 结合生产现场实际，在仿真机上单独进行操作考核。2. 严格执行仿真机运行规程						
故障现象	1. 发现汽动给水泵 A 流量下降。2. 发现汽动给水泵 A 前置泵电流下降。3. 汽动给水泵 A、B 流量偏差增大						
操作处理要点	1. 申请降低机组负荷。2. 并做好汽动给水泵 A 退出准备。3. 令巡检切断相关电动阀电源，挂"禁止合闸"警告牌。4. 通知检修开票处理						

考核项目	考核内容	标准分	扣分依据	实际得分
观察判断能力	1. 监盘发现：汽动给水泵 A 流量下降，汽动给水泵 A 前置泵电流下降	4		
	2. 两台汽动给水泵转速自动上升，汽动给水泵 A、B 流量偏差增大	4	每项 1 分	
	3. 机组负荷下降，过、再热汽温上升	4		
	4. 根据现象判断汽动给水泵 A 性能下降故障	4		

考核项目	考核内容	标准分	扣分依据	实际得分
操作处理能力	5. 汇报值长：汽动给水泵 A 性能下降，申请降低机组负荷	4	申请、汇报各 2 分	
	6. 并做好汽动给水泵 A 退出准备	4	未执行不得分	
	7. 迅速降低机组负荷指令，快速降低机组负荷，尽力维持水煤比在正常范围	4	每项 2 分	
	8. 将汽动给水泵 A 转速调切手动，注意汽动给水泵 B 转速调节正常，汽动给水泵 B 出力自动加大	2	每项 1 分	
	9. 减负荷过程加强监视水煤比，配合过热蒸汽减温水，维持过热度正常，维持主汽温度正常	2	每项 1 分	
	10. 确认尾部烟道调节挡板动作正常，确认再热蒸汽减温水阀动作正常，维持再热汽温度正常	2	未执行不得分	
	11. 严密监视汽动给水泵 B 出力不超限，监视汽动给水泵小汽轮机及 B 汽动给水泵的本体参数正常。检查确认汽动给水泵小汽轮机 B 油温、油压正常	3	未执行不得分	
	12. 汇报值长：汽动给水泵 A 性能下降严重，申请退出汽动给水泵 A 运行	4	检查、判断1分	
	13. 降低机组负荷至 300～330MW 之间，将汽动给水泵 A 给水负荷完全转移至汽动给水泵 B。根据火检情况投入油枪稳燃，投运空气预热器连续吹灰，通知除灰、脱硫、脱硝岗位调整环保参数正常	4	未执行不得分	
	14. 手动打闸汽动给水泵 A，检查汽动给水泵 B 自动调节正常	4	未执行不得分	

考核项目	考核内容	标准分	扣分依据	实际得分
操作处理能力	15．确认 A 汽动给水泵小汽轮机速关阀、调节阀关闭，转速下降；关闭其高、低压汽源进汽门；关闭汽动给水泵 A 出口电动门；关闭中间抽头门；检查汽动给水泵小汽轮机 A 各主汽门疏水门打开	4	未执行不得分	
	16.监视跳闸后 A 汽动给水泵小汽轮机转速下降情况，转速小于 30r/min 以下时，确认盘车装置自投。否则，手动投运（因惰走时间问题，可口述）	4		
	17.关闭汽动给水泵小汽轮机 A 排汽蝶阀，确认 A 汽动给水泵小汽轮机真空下降，真空到零，关闭 A 汽动给水泵小汽轮机轴封供汽门，退轴封（因惰走时间问题，可口述）	4		
	18.停运汽动给水泵前置泵 A，关闭前置泵 A 进口阀、再循环调整门，并将相关阀门挂警告牌（因惰走时间问题，可口述）	4		
	19．关闭辅汽至汽动给水泵 A 用汽手动门，退出汽动给水泵 A、前置泵 A 密封水冷却水，开启放水放空气门，适时停运汽动给水泵 A 油系统（可口述）等	4		
	20．汇报值长，汽动给水泵 A 隔离措施已做好，联系检修处理	4		
	21．检查确认汽机本体参数瓦温、轴温、振动、轴向位移等正常，凝汽器真空正常	4		
	22．确认凝结水系统运行正常，除氧器水位正常，凝汽器热井水位正常	4		
	23．机组负荷稳定在 300～330MW 之间，全面调整、检查机组运行参数正常	4		

续表

考核项目	考核内容	标准分	扣分依据	实际得分
总结汇报能力	1. 现象描述全面	15	3	
	2. 故障判断准确		3	
	3. 处理思路清晰		6	
	4. 语言表达流畅		3	
重大操作失误扣分	1. 在操作处理过程中,误操作一次扣5分			
	2. 因操作不当造成设备跳闸一次扣10分			
	3. 因操作失误,有可能造成设备损坏的一次扣15分			
	4. 若过热蒸汽温度或再热蒸汽温度在10min内骤降超过50℃,若按紧急停机处理操作,按操作得分计算,最高不超过60分;不按紧急停机操作扣30分且最高得50分			
	5. 若操作处置不当发生MFT,则以上操作最高得分50分			

行业:电力行业　　工种:发电集控值班员　　等级:中级工

编号	Ce4O2024	考核时限	30min	题型	SG	题分	100分
试题正文	2号高压加热器疏水调整门故障			初始工况		满负荷;CCS方式	
考核要求	1. 结合生产现场实际,在仿真机上单独进行操作考核。 2. 严格执行仿真机运行规程						
故障现象	1. 2号高压加热器水位上升。 2. 2号高压加热器正常疏水调门故障报警并关闭。 3. 2号高压加热器正常疏水调门指令与反馈不一致						
操作处理要点	1. 关闭2号高压加热器正常疏水调门前后手动门隔离处理。 2. 将2号高压加热器正常疏水调整门停电、断气。 3. 通知检修开票处理。 4. 监视调整其他各高压加热器水位正常						

考核项目	考核内容	标准分	扣分依据	实际得分
观察判断能力	1. 检查发现 2 号高压加热器水位上升，3 号高压加热器水位下降	6		
	2. 2 号高压加热器正常疏水调门故障报警并关闭，指令反馈不一致	8		
	3. 检查 2 号高压加热器事故疏水调门自动开启，否则立即手动开启，并调整 2 号高压加热器液位正常	8		
	4. 检查疏扩温度情况并检查疏扩减温水门是否开启	6		
操作处理能力	5. 解除 2 号高压加热器正常疏水调门自动，手动活动无效	8		
	6. 判断为 2 号高压加热器正常疏水调门误关，汇报值长	8	判断、汇报各4分	
	7. 将 2 号高压加热器正常疏水调门指令与反馈置为一致	8		
	8. 派人就地对 2 号高压加热器正常疏水调门进行全面检查，执行机构有无明显异常	6		
	9. 检查正常调整门电源、气源是否正常	6		
	10. 关闭 2 号高压加热器正常疏水调门前后手动门，隔离过程中注意事故疏水调门调整情况、监视调整好高压加热器水位	8	未执行不得分	
	11. 将 2 号高压加热器正常疏水调整门停电、断气，挂好标志牌，联系检修上票处理	6	未执行不得分	
	12. 注意并监视调整其他各高压加热器水位正常	7		

续表

考核项目	考核内容	标准分	扣分依据		实际得分
总结汇报能力	1. 现象描述全面	15	3		
	2. 故障判断准确		3		
	3. 处理思路清晰		6		
	4. 语言表达流畅		3		
重大操作失误扣分	1. 在操作处理过程中,误操作一次扣5分				
	2. 因操作不当造成设备跳闸一次扣10分				
	3. 因操作失误,有可能造成设备损坏的一次扣15分				
	4. 若过热蒸汽温度或再热蒸汽温度在10min内骤降超过50℃,若按紧急停机处理操作,按操作得分计算,最高不超过60分;不按紧急停机操作扣30分且最高得50分				
	5. 若操作处置不当发生MFT,则以上操作最高得分50分				

行业:电力行业　　工种:发电集控值班员　　等级:高级工

编号	Ce3O4025	考核时限	30min	题型	SG	题分	100分
试题正文	凝结水泵A进口滤网堵			初始工况		满负荷;CCS方式	
考核要求	1. 结合生产现场实际,在仿真机上单独进行操作考核。 2. 严格执行仿真机运行规程						
故障现象	1. 发现"凝结水泵A入口滤网差压高"光字牌报警。 2. 发现凝结水泵A电流晃动并下降,出口压力晃动并下降。 3. 发现凝结水流量下降,凝汽器液位上升,除氧器液位下降						
操作处理要点	1. 确认凝结水泵A进口滤网堵,启动备用泵。 2. 凝结水泵A停电并隔离。 3. 做好安措,联系检修处理。 4. 调整除氧器凝汽器水位正常						

考核项目	考核内容	标准分	扣分依据	实际得分
观察判断能力	1. 发现"凝结水泵 A 入口滤网差压高"光字牌报警	6		
	2. 发现凝结水泵 A 入口滤网差压增大,凝结水泵 A 电流晃动并下降;出口压力晃动并下降,凝结水流量下降	6	每项 1.5 分	
	3. 检查凝汽器水位上升,除氧器水位下降	4		
	4. 汇报裁判,判断为凝结水泵 A 进口滤网堵	6	申请、通知各 3 分	
操作处理能力	5. 通知化学,启动凝结水泵 B 运行(凝结水出水母管压力降至 1.7MPa 时,备用 B 泵应自启)	6		
	6. 检查凝结水泵 B 电流正常、温度正常;各轴承温度、绕组温度正常,就地运行正常	4	未执行不得分	
	7. 关闭凝结水泵 A 输出转速调节器,远程停止变频器运行	6	每项 2 分	
	8. 检查凝结水泵 A 电流到 0,停止凝结水泵 A 运行,检查出口门联关正常,否则手动关闭;就地检查泵不倒转	6	每项 1 分	
	9. 检查凝结水母管压力、流量正常,各凝结水用户运行正常;检查调整除氧器、凝汽器水位恢复正常	4	每项 1 分	
	10. 解除连锁,凝结水泵 A 挂禁操并转冷备	5	未执行不得分	
	11. 关闭凝结水泵 A 进口电动门,挂禁操停电	4	未执行不得分	
	12. 关闭凝结水泵 A 抽空气门,关闭凝结水泵 A 机械密封冷却水进水手动门,监视机组真空正常	4	检查、判断 1 分	

考核项目	考核内容	标准分	扣分依据		实际得分
操作处理能力	13．关闭凝结水泵 A 机械密封水进、回水手动门	4	未执行不得分		
	14．打开凝结水泵 A 进口滤网放水、放空气门，加强机组真空监视，待无水后联系检修上票处理（口述）	4	未执行不得分		
	15．检查引、送、一次风机运行正常，电流正常；炉膛负压、氧量、一次风母管压力自动调节正常	4	未执行不得分		
	16．负荷变化过程中注意加强对锅炉各受热面壁温监视调整，控制不超限	4			
	17．处理过程中注意调整高、低压加热器、除氧器、凝汽器水位正常，凝结水补水箱水位正常	4			
	18．检查机组 TSI 参数，轴承振动、温度、轴向位移、差胀等参数正常；电气各参数正常	4			
总结汇报能力	1．现象描述全面	15	3		
	2．故障判断准确		3		
	3．处理思路清晰		6		
	4．语言表达流畅		3		
重大操作失误扣分	1．在操作处理过程中，误操作一次扣 5 分				
	2．因操作不当造成设备跳闸一次扣 10 分				
	3．因操作失误，有可能造成设备损坏的一次扣 15 分				
	4．若过热蒸汽温度或再热蒸汽温度在 10min 内骤降超过 50℃，若按紧急停机处理操作，按操作得分计算，最高不超过 60 分；不按紧急停机操作扣 30 分且最高得 50 分				
	5．若操作处置不当发生 MFT，则以上操作最高得分 50 分				

行业：电力行业　　　　工种：发电集控值班员　　　　等级：高级工

编号	Ce3O4026	考核时限	30min	题型	SG	题分	100分
试题正文	凝汽器漏真空，热井水位主调节阀卡涩			初始工况		满负荷；CCS方式	

考核要求	1. 结合生产现场实际，在仿真机上单独进行操作考核。 2. 严格执行仿真机运行规程
故障现象	1. 真空下降，排汽温度上升。 2. 凝汽器水位上升。 3. 机组负荷下降，煤量增加
操作处理要点	1. 立即启动备用真空泵。 2. 快速降低负荷（必要时紧急停磨），以真空值带负荷。 3. 通知检修开票处理。 4. 恢复机组负荷

考核项目	考核内容	标准分	扣分依据	实际得分
观察判断能力	1. 监盘发现机组真空下降，排汽温度上升	4		
	2. 检查发现凝汽器水位上升	4		
	3. 机组负荷下降，煤量增加	4		
	4. 初步判断凝汽器漏真空	6	未判断不得分	
操作处理能力	5. 核对排汽温度上升，立即启动备用真空泵	4		
	6. 申请快速降低负荷（必要时紧急停磨），以真空值带负荷	6	未执行不得分	
	7. 汇报值长，通知检修人员到位	4		
	8. 检查影响真空系统的原因（循环水系统，轴封系统，高低压旁路系统，真空泵系统，疏水系统，水封系统）	4		
	9. 初步判断凝汽器漏真空，立即通知巡检同检修人员就地执行真空系统查漏检查（检修人员回复真空泄漏）	4		

续表

考核项目	考核内容	标准分	扣分依据	实际得分
操作处理能力	10. 严密监视汽泵运行情况，监视机组真空及排汽温度变化情况，注意后缸喷水动作情况	4	未执行不得分	
	11. 检查中应及时发现凝结水画面发现热井水位继续上升，进一步检查发现热井水位主调节阀有流量显示。检查热井水位主调节阀指令与反馈不对应	4	未执行不得分	
	12. 立即将热井水位主调节阀切至手动，手动关闭无效。恢复指令与反馈一致。判断漏真空同时热井水位主调节阀卡涩。汇报值长，通知检修人员到位。通知巡检就地检查	5		
	13. 确认热井水位旁路调节阀关闭，严密监视凝汽器热井水位变化情况，加强监视真空及排汽温度，凝结水温度变化情况	4	未执行不得分	
	14. 通知巡检就地关闭热井水位主调节阀前后隔离阀，确认补水流量至 0。检查凝结水系统运行正常。检查热井水位，真空及排汽温度，凝结水温度均正常	4	未执行不得分	
	15. 汇报值长，通知检修开票处理	4	未执行不得分	
	16. 严密监视主机相关参数	4		
	17. 询问就地处理情况。故障已隔离，确认真空恢复正常，汇报值长，通知检修处理	4		
	18. 汇报值长，申请恢复机组负荷	4		
	19. 全面检查机炉侧运行参数正常	4		

续表

考核项目	考核内容	标准分	扣分依据		实际得分
操作处理能力	20. 若真空下降较快,达到保护动作值时,确认机组跳闸,做好相关确认工作(注意确认高压、低压旁路关闭,关闭主再汽管道至凝汽器所有疏水阀门)	4			
总结汇报能力	1. 现象描述全面	15	3		
	2. 故障判断准确		3		
	3. 处理思路清晰		6		
	4. 语言表达流畅		3		
重大操作失误扣分	1. 在操作处理过程中,误操作一次扣 5 分				
	2. 因操作不当造成设备跳闸一次扣 10 分				
	3. 因操作失误,有可能造成设备损坏的一次扣 15 分				
	4. 若过热蒸汽温度或再热蒸汽温度在 10min 内骤降超过 50℃,若按紧急停机处理操作,按操作得分计算,最高不超过 60 分;不按紧急停机操作扣 30 分且最高得 50 分				
	5. 若操作处置不当发生 MFT,则以上操作最高得分 50 分				

行业:电力行业　　**工种:发电集控值班员**　　**等级:高级工**

编号	Ce3O4027	考核时限	30min	题型	SG	题分	100 分
试题正文	5 号低加排水电动门误开			初始工况		满负荷;CCS 方式	
考核要求	1. 结合生产现场实际,在仿真机上单独进行操作考核。 2. 严格执行仿真机运行规程						
故障现象	1. 发现凝汽器水位下降。 2. 发现除氧器水位下降。 3. 发现凝汽器补水门自动开大,发现凝结水母管压力降低						

续表

操作处理要点	1. 确认 5 号低压加热器排水电动门开启。 2. 就地关闭 5 号低压加热器排水电动门。 3. 做好安措，联系检修处理。 4. 调整除氧器凝汽器水位正常			
考核项目	考核内容	标准分	扣分依据	实际得分
观察判断能力	1. 监盘发现凝汽器水位下降，发现除氧器水位下降	6		
	2. 发现凝汽器补水门自动开大	4		
	3. 发现除氧器水位调节阀自动开大	5		
	4. 发现 5 号低加出口流量下降，温度下降。发现凝结水母管压力降低	6	未发现不得分	
操作处理能力	5. 联系巡检，就地核对凝汽器水位显示正常（口述）	4		
	6. 联系巡检，就地核对除氧器水位显示正常（口述）	4	未执行不得分	
	7. 检查凝汽器补水阀全开	5		
	8. 检查凝结水最小流量再循环调节阀全关	5		
	9. 检查凝汽器水位调节阀关闭	5		
	10. 检查发现运行凝泵入口差压，电流，电动机线圈温度，电动机轴承及推力轴承温度上涨	6	未执行不得分	
	11. 检查除氧器水位调节阀开大	6		
	12. 检查发现 5 号低加排水电动门就地全开	6	未发现不得分	
	13. DCS 尝试关闭 5 号低加排水电动门，无效	6	未执行不得分	
	14. 就地关闭 5 号低加排水电动门	6	未执行不得分	

续表

考核项目	考核内容	标准分	扣分依据		实际得分
操作处理能力	15. 检查机组 TSI 参数，轴承振动、温度、轴向位移、差胀等参数正常；电气各参数正常	6	未执行不得分		
	16. 汇报，事故处理完毕	5	未汇报不得分		
总结汇报能力	1. 现象描述全面	15	3		
	2. 故障判断准确		3		
	3. 处理思路清晰		6		
	4. 语言表达流畅		3		
重大操作失误扣分	1. 在操作处理过程中，误操作一次扣 5 分				
	2. 因操作不当造成设备跳闸一次扣 10 分				
	3. 因操作失误，有可能造成设备损坏的一次扣 15 分				
	4. 若过热蒸汽温度或再热蒸汽温度在 10min 内骤降超过 50℃，若按紧急停机处理操作，按操作得分计算，最高不超过 60 分；不按紧急停机操作扣 30 分且最高得 50 分				
	5. 若操作处置不当发生 MFT，则以上操作最高得分 50 分				

行业：电力行业　　　工种：发电集控值班员　　　等级：中级工

编号	Ce4O3028	考核时限	30min	题型	SG	题分	100 分
试题正文	5 号低压加热器泄漏			初始工况		满负荷；CCS 方式	
考核要求	1. 结合生产现场实际，在仿真机上单独进行操作考核。 2. 严格执行仿真机运行规程						
故障现象	1. 凝结水流量增加。 2. 负荷下降，凝汽器水位下降。 3. 5 号低压加热器水位上升。 4. 5 号低压加热器正常疏水调节阀开大，事故疏水调节阀开启						

续表

操作处理要点	1. 开启 5 号低压加热器事故疏水阀,控制好 5 号低压加热器水位。 2. 停止 5 号低压加热器汽、水侧运行。 3. 做好安措,联系检修处理。 4. 修复后,恢复 5 号低压加热器运行			
考核项目	考核内容	标准分	扣分依据	实际得分
观察判断能力	1. 检查凝结水画面发现凝结水流量增加,A 凝结水泵电流增加,出口压力下降,凝汽器水位调节阀自动开大	6		
	2. 发现凝结水流量与除氧器进口流量不匹配	6		
	3. 检查画面发现 5 号低压加热器水位上升,正常疏水调节阀开大,事故疏水调节阀开启。检查事故疏水扩容器温度正常	6		
	4. 汇报值长,通知检修人员到位。通知巡检就地核对 5 号低压加热器水位	6	汇报、通知各 3 分	
操作处理能力	5. 开启 5 号低压加热器事故疏水阀,控制好 5 号低压加热器水位	6		
	6. 发现 5 号低压加热器出口水温下降,端差增大,疏水温度下降。判断 5 号低压加热器水侧有泄漏现象	6	未执行不得分	
	7. 立即减少机组煤量,适当减负荷,保证凝泵不超流量	6		
	8. 汇报值长,停止 5 号低压加热器汽侧运行,关闭抽汽电动门和抽汽逆止门,开启管道疏水阀	6		
	9. 停止 5 号低压加热器水侧,开启 5 号低压加热器水侧旁路电动门,依次关闭入口电动门、出口电动门;检查凝结水流量与除氧器进口流量不匹配	6		

考核项目	考核内容	标准分	扣分依据	实际得分
操作处理能力	10. 如处理不及时，低压加热器水位高保护动作导致低加退出	0	扣 15 分	
	11. 对停运的 5 号低压加热器进行放水、消压、并做隔离措施，确保低压加热器无水、无压后方可开工	5	未执行不得分	
	12. 低压加热器退出运行后，由于给水温度下降，要调整燃烧和煤水比控制好主、再汽温度。检查相关参数（磨煤机运行情况，氧量，炉膛负压，一次风等参数）	6	检查、判断 1 分	
	13. 低压加热器退出运行后，应严密监视各抽汽段压力及主机参数正常（轴向位移，推力瓦温，振动，差胀，真空，排汽温度，凝汽器水位，除氧器水位等）	6	未执行不得分	
	14. 汇报值长，恢复机组负荷。通知检修，进行 5 号低压加热器泄漏处理	4	未执行不得分	
	15. 询问 5 号低压加热器修复工作结束后，恢复 5 号低压加热器运行	10	未执行不得分	
总结汇报能力	1. 现象描述全面	15	3	
	2. 故障判断准确		3	
	3. 处理思路清晰		6	
	4. 语言表达流畅		3	
重大操作失误扣分	1. 在操作处理过程中，误操作一次扣 5 分			
	2. 因操作不当造成设备跳闸一次扣 10 分			
	3. 因操作失误，有可能造成设备损坏的一次扣 15 分			
	4. 若过热蒸汽温度或再热蒸汽温度在 10min 内骤降超过 50℃，若按紧急停机处理操作，按操作得分计算，最高不超过 60 分；不按紧急停机操作扣 30 分且最高得 50 分			
	5. 若操作处置不当发生 MFT，则以上操作最高得分 50 分			

行业：电力行业　　　　工种：发电集控值班员　　　　等级：中级工

编号	Ce4O3029	考核时限	30min	题型	SG	题分	100分
试题正文	汽动给水泵B振动大			初始工况		满负荷；CCS方式	

考核要求	1. 结合生产现场实际，在仿真机上单独进行操作考核。 2. 严格执行仿真机运行规程
故障现象	1. 发现汽动给水泵B振动大。 2. 发现汽动给水泵B后轴承温度升高。 3. 通知巡检就地检查（测温，测振），确认是否与CRT对应
操作处理要点	1. 减负荷，确认RB动作正常。 2. 切换两台汽动给水泵控制控制方式为手动，将汽动给水泵B出力转移至电给水泵。 3. 停运汽动给水泵B，做好隔离措施，联系检修进行处理。 4. 修复后，恢复汽动给水泵B运行，恢复机组负荷

考核项目	考核内容	标准分	扣分依据	实际得分
观察判断能力	1. 检查给水画面发现，汽动给水泵B转速流量正常	6		
	2. 检查画面发现汽动给水泵小汽轮机B振动、后轴承温度升高	6		
	3. 通知巡检就地检查（测温，测振），确认是否与CRT对应	6		
	4. 汇报值长，通知检修人员到位，适当减低机组负荷，控制好水煤比，控制好汽温	6	汇报、通知各3分	
操作处理能力	5. 检查汽动给水泵小汽轮机B油系统及轴封系统，正常	6		
	6. 判断汽动给水泵小汽轮机B振动温度上升属实后，汇报值长，做好汽动给水泵B跳闸事故预想，适当降低汽动给水泵B出力观察，启动电动给水泵，检查电动给水泵运行参数正常	6	未执行不得分	

考核项目	考核内容	标准分	扣分依据	实际得分
操作处理能力	7. 减负荷（可以考虑紧急停运一台磨），检查确认 RB 动作正常	6		
	8. 将两台汽动给水泵控制方式切至手动，汽动给水泵 B 出力转移至电动给水泵，注意电动给水泵运行参数正常	6		
	9. 控制好水煤比，注意主、再汽温度变化。维持机组负荷在 450～500MW 之间	6		
	10. 停运汽动给水泵 B	7		
	11. 汇报值长，做好隔离措施，联系检修进行处理	6	未执行不得分	
	12. 全面检查机炉侧运行参数正常	6		
	13. 故障处理完毕，汇报值长，申请恢复汽动给水泵 B 运行	6	汇报、申请各 3 分	
	14. 恢复机组负荷	6		
总结汇报能力	1. 现象描述全面	15	3	
	2. 故障判断准确		3	
	3. 处理思路清晰		6	
	4. 语言表达流畅		3	
重大操作失误扣分	1. 在操作处理过程中，误操作一次扣 5 分			
	2. 因操作不当造成设备跳闸一次扣 10 分			
	3. 因操作失误，有可能造成设备损坏的一次扣 15 分			
	4. 若过热蒸汽温度或再热蒸汽温度在 10min 内骤降超过 50℃，若按紧急停机处理操作，按操作得分计算，最高不超过 60 分；不按紧急停机操作扣 30 分且最高得 50 分			
	5. 若操作处置不当发生 MFT，则以上操作最高得分 50 分			

行业：电力行业   工种：发电集控值班员   等级：技师

编号	Ce2O5030	考核时限	30min	题型	SG	题分	100 分

试题正文	主机支持轴承温度高	初始工况	满负荷；CCS 方式

考核要求	1. 结合生产现场实际，在仿真机上单独进行操作考核。 2. 严格执行仿真机运行规程

故障现象	1. 发现支持轴承金属温度升高。 2. 发现支持轴承回油温度升高

操作处理要点	1. 适当降低负荷。 2. 启动交流润滑油泵，适当提高供油压力。 3. 申请故障停机。 4. 联系检修处理

考核项目	考核内容	标准分	扣分依据	实际得分
观察判断能力	1. 检查发现支持轴承金属温度升高	4		
	2. 检查发现支持轴承回油温度升高	4		
	3. 汇报值长，支持轴承金属温度升高，申请降负荷	4	汇报、通知各2分	
操作处理能力	4. 适当降低负荷，加强主机支持轴承金属温度和回油温度监视	4		
	5. 检查机组负荷、差胀、振动、主、再汽温度、凝汽器真空、润滑油压油温、轴封汽参数	4	未执行不得分	
	6. 启动交流润滑油泵，适当提高供油压力。注意主机支持轴承金属温度和回油温度变化情况	4		
	7. 汇报值长，通知检修人员到位。通知巡检就地检查支持轴承温度及有无异常声音（听声、测温、测振）。检查支持轴承回油情况	4		

续表

考核项目	考核内容	标准分	扣分依据	实际得分
操作处理能力	8．经采取以上措施后，主机支持轴承金属温度和回油温度开始下降，但仍较高。询问巡检及检修人员就地情况，判断为主机支持轴承温度高，汇报值长，申请故障停机	5		
	9．通知灰硫、化学等辅助岗位	4		
	10．辅汽切至邻机供。炉膛全面吹灰	4	未执行不得分	
	11．通知巡检就地执行交流润滑油泵、直流油泵、高压密封油泵自启动试验	4		
	12．减负荷过程中加强监视轴向位移、振动、各轴承金属温度及回油温度、差胀等参数监视	4		
	13．锅炉MFT后，检查相关设备的运行情况	4	未执行不得分	
	14．检查高、中压主汽门、调门、高排逆止阀、各抽汽电动阀及逆止阀关闭，高压缸通风阀开启。检查机组转速下降	4	未执行不得分	
	15．确认交流润滑油泵，顶轴油泵自启，否则手动启动。确认润滑油温油压正常	4		
	16．解除真空泵连锁，停运真空泵，开启真空破坏阀。破坏真空加速停机。真空到0后，及时切断轴封汽（可以口述）	4		
	17．检查高压、低压旁路动作情况，若已打开应立即关闭，关闭主再汽管道至凝汽器所有疏水阀门	4		
	18．检查两台汽动给水泵跳闸，电动给水泵自启	4		

续表

考核项目	考核内容	标准分	扣分依据		实际得分
操作处理能力	19. 检查凝汽器，除氧器水位正常。低压缸喷水自动投入	4			
	20. 机组转速下降过程中应注意监视机组振动、轴承温度、轴向位移、差胀。注意倾听机内声音。转速到 0 后，确认盘车自投。注意盘车电流及转子偏心度正常。记录好惰走时间	4			
	21. 汇报值长，联系检修处理	4			
总结汇报能力	1. 现象描述全面	15	3		
	2. 故障判断准确		3		
	3. 处理思路清晰		6		
	4. 语言表达流畅		3		
重大操作失误扣分	1. 在操作处理过程中，误操作一次扣 5 分				
	2. 因操作不当造成设备跳闸一次扣 10 分				
	3. 因操作失误，有可能造成设备损坏的一次扣 15 分				
	4. 若过热蒸汽温度或再热蒸汽温度在 10min 内骤降超过 50℃，若按紧急停机处理操作，按操作得分计算，最高不超过 60 分；不按紧急停机操作扣 30 分且最高得 50 分				
	5. 若操作处置不当发生 MFT，则以上操作最高得分 50 分				

行业：电力行业　　　　工种：发电集控值班员　　　　等级：高级工

编号	Ce3O3031	考核时限	30min	题型	SG	题分	100 分
试题正文	10（6）kV 母线 TV 熔断器熔断			初始工况		满负荷；CCS 方式	
考核要求	1. 结合生产现场实际，在仿真机上单独进行操作考核。 2. 严格执行仿真机运行规程						

续表

故障现象	1. 发出"TV 断线信号"，声光报警。 2. 母线电压表可能降低或到零。 3. 快切装置发"装置闭锁"信号			
操作处理要点	1. 发现并确认故障报警； 2. 退出故障所在母线的快切装置； 3. 更换熔断器或合上跳闸的二次开关			
考核项目	考核内容	标准分	扣分依据	实际得分
操作处理能力	1. 发现并确认故障报警，汇报值长，联系检修	5	1min 内未发现减 2 分，未汇报减 2 分，未联系减 1 分	
	2. 退出故障 TV 所在母线的快切装置	10	未正确执行不得分	
	3. 停用断线 TV 相关保护	10	未正确执行不得分	
	4. 拉开 TV 二次小开关，将 TV 小车由"工作"位拉至"检修"位	10	未正确执行不得分	
	5. 检查 TV 一、二次回路发现熔断器熔断；更换熔断器；测量 TV 绝缘合格	15	未正确执行不得分；少检查一项减 5 分	
	6. 将 TV 小车由"检修"位推至"工作"位，合上 TV 二次小开关	10	未正确执行不得分	
	7. 检查电压回路断线报警恢复，相关表计指示正常	5	未正确执行不得分	
	8. 投入 TV 相关保护	10	未正确执行不得分	
	9. 投入故障 TV 所在母线的快切装置	10	未正确执行不得分	

续表

考核项目	考核内容	标准分	扣分依据		实际得分
总结汇报能力	1. 现象描述全面	15	3		
	2. 故障判断准确		3		
	3. 处理思路清晰		6		
	4. 语言表达流畅		3		
重大操作失误扣分	1. 在操作处理过程中，误操作一次扣 5 分				
	2. 因操作不当造成设备跳闸一次扣 10 分				
	3. 因操作失误，有可能造成设备损坏的一次扣 15 分				
	4. 若过热蒸汽温度或再热蒸汽温度在 10min 内骤降超过 50℃，若按紧急停机处理操作，按操作得分计算，最高不超过 60 分；不按紧急停机操作扣 30 分且最高得 50 分				
	5. 若操作处置不当发生 MFT，则以上操作最高得分 50 分				

行业：电力行业　　　　工种：发电集控值班员　　　　等级：高级工

编号	Ce3O3032	考核时限	30min	题型	SG	题分	100 分
试题正文	高压厂用变压器油位异常			初始工况		满负荷；CCS 方式	
考核要求	1. 结合生产现场实际，在仿真机上单独进行操作考核。 2. 严格执行仿真机运行规程						
故障现象	"高压厂用变压器油位异常"信号报警						
操作处理要点	1. 及时发现油位有异常。 2. 就地查看，确认故障原因。 3. 根据油位异常的原因做相应处理，必要时降低机组出力。 4. 密切注意油位和油温的变化						

续表

考核项目	考核内容	标准分	扣分依据	实际得分
操作处理能力	1. 发现并确认故障报警，汇报值长，联系检修	5	1min 内未发现减 2 分，未汇报减 2 分，未联系减 1 分	
	2. 当发现变压器的油面比当时油温所对应的油位显著降低时，应立即加油，加油时应遵守规程中的有关规定	10	未正确执行不得分	
	3. 若因大量漏油而使油位迅速下降时，禁止将瓦斯保护改投信号，而必须迅速采取停止漏油的措施，立即进行加油，加油时将瓦斯保护改投信号；加油完毕后按规程规定投跳闸	15	未正确执行不得分	
	4. 若因油温过低造成变压器油位下降，为避免继续下降至油位计以下，应根据当时的负荷适当调整冷却装置的运行方式，以维持变压器油温和油位在规定范围内	15	未正确执行不得分	
	5. 变压器油位因环境温度上升而逐渐升高时，若最高油温时的油位高出油位指示计，则应通知检修人员放油，使油位降至适当的高度	10	未正确执行不得分	
	6. 当变压器油位由于呼吸密封系统堵塞而引起异常升高或呼吸器溢油时，立即通知检修，汇报总工，采取有效措施加以消除。发生上述油位异常时油位计指示为假油位，因而在变压器的呼吸器恢复正常前禁止任意放油	15	未正确执行不得分	
	7. 若漏油无法消除制止，且油位已降至低极限时无法恢复时，立即将变压器退出运行	10	未正确执行不得分	
	8. 在油位异常的情况下，严密监视变压器的油位计和油温的变化	5	未正确执行不得分	

续表

考核项目	考核内容	标准分	扣分依据	实际得分
总结汇报能力	1. 现象描述全面	15	3	
	2. 故障判断准确		3	
	3. 处理思路清晰		6	
	4. 语言表达流畅		3	
重大操作失误扣分	1. 在操作处理过程中，误操作一次扣 5 分			
	2. 因操作不当造成设备跳闸一次扣 10 分			
	3. 因操作失误，有可能造成设备损坏的一次扣 15 分			
	4. 若操作处置不当发生 MFT，则以上操作最高得分 50 分			

行业：电力行业　　　工种：发电集控值班员　　　等级：高级工

编号	Ce3O3033	考核时限	30min	题型	SG	题分	100 分
试题正文	主变压器绕组温度高			初始工况		满负荷；CCS 方式	
考核要求	1. 结合生产现场实际，在仿真机上单独进行操作考核。 2. 严格执行仿真机运行规程						
故障现象	1. 主变压器绕组温度高报警。 2. 可能发出"冷却器全停"故障报警。 3. 可能发出"发电机过负荷"						
操作处理要点	1. 及时发现主变压器绕组温度高。 2. 查找故障原因、作相应处理。 3. 应及时降低发电机出力。 4. 若温度持续升高，汇报值长，申请停机处理						

考核项目	考核内容	标准分	扣分依据	实际得分
操作处理能力	1. 及时发现温度高报警，核对表计，确认绕组温度高，汇报值长	15	2min 内未发现减 5 分，未核对减 5 分，未汇报减 5 分	

考核项目	考核内容	标准分	扣分依据	实际得分
操作处理能力	2．如主变压器冷却器电源全停，应迅速查找原因，尽快恢复冷却器供电	15	未正确执行不得分	
	3．如由于过负荷引起，应严格执行规程过负荷规定，记录好过负荷时间，增加主变压器检查次数	10	未正确执行不得分	
	4．密切监视主变压器温度，不得超过允许值，必要时降低发电机出力	15	未正确执行不得分	
	5．注意检查变压器有无其他异常（油位升高、振动、噪声等），如有异常，通知化学取样，进行色谱分析	15	少检查一项减5分	
	6．若温度持续升高，危及安全运行时，应申请解列停机处理	15	未正确执行不得分	
总结汇报能力	1．现象描述全面	15	3	
	2．故障判断准确		3	
	3．处理思路清晰		6	
	4．语言表达流畅		3	
重大操作失误扣分	1．在操作处理过程中，误操作一次扣5分			
	2．因操作不当造成设备跳闸一次扣10分			
	3．因操作失误，有可能造成设备损坏的一次扣15分			
	4．若操作处置不当发生MFT，则以上操作最高得分50分			

行业：电力行业　　　　工种：发电集控值班员　　　　等级：技师

编号	Ce2O3034	考核时限	30min	题型	SG	题分	100分
试题正文	220V 直流系统Ⅰ母正极接地			初始工况		满负荷；CCS方式	
考核要求	1．结合生产现场实际，在仿真机上单独进行操作考核。 2．严格执行仿真机运行规程						

续表

故障现象	1. 声光报警。 2. 直流屏上"接地"指示灯亮。 3. 绝缘监察装置显示正对地或负对地电压指示异常，绝缘电阻降低			
操作处理要点	1. 及时发现并确认故障。 2. 判断故障范围。 3. 瞬时拉路法查找故障位置。 4. 联系就地检修处理			
考核项目	考核内容	标准分	扣分依据	实际得分
操作处理能力	1. 及时发现并确认故障，汇报值长	5	2min 内未发现减 3 分，未汇报减 2 分	
	2. 初步判断接地范围	10	未正确执行不得分	
	3. 查询二次回路是否有操作和检修工作	10	未正确执行不得分	
	4. 若绝缘检测装置具有故障位置判断功能，先使用绝缘检测装置查找故障点	10	未正确执行不得分	
	5. 采用瞬时拉路法进行寻找（短时间拉开某直流开关后，不论接地与否均应立即合入此开关）	20	未正确执行不得分	
	6. 若直流馈线无故障，则故障可能发生在母线、整流装置、蓄电池或绝缘监察装置本身，应一一查找	20	未正确执行不得分	
	7. 判断出故障点后，应立即联系就地检修处理。防止母线负极接地，做好保护拒动、误动的事故预想	10	未正确执行不得分	
总结汇报能力	1. 现象描述全面	15	3	
	2. 故障判断准确		3	
	3. 处理思路清晰		6	
	4. 语言表达流畅		3	

续表

考核项目	考核内容	标准分	扣分依据	实际得分
重大操作失误扣分	1. 在操作处理过程中，误操作一次扣5分			
	2. 因操作不当造成设备跳闸一次扣10分			
	3. 因操作失误，有可能造成设备损坏的一次扣15分			
	4. 若操作处置不当发生MFT，则以上操作最高得分50分			

行业：电力行业　　　　工种：发电集控值班员　　　　等级：技师

编号	Ce2O3035	考核时限	30min	题型	SG	题分	100分
试题正文	发电机TV一次保险A相熔断			初始工况		满负荷；CCS方式	
考核要求	1. 结合生产现场实际，在仿真机上单独进行操作考核。 2. 严格执行仿真机运行规程						
故障现象	1. 发出"电压回路断线"报警信号。 2. 电压表、功率表指示下降。 3. 煤量可能增加。 4. TV高压熔断器熔断，可能有接地信号出现						
操作处理要点	1. 发现并确认故障。 2. 记录故障时间。 3. 停用可能误动的保护及自动装置。 4. 检查故障原因，进行相应处理。 5. 处理完成后，记录时间，恢复停用的保护及自动装置						

考核项目	考核内容	标准分	扣分依据	实际得分
操作处理能力	1. 及时发现故障，确认报警信号，汇报值长	5	2min内未发现减3分，未汇报值长减2分	
	2. 解除机组协调，控制机组各参数正常，检查励磁系统调节正常，必要时解除AVR自动	10	未正确执行不得分	

539

续表

考核项目	考核内容	标准分	扣分依据		实际得分
操作处理能力	3. 记录时间，作为丢失电量计算的依据	5	未正确执行不得分		
	4. 停用断线 TV 有关保护和自动装置	10	未正确执行不得分		
	5. 拉开 TV 二次开关，将 TV 小车由"工作"位拉至"检修"位	5	未正确执行不得分		
	6. 检查 TV 一、二次回路，发现熔断器熔断，更换熔断器，测量 TV 绝缘合格	15	未正确执行不得分，少检查一项减 5 分		
	7. 将 TV 由"检修"位推至"工作"位，合上 TV 二次开关。检查电压回路断线报警恢复，相关表计指示正常	15	未正确执行不得分		
	8. 将励磁系统恢复到正常运行方式	10	未正确执行不得分		
	9. 处理完成后，记录时间，恢复停用的保护及自动装置	10	未正确执行不得分		
总结汇报能力	1. 现象描述全面	15	3		
	2. 故障判断准确		3		
	3. 处理思路清晰		6		
	4. 语言表达流畅		3		
重大操作失误扣分	1. 在操作处理过程中，误操作一次扣 5 分				
	2. 因操作不当造成设备跳闸一次扣 10 分				
	3. 因操作失误，有可能造成设备损坏的一次扣 15 分				
	4. 若操作处置不当发生 MFT，则以上操作最高得分 50 分				

行业：电力行业　　　　工种：发电集控值班员　　　　等级：技师

编号	Ce2O3036	考核时限	30min	题型	SG	题分	100 分
试题正文	发电机碳刷着火			初始工况		满负荷；CCS 方式	

考核要求	1. 结合生产现场实际，在仿真机上单独进行操作考核。 2. 严格执行仿真机运行规程
故障现象	1. 碳刷有火花。 2. 碳刷温度高
操作处理要点	1. 发现故障，汇报值长。 2. 调整发电机励磁，尽量降低发电机无功。 3. 联系相关人员检修在线处理。 4. 情况严重出现环火时申请停机处理

考核项目	考核内容	标准分	扣分依据	实际得分
操作处理能力	1. 发现故障，汇报值长，解除 AVC	15	未及时发现故障减 5 分，未汇报减 5 分，未解除 AVC 减 5 分	
	2. 调整发电机励磁，尽量降低发电机无功	10	未正确执行不得分	
	3. 做好发电机进相、失磁、失步停机的事故预想	10	未正确执行不得分	
	4. 联系检修，在线清扫滑环，测量电流	15	未联系检修减 10 分	
	5. 退出相关保护，在线更换碳刷	15	未正确执行不得分	
	6. 情况严重出现环火时，申请停机处理	20	未正确执行不得分	
总结汇报能力	1. 现象描述全面	3		
	2. 故障判断准确	3	15	
	3. 处理思路清晰	6		
	4. 语言表达流畅	3		

续表

考核项目	考核内容	标准分	扣分依据	实际得分
重大操作失误扣分	1. 在操作处理过程中，误操作一次扣 5 分			
	2. 因操作不当造成设备跳闸一次扣 10 分			
	3. 因操作失误，有可能造成设备损坏的一次扣 15 分			
	4. 若过热蒸汽温度或再热蒸汽温度在 10min 内骤降超过 50℃，若按紧急停机处理操作，按操作得分计算，最高不超过 60 分；不按紧急停机操作扣 30 分且最高得 50 分			
	5. 若操作处置不当发生 MFT，则以上操作最高得分 50 分			

行业：电力行业　　　工种：发电集控值班员　　　等级：技师

编号	Ce2O3037	考核时限	30min	题型	SG	题分	100 分
试题正文	发电机转子一点接地			初始工况		满负荷；CCS 方式	
考核要求	1. 结合生产现场实际，在仿真机上单独进行操作考核。 2. 严格执行仿真机运行规程						
故障现象	1. DCS 发出"转子一点接地"声光报警。 2. 发电机—变压器组保护屏发出"转子一点接地"报警信号						
操作处理要点	1. 及时发现并确认故障。 2. 切换转子回路绝缘监测装置，测量励磁回路对地电压，了解接地的程度，性质，接地极等。 3. 查找故障位置。 4. 联系检修，必要时申请停机处理						

考核项目	考核内容	标准分	扣分依据	实际得分
操作处理能力	1. 及时发现并确认故障，汇报值长	5	30s 内未发现减 3 分，未汇报减 2 分	
	2. 将发电机无功减至最小，联系检修人员协助检查	8	未减无功减 5 分，未联系减 3 分	

续表

考核项目	考核内容	标准分	扣分依据		实际得分
操作处理能力	3．询问是否由于转子回路上有人工作而引起的，并通知工作人员暂停工作	7	未正确执行不得分		
	4．检查转子回路绝缘监测装置，判断接地的程度，性质，接地极等	5	未正确执行不得分		
	5．确认接地存在后，可先将厂用电倒至启动变供电，适当转移机组负荷，再进行后续处理	10	未正确执行不得分		
	6．检查励磁系统各设备是否正常	10	未检查减10分		
	7．检查碳刷是否良好	10	未检查减10分		
	8．当转子一点接地时，机组有不允许的振动或转子电流明显增大，应减少负荷，使振动和转子电流减少至允许的范围内，并尽快申请停机检查处理	15	未正确执行不得分		
	9．汇报值长，投入转子两点接地保护	10	未正确执行不得分，未汇报减5分		
	10．故障点范围明确后，联系检修检查处理	5	未正确执行不得分		
总结汇报能力	1．现象描述全面	15	3		
	2．故障判断准确		3		
	3．处理思路清晰		6		
	4．语言表达流畅		3		
重大操作失误扣分	1．在操作处理过程中，误操作一次扣5分				
	2．因操作不当造成设备跳闸一次扣10分				
	3．因操作失误，有可能造成设备损坏的一次扣15分				
	4．若操作处置不当发生MFT，则以上操作最高得分50分				

行业：**电力行业** 工种：**发电集控值班员** 等级：**技师**

编号	Ce2O4038	考核时限	30min	题型	SG	题分	100 分
试题正文	UPS 失电			初始工况		满负荷；CCS 方式	
考核要求	1. 结合生产现场实际，在仿真机上单独进行操作考核。 2. 严格执行仿真机运行规程						
故障现象	1. UPS 失电报警。 2. 热控 DCS、FSSS、TIS、DEH 等电源失去 UPS 电源报警。 3. 厂用电系统故障时（如厂用电系统电压异常，厂用电全部失去短时无法恢复）蓄电池不能正常供电导致 UPS 失电。 4. UPS 装置本身发生故障，包括整流器，逆变器，静态开关故障时失去功能，或者是母线馈线发生短路接地时导致 UPS 失电						
操作处理要点	1. 坚持宁停勿损的原则，在值长的统一指挥下处理。 2. 做好防止汽轮机超速、大轴弯曲、断油烧瓦、水冲击、氢气爆炸等事故的安全措施。 3. 做好防止制粉系统爆炸、炉膛爆炸、汽包满水缺水事故的安全措施。 4. 做好防止全厂失电的安全措施。 5. 尽快查找 UPS 失电的原因或排除，恢复 UPS 供电。 6. DCS 和 DEH 显示器如失电无法监视操作画面，做好就地启停操作设备和阀门的预想准备						

考核项目	考核内容	标准分	扣分依据	实际得分
操作处理能力	1. 及时发现大、小机跳闸，转速连续下降，汇报值长	5	30s 内未发现减 3 分，未检查减 1 分，未汇报减 1 分	
	2. 立即紧急启动主机交流润滑油泵、主机直流润滑油泵、密封油直流油泵、小机直流油泵，并派人到就地检查运行是否正常，如远方启动失败，就地启动	10	未正确执行不得分	
	3. 检查闭冷水泵运行应正常，否则严密检查氢水油各温度，紧急时破坏真空停机	10	未正确执行不得分	

续表

考核项目	考核内容	标准分	扣分依据	实际得分
操作处理能力	4. 检查发电机逆功率保护跳闸，灭磁开关跳闸，否则盘上同时按下"停止发电机"按钮，厂用电自动切换，否则手动切换	10	未正确执行不得分	
	5. 加强对直流系统电压检查，维持直流母线电压	5	未检查不得分	
	6. 锅炉按照锅炉 MFT 处理，否则就地事故按钮停运相关设备，对于炉水泵应检查停运，否则事关按钮停止	10	未正确执行不得分	
	7. 到相应转速，投入顶轴油泵、盘车，检查汽轮机其他辅助设备的运行情况	10	未正确执行不得分	
	8. 有针对性的检查尽快恢复故障： （1）母线和馈线发生短路或接地时，应尽早查出短路点和解地点，恢复母线，馈线正常工作，恢复 UPS 的对外供电。 （2）如果因旁路故障 UPS 无输出时，应查找旁路故障原因，是否隔离变调压变故障，原因查明尽快恢复 UPS 供电。 （3）UPS 正常后恢复对各负荷的供电，检查 DCS、FSSS、TSI、DEH 等系统工作状况，检查整个机组各系统工作情况	10	未正确执行不得分	
	9. 联系检修查找原因，尽快恢复 UPS 运行	5	未正确执行不得分	
	10. 待 UPS 电源恢复后，将各直流油泵切至交流油泵运行	10	未正确执行不得分	
总结汇报能力	1. 现象描述全面	15	3	
	2. 故障判断准确		3	
	3. 处理思路清晰		6	
	4. 语言表达流畅		3	

续表

考核项目	考核内容	标准分	扣分依据	实际得分
重大操作失误扣分	1. 在操作处理过程中，误操作一次扣 5 分			
	2. 因操作不当造成设备跳闸一次扣 10 分			
	3. 因操作失误，有可能造成设备损坏的一次扣 15 分			
	4. 若过热蒸汽温度或再热蒸汽温度在 10min 内骤降超过 50℃，若按紧急停机处理操作，按操作得分计算，最高不超过 60 分；不按紧急停机操作扣 30 分且最高得 50 分			
	5. 若操作处置不当发生 MFT，则以上操作最高得分 50 分			

行业：电力行业　　工种：发电集控值班员　　等级：技师

编号	Ce2O4039	考核时限	30min	题型	SG	题分	100 分
试题正文	升压站送出线路全停			初始工况		满负荷；CCS 方式	
考核要求	1. 结合生产现场实际，在仿真机上单独进行操作考核。 2. 严格执行仿真机运行规程						
故障现象	1. 线路保护动作跳闸，发电机有功功率急剧下降。 2. 机组甩负荷，汽轮机转速升高，OPC 保护动作。 3. 过热汽压力急剧升高，安全门动作						
操作处理要点	1. 严格执行线路送电规定，严禁无保护送电。 2. 为防止汽轮机超速，汽轮机打闸用逆功率保护解列发电机。 3. 严格控制磨煤机出口温度，防止制粉系统爆炸。 4. 注意监视锅炉过热器出口压力，防止锅炉超压。 5. 就地做好安全措施，联系检修处理，及时联系和汇报						

考核项目	考核内容	标准分	扣分依据	实际得分
操作处理能力	1. 及时发现线路保护动作，发电机—变压器组送出线路全停，汇报值长，涉网操作由值长在调度统一指挥下进行事故处理	5	10s 内未发现减 3 分，未汇报减 2 分	
	2. 手动启动主机交流润滑油泵，检查油泵运行正常	5	未正确执行不得分	

考核项目	考核内容	标准分	扣分依据	实际得分
操作处理能力	3. 汽轮机手动打闸，检查汽轮机主、再热汽门调门全部关闭，转速连续下降，检查高排逆止门、各段抽汽逆止门关闭，高压缸导管通风阀开启	10	未进行打闸操作减 5 分，少检查一项减 2 分	
	4. 打闸后检查主机润滑油压正常，注意惰走期间汽机本体其他参数正常	5	少检查一项减 2.5 分	
	5. 确认发电机逆功率保护动作，灭磁开关跳闸，将发电机误上电和端口闪络连接片投入	10	少检查一项减 2 分，压板少投入一项减 2 分	
	6. 检查厂用电切换成功，复归相关开关状态	10	未检查不得分	
	7. 检查锅炉 MFT 动作成功，磨煤机、一次风机联锁停运，燃油系统进回油快关门联锁关闭，如大联锁动作不正常应手动干预	10	未正确执行不得分	
	8. 检查引送风机运行正常，锅炉风量减至 30%～40%，所有二次风挡板全部开启，进行炉膛吹扫。检查主再热汽减温水门全部关闭	5	少检查一项减 1 分	
	9. 立即派人就地检查、记录和分析故障录波器、500kV 系统保护和发电机—变压器组保护动作的正确性，将保护的动作情况和 500kV 升压站的就地检查情况向调度作详细汇报	10	未检查减 2 分，未记录减 2 分，未分析减 3 分，未汇报减 3 分	
	10. 检查电动给水泵联启，否则手动启动	5	未启电泵不得分	
	11. 就地检查 500kV 升压站内和 500kV 出线处（到第一个铁塔）有无明显故障象征，如果有明显故障点则进行隔离	5	未检查减 3 分，未隔离减 2 分	
	12. 发电机组做好启动、零起升压和重新并网的准备	5	未正确执行不得分	

续表

考核项目	考核内容	标准分	扣分依据		实际得分
总结汇报能力	1. 现象描述全面	15	3		
	2. 故障判断准确		3		
	3. 处理思路清晰		6		
	4. 语言表达流畅		3		
重大操作失误扣分	1. 在操作处理过程中,误操作一次扣 5 分				
	2. 因操作不当造成设备跳闸一次扣 10 分				
	3. 因操作失误,有可能造成设备损坏的一次扣 15 分				
	4. 若过热蒸汽温度或再热蒸汽温度在 10min 内骤降超过 50℃,若按紧急停机处理操作,按操作得分计算,最高不超过 60 分;不按紧急停机操作扣 30 分且最高得 50 分				
	5. 若操作处置不当发生 MFT,则以上操作最高分 50 分				

行业:电力行业　　　　工种:发电集控值班员　　　　等级:技师

编号	Ce2O4040	考核时限	30min	题型	SG	题分	100 分
试题正文	保安 A 段工作进线电源断路器误跳			初始工况		满负荷;CCS 方式	
考核要求	1. 结合生产现场实际,在仿真机上单独进行操作考核。 2. 严格执行仿真机运行规程						
故障现象	1. 保安段工作进线断路器跳闸,判断保安 A 段瞬时失电。 2. 柴油发电机自动启动,保安 A 段母线由柴油机带恢复供电。 3. 柴油机启动等报警信号发出						
操作处理要点	1. 及时发现断路器跳闸,判断保安段母线失电。 2. 检查并确认柴油发电机自动启动,保安段母线恢复供电。 3. 联系检查跳闸断路器,确认是误动。 4. 恢复保安段母线的正常供电。 5. 手动停止柴油机运行						

考核项目	考核内容	标准分	扣分依据	实际得分
操作处理能力	1. 及时发现保安 A 段工作进线电源断路器跳闸,判断保安 A 段瞬时失电,汇报值长	5	30s 内未发现减 3 分,未汇报减 2 分	
	2. 检查并确认柴油发电机自动启动,保安 A 段由母联断路器供电正常	10	未检查减 10 分	
	3. 联系检修检查跳闸断路器跳闸原因,确认断路器为误动	10	未正确执行不得分	
	4. 断开保安段 A 段 TV 低电压保护连接片	10	未正确执行不得分	
	5. 合上保安 A 段工作进线断路器,检查断路器合闸良好	10	未正确执行不得分	
	6. 拉开保安 A 段联络断路器,检查断路器分闸良好,检查保安 A 段母线电压正常	10	未正确执行不得分,未检查减 5 分	
	7. 检查保安 A 段运行正常后,投入保安 A 段 TV 低电压连接片	10	未正确执行不得分,未检查减 5 分	
	8. 手动停止柴油机	10	未正确执行不得分	
	9. 4min 后,检查并确认柴油机出口断路器断开,柴油机停止运行,恢复正常运行方式	10	未正确执行不得分	
总结汇报能力	1. 现象描述全面	15	3	
	2. 故障判断准确		3	
	3. 处理思路清晰		6	
	4. 语言表达流畅		3	

考核项目	考核内容	标准分	扣分依据	实际得分
重大操作失误扣分	1. 在操作处理过程中，误操作一次扣 5 分			
	2. 因操作不当造成设备跳闸一次扣 10 分			
	3. 因操作失误，有可能造成设备损坏的一次扣 15 分			
	4. 若过热蒸汽温度或再热蒸汽温度在 10min 内骤降超过 50℃，若按紧急停机处理操作，按操作得分计算，最高不超过 60 分；不按紧急停机操作扣 30 分且最高得 50 分			
	5. 若操作处置不当发生 MFT，则以上操作最高得分 50 分			

行业：电力行业　　　　工种：发电集控值班员　　　　等级：技师

编号	Ce2O4041	考核时限	30min	题型	SG	题分	100 分
试题正文	380V 母线单相接地			初始工况		满负荷；CCS 方式	
考核要求	1. 结合生产现场实际，在仿真机上单独进行操作考核。 2. 严格执行仿真机运行规程						
故障现象	1. 发出"380V 母线接地"光字牌。 2. 音响报警。 3. 接地相相电压降低或指示为零，其他两相电压升高或指示为线电压						
操作处理要点	1. 根据接地现象，判断接地故障母线接地相及接地程度。 2. 同时汇报值长，联系相关专业人员现场配合查找故障点。 3. 查找故障点。 4. 查出接地点，做好措施，通知检修处理						

考核项目	考核内容	标准分	扣分依据	实际得分
操作处理能力	1. 根据接地现象，判断接地故障母线接地相及接地程度	5	2min 内未发现减 5 分	
	2. 汇报值长，联系相关专业人员现场配合查找故障点	5	未汇报减 3 分，未联系减 2 分	

考核项目	考核内容	标准分	扣分依据	实际得分
操作处理能力	3. 确认该接地母线及其回路上是否有人工作，若有则立即令其停止工作	5	未正确执行不得分	
	4. 检查该段母线有无新启动的设备或母线及其所带负荷有无落水受潮，对此有怀疑的设备应首先进行查找	5	未检查减5分	
	5. 当母线接地时，根据小电流接地选线装置显示故障母线、故障线路编号，进行查找。试停小电流接地选线装置	10	未正确执行不得分	
	6. 确认若无新启动或落水设备，则试停该段母线上负荷电源，查找母线接地用瞬停方法：先停次要负荷，后停重要负荷	15	未正确执行不得分	
	7. 试停母线TV	10	未正确执行不得分	
	8. 将母线由工作电源切至备用电源接带，如果接地消失，说明是工作电源进线接地。如果接地仍不消失，说明是母线或其所带负荷接地	10	未正确执行不得分	
	9. 通过上述方法仍未查找出接地点，则试停该段母线，即将母线上运行负荷倒备用运行或停运后（没有备用且不能长时间停止运行的负荷，需联系设备部接引临时电源），母线停电	10	未正确执行不得分	
	10. 查出接地点，做好停电措施，通知检修处理	10	未联系检修减2分	
总结汇报能力	1. 现象描述全面	15	3	
	2. 故障判断准确		3	
	3. 处理思路清晰		6	
	4. 语言表达流畅		3	

续表

考核项目	考核内容	标准分	扣分依据	实际得分
重大操作失误扣分	1. 在操作处理过程中，误操作一次扣5分			
	2. 因操作不当造成设备跳闸一次扣10分			
	3. 因操作失误，有可能造成设备损坏的一次扣15分			
	4. 若操作处置不当发生MFT，则以上操作最高得分50分			

行业：电力行业　　　　工种：发电集控值班员　　　　等级：技师

编号	Ce2O4042	考核时限	30min	题型	ZH	题分	100分
试题正文	低压厂用变压器内部故障			初始工况		满负荷；CCS方式	
考核要求	1. 结合生产现场实际，在仿真机上单独进行操作考核。 2. 严格执行仿真机运行规程						
故障现象	1. 低压厂用变压器"差动"保护动作，发报警信号。 2. 低压厂用变压器高、低压侧断路器跳闸。 3. 低压厂用变压器接带380V母线失电						
操作处理要点	1. 确认低压厂用变压器故障，对应母线失电。 2. 检查备用电动机联启，确保机组稳定运行。 3. 隔离故障变压器。 4. 检查并确认母线绝缘正常，用母联断路器恢复母线供电						

考核项目	考核内容	标准分	扣分依据	实际得分
操作处理能力	1. 发现低压厂用变压器高、低压侧断路器跳闸，380V母线失电，汇报值长，联系检修	5	30s内未发现减3分，未汇报减1分，未联系减1分	
	2. 检查跳闸辅机备用设备联启正常，快速调整汽包水位、炉膛负压正常，确保机组稳定运行	10	未正确执行不得分	

考核项目	考核内容	标准分	扣分依据	实际得分
操作处理能力	3. 检查并确认保安电源、UPS、直流工作正常	5	未正确执行不得分	
	4. 拉开故障变压器低压侧断路器，检查断路器分闸良好	5	未正确执行不得分	
	5. 拉开故障变压器高压侧断路器，检查断路器分闸良好	5	未正确执行不得分	
	6. 检查低压厂用变压器高压侧断路器"差动"保护动作，测量低压厂用变压器绝缘不合格，确认低压厂用变压器内部故障	10	未正确执行不得分，未测绝缘减5分	
	7. 将失电380V母线由热备用转为冷备用	10	未正确执行不得分	
	8. 测量母线绝缘合格	5	未正确执行不得分	
	9. 合上母联断路器，将失电380V母线由冷备用转为运行	5	未正确执行不得分	
	10. 恢复母线上的动力负荷	5	未正确执行不得分	
	11. 验明故障低压厂用变压器高压侧三相确无电，合上低压厂用变压器高压侧开关柜内接地刀闸	5	未验电不得分	
	12. 验明故障低压厂用变压器低压侧三相确无电，在低压厂用变压器低压侧装设接地线一组，记录接地线编号	10	未验电不得分，未记录接地线编号减5分	
	13. 填写接地线/接地刀闸登记；全部检修措施执行完毕，联系检修人员办理开工手续	5	未正确执行不得分	

续表

考核项目	考核内容	标准分	扣分依据		实际得分
总结汇报能力	1. 现象描述全面	15	3		
	2. 故障判断准确		3		
	3. 处理思路清晰		6		
	4. 语言表达流畅		3		
重大操作失误扣分	1. 在操作处理过程中，误操作一次扣 5 分				
	2. 因操作不当造成设备跳闸一次扣 10 分				
	3. 因操作失误，有可能造成设备损坏的一次扣 15 分				
	4. 若过热蒸汽温度或再热蒸汽温度在 10min 内骤降超过 50℃，若按紧急停机处理操作，按操作得分计算，最高不超过 60 分；不按紧急停机操作扣 30 分且最高得 50 分				
	5. 若操作处置不当发生 MFT，则以上操作最高得分 50 分				

行业：电力行业　　　　工种：发电集控值班员　　　　等级：技师

编号	Ce2O4043	考核时限	30min	题型	SG	题分	100 分
试题正文	主变压器轻瓦斯信号报警（5min 后重瓦斯保护动作跳闸）			初始工况		满负荷；CCS 方式	
考核要求	1. 结合生产现场实际，在仿真机上单独进行操作考核。 2. 严格执行仿真机运行规程						
故障现象	1. 主变压器"轻瓦斯"声光报警信号发出。 2. "变压器重瓦斯保护动作"信号发出，发电机—变压器组出口断路器跳闸、灭磁开关跳闸。 3. 厂用电工作电源断路器跳闸，备用电源自动投入。 4. 汽机跳闸、锅炉 MFT						
操作处理要点	1. 及时判断主变压器轻瓦斯报警。 2. 就地站检查主变压器（气体继电器、变压器油色、油位，冷却系统等）。通知化学取样，分析气体性质。 3. 重瓦斯保护动作后，确认发电机断路器跳闸、汽机跳闸、锅炉 MFT。						

操作处理要点	4. 检查并确认高压厂用电切换成功、低压厂用电和保安段供电正常。 5. 记录并复归信号、复归跳闸断路器。 6. 主变压器做隔离措施，联系检修处理			
考核项目	考核内容	标准分	扣分依据	实际得分
操作处理能力	1. 确认主变压器"轻瓦斯"报警，汇报值长，通知检修	5	30s 内未发现减 3 分，未汇报、联系减 2 分	
	2. 就地检查主变压器（气体继电器、变压器油色、油位，冷却系统等）。通知化学取样，分析气体性质	5	少检查一项减 1 分，未通知减 1 分	
	3. 确认主变压器"重瓦斯"保护动作，检查并确认发电机—变压器组出口断路器跳闸、灭磁开关跳闸。确认机组大联锁动作正常，汽轮机跳闸、锅炉 MFT	5	未确认减 2 分，少检查一项减 1 分	
	4. 检查并确认高压厂用电切换成功。检查并确认低压厂用电和保安段供电正常	5	少检查一项减 2 分	
	5. 检查汽轮机转速下降，交流润滑油泵联启、油压正常。检查汽轮机主汽门、调门全部关闭、高排逆止门、各段抽汽逆止门关闭	5	少检查一项减 1 分	
	6. 检查锅炉 MFT 动作正常。调整炉膛负压，维持 30%风量吹扫	5	未正确执行不得分	
	7. 对主变压器系统进行全面检查，检查并记录发电机—变压器组保护动作情况，正确判断保护动作原因	3	未正确执行不得分	
	8. 复归保护信号、动作开关	5	未正确执行不得分	

考核项目	考核内容	标准分	扣分依据	实际得分
操作处理能力	9. 测量发电机—变压器组绝缘，联系检修处理	5	未正确执行不得分，未联系减2分	
	10. 做好以下安全隔离措施：拉开发电机—变压器组高压侧出口断路器、拉开发电机—变压器组高压侧出口隔离开关、拉开发电机灭磁断路器、断开以上所拉断路器及隔离开关的操作电源；将高压厂用电工作进线断路器停电并拉至"检修"位，将发电机出口TV和高压厂用变压器10kV侧工作进线分支TV拉至"检修"位，拉开发电机中性点接地变压器一次侧隔离开关	10	未正确执行不得分，少一项安全措施减1分	
	11. 验明发电机出口避雷器母线侧三相确无电压，在避雷器母线侧装设地线一组	5	未验电挂地线不得分	
	12. 验明发电机中性点接地变高压侧确无电压，在中性点接地变高压侧装设地线一组	5	未验电挂地线不得分	
	13. 验明高压厂用变压器10kV工作进线断路器高压厂用变压器侧确无电压，在高压厂用变压器10kV工作进线分支TV处各装设一组地线	5	未验电挂地线不得分	
	14. 验明励磁变压器低压侧三相确无电压，在励磁变压器低压侧装设地线一组	5	未验电挂地线不得分	
	15. 按要求投入退出发电机—变压器组相关保护	4	未正确执行不得分	
	16. 验明主变压器高压侧三相确无电压，合上主变压器高压侧出口接地刀闸	5	未验电合接地隔离开关不得分	

续表

考核项目	考核内容	标准分	扣分依据	实际得分
操作处理能力	17. 填写接地线/接地刀闸登记；全部检修措施执行完毕，联系检修人员办理开工手续	3	未填写地线登记减 2 分，未联系减 1 分	
总结汇报能力	1. 现象描述全面	15	3	
	2. 故障判断准确		3	
	3. 处理思路清晰		6	
	4. 语言表达流畅		3	
重大操作失误扣分	1. 在操作处理过程中，误操作一次扣 5 分			
	2. 因操作不当造成设备跳闸一次扣 10 分			
	3. 因操作失误，有可能造成设备损坏的一次扣 15 分			
	4. 若操作处置不当发生 MFT，则以上操作最高得分 50 分			

行业：电力行业　　　　工种：发电集控值班员　　　　等级：技师

编号	Ce2O4044	考核时限	30min	题型		SG	题分	100 分
试题正文	主变压器差动保护动作				初始工况		满负荷；CCS 方式	
考核要求	1. 结合生产现场实际，在仿真机上单独进行操作考核。 2. 严格执行仿真机运行规程							
故障现象	1. 声光报警，"主变压器差动保护动作" 信号发出。发电机—变压器组出口断路器跳闸、灭磁开关跳闸。 2. 厂用电工作电源断路器跳闸，备用电源自动投入。 3. 汽机跳闸、锅炉 MFT							
操作处理要点	1. 及时准确判断故障。 2. 确认汽机跳闸、锅炉 MFT。 3. 检查并确认高压厂用切换成功、低压厂用电和保安段供电正常。 4. 机、炉做相应处理。 5. 记录并复归信号、复归跳闸断路器。 6. 做隔离措施，联系检修处理							

续表

考核项目	考核内容	标准分	扣分依据	实际得分
操作处理能力	1．确认"主变压器差动"保护动作，检查并确认发电机—变压器组出口断路器跳闸、灭磁开关跳闸。确认机组大联锁动作正常，汽轮机跳闸、锅炉MFT，汇报值长	6	30s内未发现减3分，少检查一项减1分，未汇报减1分	
	2．检查并确认高压厂用电切换成功。检查并确认低压厂用电和保安段供电正常	6	少检查一项减2分	
	3．检查汽轮机转速下降，交流润滑油泵联启、油压正常。检查汽轮机主汽门、调门全部关闭、高排逆止门、各段抽汽逆止门关闭	6	少检查一项减1分	
	4．检查锅炉MFT动作正常。调整炉膛负压，维持30%风量吹扫	6	未正确执行不得分	
	5．派巡检对主变压器系统进行全面检查，检查并记录发电机—变压器组保护动作情况，正确判断保护动作原因。通知化学对变压器油进行化验	6	未正确执行不得分，未通知化验油质减3分	
	6．复归保护信号、动作断路器	5	未正确执行不得分	
	7．测量发电机—变压器组绝缘，联系检修处理	5	未正确执行不得分，未联系减2分	
	8．做好以下安全隔离措施：拉开发电机—变压器组高压侧出口断路器、拉开发电机—变压器组高压侧出口隔离开关、拉开发电机灭磁开关、断开以上所拉断路器及隔离开关的操作电源；将高压厂用电工作进线断路器停电并拉至"检修"位，将发电机出口TV和高压厂用变压器10kV侧工作进线分支TV拉至"检修"位，拉开发电机中性点接地变压器一次侧隔离开关	10	未正确执行不得分，少一项安全措施减1分	

558

考核项目	考核内容	标准分	扣分依据	实际得分
操作处理能力	9. 验明发电机出口避雷器母线侧三相确无电压，在避雷器母线侧装设地线一组	5	未验电挂地线不得分	
	10. 验明发电机中性点接地变高压侧确无电压，在中性点接地变高压侧装设地线一组	5	未验电挂地线不得分	
	11. 验明高压厂用变压器 10kV 工作进线断路器高压厂用变压器侧确无电压，在高压厂用变压器 10kV 工作进线分支 TV 处各装设一组地线	5	未验电挂地线不得分	
	12. 验明励磁变压器低压侧三相确无电压，在励磁变压器低压侧装设地线一组	5	未验电挂地线不得分	
	13. 按要求投入退出发电机-变压器组相关保护	5	未正确执行不得分	
	14. 验明主变压器高压侧三相确无电压，合上主变压器高压侧出口接地刀闸	5	未验电合接地隔离开关不得分	
	15. 填写接地线/接地刀闸登记；全部检修措施执行完毕，联系检修人员办理开工手续	5	未填写地线登记减 3 分，未联系减 2 分	
总结汇报能力	1. 现象描述全面	15	3	
	2. 故障判断准确		3	
	3. 处理思路清晰		6	
	4. 语言表达流畅		3	
重大操作失误扣分	1. 在操作处理过程中，误操作一次扣 5 分			
	2. 因操作不当造成设备跳闸一次扣 10 分			
	3. 因操作失误，有可能造成设备损坏的一次扣 15 分			
	4. 若操作处置不当发生 MFT，则以上操作最高得分 50 分			

行业：电力行业　　　工种：发电集控值班员　　　等级：高级技师

编号	Ce1O5045	考核时限	30min	题型	SG	题分	100 分
试题正文	发电机—变压器组出口断路器非全相			初始工况		满负荷；CCS 方式	
考核要求	1. 结合生产现场实际，在仿真机上单独进行操作考核。 2. 严格执行仿真机运行规程						
故障现象	1. 发电机发出"负序""断路器三相位置不一致"报警，有关报警发出。 2. 发电机可能失步，表计摆动，机组产生振动和噪声。 3. 三相电流不平衡，其中两相电流基本相等，另一相电流为零或前两相电流的两倍。 4. 非全相保护动作。 5. 失灵保护可能动作						
操作处理要点	1. 按发电机出口断路器跳闸处理。 2. 采取隔离措施。 3. 对断路器进行就地检修						

考核项目	考核内容	标准分	扣分依据	实际得分
操作处理能力	1. 及时发现发电机—变压器组非全相运行，立即汇报值长	5	30s 内未发现减 3 分，未汇报减 2 分	
	2. 当判明发电机—变压器组非全相运行时，严禁拉开发电机灭磁开关，汽轮机不得关闭主汽门，不得盲目使用发电机紧急跳闸按钮	10	未正确执行不得分	
	3. 发电机非全相保护、负序过负荷等保护应动作，跳开发电机出口断路器，保护拒动或动作后不能解除发电机—变压器组非全相状态时，立即汇报值长	5	未正确执行不得分	
	4. 立即尽可能降低发电机有功负荷到零，并保持发电机的频率与系统接近	10	未正确执行不得分	

续表

考核项目	考核内容	标准分	扣分依据		实际得分
操作处理能力	5. 将发电机励磁方式切至手动，迅速调节主励磁机电流接近空载值	10	未正确执行不得分		
	6. 严密监视发电机定子电流，并根据电流表指示相应调节励磁，使三相定子电流均接近零	10	未正确执行不得分		
	7. 处理过程中，严密监视发电机各部温度不超过允许值	5	未正确执行不得分		
	8. 联系检修紧急处理，采取措施尽快排除故障。就地手动分开发电机—变压器组出口断路器	10	未正确执行不得分		
	9. 进行倒闸操作将发电机—变压器组所在母线的其他电源倒换，利用母联断路器将发电机—变压器组解列	10	未正确执行不得分		
	10. 如汽轮机主汽门关闭，汽轮机跳闸，发电机进入异步电动机不对称运行状态，立即使用发电机紧急跳闸断开发电机—变压器组出口断路器，不成功则拉开发电机—变压器组所接母线上的所有断路器，使发电机—变压器组解列	10	未正确执行不得分		
总结汇报能力	1. 现象描述全面	15	3		
	2. 故障判断准确		3		
	3. 处理思路清晰		6		
	4. 语言表达流畅		3		
重大操作失误扣分	1. 在操作处理过程中，误操作一次扣5分				
	2. 因操作不当造成设备跳闸一次扣10分				
	3. 因操作失误，有可能造成设备损坏的一次扣15分				
	4. 若操作处置不当发生MFT，则以上操作最高得分50分				

三、综合事故处理题

行业：电力行业　　　　工种：发电集控值班员　　　　等级：高级技师

编号	Ce1O5001	考核时限	30min	题型	ZH	题分	100 分
试题正文	发电机失磁			初始工况		满负荷；CCS 方式	
考核要求	1. 结合生产现场实际，在仿真机上单独进行操作考核。 2. 严格执行仿真机运行规程						
故障现象	1. 声光报警，"发电机失磁保护动作" 信号发出。发电机—变压器组出口断路器跳闸、灭磁开关跳闸。 2. 厂用电工作电源断路器跳闸，备用电源自动投入。 3. 汽轮机跳闸、锅炉 MFT						
操作处理要点	1. 程序跳闸，确认发电机跳闸、汽轮机跳闸、锅炉 MFT； 2. 检查并确认高压厂用电切换成功、低压厂用电和保安段供电正常						

考核项目	考核内容	标准分	扣分依据	实际得分
操作处理能力	1. 确认"发电机失磁"保护动作，检查并确认发电机—变压器组出口断路器跳闸、灭磁开关跳闸。确认机组大联锁动作正常，汽轮机跳闸、锅炉 MFT，汇报值长	10	30s 内未发现减 5 分，少检查一项减 1 分，未汇报减 2 分	
	2. 检查并确认高压厂用电切换成功。检查并确认低压厂用电和保安段供电正常	12	少检查一项减 3 分	
	3. 检查汽轮机转速下降，交流润滑油泵联启、油压正常。检查汽轮机主汽门、调门全部关闭、高排逆止门、各段抽汽逆止门关闭	12	少检查一项减 1 分	

续表

考核项目	考核内容	标准分	扣分依据	实际得分
操作处理能力	4. 检查锅炉 MFT 动作正常。调整炉膛负压，维持 30%风量吹扫	10	未检查 MFT 动作情况减 4 分，负压超限减 3 分，未吹扫减 3 分	
	5. 检查并记录发电机—变压器组保护动作情况，正确判断保护动作原因	15	少检查一项减 0.5 分，判断错误减 10 分	
	6. 复归保护信号、动作断路器	6	未正确执行不得分	
	7. 全面检查励磁系统、发电机，联系检修处理，做好安全隔离措施	20	未全面检查减 8 分，未联系减 2 分，未做安全措施减 10 分	
总结汇报能力	1. 现象描述全面	15	3	
	2. 故障判断准确		3	
	3. 处理思路清晰		6	
	4. 语言表达流畅		3	
重大操作失误扣分	1. 在操作处理过程中，误操作一次扣 5 分			
	2. 因操作不当造成设备跳闸一次扣 10 分			
	3. 因操作失误，有可能造成设备损坏的一次扣 15 分			
	4. 若过热蒸汽温度或再热蒸汽温度在 10min 内骤降超过 50℃，若按紧急停机处理操作，按操作得分计算，最高不超过 60 分；不按紧急停机操作扣 30 分且最高得 50 分			
	5. 若操作处置不当发生 MFT，则以上操作最高得分 50 分			

行业：电力行业 　　　工种：发电集控值班员 　　　等级：高级技师

编号	Ce1O5002	考核时限	30min	题型	ZH	题分	100分
试题正文	10（6）kV 单段母线失电			初始工况		满负荷；CCS 方式	

考核要求	1. 结合生产现场实际，在仿真机上单独进行操作考核。 2. 严格执行仿真机运行规程

故障现象	1. 工作电源跳闸，备用电源未自投。 2. 保护报警信号发出。 3. RB 动作，对应辅机跳闸，机组负荷下降。 4. 对应 10（6）kV、380V 母线失电。 5. 柴油机自动启动，恢复对应保安段供电

操作处理要点	1. 及时正确判断故障，确认工作电源跳闸，备用电源未自投。 2. 检查保护和快切装置的动作情况，确定是否手动投入备用电源。 3. 协调机、炉维持机组稳定运行。 4. 联系检修处理

考核项目	考核内容	标准分	扣分依据	实际得分
操作处理能力	1. 及时发现 10（6）kV 单段母线失电（工作电源断路器跳闸，备用电源断路器自投失败，母线电压到零），汇报值长	5	5s 未发现减 3 分，未汇报减 2 分	
	2. 检查相关辅机联启，否则手动启动。相应跳闸辅机联锁动作正确，检查运行侧送风、一次风压正常，引、送、一次风机电流不超限，总风量符合要求	8	少检查一项减 1 分	
	3. 检查 CCS 切至 TF 方式，及时调整汽温、中间点温度（汽包水位）、炉膛负压、两侧烟温、真空、辅汽压力正常	5	未检查减 1 分，参数超限一项减 1 分	
	4. 如燃烧不稳，及时投油（等离子）稳燃，如投油通知电除尘、脱硫值班员	4	燃烧不稳未稳燃减 2 分，未联系减 2 分	

续表

考核项目	考核内容	标准分	扣分依据	实际得分
操作处理能力	5. 检查柴油发电机启动,否则手动启动柴油发电机,合上备用电源断路器,向失压保安段母线送电。检查并确认保安段负荷工作正常	5	少检查一项减2分;未正确执行不得分	
	6. 降负荷过程,如电泵没失电,启动电泵,并及时调整汽、电泵,注意检查汽泵高调门开启,防止汽泵给水自动解除,调节给水量正常	4	未正确执行不得分	
	7. 根据一次风量、送风量、氧量带负荷。调整其他运行磨煤机各项参数正常,严禁超出力运行	4	风量负荷不匹配减2分,磨煤机参数超限减2分	
	8. 处理过程中加强运行送、引、一次风机参数的检查监视	6	未检查不得分	
	9. 检查直流、UPS切换正常,加强对其电压监视	4	未检查不得分	
	10. 检查、记录保护,判断故障性质,联系检修确认,复归保护	5	未正确执行减2分	
	11. 在查明10(6)kV备用电源无故障信号发出,并且10(6)kV母线无故障信号发出,可试送备用电源一次。正常后,汇报值长,听候处理。若有故障信号或故障现象,必须汇报有关领导,故障消除后经批准方可试送	10	未正确执行不得分	
	12. 对故障10(6)kV厂用母线及其回路进行仔细检查,确认有明显故障点,做好隔离措施,通知检修对故障设备进行处理	10	未正确执行不得分,未联系减2分	
	13. 故障消除后,逐段恢复厂用电运行,保安段采用停电方式进行恢复。送电前检查所有负荷开关在断开位,联锁解除	10	未正确执行不得分	
	14. 电源恢复后将电源方式倒为正常方式。恢复设备正常运行方式	5	未正确执行不得分	

续表

考核 项目	考核内容	标准 分	扣分依据	实际 得分
总结 汇报 能力	1. 现象描述全面	15	3	
	2. 故障判断准确		3	
	3. 处理思路清晰		6	
	4. 语言表达流畅		3	
重大 操作 失误 扣分	1. 在操作处理过程中，误操作一次扣 5 分			
	2. 因操作不当造成设备跳闸一次扣 10 分			
	3. 因操作失误，有可能造成设备损坏的一次扣 15 分			
	4. 若过热蒸汽温度或再热蒸汽温度在 10min 内骤降超过 50℃，若按紧急停机处理操作，按操作得分计算，最高不超过 60 分；不按紧急停机操作扣 30 分且最高得 50 分			
	5. 若操作处置不当发生 MFT，则以上操作最高分 50 分			

行业：电力行业　　工种：发电集控值班员　　等级：高级技师

编号	Ce1O5003	考核 时限	30min	题型	ZH	题分	100 分
试题 正文	机组厂用电全停				初始工况	满负荷； CCS 方式	
考核 要求	1. 结合生产现场实际，在仿真机上单独进行操作考核。 2. 严格执行仿真机运行规程						
故障 现象	1. 锅炉 MFT 动作，汽轮机跳闸，发电机跳闸。 2. 交流照明瞬灭，控制室只有事故照明。 3. 所有运行的交流电动机停转，备用交流电动机不联动，各电压表、电流表指示回零，主机直流油泵、小机直流油泵、密封油直流油泵自启。 4. 柴油机自启动						
操作 处理 要点	1. 启动柴油发电机带保安段母线供电 2. 启动主机交、直流润滑油泵，防止断油烧瓦。 3. 破坏真空停机，防止机组超速。 4. 循环冷却水中断，汽轮机闷缸，防止汽轮机本体上下缸温差异常，防止汽轮机大轴弯曲，防止凝汽器超压。 5. 空气预热器电动机停运，手动盘车防止空气预热器蘑菇状变形						

续表

考核项目	考核内容	标准分	扣分依据	实际得分
操作处理能力	1. 及时发现机组厂用电中断，立即汇报值长，由值长统一指挥处理	5	10s内未发现减3分，未汇报减2分	
	2. 厂用电全部中断后，应检查大、小机跳闸，各主、调速汽门、逆止门关闭严密，转速连续下降	6	少检查一项减1分	
	3. 检查主机直流油泵、小机直流油泵、密封油直流油泵自启动，否则手动启动	6	少检查一项减2分	
	4. 检查柴油发电机自启成功，否则应查明原因并手动启动，确保保安段母线供电正常。恢复保安段负荷运行，保证主辅机安全	10	未检查自启动减5分，未恢复保安段负荷减5分	
	5. 汽轮机按照破坏真空紧急停机进行处理。转子惰走期间，严密监视大、小机润滑油温、各轴承瓦温，并采取可靠措施保证润滑油冷却水供给	8	未破坏真空减4分，大、小机轴温超报警值减4分	
	6. 锅炉按照MFT动作处理，防止锅炉爆燃，注意锅炉过热蒸汽压力，防止锅炉超压，安全阀未启座，应开启PCV降压。联系就地人员尽快投入风机抱闸，减少惰走时间防止轴瓦烧损。磨煤机采取联系检修人员开启人孔进行设备部件散热，防止热量堆积烧损推力瓦	8	少操作一项减2分	
	7. 检查高、低旁关闭，关闭所有去排汽装置（凝汽器）疏水，禁止所有汽水排入凝汽器。及时将空压机冷却水切至临机运行	5	少操作一项减1分	
	8. 检查备用电源是否自投，否则应立即设法恢复供电，保证外围系统的正常供电	5	未正确执行不得分	
	9. 加强直流系统、UPS检查，注意直流系统负荷分配	6	少检查一项减2分	

567

考核项目	考核内容	标准分	扣分依据	实际得分
操作处理能力	10. 解除各辅机联锁，解除各自动调节，复位跳闸设备	6	少执行一项减2分	
	11. 检查厂用备用电源是否自投，若未自投，在查明10（6）kV备用电源无故障信号发出，并且10（6）kV母线无故障信号发出，检查所在母线所有负荷开关在断开位，可试送备用电源一次。正常后，汇报值长，听候处理。若有故障信号或故障现象，必须汇报有关领导，故障消除后经批准方可试送	8	未正确执行不得分	
	12. 厂用电恢复前，如空气预热器气动马达不能投运，进行手动盘车	4	未正确执行不得分	
	13. 处理过程中严密监视密封油系统运行正常，如厂用电短期不能恢复安排人员就地排氢置换	4	未监视减2分，未排氢减2分	
	14. 待厂用电恢复后，及时投运各辅机油站，及时启动闭冷水泵。排汽温度降到50℃以下时凝汽器方可通水	4	未正确执行不得分	
总结汇报能力	1. 现象描述全面	15	3	
	2. 故障判断准确		3	
	3. 处理思路清晰		6	
	4. 语言表达流畅		3	
重大操作失误扣分	1. 在操作处理过程中，误操作一次扣5分			
	2. 因操作不当造成设备跳闸一次扣10分			
	3. 因操作失误，有可能造成设备损坏的一次扣15分			
	4. 若过热蒸汽温度或再热蒸汽温度在10min内骤降超过50℃，若按紧急停机处理操作，按操作得分计算，最高不超过60分；不按紧急停机操作扣30分且最高得50分			
	5. 若操作处置不当发生MFT，则以上操作最高得分50分			

附录A 职业技能培训

1 培训期限

五级/初级工不少于 500 标准学时；四级/中级工不少于 400 标准学时；三级/高级工不少于 300 标准学时；二级/技师不少于 200 标准学时；一级/高级技师不少于 100 标准学时。

2 培训教师

2.1 任职条件

具有良好的职业道德；具有组织指导本工种教学的经验和较好的语言表达能力；熟悉发电厂单元机组（锅炉、汽轮机、发电机）及其辅助设备和系统的专业理论和操作技能；能正确、规范、熟练地进行操作示范；善于启发、组织学员学习与思考；能指导并有效控制学员的操作行为与操作过程。

2.2 任职资格

具有技师或中级专业技术职务的工程技术人员，经师资培训取得资格证书，可担任初、中级工的培训教师；具有高级技师或高级专业技术职务的工程技术人员，经师资培训取得资格证书，可担任高级工、技师、高级技师的培训教师。

3 培训场地和设备

具备本职业（工种）基础知识培训的教室和教学设备，如电脑、投影仪、黑（白）板等；具有基本技能训练的实习场所，如仿真机或计算机模拟系统；具有实际操作训练设备，如定点培训的典型火电厂。

4 培训项目

4.1 培训目的

通过培训，达到《国家职业技能标准·发电集控值班员》对本职业（工种）的知识和技能要求。

4.2　培训方式

基地培训与现场培训相结合；集中培训与分散学习、远程培训相结合。

基地培训：由专兼职培训师在培训基地，按照培训计划和培训大纲中规定的培训内容，对参加培训的人员进行脱产集中培训，包括理论培训、专题讲座及在仿真机上进行的技能训练。

现场培训：培训基地按照培训计划和培训大纲中规定的现场培训内容，编制《现场培训指导书》发给学员，学员在企业兼职培训师的指导下，通过生产实践，实现现场技能训练。

分散学习：按照《职业技能认定指导书》，学员利用业余时间，通过书籍资料、培训网站或多媒体课件进行自学。

远程培训：培训基地利用远程计算机网络或远程教学管理系统实现互动式的远程教学，既可以是实时同步教学，也可由学员终端通过客户端软件实现培训。

4.3　培训重点

汽轮机、锅炉、发电机及其辅助系统设备的结构原理、系统布置；汽轮机、锅炉、发电机及其辅助设备的电气、热工保护配置、原理、逻辑；机组冷态、热态启动操作；机组正常停机、滑参数停机操作；机组申请停机、紧急停机操作；机组运行中的检查、控制及操作调整；机组典型事故的判断、分析、处理及预防；机组启动、停运及运行过程中的试验。

5　培训大纲

本职业（工种）技能培训大纲，以模块组合（MES）—模块（MU）—学习单元（LE）的结构模式进行编写（见表 A-1），职业技能模块及学习单元对照选择表见表 A-2。

表 A-1 发电集控值班员培训大纲

模块序号及名称	单元序号及名称	学习目标	学习内容	学习方式	参考学时
MU1 机组及系统简介	LE1 火力发电主要生产过程	通过本单元的学习，掌握火电厂主要设备生产流程	1. 火电厂主要设备； 2. 火电厂生产流程	讲课及自学	2
	LE2 机组控制方式	通过本单元的学习，掌握火电厂机组控制方式	1. 机组的控制方式； 2. 滑压运行的协调方式； 3. 机组负荷控制系统； 4. DEH	讲课及自学	4
	LE3 机组及系统简介	通过本单元的学习，掌握火电厂机组各辅助系统及设备	1. 锅炉辅助系统及设备； 2. 汽轮机辅助系统及设备； 3. 电气系统及设备	讲课及自学	4
MU2 机组主机的工作原理、形式及结构	LE4 锅炉工作原理、分类及形式	通过本单元的学习，掌握火电厂锅炉工作原理、分类及形式	1. 锅炉工作原理及分类； 2. 单元制锅炉的形式	讲课及自学	4
	LE5 锅炉的基本结构及特点	通过本单元的学习，掌握火电厂锅炉的基本结构及特点	1. 锅炉本体； 2. 锅炉主要部件； 3. 锅炉本体的主要系统	讲课及自学	4

续表

模块序号及名称	单元序号及名称	学习目标	学习内容	学习方式	参考学时
MU2 机组主机的工作原理、形式及结构	LE6 汽轮机工作原理及形式	通过本单元的学习,掌握火电厂汽轮机工作原理及形式	1. 汽轮机的工作原理及分类; 2. 单元制汽轮机的形式	讲课及自学	4
	LE7 汽轮机基本结构及特点	通过本单元的学习,掌握火电厂汽轮机的基本结构及特点	1. 汽轮机转子和叶片; 2. 汽轮机汽缸和轴承; 3. 汽轮机的主要系统	讲课及自学	4
	LE8 发电机、变压器的工作原理及分类	通过本单元的学习,掌握火电厂发电机、变压器的工作原理及分类	1. 发电机变压器工作原理及分类; 2. 发电机、变压器的形式	讲课及自学	4
	LE9 发电机、变压器的基本结构及保护	通过本单元的学习,掌握火电厂发电机、变压器的基本结构及保护	1. 发电机的基本结构及保护; 2. 变压器的基本结构及保护	讲课及自学	4
MU3 机组的辅助设备及系统	LE10 过热蒸汽、再热蒸汽系统	通过本单元的学习,掌握火电厂过热蒸汽、再热蒸汽系统及特点	1. 过热蒸汽系统的布置及特点; 2. 再热蒸汽系统的布置及特点	讲课及自学	2
	LE11 凝结水及给水回热系统	通过本单元的学习,掌握火电厂凝结水及给水回热系统的布置及特点	1. 凝结水系统的布置及特点; 2. 给水回热系统的布置及特点	讲课及自学	2

续表

模块序号及名称	单元序号及名称	学习目标	学习内容	学习方式	参考学时
MU3 机组的辅助设备及系统	LE12 锅炉风烟系统及设备	通过本单元的学习，掌握火电厂锅炉风烟系统的布置及设备特性	1. 锅炉风烟系统的布置及特点；2. 锅炉风烟系统的设备及特性	讲课及自学	4
	LE13 锅炉制粉系统及设备	通过本单元的学习，掌握火电厂锅炉制粉系统的布置及设备特性	1. 锅炉制粉系统的布置及特点；2. 锅炉制粉系统的设备及特性	讲课及自学	4
	LE14 机组冷却水系统及辅助蒸汽系统	通过本单元的学习，掌握火电厂机组冷却水系及辅助蒸汽系统的布置和设备特性	1. 冷却水系统布置和设备特性；2. 辅助蒸汽系统布置和设备特性	讲课及自学	2
	LE15 机组循环水系统	通过本单元的学习，掌握火电厂机组循环水系统的布置和设备特性	1. 机组循环水系统的布置；2. 机组循环水系统的设备特性	讲课及自学	2
	LE16 发电机氢油水系统	通过本单元的学习，掌握发电机氢油水系统的布置和设备特性	1. 氢冷系统的布置和设备特性；2. 密封油系统的布置和设备特性；3. 定子冷却水系统的布置和设备	讲课及自学	4

续表

模块序号 及名称	单元序号 及名称	学习目标	学习内容	学习 方式	参考 学时
MU3 机组的辅助设备及系统	LE17 汽轮机油系统	通过本单元的学习，掌握汽轮机油系统的布置和设备特性	1. 润滑油系统布置和设备特性； 2. 顶轴油系统的布置和设备特性； 3. 润滑油净化系统的布置和设备特性； 4. 抗燃油系统的布置和设备特性	讲课及 自学	4
	LE18 机组供热系统	通过本单元的学习，掌握机组供热系统的布置和设备特性	1. 供热系统的布置和设备特性	讲课及 自学	2
	LE19 机组厂用电动机及负荷开关	通过本单元的学习，掌握机组厂用电动机及负荷开关的结构、分类	1. 厂用电动机的结构及分类； 2. 厂用负荷开关的结构及分类	讲课及 自学	2
	LE20 机组厂用电系统、快速切换装置及负荷分配原则	通过本单元的学习，掌握机组厂用电系统的布置、快速切换装置功能及结构、负荷分配原则	1. 发电厂一次主接线系统； 2. 各电压等级及厂用电接线系统； 3. 厂用电系统负荷分配原则	讲课及 自学	6
	LE21 机组 500kV 母线系统	通过本单元的学习，掌握机组 500kV 母线系统的布置及设备特性	1. 机组 500kV 母线系统的布置； 2. 机组 500kV 母线系统设备特性	讲课及 自学	4

续表

模块序号及名称	单元序号及名称	学习目标	学习内容	学习方式	参考学时
MU4 机组的泵与风机	LE22 泵与风机的分类、工作原理及型号	通过本单元的学习，掌握机组泵与风机分类、工作原理及型号	1. 泵与风机的分类及工作原理； 2. 泵与风机的型号	讲课及自学	2
	LE23 泵与风机的结构	通过本单元的学习，掌握机组泵与风机的结构	1. 泵的结构及主要部件； 2. 风机的结构及主要部件	讲课及自学	2
	LE24 泵与风机的主要性能参数	通过本单元的学习，掌握机组泵与风机的主要性能参数	1. 泵与风机的主要性能参数； 2. 泵与风机的损失和效率	讲课及自学	4
	LE25 泵与风机的运行	通过本单元的学习，掌握机组泵与风机运行相关知识	1. 泵与风机的管道特性曲线及工作点； 2. 泵与风机的联合工作； 3. 泵与风机运行工况的调节； 4. 泵与风机轴向推力及平衡； 5. 泵与风机运行中的主要问题	讲课及自学	6
	LE26 离心泵密封装置的种类及原理	通过本单元的学习，掌握离心泵密封装置的种类及原理	1. 离心泵密封装置的种类； 2. 离心泵密封装置的原理	讲课及自学	2

续表

模块序号及名称	单元序号及名称	学习目标	学习内容	学习方式	参考学时
MU4 机组的泵与风机	LE27 泵与风机的汽蚀与喘振	通过本单元的学习，掌握泵与风机的汽蚀与喘振机理、现象及应对措施	1. 汽蚀现象、影响及应对措施； 2. 吸上真空高度、汽蚀余量、比转速； 3. 喘振现象、机理及应对措施	讲课及自学	6
MU5 机组常用的阀门	LE28 阀门的工作原理及分类	通过本单元的学习，掌握阀门的工作原理及分类	1. 电厂常用阀门的分类； 2. 电厂常用阀门的型号	讲课及自学	2
	LE29 机组中常用阀门及结构	通过本单元的学习，掌握机组中常用阀门及结构	1. 机组常用阀门； 2. 常用阀门的结构	讲课及自学	2
	LE30 阀门操作要求及故障处理	通过本单元的学习，掌握机组阀门操作要求及故障处理	1. 机组常用阀门操作要求； 2. 常用阀门的故障处理	讲课及自学	2
MU6 机组的启动程序	LE31 机组启动概述	通过本单元的学习，掌握机组启动的条件、方式及特点	1. 机组启动的组织； 2. 机组启动的条件、方式及特点	仿真机训练	4
	LE32 机组启动程序	通过本单元的学习，掌握机组启动程序	1. 机组启动的程序； 2. 机组启动的操作要点； 3. 机组启动的注意事项	仿真机训练	6

续表

模块序号及名称	单元序号及名称	学习目标	学习内容	学习方式	参考学时
MU6 机组的启动程序	LE33 锅炉和汽轮机启动前的检查	通过本单元的学习，掌握锅炉和汽轮机启动前的检查工作	1. 锅炉和汽轮机启动前的检查工作； 2. 锅炉和汽轮机启动前的试验工作； 3. 机组辅助设备启动顺序	仿真机训练	4
	LE34 发电机启动前的检查	通过本单元的学习，掌握发电机启动前的检查	1. 发电机启动前的检查工作； 2. 发电机启动前的试验工作	仿真机训练	4
MU7 机组启动前辅助设备及系统的检查与维护	LE35 辅助设备及系统启动前的检查及准备工作	通过本单元的学习，掌握辅助设备及系统启动及准备工作	1. 机组公用系统的投用； 2. 汽轮机润滑油系统的投用； 3. 发电机氢油水系统的投用； 4. 凝结水系统及除氧器投用； 5. 给水系统投用及锅炉上水； 6. 锅炉通风吹扫； 7. 汽轮机凝汽系统投用； 8. 锅炉点火投粉及升温升压； 9. 疏放水系统及回热系统投用； 10. 汽动给水泵投用	仿真机训练	8
	LE36 高、低压动力负荷开关的停、送电	通过本单元的学习，掌握高、低压动力负荷开关的停、送电操作	1. 停、送电典型操作步骤； 2. 停、送电典型操作注意事项	仿真机训练	2

续表

模块序号及名称	单元序号及名称	学习目标	学习内容	学习方式	参考学时
MU7 机组启动前辅助设备及系统的检查与维护	LE37 辅助设备及系统的检修隔离	通过本单元的学习，掌握辅助设备及系统的检修隔离操作	1. 隔离范围的确定及隔离原则； 2. 布置公用系统检修隔离的注意事项	仿真机训练	4
	LE38 发电机组辅助设备及系统的停运	通过本单元的学习，掌握发电机组辅助设备及系统的停运操作	1. 辅助设备及系统的停运过程； 2. 辅助设备及系统停运注意事项	仿真机训练	2
	LE39 辅助设备的运行调整操作及维护	通过本单元的学习，掌握机组辅助设备的运行调整操作及维护	1. 辅助设备运行维护调整的概念和内容； 2. 辅助设备运行维护调整操作	仿真机训练	6
MU8 机组辅助设备及系统的正常维护和试验工作	LE40 辅助设备及系统的定期工作	通过本单元的学习，掌握机组辅助设备及系统的定期工作	1. 机组辅助设备及系统的定期工作内容； 2. 机组辅助设备及系统的定期工作操作	仿真机训练	2
	LE41 工作票及电气系统倒闸操作	通过本单元的学习，掌握工作票及电气系统倒闸操作	1. 倒闸操作目的及注意事项； 2. 倒闸操作原则及顺序； 3. 倒闸操作质量检验	仿真机训练	4

续表

模块序号及名称	单元序号及名称	学习目标	学习内容	学习方式	参考学时
MU8 机组辅助设备及系统的正常维护和试验工作	LE42 火电厂常用油脂的种类及特性	通过本单元的学习，掌握火电厂常用油脂的种类及特性	1. 火电厂常用油脂的种类； 2. 火电厂常用油脂的特性	讲课及自学	4
	LE43 热工仪表及自动装置的巡检	通过本单元的学习，掌握火电厂热工仪表及自动装置的巡检工作	1. 火电厂热工仪表及自动装置的巡检工作内容； 2. 火电厂分散控制系统的环境要求及运行设备检查	讲课及自学	6
MU9 辅助设备及系统的异常原因分析及处理原则	LE44 交流系统的异常及事故处理	通过本单元的学习，掌握火电厂交流系统的异常及事故处理	1. 中性点接地方式； 2. 厂用电系统保护方案； 3. 厂用电系统接地处理步骤	仿真机训练	6
	LE45 直流系统的异常及事故处理	通过本单元的学习，掌握火电厂直流系统的异常及事故处理	1. 绝缘监察装置； 2. 直流系统接地处理步骤	仿真机训练	6
	LE46 典型辅助设备异常的原因分析及处理	通过本单元的学习，掌握火电厂典型辅助设备异常的原因分析及处理	1. 设备及系统故障的特点； 2. 设备及系统故障总则； 3. 设备及系统故障现象、原因及处理步骤	仿真机训练	10

模块序号及名称	单元序号及名称	学习目标	学习内容	学习方式	参考学时
MU9 辅助设备及系统的异常原因及处理原则	**LE47** 转动设备润滑油恶化	通过本单元的学习，掌握火电厂转动设备润滑油质恶化原因及处理	1. 润滑油主要功能； 2. 油质劣化的原因分析； 3. 油质恶化的处理方法	仿真机训练	2
	LE48 辅助设备紧急停运和自动跳闸的条件	通过本单元的学习，掌握辅助设备紧急停运和自动跳闸的条件	1. 辅助设备紧急停运的条件； 2. 辅助设备自动跳闸的条件	仿真机训练	4
MU10 机组与电力系统	**LE49** 机组与电力系统简介	通过本单元的学习，掌握机组与电力系统的相关知识	1. 机组及集控运行特点； 2. 电力系统的电压及电网结构	讲课及自学	4
	LE50 电力系统安全经济运行与调度管理基本知识	通过本单元的学习，掌握电力系统安全经济运行与调度管理基本知识	1. 电力系统安全经济运行要求； 2. 电力系统调度管理基本知识	讲课及自学	2
	LE51 机组与电力系统的协调运行	通过本单元的学习，掌握机组与电力系统的协调运行的相关知识	1. 调度员指挥操作的主要内容； 2. 操作制度	讲课及自学	2

续表

模块序号及名称	单元序号及名称	学习目标	学习内容	学习方式	参考学时
MU11 锅炉的结构及特点	LE52 机组锅炉的结构及技术规范	通过本单元的学习，掌握锅炉的结构及技术规范	1. 锅炉的结构特点； 2. 锅炉技术规范	讲课及自学	4
	LE53 锅炉的燃烧理论及燃烧设备	通过本单元的学习，掌握锅炉的燃烧理论及燃烧设备	1. 煤粉锅炉燃烧理论知识； 2. 锅炉燃烧设备结构与特性	讲课及自学	6
	LE54 煤粉的性质及制粉系统	通过本单元的学习，掌握煤粉的性质及制粉系统	1. 煤粉性质及可磨性系数； 2. 常用制粉系统布置及设备结构特性	讲课及自学	6
	LE55 锅炉的受热面	通过本单元的学习，掌握锅炉受热面的布置与特性	1. 锅炉各受热面的布置； 2. 锅炉各受热面的结构与特性	讲课及自学	10
	LE56 风机设备	通过本单元的学习，掌握锅炉风机设备结构与特性	1. 锅炉常用风机的结构及运行； 2. 锅炉常用风机的运行； 3. 锅炉常用风机的故障处理	讲课及自学	6
	LE57 电除尘器及布袋除尘器的构造	通过本单元的学习，掌握锅炉电除尘器及布袋除尘器的构造	1. 锅炉电除尘设备及系统； 2. 布袋除尘器的构造及运行； 3. 锅炉除灰设备及运行	讲课及自学	6
MU12 汽轮机组的结构及特点	LE58 汽轮机组的类型、结构特点及技术规范	通过本单元的学习，掌握汽轮机组的类型、结构特点及技术规范	1. 汽轮机组的类型； 2. 汽轮机结构特点； 3. 汽轮机的经济性及可靠性	讲课及自学	8

续表

模块序号及名称	单元序号及名称	学习目标	学习内容	学习方式	参考学时
MU12 汽轮机组的结构及特点	LE59 汽轮机本体及凝汽设备	通过本单元的学习，掌握汽轮机本体及凝汽设备	1. 汽轮机本体结构与特性； 2. 汽轮机凝汽设备结构与特性	讲课及自学	6
	LE60 汽轮机的调节控制及油系统	通过本单元的学习，掌握汽轮机的调节及油系统	1. 汽轮机的调节与调节特性； 2. 汽轮机润滑油系统布置与设备； 3. 汽轮机EH油系统布置与设备	讲课及自学	8
	LE61 汽轮机组的热力系统及给水泵组	通过本单元的学习，掌握汽轮机组的热力系统及给水泵组	1. 汽轮机热力系统布置、设备及运行； 2. 汽轮机给水泵组布置、设备及运行	讲课及自学	10
MU13 发电机和变压器组的结构特点及继电保护配置	LE62 发电机和变压器的结构特点	通过本单元的学习，掌握发电机和变压器的结构特点	1. 发电机的结构特点； 2. 变压器的结构特点	讲课及自学	4
	LE63 发电机、变压器组的保护配置和原理	通过本单元的学习，掌握发电机、变压器组的保护配置和原理	1. 发电机、变压器组的保护配置； 2. 发电机、变压器组的保护配置原理	讲课及自学	8
	LE64 发电机励磁系统	通过本单元的学习，掌握发电机励磁系统分类、基本要求及结构	1. 发电机励磁系统分类与要求； 2. 发电机励磁系统结构； 3. 发电机励磁系统故障的影响	讲课及自学	8

续表

模块序号及名称	单元序号及名称	学习目标	学习内容	学习方式	参考学时
MU14 机组的计算机控制	LE65 机组自动控制系统的总体结构	通过本单元的学习，掌握机组自动控制系统的总体结构	1. 分散控制系统类型； 2. 分散控制系统结构	讲课及自学	4
	LE66 机组控制的控制方式	通过本单元的学习，掌握机组的控制方式	1. 协调控制系统构成及控制特点； 2. DEH系统的构成及控制特点	讲课及自学	8
	LE67 炉膛安全监控系统	通过本单元的学习，掌握炉膛安全监控系统的构成及控制特点	1. 炉膛安全监控系统的构成及控制特点； 2. 炉膛安全监控系统的主要逻辑功能	讲课及自学	8
	LE68 连锁保护逻辑系统	通过本单元的学习，掌握机组连锁保护逻辑系统的构成及控制特点	1. 热工连锁保护的维护、检修与试验； 2. 机组主保护的构成与逻辑功能	讲课及自学	8
	LE69 机组自启停的计算机控制	通过本单元的学习，掌握机组自启停的计算机控制功能	1. 机组自启停顺序控制系统； 2. 功能组级和设备级顺序控制； 3. 机组自启停过程中汽轮机的热应力控制	讲课及自学	8
MU15 机组的启停和工况变化	LE70 锅炉启动中的热力特性	通过本单元的学习，掌握锅炉启动中的热力特性	1. 锅炉汽包的温差与热应力； 2. 锅炉受热面的温差与热应力	讲课及自学	4

续表

模块序号及名称	单元序号及名称	学习目标	学习内容	学习方式	参考学时
MU15 机组的启停和工况变化	LE71 汽轮机启动状态主要指标	通过本单元的学习，掌握汽轮机启动状态主要热应力指标	1. 汽轮机启动准备阶段主要指标；2. 汽轮机冲转暖机阶段主要指标；3. 汽轮机并网带负荷阶段主要指标	讲课及自学	8
	LE72 汽轮机启动中的热力特性	通过本单元的学习，掌握汽轮机启动中的热力特性	1. 启停、变工况时的热应力；2. 启停时的转子热应力；3. 转子热应力控制	讲课及自学	8
	LE73 汽轮机热膨胀与热弯曲	通过本单元的学习，掌握汽轮机热膨胀与热弯曲特性	1. 汽轮机的热膨胀；2. 汽轮机的热变形；3. 汽轮机的寿命	讲课及自学	8
	LE74 发电机变工况主要监控指标	通过本单元的学习，掌握发电机变工况主要监控指标	1. 发电机的温度与温升；2. 汽轮发电机的运行图与允许负载区域	讲课及自学	8
MU16 机组的启停	LE75 机组启停概述	通过本单元的学习，掌握机组启停的条件	1. 机组启停的组织；2. 机组启动的条件；3. 机组停运前检查	仿真机训练	4
	LE76 机组启停方式及旁路系统	通过本单元的学习，掌握机组启停运行方式及旁路系统运行方式	1. 机组启动方式分类和特点；2. 机组停运方式分类和特点；3. 各种启停方式的适应情况	仿真机训练	8

续表

模块序号及名称	单元序号及名称	学习目标	学习内容	学习方式	参考学时
MU16 机组的启停	LE77 机组冷态滑参数启动	通过本单元的学习，掌握机组冷态滑参数启动操作	1. 冷态滑参数启动操作步骤； 2. 冷态滑参数启动曲线与特点； 3. 直流锅炉的启动特点	仿真机训练	12
	LE78 机组热态滑参数启动	通过本单元的学习，掌握机组热态滑参数启动操作	1. 热态滑参数启动操作步骤； 2. 热态滑参数启动方法与特点； 3. 热态滑参数启动注意事项	仿真机训练	8
	LE79 发电机组停机	通过本单元的学习，掌握发电机组停机操作	1. 滑参数正常停机； 2. 额定参数正常停机； 3. 机组非正常停机	仿真机训练	12
MU17 机组的运行与维护	LE80 发电机组停机后的维护	通过本单元的学习，掌握发电机组停机后的维护方法	1. 机组停机后的保养原则； 2. 机组停机后的保养； 3. 锅炉辅机保养	仿真机训练	8
	LE81 锅炉运行调节	通过本单元的学习，掌握锅炉运行调节方法	1. 锅炉参数的调节原则和方法； 2. 直流锅炉的调节特点	仿真机训练	8
	LE82 汽轮机运行监视和调整	通过本单元的学习，掌握汽轮机运行监视和调整方法	1. 汽轮机参数的调节原则和方法； 2. 汽轮机运行监视和调整特点	仿真机训练	8

续表

模块序号及名称	单元序号及名称	学习目标	学习内容	学习方式	参考学时
MU17 机组的运行与维护	LE83 发电机运行调整和维护	通过本单元的学习，掌握发电机运行调整和维护方法	1. 发电机参数的调节原则和方法；2. 发电机的运行维护	仿真机训练	12
	LE84 机组负荷调节和滑压运行	通过本单元的学习，掌握机组负荷调节和滑压运行特点	1. 机组负荷调节；2. 机组滑压运行	仿真机训练	8
	LE85 机组经济运行	通过本单元的学习，掌握机组经济运行方式	1. 机组经济运行指标；2. 提高机组经济性的主要措施	讲课及自学	8
	LE86 机组的报表分析和运行中的诊断	通过本单元的学习，掌握机组的报表分析和运行中的诊断	1. 机组报表分析；2. 机组运行中的诊断	讲课及自学	8
	LE87 机组的运行管理	通过本单元的学习，掌握机组的运行管理	1. 机组定期工作；2. 机组运行管理；3. 机组寿命管理	讲课及自学	8
MU18 机组的事故处理	LE88 机组的事故特点和处理原则	通过本单元的学习，掌握机组的事故特点和处理原则	1. 机组的事故特点；2. 机组故障处理原则	仿真机训练	4

续表

模块序号及名称	单元序号及名称	学习目标	学习内容	学习方式	参考学时
MU18 机组的事故处理	LE89 机组故障处理	通过本单元的学习，掌握机组故障处理	1. 锅炉故障处理； 2. 汽轮机故障处理； 3. 发电机变压器故障处理	仿真机训练	12
	LE90 电力系统运行异常或故障对机组的影响	通过本单元的学习，掌握电力系统运行异常或故障对机组的影响	1. 电压、频率变动对机组的影响； 2. 功率因数变动对机组的影响； 3. 电力系统故障对发电机的影响	仿真机训练	12
	L91 机组事故案例	通过本单元的学习，掌握机组事故案例发生原因及防范措施	1. 锅炉典型事故案例； 2. 汽轮机典型事故案例； 3. 电气设备典型事故案例	仿真机训练	12

职业技能模块及学习单元对照选择表

表A-2

模块	MU1	MU2	MU3	MU4	MU5	MU6	MU7	MU8	MU9
内容	机组及系统简介	机组主机的工作原理、形式及结构	机组的辅助设备及系统	机组的泵与风机	机组常用的阀门	机组的启动程序	机组启动前辅助设备及系统的检查与维护	辅助设备及系统的正常维护和试验工作	辅助设备及系统的异常原因及处理原则
参考学时	10	24	38	22	6	18	16	22	26
使用等级	中级	中级	中级	中级	中级	中级	中级	中级	中级

续表

模块	MU1	MU2	MU3	MU4	MU5	MU6	MU7	MU8	MU9
学习单元LE序号选择 中级	2, 3	4, 5, 6, 7, 8, 9		26, 27		31, 32, 33, 34	35, 36, 37, 38	39, 40, 41, 42, 43	44, 45, 46, 47, 48
高级									
技师									
高技									

模块	MU10	MU11	MU12	MU13	MU14	MU15	MU16	MU17	MU18
内容	机组与电力系统	锅炉的结构及特点	汽轮机组的结构及特点	发电机和变压器结构特点及继电保护配置	机组的计算机控制	机组的启停和工况变化	机组启停	机组的运行与维护	机组的事故处理
参考学时	8	38	32	20	36	36	52	60	40
使用等级	中级、高级	中级、高级	中级、高级	中级、高级	中级、高级	中级、高级、技师	中级、高级、技师	中级、高级、技师、高技	高级、技师、高技

续表

模块	MU10	MU11	MU12	MU13	MU14	MU15	MU16	MU17	MU18
中级	49, 50, 51	52, 54, 55, 56, 57	58, 59, 61	62, 63	65, 66, 67	70, 71, 72, 73, 74	75, 76, 77, 78, 79, 80	81, 82, 83	
高级	49, 50, 51	53, 54, 55, 56, 57	59, 60, 61	63, 64	66, 67, 68, 69	70, 71, 72, 73, 74	75, 76, 77, 78, 79, 80	81, 82, 83, 84, 85, 86, 87	88, 89
技师						72, 73, 74	79, 80	84, 85, 86, 87	90, 91
高技								86, 87	90, 91

学习单元 LE 序号选择

附录 B　职业技能认定

1　认定要求

认定内容和考核按照《中华人民共和国国家职业技能标准·发电集控值班员》职业（工种）执行。

2　考评人员

考评人员分考评员和高级考评员。考评员可承担初、中、高级技能等级认定；高级考评员可承担初、中、高级技能等级和技师、高级技师资格认定。其任职条件是：

2.1　考评员必须具有技师或中级专业技术职务及以上资格，具有 15 年及以上本工种专业工龄；高级考评员必须具有高级技师或高级专业技术职务，取得考评员资格且具有 1 年及以上实际考评工作经历。

2.2　掌握必要的职业技能认定理论、技术和方法，熟悉职业技能认定的有关法规和政策，有从事职业技能培训、考核的经历。

2.3　具有良好的职业道德，秉公办事，自觉遵守职业技能认定考评人员守则和有关规章制度。

附录 C　国家职业技能标准·发电集控值班员

1　职业概况

1.1　职业名称

发电集控值班员 ❶

1.2　职业编码

6-28-01-05

1.3　职业定义

操作发电厂单元机组及其辅助设备集控系统，监控其运行工况的人员。

1.4　职业技能等级

本职业共设四个等级，分别为：四级/中级工、三级/高级工、二级/技师、一级/高级技师。

1.5　职业环境条件

室内、室外，常温，有接触高温高压蒸汽、有毒有害气体的潜在危险。

1.6　职业能力特征

身体健康；视觉、色觉、听觉正常；具有较强的获取、理解相关信息并进行分析、判断的能力；具有较强的表达、沟通、计算能力和组织协调能力；有良好的空间感和形体知觉；手指、手臂、腿脚灵活、动作协调，能熟练、准确、稳定地完成操作。

1.7　普通受教育程度

高中毕业（或同等学力）。

1.8　职业技能鉴定要求

---

❶　因发电厂种类较多，故本职业特指燃煤电厂的集控值班人员。

1.8.1 申报条件

具备以下条件之一者,可申报四级/中级工:

(1)取得相关职业❶五级/初级工职业资格证书(技能等级证书)后,累计从事本职业或相关职业工作 4 年(含)以上。

(2)累计从事本职业或相关职业工作 6 年(含)以上。

(3)取得技工学校本专业❷或相关专业❸毕业证书(含尚未取得毕业证书的在校应届毕业生);或取得经评估论证、以中级技能为培养目标的中等及以上职业学校本专业或相关专业毕业证书(含尚未取得毕业证书的在校应届毕业生)。

具备以下条件之一者,可申报三级/高级工:

(1)取得本职业或相关职业四级/中级工职业资格证书(技能等级证书)后,累计从事本职业或相关职业工作 5 年(含)以上。

(2)取得本职业或相关职业四级/中级工职业资格证书(技能等级证书),并具有高级技工学校、技师学院毕业证书(含尚未取得毕业证书的在校应届毕业生);或取得本职业或相关职业四级/中级工职业资格证书(技能等级证书),并具有经评估论证、以高级技能为培养目标的高等职业学校本专业或相关专业毕业证书(含尚未取得毕业证书的在校应届毕业生)。

(3)具有大专及以上本专业或相关专业毕业证书,并取得本职业或相关职业四级/中级工职业资格证书(技能等级证书)后,累计从事本职业或相关职业工作 2 年(含)以上。

具备以下条件之一者,可申报二级/技师:

(1)取得本职业或相关职业三级/高级工职业资格证书(技能

---

❶ 相关职业:锅炉运行值班员、汽轮机运行值班员、电气值班员、锅炉操作工等,下同。

❷ 本专业:火电厂集控运行、电厂热能动力工程、电厂设备运行与维护、发电厂及电力系统等。

❸ 相关专业:电力系统自动化、电力系统继电保护与自动化、动力工程、电力工程、热力过程自动化、电机与电器、生产过程自动化技术、工业自动化等专业。

等级证书）后，累计从事本职业或相关职业工作 4 年（含）以上。

（2）取得本职业或相关职业三级/高级工职业资格证书（技能等级证书）的高级技工学校、技师学院毕业生，累计从事本职业或相关职业工作 3 年（含）以上；或取得本职业或相关职业预备技师证书的技师学院毕业生，累计从事本职业或相关职业工作 2 年（含）以上。

具备以下条件，可申报一级/高级技师：

取得本职业或相关职业二级/技师职业资格证书（技能等级证书）后，累计从事本职业或相关职业工作 4 年（含）以上。

1.8.2　鉴定方式

分为理论知识考试、技能考核以及综合评审。理论知识考试以笔试、机考等方式为主，主要考核从业人员从事本职业应掌握的基本要求和相关知识要求；技能考核主要采用现场操作、模拟操作等方式进行，主要考核从业人员从事本职业应具备的技能水平；综合评审主要针对技师和高级技师，通常采取审阅申报材料、答辩等方式进行全面评议和审查。

理论知识考试、技能考核和综合评审均实行百分制，成绩皆达 60 分（含）以上者为合格。

1.8.3　监考人员、考评人员与考生配比

理论知识考试中的监考人员与考生配比不低于 1:15，且每个考场不少于 2 名监考人员；技能考核中的考评人员与考生配比不低于 1:5，且考评人员为 3 人（含）以上单数；综合评审委员为 3 人（含）以上单数。

1.8.4　鉴定时间

理论知识考试时间不少于 90min；技能考核时间：中、高级工不少于 90min，技师、高级技师不少于 120min；综合评审时间不少于 15min。

1.8.5　鉴定场所设备

理论知识考试在标准教室进行，技能考核在仿真机或计算机

模拟培训系统进行。

1.9　培训期限

五级/初级工不少于 500 标准学时，四级/中级工不少于 400 标准学时，三级/高级工不少于 300 标准学时，二级/技师不少于 200 标准学时，一级/高级技师不少于 100 标准学时。

2　基本要求

2.1　职业道德

2.1.1　职业道德基本知识

2.1.2　职业守则

（1）爱岗敬业，忠于职守。

（2）按章操作，确保安全。

（3）认真负责，诚实守信。

（4）遵规守纪，着装规范。

（5）团结协作，相互尊重。

（6）节约成本，降耗增效。

（7）保护环境，文明生产。

（8）不断学习，努力创新。

（9）弘扬工匠精神，追求精益求精。

2.2　基础知识

2.2.1　热机基础知识

（1）工程热力学。

（2）流体力学。

（3）传热学。

（4）金属材料。

2.2.2　电气基础知识

（1）电工基础。

（2）继电保护。

（3）电动机学。

2.2.3　热工基础知识
（1）热工测量。

（2）自动控制。

2.2.4　化学基础知识
（1）电厂化学。

（2）水处理流程。

2.2.5　火力发电厂生产过程基础知识
（1）火力发电厂的主要设备及功能。

（2）火力发电厂的生产流程。

2.2.6　调度运行的基础知识
（1）调度规程。

（2）事故处理原则。

2.2.7　安全与消防基础知识
（1）电力安全工作规程。

（2）安全用具的使用方法。

（3）紧急救护知识。

（4）电力生产事故调查规程。

（5）电力设备典型消防规程。

（6）火灾扑救的原理和方法。

（7）《防止电力生产事故的二十五项重点要求》（国能安全〔2014〕161号）相关知识。

2.2.8　法律法规
（1）《中华人民共和国劳动法》。

（2）《中华人民共和国环境保护法》。

（3）《中华人民共和国消防法》。

（4）《中华人民共和国安全生产法》。

（5）《中华人民共和国电力法》。

（6）《中华人民共和国职业病防治法》。

3　工作要求

本标准对四级/中级工、三级/高级工、二级/技师、一级/高级技师的技能要求和相关知识要求依次递进，高级别涵盖低级别的要求。

3.1　四级/中级工

职业功能	工作内容	技能要求	相关知识要求
1. 安全与消防	1.1　安全	1.1.1　能辨识生产现场的危险点 1.1.2　能进行紧急救护 1.1.3　能使用安全用具	1.1.1　GB 26164.1《电业安全工作规程 第 1 部分：热力和机械》 1.1.2　GB 26860《电力安全工作规程　发电厂和变电站电气部分》 1.1.3　安全用具的使用方法
	1.2　消防	1.2.1　能使用消防设备设施 1.2.2　能扑救初起火灾	1.2.1　灭火器的性能与使用 1.2.2　灭火设施的功能
2. 设备巡回检查	2.1　检查机组转动设备	2.1.1　能完成转动设备运行检查 2.1.2　能使用检测工具判断转动设备运行状况	2.1.1　常用测量工具的使用方法 2.1.2　转动设备巡回检查的方法 2.1.3　转动设备的作用和布置 2.1.4　转动设备巡回检查的标准
	2.2　检查机组主设备	2.2.1　能完成锅炉、汽轮机、发电机、变压器检查 2.2.2　能发现锅炉、汽轮机、发电机、变压器缺陷	2.2.1　锅炉、汽轮机、发电机、变压器的作用和布置 2.2.2　锅炉、汽轮机、发电机、变压器的巡回检查标准

续表

职业功能	工作内容	技能要求	相关知识要求
2. 设备巡回检查	2.3 检查热力、电气系统及其附属设施	2.3.1 能完成热力、电气系统及其附属设施检查 2.3.2 能用技术语言联系、汇报	2.3.1 热力和电气系统图的识图方法 2.3.2 热力、电气系统及其附属设施的运行方式和布置 2.3.3 热力、电气系统及其附属设施的巡回检查标准
3. 就地设备操作及系统调整	3.1 转动设备就地启停操作	3.1.1 能识别信号，使用联锁装置和事故按钮 3.1.2 能完成转动设备启停操作 3.1.3 能完成设备切换就地操作	3.1.1 转动设备启停的步序 3.1.2 转动设备启停、切换的注意事项
	3.2 热力系统阀门、挡板就地开关操作	3.2.1 能完成阀门就地、远方切换 3.2.2 能完成阀门就地开关操作 3.2.3 能判断阀门状态 3.2.4 能进行阀门活动试验	3.2.1 阀门的结构和特点 3.2.2 阀门驱动机构的动作原理
	3.3 厂用系统电气设备操作	3.3.1 能进行操作危险点分析 3.3.2 能完成电气设备倒闸操作	厂用系统电气设备操作的原则
	3.4 热力系统及其附属设备就地操作	3.4.1 能完成热力系统及其附属设备切换、解列、投入操作 3.4.2 能完成热力系统及其附属设备检修前、后安全措施执行、恢复操作	3.4.1 设备检修的常规安全措施 3.4.2 热力系统及其附属设备投入、解列的注意事项

职业功能	工作内容	技能要求	相关知识要求
3．就地设备操作及系统调整	3.5　就地控制系统调整	3.5.1　能判断表计指示是否正常 3.5.2　能根据表计显示进行调整	就地控制调整方式的调节原理
4．机组启动与停止	4.1　机组启动前准备	能完成机组启动前就地检查	机组启动前检查的内容
	4.2　锅炉点火及升温升压	能完成锅炉点火就地检查操作	4.2.1　锅炉点火时的注意事项 4.2.2　锅炉升温升压阶段的检查内容
	4.3　汽轮机冲转、暖机、升速	4.3.1　能完成汽轮机冲转前就地检查和操作 4.3.2　能完成汽轮机冲转升速过程中就地检查和操作	4.3.1　临界转速的概念 4.3.2　汽轮机冲转过程中的检查内容
	4.4　发电机变压器组并网	4.4.1　能进行发电机变压器组冷却系统投入及参数调整 4.4.2　能完成并网前的就地操作	发电机变压器组一次系统及励磁系统设备的原理
	4.5　机组升负荷	能进行机组升负荷过程中辅助设备及系统就地启停操作	4.5.1　辅机系统的启停联锁逻辑 4.5.2　机组升负荷过程中辅助设备参数的监视、控制方法
	4.6　机组停运	4.6.1　能进行机组停运过程中辅助设备及系统就地启停操作 4.6.2　能完成停机过程中机组常规试验 4.6.3　能完成炉前燃油系统、脱硝系统隔离	4.6.1　机组主保护的定值 4.6.2　汽轮机惰走时间的概念 4.6.3　发电机变压器组解列后的注意事项

职业功能	工作内容	技能要求	相关知识要求
4. 机组启动与停止	4.7 机组停运后保养	4.7.1 能进行锅炉带压放水操作 4.7.2 能完成机组停运后防腐、防冻保养的就地操作 4.7.3 能完成发电机气体置换	4.7.1 机组保养的基本知识 4.7.2 发电机气体置换的原则和注意事项
5. 机组运行调整	5.1 机组负荷调整	能完成制粉系统启停操作,并根据负荷调整燃料量	5.1.1 工质状态参数的概念 5.1.2 机组负荷率的控制指标 5.1.3 协调控制的概念
	5.2 锅炉燃烧及烟风系统调整	5.2.1 能够进行制粉系统参数调整 5.2.2 能完成空气预热器间隙密封自动调整装置投切操作 5.2.3 能进行锅炉吹灰操作	5.2.1 煤粉细度、烟气含氧量对燃烧工况的影响 5.2.2 制粉系统切换对锅炉运行的影响 5.2.3 吹灰对锅炉的影响
	5.3 厂用电系统监视	能完成厂用电、直流系统、不间断电源(UPS)运行监视	UPS、同期装置、厂用电切换装置、变压器有载调压装置的作用
6. 设备事故处理	6.1 机组汽、水系统事故处理	能完成汽水系统事故处理中就地操作	"水锤"产生的原因及危害
	6.2 机组辅机事故处理	能完成辅机事故就地处理	6.2.1 辅机事故处理原则 6.2.2 辅机的跳闸条件
	6.3 厂用电系统事故处理	能进行柴油发电机启停操作	柴油发电机启停的方法

续表

职业功能	工作内容	技能要求	相关知识要求
6. 设备事故处理	6.4 机组控制、保护装置事故处理	6.4.1 能检查机组设备保护装置动作、报警情况 6.4.2 能测量电气设备绝缘电阻、直流极性	6.4.1 继电保护的基础知识 6.4.2 热工联锁及保护的基础知识

3.2 三级/高级工

职业功能	工作内容	技能要求	相关知识要求
1. 机组启动与停止	1.1 机组启动前准备	能完机组启动前设备的试验、试运	1.1.1 机组禁止启动的条件 1.1.2 机组启动前试验的内容 1.1.3 启动准备阶段系统的操作顺序
	1.2 锅炉点火及升温升压	1.2.1 能进行锅炉点火操作 1.2.2 能完成锅炉冷、热态启动过程升温升压控制操作	1.2.1 锅炉炉膛安全监控系统（FSSS）的原理 1.2.2 锅炉烟风系统和磨煤机组的启动逻辑 1.2.3 锅炉升温升压速度控制的方法和注意事项
	1.3 汽轮机冲转、暖机、升速	1.3.1 能完成汽轮机冲转过程操作 1.3.2 能完成汽轮机冲转升速过程中试验操作 1.3.3 能完成汽轮机冲转过程异常处理	1.3.1 汽轮机润滑油温、轴瓦振动、温度的控制标准 1.3.2 汽轮机低速、中速暖机结束的条件 1.3.3 汽轮机冲转升速过程中的试验内容和方法
	1.4 发电机变压器组并网	1.4.1 能进行发电机变压器组并网操作 1.4.2 能对发电机变压器组参数进行监视	1.4.1 发电机变压器组的并列条件 1.4.2 发电机变压器组并网的操作步骤和注意事项

续表

职业功能	工作内容	技能要求	相关知识要求
1. 机组启动与停止	1.4　发电机变压器组并网	1.4.3　能进行发电机变压器组保护投退操作	1.4.3　发电机变压器组参数监视的内容 1.4.4　发电机变压器组主保护的作用和配置
	1.5　机组升负荷	1.5.1　能进行升负荷过程中辅助设备及系统启动操作 1.5.2　能完成机组各项参数监视 1.5.3　脱硝系统的投入操作	1.5.1　升负荷阶段机组参数的控制指标 1.5.2　脱硝的原理及其指标要求
	1.6　机组停运	1.6.1　能完成停机前试验 1.6.2　能完成停机操作 1.6.3　能监护厂用电源切换操作 1.6.4　能完成汽轮机打闸、发电机解列、锅炉灭火操作	1.6.1　机组停运的步骤 1.6.2　停机试验的内容 1.6.3　滑参数、定参数停机的概念 1.6.4　停机过程中参数的控制原则 1.6.5　发电机变压器组解列后保护的投退原则
	1.7　机组停运后保养	能完成机组停运后防腐、防冻保养	1.7.1　机组保养汽、水、油的控制指标和控制方法 1.7.2　机组防腐、防冻保养的原理和注意事项
2. 机组运行调整	2.1　机组负荷调整	2.1.1　能根据负荷指令进行机组参数调整 2.1.2　能进行自动发电控制（AGC）方式下变工况监视和调整 2.1.3　能进行机组控制方式切换	2.1.1　数字式电液调节系统（DEH）控制原理 2.1.2　一次调频的原理 2.1.3　AGC、协调控制的原理 2.1.4　工质状态参数的变化关系

职业功能	工作内容	技能要求	相关知识要求
2. 机组运行调整	2.2 锅炉燃烧及烟风系统调整	2.2.1 能进行锅炉燃烧调整 2.2.2 能完成锅炉运行工况调整 2.2.3 能完成脱硝参数调整	2.2.1 锅炉燃烧安全性和经济性的影响因素 2.2.2 锅炉参数变化的调整方法 2.2.3 风机的自动调节原理 2.2.4 脱硝的原理
	2.3 机组汽、水系统调整	2.3.1 能进行水位调整和水系统切换操作 2.3.2 能进行汽、水系统正常运行中参数调整	2.3.1 汽水系统水位自动调节的原理 2.3.2 减温器、热交换器的知识
	2.4 发电机励磁系统调整	2.4.1 能进行发电机无功调整 2.4.2 能监护励磁系统切换操作 2.4.3 能监护厂用电、直流系统电气设备操作	2.4.1 发电机无功调整的注意事项 2.4.2 滞相、进相运行的注意事项
	2.5 机组辅助系统运行调整	2.5.1 能分析、调整辅机经济运行方式 2.5.2 能监护进行辅助系统试验	2.5.1 机组经济指标的种类和概念 2.5.2 除渣、除尘、脱硫的相关知识
3. 设备事故处理	3.1 机组汽、水系统事故处理	3.1.1 能在事故状态下调节汽包、除氧器、凝汽器水位 3.1.2 能进行安全门动作处理 3.1.3 能进行受热面爆破事故分析、判断 3.1.4 能进行汽温汽压事故处理操作	3.1.1 汽包、除氧器、凝汽器水位异常的危害 3.1.2 安全门动作的原理 3.1.3 锅炉受热面爆破的判断、检查方法和处理原则
	3.2 锅炉燃烧系统事故处理	能完成锅炉总燃料跳闸（MFT）动作处理	3.2.1 锅炉灭火事故处理的原则 3.2.2 锅炉MFT动作的条件

职业功能	工作内容	技能要求	相关知识要求
3.设备事故处理	3.3 汽轮机组事故处理	能够分析判断和处理汽轮机事故	3.3.1 汽轮机常见故障处理的原则 3.3.2 汽轮机组的停运条件 3.3.3 破坏真空停机与不破坏真空停机的区别
	3.4 发电机变压器组事故处理	能进行发电机变压器组事故处理	3.4.1 发电机变压器组常见故障的处理原则 3.4.2 发电机变压器组的停运条件
	3.5 机组辅机事故处理	能分析判断辅机运行状况,进行事故处理	3.5.1 辅机异常运行对机组运行的影响 3.5.2 机组辅机故障减负荷(RB)动作的条件
	3.6 厂用电系统事故处理	3.6.1 能完成部分厂用电失去处理 3.6.2 能进行直流、UPS 系统故障处理	3.6.1 厂用电事故处理的原则 3.6.2 保安电源投停的原则 3.6.3 交直流系统接地的现象和危害
	3.7 机组控制、保护装置事故处理	能进行机组控制、保护装置事故处理操作	3.7.1 控制、保护装置的工作原理 3.7.2 控制、保护装置事故处理的原则
4.机组运行经济性分析和计算	4.1 机组经济性分析	4.1.1 能对换热器端差进行分析 4.1.2 能对辅机单耗和厂用电率进行分析	4.1.1 影响换热器端差大小的因素 4.1.2 影响辅机单耗和厂用电率的因素
	4.2 机组经济性计算	4.2.1 能够计算换热器端差和凝结水过冷度 4.2.2 能够计算辅机单耗及厂用电率	4.2.1 换热器端差和凝结水过冷度的计算方法 4.2.2 辅机单耗及厂用电率的计算方法

3.3　二级/技师

职业功能	工作内容	技能要求	相关知识要求
1. 机组启动与停止	1.1　机组启动前准备	1.1.1　能进行机组启动前系统设备验收 1.1.2　能进行机组检修后和新设备安装后检查、验收	1.1.1　运行技术文件的制定、编写的方法和要求 1.1.2　机组检修后试验的内容
	1.2　锅炉点火及升温升压	能指导锅炉升温升压控制操作	1.2.1　锅炉各阶段升温升压速度的控制原则 1.2.2　锅炉各阶段升温升压速度的控制方法
	1.3　汽轮机冲转、暖机、升速	1.3.1　能指导汽轮机冲转、升速、暖机阶段操作 1.3.2　能完成汽轮机冲转过程异常分析	1.3.1　机组启动过程中热膨胀、热变形、热应力的知识 1.3.2　机组启动过程中热膨胀、热变形、热应力的控制方法
	1.4　发电机变压器组并网	1.4.1　能审核发电机变压器组并网操作票 1.4.2　能完成发电机变压器组并网过程中的异常分析	1.4.1　发电机变压器组主保护的原理及配置 1.4.2　发电机变压器组涉网试验的内容
	1.5　机组升负荷	1.5.1　能指导进行升负荷过程中主、辅设备启动操作 1.5.2　能完成机组各项参数、汽水品质分析	升负荷阶段机组参数、汽水品质的控制方法
	1.6　机组停运	1.6.1　能指导停运前机组试验工作 1.6.2　能指导机组停运过程操作	1.6.1　机组停运的方式和方法 1.6.2　机电炉大联锁保护的原理
	1.7　机组停运后保养	能指导、指挥机组停运后防腐、防冻和保养工作	机组停运后防腐、防冻保养的原则

职业功能	工作内容	技能要求	相关知识要求
2. 机组运行调整	2.1 机组负荷调整	能指导不同工况下的负荷调整	机组负荷禁止增减的条件
	2.2 锅炉燃烧及烟风系统调整	2.2.1 能指导锅炉燃烧调整 2.2.2 能针对特殊煤种进行调整 2.2.3 能指导锅炉运行工况调整	2.2.1 锅炉直流燃烧和旋流燃烧方式的调整原则 2.2.2 不同煤种对锅炉燃烧的影响 2.2.3 锅炉参数异常的影响因素
	2.3 机组汽、水系统调整	能进行非正常工况下汽、水系统参数调整	2.3.1 虚假水位产生的原理及应对原则 2.3.2 汽、水两相流的危害
	2.4 发电机变压器组及厂用电系统调整	2.4.1 能指导厂用电系统电压调整 2.4.2 能指导厂用电系统切换	2.4.1 励磁调节及自动电压控制（AVC）、同期装置的原理、作用 2.4.2 厂用电切换、变压器有载调压自动调节装置的原理、作用
3. 机组运行状态监视与分析	3.1 锅炉燃烧安全性分析	3.1.1 能对燃烧工况进行判断分析 3.1.2 能整理、编写技术管理资料	3.1.1 锅炉受热面结焦、磨损、腐蚀的因素及其防范措施 3.1.2 消除受热面管壁及烟气温度偏差的方法 3.1.3 机组最低稳定工况调整的方法 3.1.4 特殊运行工况的预判和分析
	3.2 压力容器运行状态监视与分析	3.2.1 能进行锅炉启动、停运过程中承压部件产生热应力、热膨胀、热变形控制 3.2.2 能进行压力容器运行参数分析	3.2.1 机组压力容器钢材的名称、种类、性能 3.2.2 长期过热和短期过热爆管的概念，两种破口的特征

职业功能	工作内容	技能要求	相关知识要求
3. 机组运行状态监视与分析	3.3 汽轮发电机组振动状态监视与分析	能进行汽轮发电机组振动大原因分析	汽轮发电机组振动的分析方法
	3.4 汽轮机金属温度、寿命损耗、膨胀状态监视与分析	能进行汽轮机启停过程中汽缸和转子的热膨胀、热应力、热弯曲分析控制	3.4.1 新机组投运前后的技术要求和注意事项 3.4.2 汽轮机启停时汽缸和转子热膨胀、热应力、热弯曲的知识及控制方法 3.4.3 汽轮机寿命管理的内容和要求
	3.5 汽、水、油品质及电能品质监视和分析	3.5.1 能指导汽、水、油品质异常时分析、处理 3.5.2 能进行系统与发电机电压、频率的监视和异常情况分析、处理	3.5.1 汽、水、油品质异常处理的原则 3.5.2 汽、水、油质量标准对设备安全、经济运行的影响 3.5.3 电网电压、频率的运行规范及系统电压、频率、谐波对运行设备的影响 3.5.4 穿越性低电压对辅机运行影响、厂用电运行方式的调整
	3.6 发电机变压器组及电气系统绝缘状态监视与分析	3.6.1 能进行电气设备试验操作 3.6.2 能进行仪表分析，判断发电机变压器组及电气系统运行状态	3.6.1 发电机、变压器、大型厂用电动机的绝缘等级要求 3.6.2 变压器有载调压的注意事项、方法 3.6.3 发电机绝缘在线监测装置的原理 3.6.4 发电机局部放电装置的原理 3.6.5 发电机对称过负荷、不对称过负荷对运行的影响、处理方法

续表

职业功能	工作内容	技能要求	相关知识要求
4. 设备事故处理	4.1 锅炉和汽轮机组事故处理	4.1.1 能分析和处理锅炉事故 4.1.2 能分析和处理汽轮机事故	4.1.1 锅炉的运行导则 4.1.2 汽轮机的运行导则
	4.2 发电机变压器组事故处理	能分析和处理发电机变压器组事故	4.2.1 电力变压器的运行规程 4.2.2 发电机变压器组的故障类型及产生的原因
5. 机组运行经济性分析和计算	5.1 锅炉燃烧效率的计算和分析	能进行锅炉热效率计算	影响锅炉经济指标的因素及其计算方法
	5.2 机组经济性计算和分析	5.2.1 能进行回热系统经济性计算 5.2.2 能够进行汽耗、热耗计算	5.2.1 回热系统经济性的计算方法 5.2.2 机组汽耗、热耗的计算方法
6. 培训与指导	6.1 培训	能对高级工、中级工种进行培训	高级工、中级工的培训内容
	6.2 指导	能指导高级工、中级工工作	高级工、中级工的指导方法

3.4　一级/高级技师

职业功能	工作内容	技能要求	相关知识要求
1. 机组启动与停止	1.1 机组启动	1.1.1 能指导机组电气、热工保护试验 1.1.2 能制定锅炉、汽轮机、发电机试验方案 1.1.3 能制定设备验收、机组启动安全技术措施 1.1.4 能解决机组启动过程中发生的技术问题	1.1.1 保护、自动装置试验的原理和标准 1.1.2 电气、热工联锁保护的逻辑图 1.1.3 机组启动的危险点分析 1.1.4 技术措施的编制方法

续表

职业功能	工作内容	技能要求	相关知识要求
1. 机组启动与停止	1.2 机组停运	1.2.1 能制定机组停运过程中试验措施 1.2.2 能解决机组停运过程中发生的技术问题 1.2.3 能制定机组停运后系统隔离安全技术措施	机组停运中的危险点分析
2. 机组运行调整	2.1 机组热力系统参数调整	2.1.1 能制定非正常工况下机组运行调整技术措施 2.1.2 能分析、判断热力系统运行方式的合理性、安全性，并提出调整运行方式建议 2.1.3 能制定公用系统切换操作安全技术措施 2.1.4 能制定机组发生缺陷时运行技术防范措施 2.1.5 能制定机组控制环保排放指标措施	2.1.1 锅炉、汽轮机、发电机变压器组的工作原理 2.1.2 机组变工况的运行知识 2.1.3 缺陷管理的知识 2.1.4 机组经济运行的知识 2.1.5 电厂烟气、废水达标排放的规定
	2.2 发电机变压器组及厂用电系统调整	2.2.1 能制定发电机变压器组及厂用电系统异常运行技术措施 2.2.2 能制定厂用电系统倒闸操作安全技术措施	2.2.1 变压器的调压原理 2.2.2 二次回路的原理 2.2.3 电网的调度规程
3. 机组运行状态监视与分析	3.1 热力系统安全性监视和分析	3.1.1 能够鉴定一、二类设备缺陷及危害程度 3.1.2 能对主设备进行运行分析，并对发现的薄弱环节提出相应改进措施	3.1.1 变工况运行对机组寿命的影响 3.1.2 变工况运行危险点分析 3.1.3 汽轮发电机组振动知识

续表

职业功能	工作内容	技能要求	相关知识要求
3.机组运行状态监视与分析	3.2 发电机变压器组及电气系统监视和分析	3.2.1 能分析全厂性重大设备事故 3.2.2 能判明设备健康状况	发电机、变压器的运行导则
4.设备事故处理	4.1 锅炉、汽轮机事故处理	能编写锅炉、汽轮机事故处理预案	《防止电力生产事故的二十五项重点要求》(国能安全〔2014〕161号)的锅炉、汽轮机和热工部分
	4.2 发电机变压器组事故处理	4.2.1 能编写电气事故处理预案 4.2.2 能分析、判断发电机变压器组事故类型及危害程度	4.2.1 保护动作正确性的分析方法 4.2.2 《防止电力生产事故的二十五项重点要求》(国能安全〔2014〕161号)的电气部分
	4.3 全厂黑启动事故处理	4.3.1 能编写全厂黑启动事故处理预案 4.3.2 能分析全厂停电、停汽事故类型及危害程度	4.3.1 《防止电力生产事故的二十五项重点要求》(国能安全〔2014〕161号)的公用部分 4.3.2 电网的调度规程
5.机组运行经济性分析和计算	5.1 锅炉效率的计算和分析	能分析影响锅炉效率因素并提出改进方案	提高锅炉热效率的途径
	5.2 机组经济性计算和分析	5.2.1 能完成回热系统经济性分析并提出改进方案 5.2.2 能进行机组汽耗、热耗、煤耗分析并提出改进方案	5.2.1 影响回热系统经济性的因素 5.2.2 降低机组汽耗、热耗、煤耗的方法
6.培训与指导	6.1 培训	能对技师人员进行培训	技师的培训内容
	6.2 指导	能指导技师的工作	技师的指导方法

4 权重表

4.1 理论知识权重表

项目	技能等级	四级/中级工（%）	三级/高级工（%）	二级/技师（%）	一级/高级技师（%）
基本要求	职业道德	—	—	—	—
	基础知识	20	15	10	5
相关知识	安全与消防	10	5	5	5
	设备巡回检查	15	—	—	—
	就地设备操作及系统调整	20			
	机组启动与停止	15	20	15	15
	机组运行调整	10	25	15	15
	机组运行状态监视与分析	—	—	20	20
	设备事故处理	10	25	20	20
	机组运行经济性分析和计算	—	10	10	10
	培训与指导	—	—	5	10
	合计	100	100	100	100

4.2 技能要求权重表

项目	技能等级	四级/中级工（%）	三级/高级工（%）	二级/技师（%）	一级/高级技师（%）
相关知识	安全与消防	10	5	5	5
	设备巡回检查	25	—	—	—

续表

项目	技能等级	四级/中级工（%）	三级/高级工（%）	二级/技师（%）	一级/高级技师（%）
相关知识	就地设备操作及系统调整	25	—	—	—
	机组启动与停止	20	25	20	10
	机组运行调整	10	30	20	15
	机组运行状态监视与分析	—	—	15	15
	设备事故处理	10	30	20	20
	机组运行经济性分析和计算	—	10	10	20
	培训与指导	—	—	10	15
合计		100	100	100	100